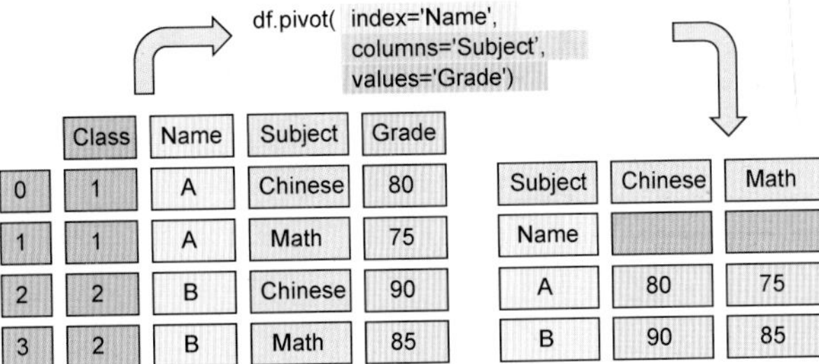
df.pivot(index='Name',
columns='Subject',
values='Grade')
Class
Name
Subject
Grade
0
1
A
Chinese
80
1
1
A
Math
75
2
2
B
Chinese
90
3
2
B
Math
85
Subject
Chinese
Math
Name
A
80
75
B
90
85

图 1

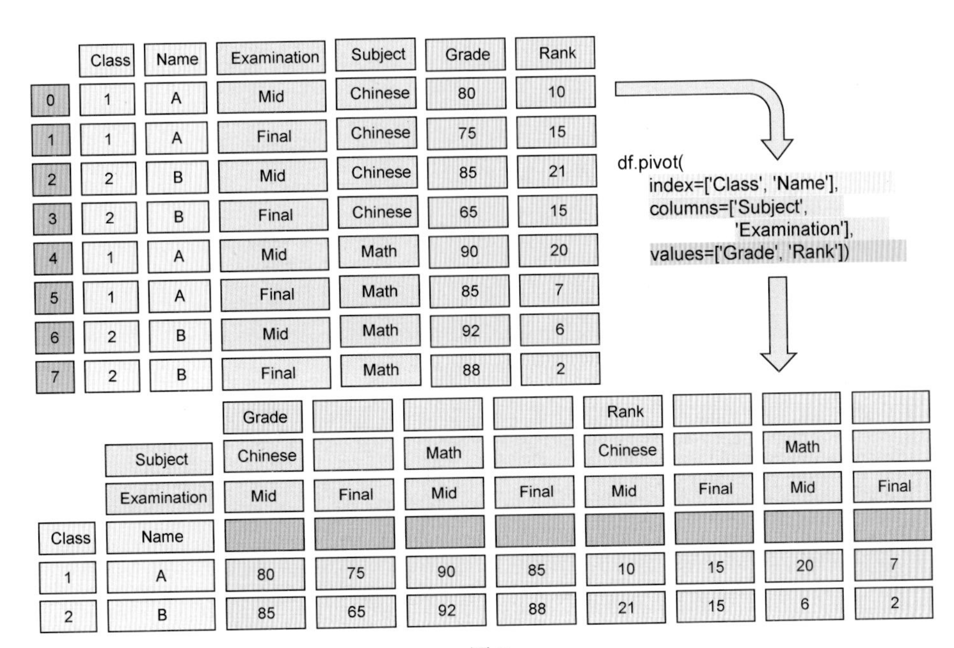
Class
Name
Examination
Subject
Grade
Rank
0
1
A
Mid
Chinese
80
10
1
1
A
Final
Chinese
75
15
2
2
B
Mid
Chinese
85
21
3
2
B
Final
Chinese
65
15
4
1
A
Mid
Math
90
20
5
1
A
Final
Math
85
7
6
2
B
Mid
Math
92
6
7
2
B
Final
Math
88
2
df.pivot(
index=['Class', 'Name'],
columns=['Subject',
'Examination'],
values=['Grade', 'Rank'])
Grade
Rank
Subject
Chinese
Math
Chinese
Math
Examination
Mid
Final
Mid
Final
Mid
Final
Mid
Final
Class
Name
1
A
80
75
90
85
10
15
20
7
2
B
85
65
92
88
21
15
6
2

图 2

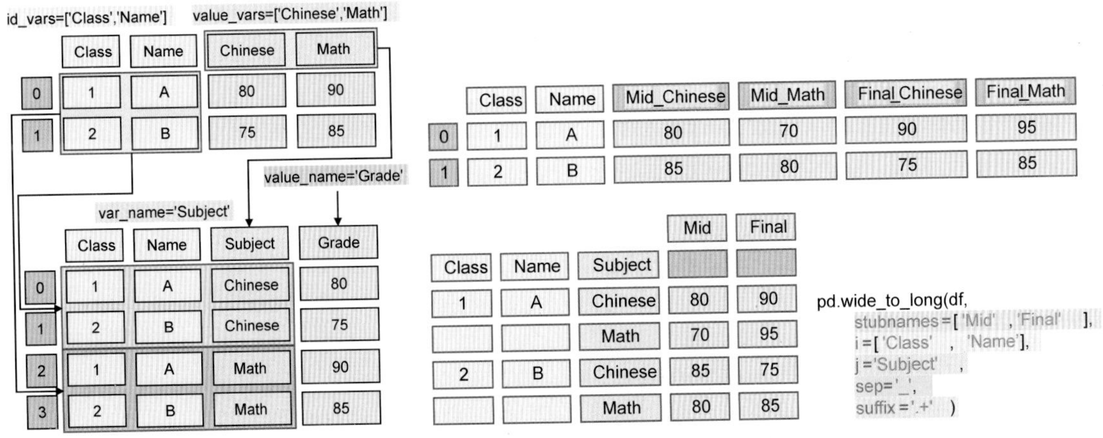
id_vars=['Class','Name']
value_vars=['Chinese','Math']
Class
Name
Chinese
Math
0
1
A
80
90
1
2
B
75
85
value_name='Grade'
var_name='Subject'
Class
Name
Subject
Grade
0
1
A
Chinese
80
1
2
B
Chinese
75
2
1
A
Math
90
3
2
B
Math
85
Class
Name
Mid_Chinese
Mid_Math
Final_Chinese
Final_Math
0
1
A
80
70
90
95
1
2
B
85
80
75
85
Mid
Final
Class
Name
Subject
1
A
Chinese
80
90
Math
70
95
2
B
Chinese
85
75
Math
80
85
pd.wide_to_long(df,
stubnames=['Mid' ,'Final'],
i=['Class' , 'Name'],
j='Subject' ,
sep='_',
suffix='.+')

图 3

图 4

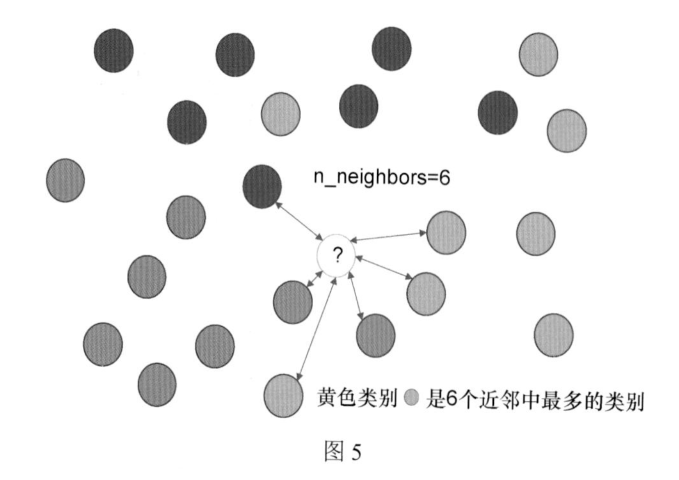
n_neighbors=6
?
黄色类别 是6个近邻中最多的类别

图 5

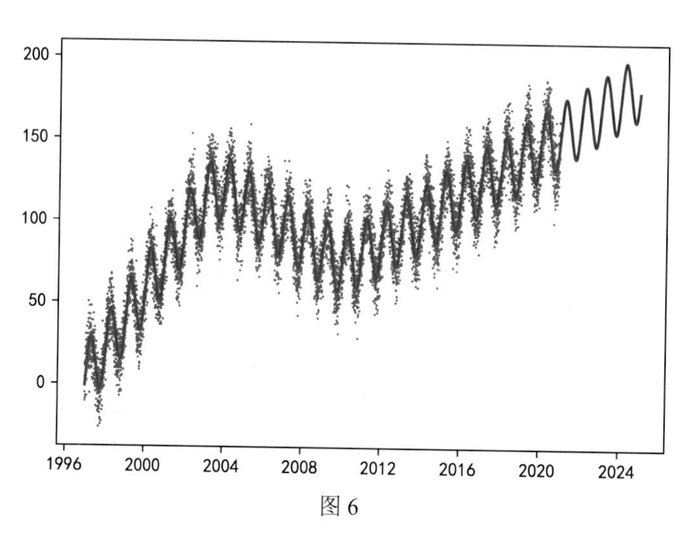
200
150
100
50
0
1996
2000
2004
2008
2012
2016
2020
2024

图 6

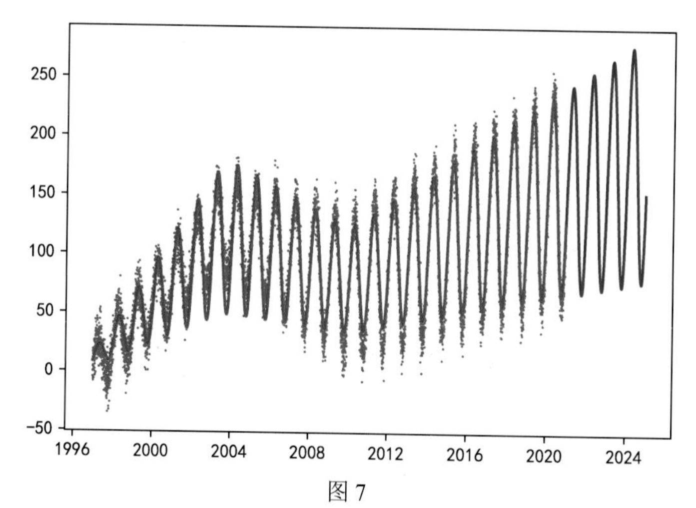
250
200
150
100
50
0
−50
1996
2000
2004
2008
2012
2016
2020
2024

图 7

CSS Colors

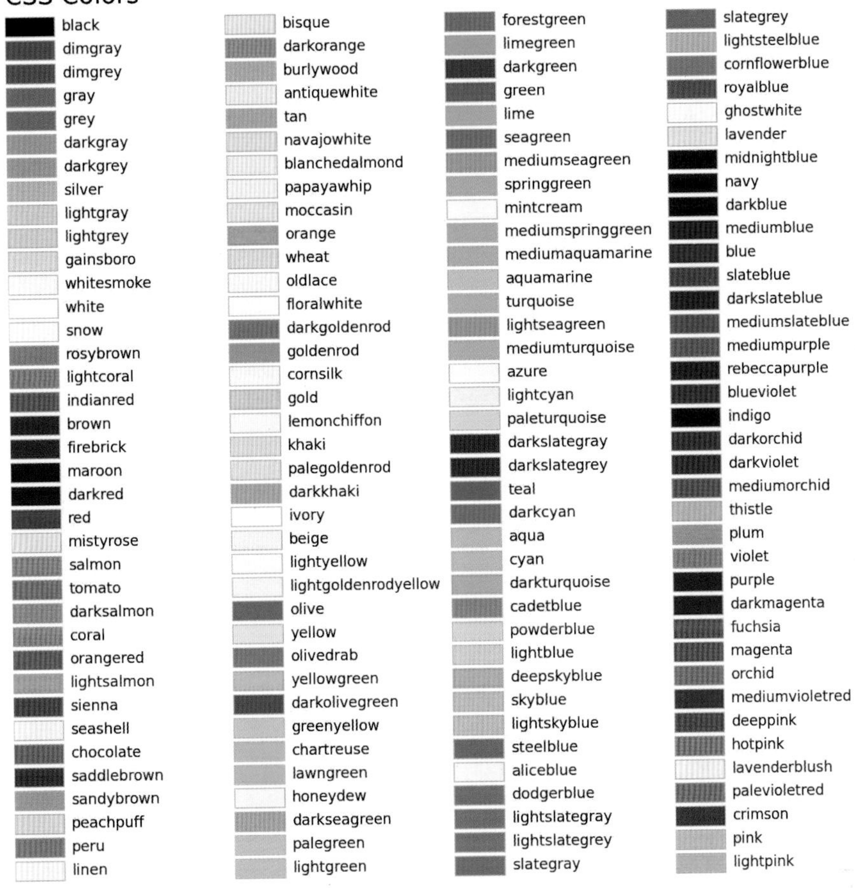
black
dimgray
dimgrey
gray
grey
darkgray
darkgrey
silver
lightgray
lightgrey
gainsboro
whitesmoke
white
snow
rosybrown
lightcoral
indianred
brown
firebrick
maroon
darkred
red
mistyrose
salmon
tomato
darksalmon
coral
orangered
lightsalmon
sienna
seashell
chocolate
saddlebrown
sandybrown
peachpuff
peru
linen
bisque
darkorange
burlywood
antiquewhite
tan
navajowhite
blanchedalmond
papayawhip
moccasin
orange
wheat
oldlace
floralwhite
darkgoldenrod
goldenrod
cornsilk
gold
lemonchiffon
khaki
palegoldenrod
darkkhaki
ivory
beige
lightyellow
lightgoldenrodyellow
olive
yellow
olivedrab
yellowgreen
darkolivegreen
greenyellow
chartreuse
lawngreen
honeydew
darkseagreen
palegreen
lightgreen
forestgreen
limegreen
darkgreen
green
lime
seagreen
mediumseagreen
springgreen
mintcream
mediumspringgreen
mediumaquamarine
aquamarine
turquoise
lightseagreen
mediumturquoise
azure
lightcyan
paleturquoise
darkslategray
darkslategrey
teal
darkcyan
aqua
cyan
darkturquoise
cadetblue
powderblue
lightblue
deepskyblue
skyblue
lightskyblue
steelblue
aliceblue
dodgerblue
lightslategray
lightslategrey
slategray
slategrey
lightsteelblue
cornflowerblue
royalblue
ghostwhite
lavender
midnightblue
navy
darkblue
mediumblue
blue
slateblue
darkslateblue
mediumslateblue
mediumpurple
rebeccapurple
blueviolet
indigo
darkorchid
darkviolet
mediumorchid
thistle
plum
violet
purple
darkmagenta
fuchsia
magenta
orchid
mediumvioletred
deeppink
hotpink
lavenderblush
palevioletred
crimson
pink
lightpink

图 8

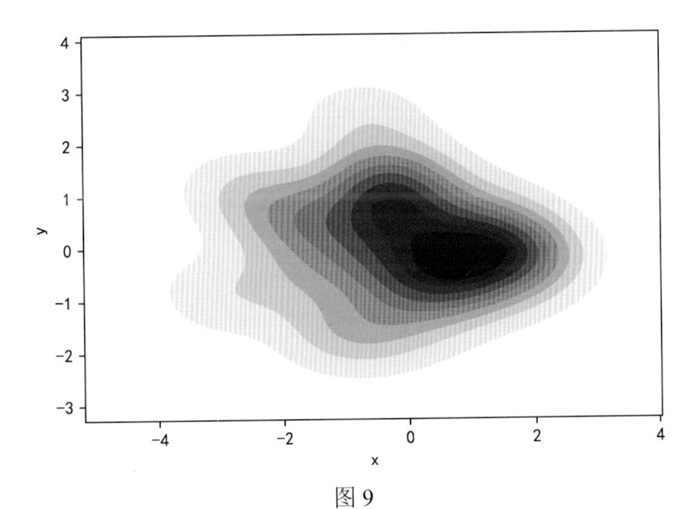
4
3
2
1
0
−1
−2
−3
y
−4
−2
0
2
4
x

图 9

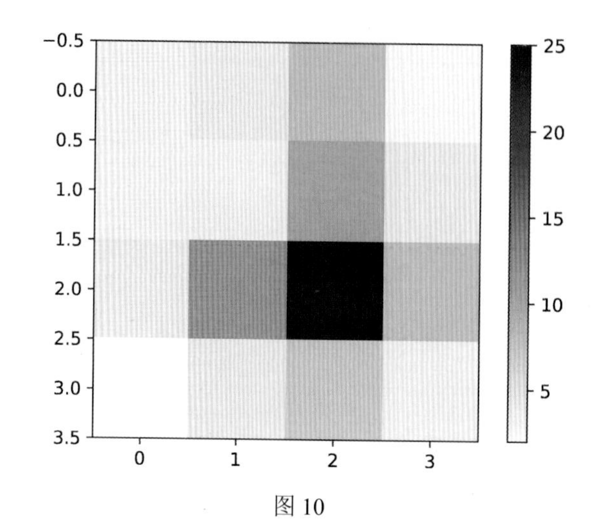
−0.5
0.0
0.5
1.0
1.5
2.0
2.5
3.0
3.5
0
1
2
3
25
20
15
10
5

图 10

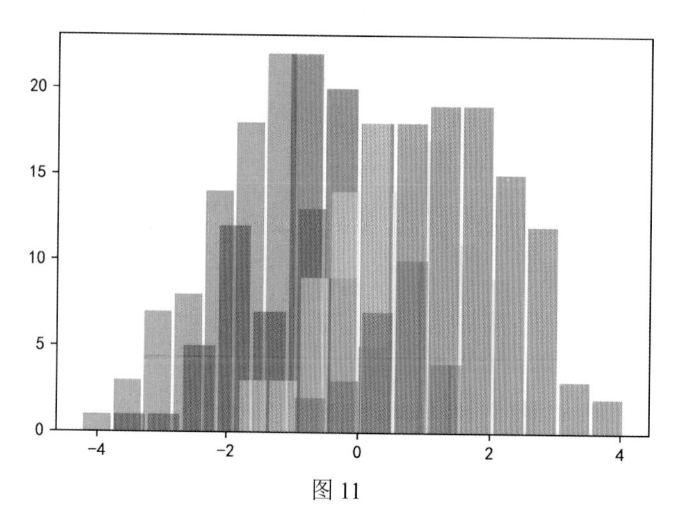
20
15
10
5
0
−4
−2
0
2
4

图 11

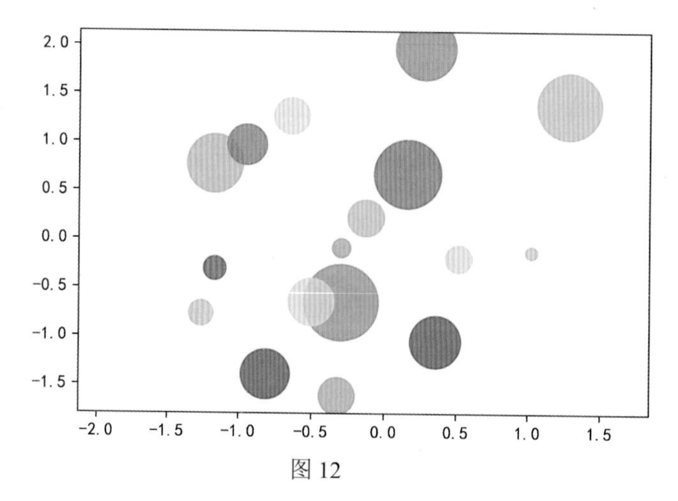
2.0
1.5
1.0
0.5
0.0
−0.5
−1.0
−1.5
−2.0
−1.5
−1.0
−0.5
0.0
0.5
1.0
1.5

图 12

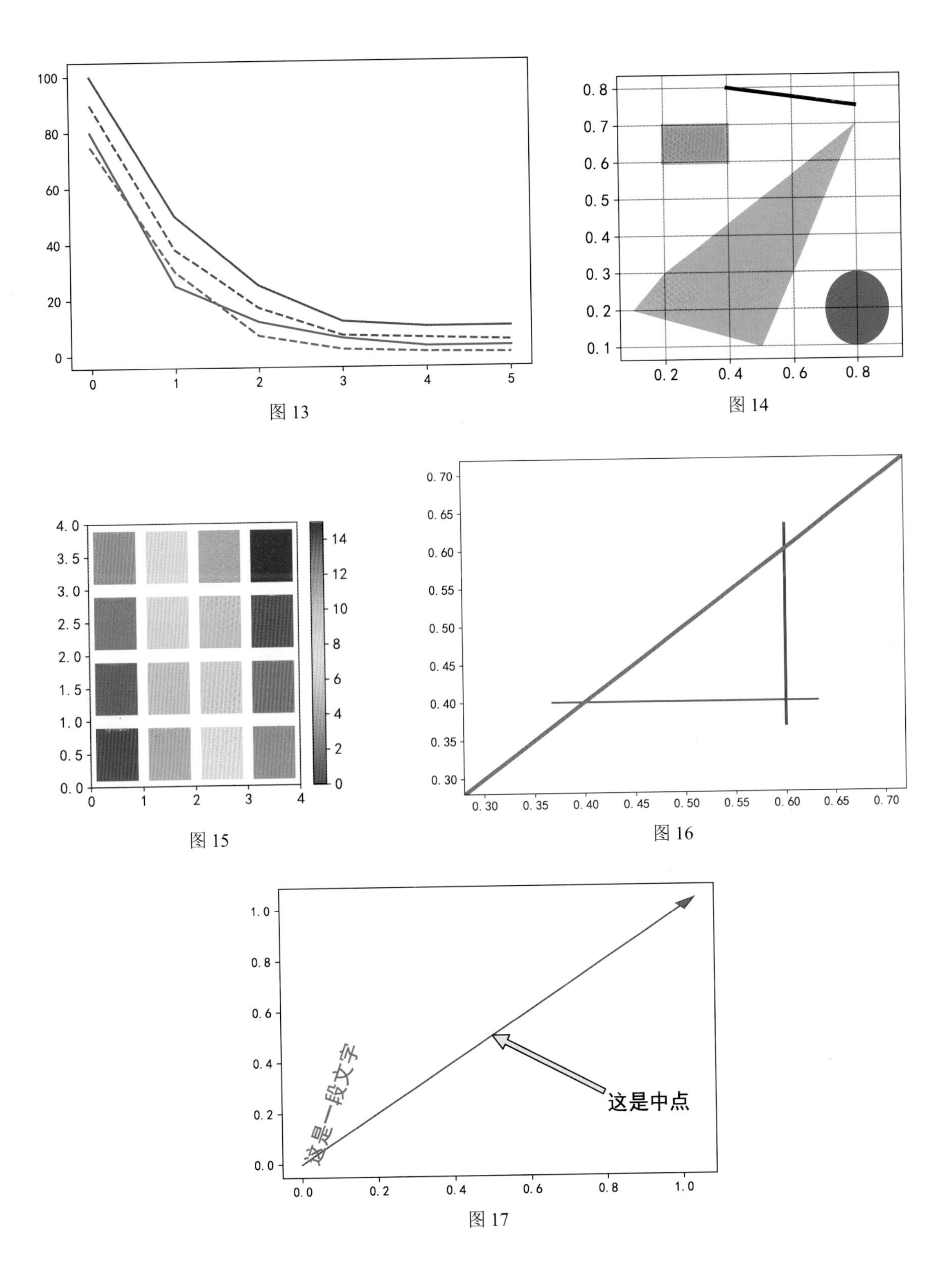

图 13

图 14

图 15

图 16

图 17

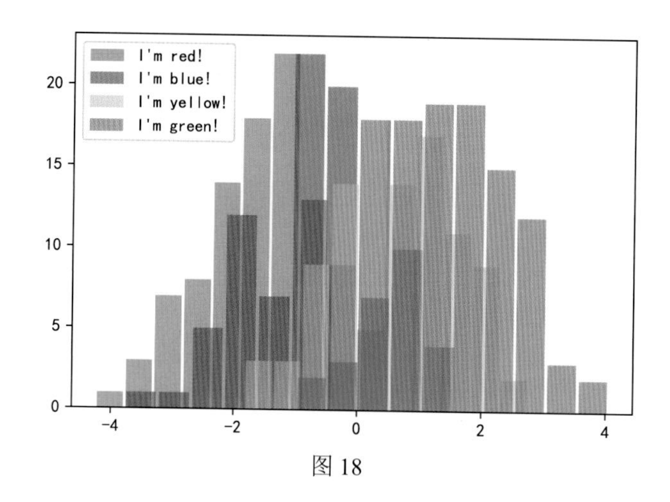
I'm red!
I'm blue!
I'm yellow!
I'm green!
0
5
10
15
20
-4
-2
0
2
4
图 18

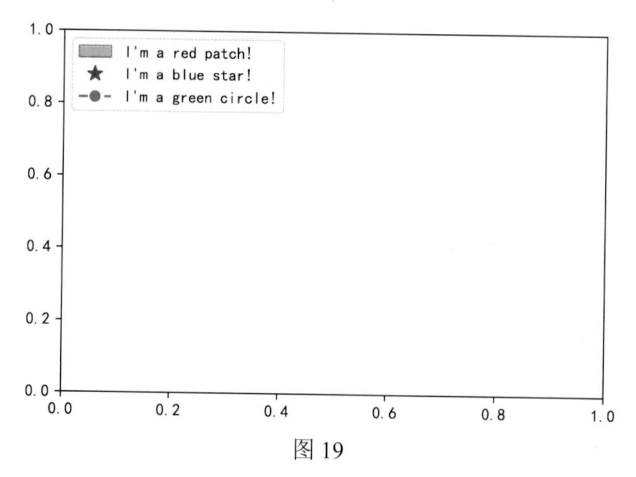
I'm a red patch!
I'm a blue star!
I'm a green circle!
0.0
0.2
0.4
0.6
0.8
1.0
图 19

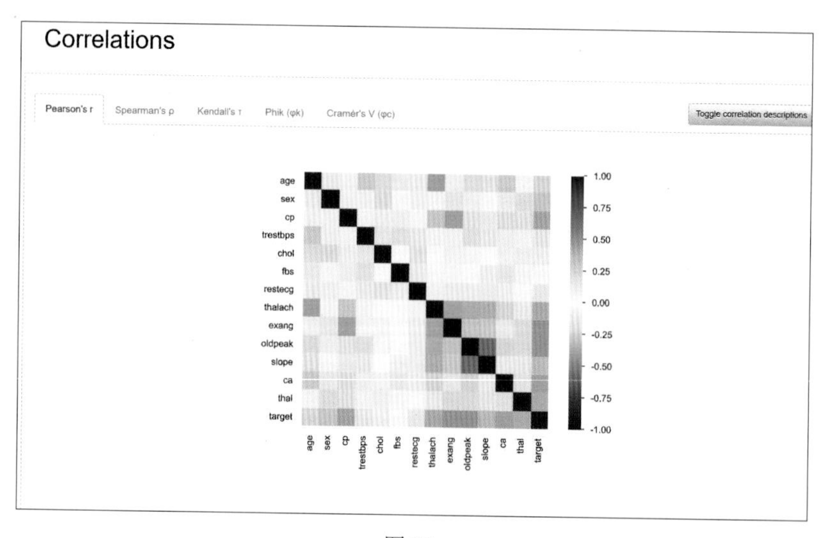
Correlations
Pearson's r
Spearman's ρ
Kendall's τ
Phik (φk)
Cramér's V (φc)
Toggle correlation descriptions
age
sex
cp
trestbps
chol
fbs
restecg
thalach
exang
oldpeak
slope
ca
thal
target
1.00
0.75
0.50
0.25
0.00
-0.25
-0.50
-0.75
-1.00
图 20

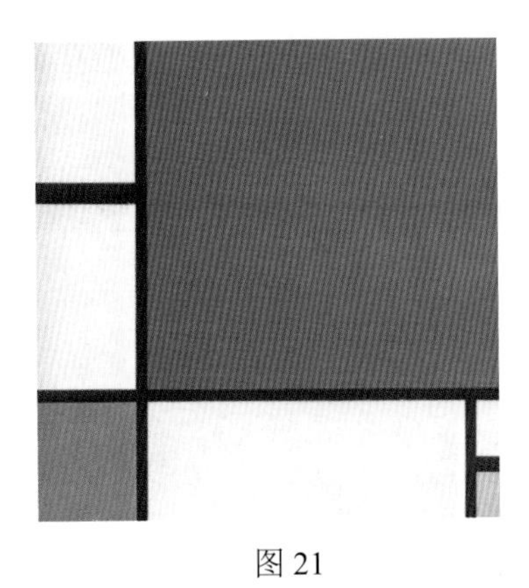

图 21

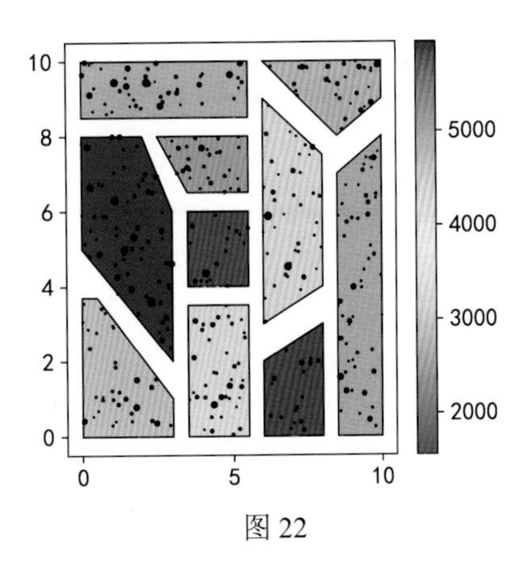

图 22

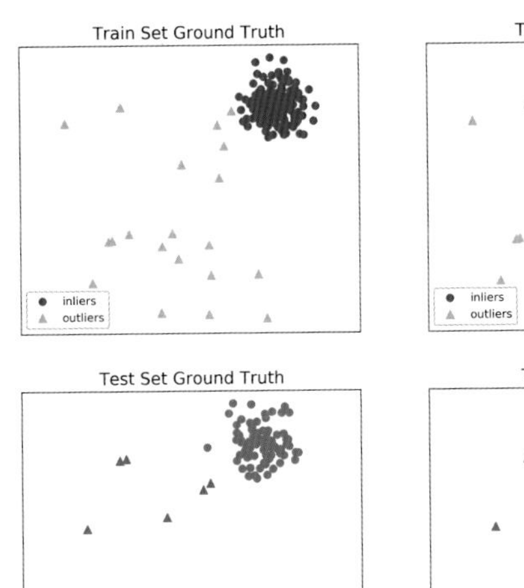

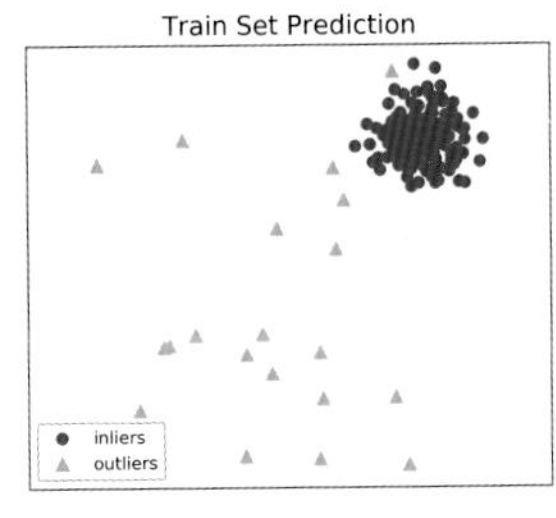

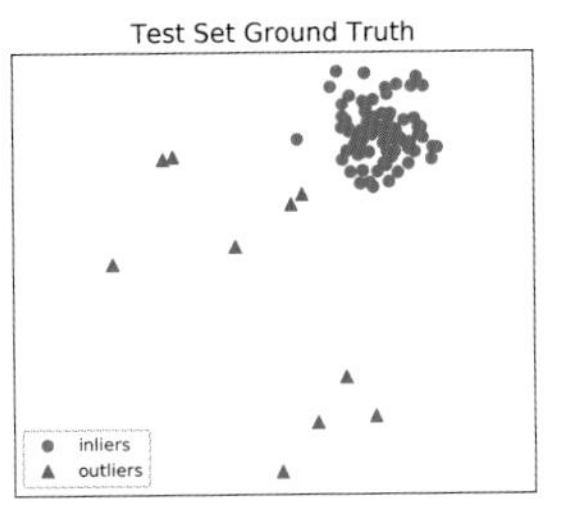

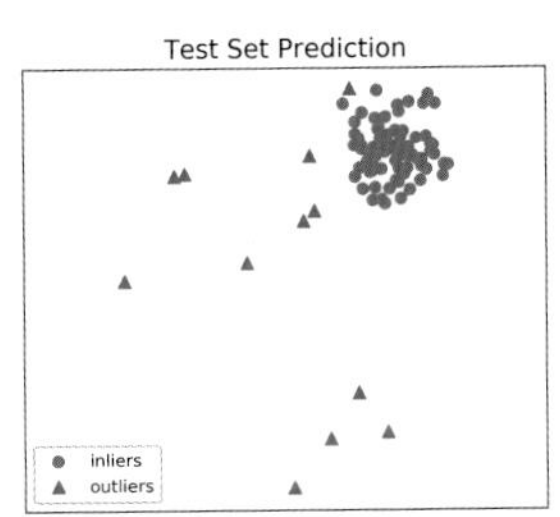

图 23

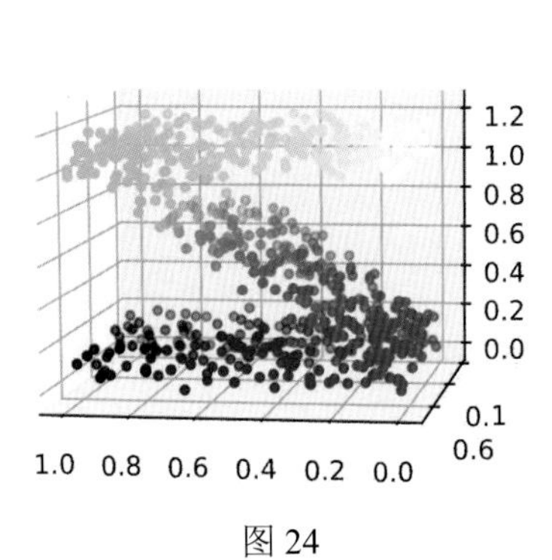

图 24

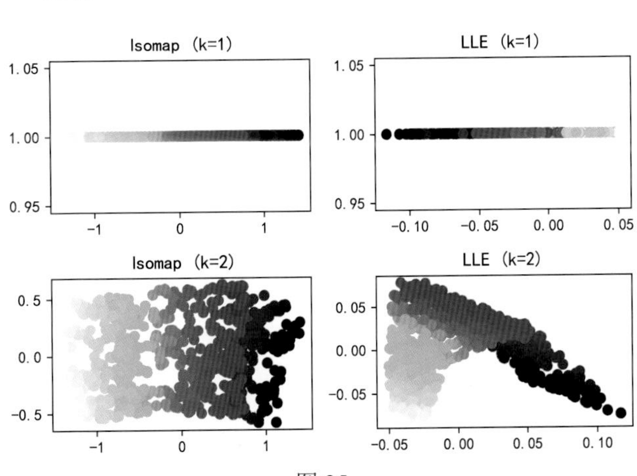

图 25

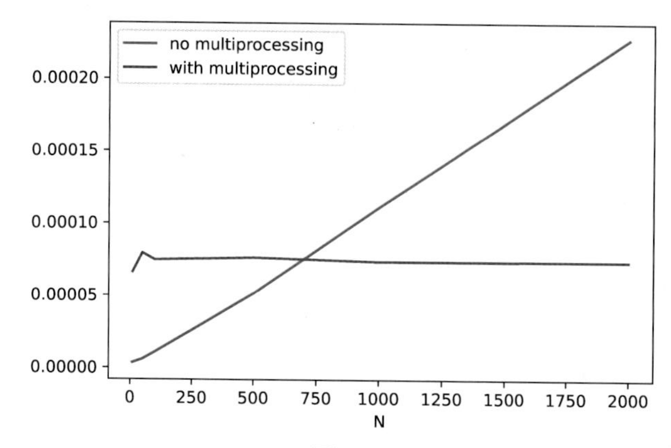
no multiprocessing
with multiprocessing
0.00020
0.00015
0.00010
0.00005
0.00000
0
250
500
750
1000
1250
1500
1750
2000
N

图 26

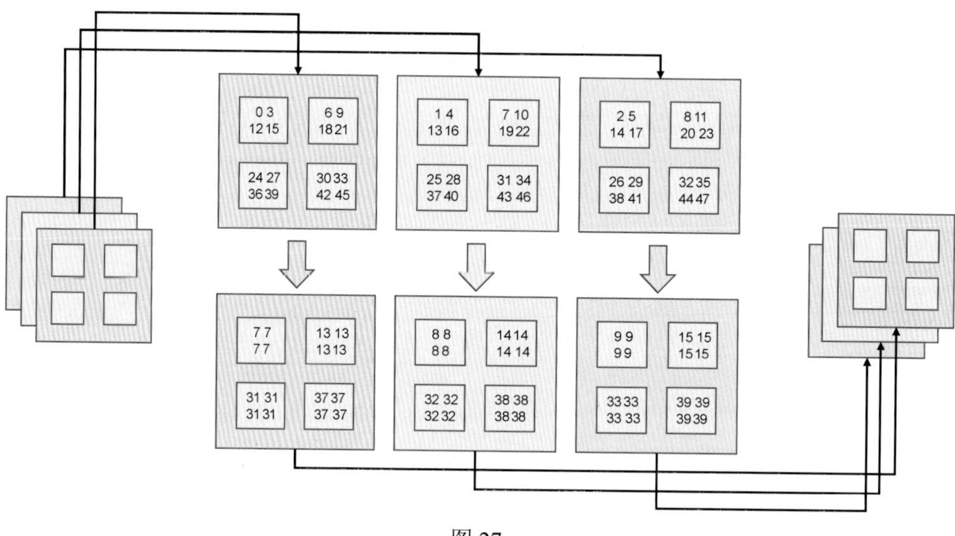
0 3
12 15
6 9
18 21
24 27
36 39
30 33
42 45
1 4
13 16
7 10
19 22
25 28
37 40
31 34
43 46
2 5
14 17
8 11
20 23
26 29
38 41
32 35
44 47
7 7
7 7
13 13
13 13
31 31
31 31
37 37
37 37
8 8
8 8
14 14
14 14
32 32
32 32
38 38
38 38
9 9
9 9
15 15
15 15
33 33
33 33
39 39
39 39

图 27

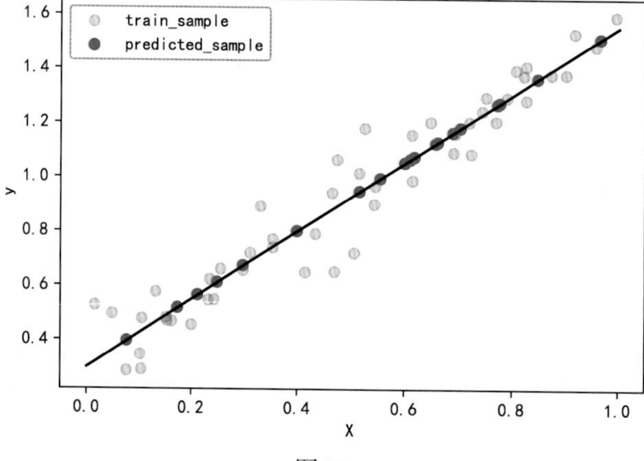
train_sample
predicted_sample
1.6
1.4
1.2
1.0
0.8
0.6
0.4
y
0.0
0.2
0.4
0.6
0.8
1.0
X

图 28

pandas数据处理与分析

耿远昊◎著

人 民 邮 电 出 版 社

北 京

图书在版编目（CIP）数据

pandas数据处理与分析 / 耿远昊著. -- 北京 : 人民邮电出版社, 2022.8（2022.9重印）
ISBN 978-7-115-58365-9

Ⅰ. ①p… Ⅱ. ①耿… Ⅲ. ①软件工具－程序设计 Ⅳ. ①TP311.561

中国版本图书馆CIP数据核字(2021)第265186号

内容提要

本书以 Python 中的 pandas 库为主线，介绍各类数据处理与分析方法。

本书共包含 13 章，第一部分介绍 NumPy 和 pandas 的基本内容；第二部分介绍 pandas 库中的 4 类操作，包括索引、分组、变形和连接；第三部分介绍基于 pandas 库的 4 类数据，包括缺失数据、文本数据、分类数据和时间序列数据，并介绍这 4 类数据的处理方法；第四部分介绍数据观测、特征工程和性能优化的相关内容。本书以丰富的练习为特色，每章的最后一节为习题，同时每章包含许多即时性的练习（练一练）。读者可通过这些练习将对数据科学的宏观认识运用到实践中。

本书适合具有一定 Python 编程基础、想要使用 pandas 进行数据处理与分析的数据科学领域的从业者或研究人员阅读。

◆ 著　　耿远昊
责任编辑　刘雅思
责任印制　王　郁　胡　南

◆ 人民邮电出版社出版发行　　北京市丰台区成寿寺路 11 号
邮编　100164　　电子邮件　315@ptpress.com.cn
网址　https://www.ptpress.com.cn
固安县铭成印刷有限公司印刷

◆ 开本：800×1000　1/16　　彩插：4
印张：21.25　　2022 年 8 月第 1 版
字数：499 千字　　2022 年 9 月河北第 3 次印刷

定价：98.00 元

读者服务热线：(010)81055410　印装质量热线：(010)81055316
反盗版热线：(010)81055315
广告经营许可证：京东市监广登字 20170147 号

前　言

“pandas 令人头痛！”——我在学习 pandas 库时曾如此抱怨。

pandas 库的函数令人眼花缭乱，现实中的复杂问题难免使人手足无措。如果你刚开始使用 pandas，遇到报错是很正常的，即使正确地进行了修复，下次遇到类似的问题时你可能已经遗忘了先前的解决方案，这样的情况听上去令人有些沮丧。因此，我经过总结思考并结合实践，梳理了 pandas 中常用的函数，将本书的前 3 个部分划分为“1+4+4”的模块结构，即“pandas 基础”+“4 类 pandas 操作”+“4 类 pandas 数据”，在每个模块中总结了函数之间的逻辑关系，从而展示出数据处理的宏观体系。除了数据处理，还要对数据进行分析，因此在先前的结构之上，读者还应该掌握 3 个问题的解决方案，即“怎么分析”“怎么处理”“怎么加速”，这对应“数据观测”“特征工程”和“性能优化”这 3 个知识模块。

数据处理与分析是实战型任务，读者需要通过一些高质量的练习来巩固所学知识。因此，本书配备了一定数量的习题，这些习题能够帮助读者理解、强化和拓展书中介绍的内容。

在本书写作期间，我也为 pandas 的 1.1.0 版本、1.2.0 版本、1.3.0 版本、1.4.0 版本和 1.5.0 版本贡献了自己的一份力量，包括修复文档的描述性错误、修复代码中的 bug 以及增加函数的新特性（resample 对象的逆向采样等）。虽然这些改进对整个 pandas 项目来说似乎微不足道，但我本人在这种开源的模式下感受到了愉悦和自我价值，因为这能体现我的分享精神、交流精神和协作精神。正所谓“一个人可以走得很快，一群人可以走得很远”，希望读者在学习过程中学会多思考、多练习、多总结，更要学会多分享、多交流、多协作，携此精神畅游数据科学的世界。

目标读者

本书并不要求读者对数据科学或数据分析有先验认识，只需具备基本的 Python 语法知识。本书也适用于有一些 pandas 基础且想要系统学习数据处理与分析方法的读者。对于已经对 pandas 和数据科学有一定了解的读者，阅读本书也能够起到巩固和拓展知识的作用。

内容概览

本书分为基础知识（第 1 章、第 2 章）、4 类操作（第 3 章～第 6 章）、4 类数据（第 7 章～第 10 章）和进阶实战（第 11 章～第 13 章）4 个部分。

第一部分包含 Python 基础、NumPy 基础和 pandas 基础。其中，Python 基础回顾推导式、匿名函数和打包函数的概念与应用；NumPy 基础包含常见的数组操作，如构造、变形、切片、广播机制以及常用函数。pandas 基础包含文件的读取和写入、基本数据结构、常用基本函数以及窗口对象。

第二部分介绍索引、分组、变形和连接这 4 类操作。其中，第 3 章涵盖单级索引、多级索引和常用索引方法；第 4 章介绍分组模式及其对象的基本概念、聚合函数的使用方法、变换函数和过滤函数的用法，以及跨列分组的相关内容；第 5 章讨论长宽表的变形和其他变形方法；第 6 章涉及关系连接的基本概念、常用关系连接函数和其他连接函数等。

第三部分介绍缺失数据、文本数据、分类数据和时间序列数据这 4 类数据。其中，第 7 章涉及缺失数据的四大操作——统计、删除、填充、插值，以及对 Nullable 类型的详细解读；第 8 章涵盖 str 对象、正则表达式基础、文本处理的 5 类操作——拆分、合并、匹配、替换、提取，以及常用字符串函数；第 9 章涉及 cat 对象、有序类别以及区间类别；第 10 章涵盖时间戳、时间差、日期偏置和时间序列操作的内容。

第四部分包含数据观测、特征工程和性能优化的内容。第 11 章介绍可视化的基本方法以及数据观测的一般思路。第 12 章介绍单特征构造、多特征构造和特征选择的常用方法。第 13 章介绍 pandas 代码编写的注意事项、基于多进程的加速方法、基于 Cython 的加速方法以及基于 Numba 的加速方法。

标记约定

（1）练一练：读者需要结合该窗口附近的相关知识点完成窗口中列出的练习。

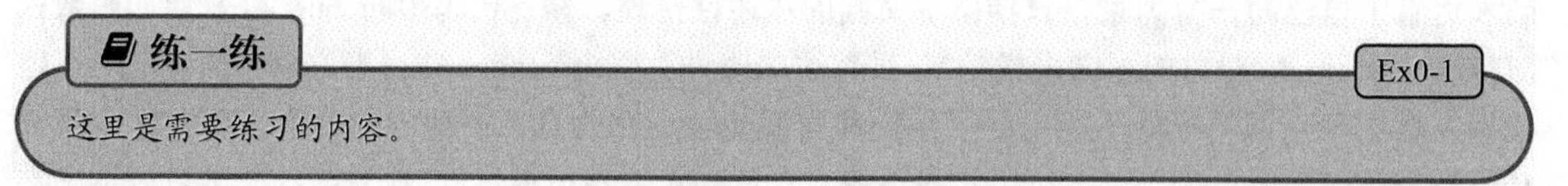

（2）注解：读者需要注意该窗口中的说明，它们是对正文的补充或深入解读。

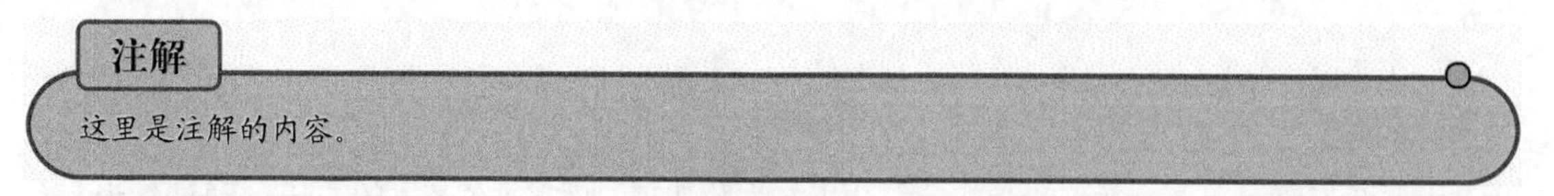

（3）输入代码块：表示 Jupyter 单元的输入。

```
In [1]:  # 这是输入代码块
```

（4）输出代码块：表示 Jupyter 单元的输出，每一个输出代码块必然存在一个与之对应的输入代码块。

```
Out[1]:  # 这是输出代码块
```

（5）普通代码块：表示样例代码、终端输入或 Python 文件内容。

```
# 这是普通代码块
```

（6）代码中的省略标记用“……”表示。

相关资源

本书的数据集资源和参考答案可参见 GitHub 网站的 datawhalechina/joyful-pandas 仓库。

致谢

感谢 pandas 社区，特别是 Wes McKinney（pandas 库的发明者）、Brock Mendel、Jeff Reback、Joris Van den Bossche、Tom Augspurger、Simon Hawkins、Matthew Roeschke 等 pandas 核心开发组的成员，没有他们对开源项目的维护和坚守，就不可能有当前如此丰富的 Python 数据科学生态。

感谢 Datawhale 开源社区，本书源于 Datawhale 社区的“Joyful Pandas”教程。该社区为我提供了非常好的平台和机会，使我能够分享自己学习到的数据科学知识。

感谢我的母校华东师范大学。本书的大部分章节写成于我在母校就读期间，在那里我度过了难忘的学习生活。

感谢为本书付出巨大努力的人民邮电出版社的刘雅思编辑以及全体工作人员。

最后，感谢我父母多年来对我的照料和支持。

相关资源

[illegible]

致谢

[illegible]

资源与支持

本书由异步社区出品，社区（https://www.epubit.com/）为您提供相关资源和后续服务。

配套资源

本书提供如下资源：

- 本书数据集；
- 练一练、章末习题答案。

要获得以上配套资源，请在异步社区本书页面中点击 配套资源 ，跳转到下载界面，按提示进行操作即可。注意：为保证购书读者的权益，该操作会给出相关提示，要求输入提取码进行验证。

如果您是教师，希望获得教学配套资源，请在社区本书页面中直接联系本书的责任编辑。

提交勘误

作者和编辑尽最大努力来确保书中内容的准确性，但难免会存在疏漏。欢迎您将发现的问题反馈给我们，帮助我们提升图书的质量。

当您发现错误时，请登录异步社区，按书名搜索，进入本书页面，点击“提交勘误”，输入勘误信息，点击“提交”按钮即可（见下图）。本书的作者和编辑会对您提交的勘误信息进行审核，确认并接受您的建议后，您将获赠异步社区的 100 积分。积分可用于在异步社区兑换优惠券、样书或奖品。

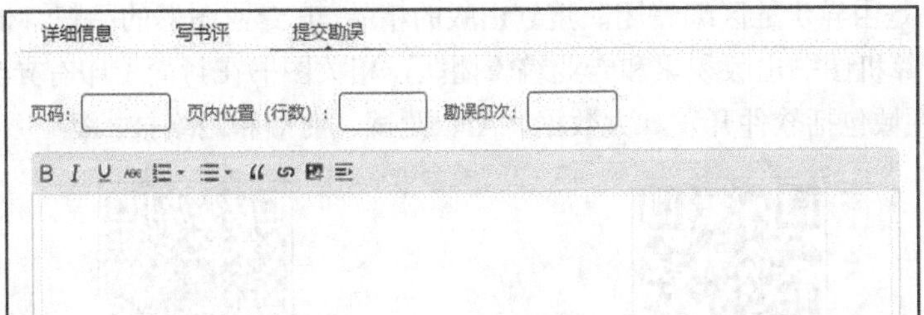

扫码关注本书

扫描下方二维码，您将会在异步社区微信服务号中看到本书信息及相关的服务提示。

与我们联系

我们的联系邮箱是 contact@epubit.com.cn。

如果您对本书有任何疑问或建议，请您发邮件给我们，并请在邮件标题中注明本书书名，以便我们更高效地做出反馈。

如果您有兴趣出版图书、录制教学视频或者参与图书技术审校等工作，可以直接发邮件给本书的责任编辑（liuyasi@ptpress.com.cn）。

如果您来自学校、培训机构或企业，想批量购买本书或异步社区出版的其他图书，也可以发邮件给我们。

如果您在网上发现有针对异步社区出品图书的各种形式的盗版行为，包括对图书全部或部分内容的非授权传播，请您将怀疑有侵权行为的链接通过邮件发给我们。您的这一举动是对作者权益的保护，也是我们持续为您提供有价值的内容的动力之源。

关于异步社区和异步图书

“异步社区”是人民邮电出版社旗下 IT 专业图书社区，致力于出版精品 IT 图书和相关学习产品，为作译者提供优质出版服务。异步社区创办于 2015 年 8 月，提供大量精品 IT 图书和电子书，以及高品质技术文章和视频课程。更多详情请访问异步社区官网 https://www.epubit.com。

“异步图书”是由异步社区编辑团队策划出版的精品 IT 专业图书的品牌，依托于人民邮电出版社近 30 年的计算机图书出版积累和专业编辑团队，相关图书在封面上印有异步图书的 LOGO。异步图书的出版领域包括软件开发、大数据、AI、测试、前端和网络技术等。

异步社区

微信服务号

目 录

第一部分 基础知识

第二部分 4类操作

第三部分 4类数据

第四部分 进阶实战

第一部分

基础知识

第1章

预备知识

pandas 是 Python 的第三方库，并且它依赖 NumPy。本章将介绍 Python 中一些容易被遗漏的基础知识以及 NumPy 的基本用法，它们都是后续学习 pandas 的前置知识。在开始学习前，读者需要对以下事项进行自查。

（1）已安装 IPython 或 Jupyter Notebook 工具。

（2）已具备容器（列表、集合、元组和字典）、流程控制、函数、类等与 Python 相关的基础知识。

对上述内容不熟悉的读者可以在网络上查询相关资料或参考如下图书中的相关章节。

（1）《利用 Python 进行数据分析（第 2 版）》，Wes McKinney 著。

（2）《Python 编程　从入门到实践（第 2 版）》，Eric Matthes 著。

（3）《Python 数据科学手册》，Jake VanderPlas 著。

1.1 Python 基础

本节将对 Python 中的推导式、匿名函数以及打包函数进行介绍，熟练掌握这些基本功能或特性是学习数据处理与分析的基础。

1.1.1 推导式

推导式反映了两个对象之间的映射关系，例如把一个整数列表映射到另一个整数列表，新列表中每个元素的值都是原来相应位置元素值的两倍；又如把一个字符串列表映射到一个字典的键，并把这些键的所有英文字母改为大写形式。下面先从一个简单的例子入手。

现给定一个数值范围为 0～4、共计 5 个元素的整数列表：

```
In [1]:  given_list = [0, 1, 2, 3, 4]
         given_list
Out[1]:  [0, 1, 2, 3, 4]
```

若想要得到一个同长度的列表，满足列表中每一个元素的值都是原来相应位置元素的值的平方。这在 Python 中可以表示为：

```
In [2]:  def my_func(x):
             return x ** 2
```

```
In [3]:  new_list = []
         for i in range(5):
             new_list.append(my_func(i))
         new_list
Out[3]:  [0, 1, 4, 9, 16]
```

在这个例子中，given_list 中的元素通过 my_func()函数的映射关系变换到了 new_list 中。这一过程可以用以下推导式表示：

```
In [4]:  list(my_func(i) for i in given_list)
Out[4]:  [0, 1, 4, 9, 16]
```

对列表的推导式而言，其写法可以进行如下简化：

```
In [5]:  [my_func(i) for i in given_list]
Out[5]:  [0, 1, 4, 9, 16]
```

注解

推导式是 Python 中一个实用的语法糖（syntactic sugar），合理使用语法糖能够使代码的结构更为清晰，但若滥用它们将会降低代码的可读性。

除了列表的推导式，字典与集合的推导式同样存在类似的写法：

```
In [6]:  {my_func(i) for i in given_list}     # 集合推导式
Out[6]:  {0, 1, 4, 9, 16}
In [7]:  {i: my_func(i) for i in given_list} # 字典推导式
Out[7]:  {0: 0, 1: 1, 2: 4, 3: 9, 4: 16}
```

练一练 Ex1-1

给定一个包含 5 个英语单词的列表，请构造一个以列表的元素为键，以每个键对应的单词字母个数为值的字典。

在推导式中，映射关系占有重要的地位。在本节的例子中，为了强调这种关系，我们使用 my_func()来具体地表示。事实上，我们可以直接在推导式内写出简单的表达式：

```
In [8]:  [i**2 for i in given_list]
Out[8]:  [0, 1, 4, 9, 16]
```

在某些时候，我们并不一定真的需要一个列表作为结果，而是只需要对可迭代对象（如列表、元组等）内的元素进行逐个操作，并返回一个值或者其他对象。例如对列表中的元素平方后进行求和，下面这种先生成列表再传入 sum()函数的做法是不提倡的：

```
In [9]:  sum([my_func(i) for i in given_list])
Out[9]:  30
```

其原因在于 sum()函数只希望进行加和操作，由列表推导式生成中间列表是没有必要的，这样做占用了额外的内存空间。正确的做法是直接在函数中传入生成器表达式（generator expression）：

```
In [10]: sum(my_func(i) for i in given_list)
Out[10]: 30
```

需要注意的是，这里的迭代对象需要实现迭代器协议。Python 中的许多对象都实现了该协议，例如列表、字典、集合等。除了 sum()函数，类似的常用函数还包括 any()、all()、max()和 min():

```
In [11]: all(my_func(i) for i in given_list) # 存在 0 元素返回 False
Out[11]: False
In [12]: max(my_func(i) for i in given_list)
Out[12]: 16
```

最后，我们要介绍推导式的嵌套。最常用的嵌套有两类，第一类为单个推导式中存在多个迭代，第二类为推导式中嵌套新的推导式。

对第一类推导式而言，靠前的为外层循环，靠后的为内层循环。例如，生成两个列表中所有字符串可能的组合。

```
In [13]: [(color, item) for color in ["red", "blue"] for item in ["pen", "book"]]
Out[13]: [('red', 'pen'), ('red', 'book'), ('blue', 'pen'), ('blue', 'book')]
```

对第二类推导式而言，外层推导式内的迭代为外层循环，内层推导式内的迭代为内层循环。这里可以发现与上面一个例子生成结果的区别。

```
In [14]: [[(color, item) for color in ["red","blue"]] for item in ["pen", "book"]]
Out[14]: [[('red', 'pen'), ('blue', 'pen')], [('red', 'book'), ('blue', 'book')]]
```

练一练 Ex1-2

给定 3 个二维整数列表 L_1、L_2、L_3，它们都是 30×20 的列表，即每个列表中包含 30 个内层列表，并且每一个内层列表中包含 20 个整数。请利用列表推导式，构造一个大小相同的新列表 L_{new}，其满足任意一个位置的值是 L_1、L_2、L_3 相应位置的值的最小值。

本节提到了映射关系，它广泛存在于编程过程中每一个“角落”。函数是映射关系的具体表现形式，除了像上述例子中的具有显式名称的函数，如 my_func()，Python 还提供了一种被称为匿名函数（anonymous function）的工具。匿名函数常用于替代短小的临时函数，1.1.2 节将对其进行介绍。

1.1.2 匿名函数

匿名函数是使用 lambda 关键字创建的。lambda 紧接形参名，后接冒号与映射关系。在下面的两个例子中，函数的作用分别是将输入值乘 2 后返回和将输入的两个数相加后返回。

```
In [15]: single_para_func = lambda x: 2 * x
         single_para_func(3)
Out[15]: 6
In [16]: multi_para_func = lambda a, b: a + b
         multi_para_func(1, 2)
Out[16]: 3
```

此处我们虽然使用了匿名函数，但仍然给它起了相应的名字，这与“匿名”的含义相悖，在实际使用过程中并不会这样做，因为匿名函数仅被用于体现某种映射关系。匿名函数与利用 def 定义的函数对象并没有本质上的不同，它在使用中往往作为函数的参数传入，这在 pandas 中是十分常见的。下面利用 filter()函数的例子来具体说明匿名函数的用法。

filter()函数的作用是筛选出一个迭代器中符合条件的元素，它的第一个参数为返回布尔类型的值的函数，第二个参数为一个可迭代对象。filter()函数的返回值是一个迭代器，可以通过具体的构造方法转换为相应的可迭代对象。在下面的例子中，筛选出了列表元素个数至少为 2 的列表，其中 my_list 是一个列表，每一次调用匿名函数时，传入的都是 my_list 中的元素，而这个元素恰好也是列表：

```
In [17]:  my_list = [[1, 2], [3, 4, 5], [6], [7, 8], [9]]
          list(filter(lambda x: len(x) >= 2, my_list))
Out[17]:  [[1, 2], [3, 4, 5], [7, 8]]
```

需要注意的是，在匿名函数中只能使用表达式，即赋值语句、循环语句与选择语句等不能出现，但我们可以借助推导式和条件赋值语句来部分地代替这些语句的功能。下面我们将介绍条件赋值。

条件赋值语句的形式如下：

```
value = a if condition else b
```

其中，value 为新的变量，condition 为需要判断的条件。若条件为真则 value 被赋值为 a，否则被赋值为 b。它与如下 if...else...语句的作用一致：

```
if condition:
    value = a
else:
    value = b
```

下面仍然利用前文构造的 my_list 来说明如何利用推导式和条件赋值语句在匿名函数中完成循环和选择。下面的代码输出了列表中奇数和超过 5 的对应列表：

```
In [18]:  list(filter(lambda x: sum(i if i%2 == 1 else 0 for i in x) > 5, my_list))
Out[18]:  [[3, 4, 5], [7, 8], [9]]
```

上述代码中的 x 代表的是 my_list 中的元素，它是列表，式中的 i 代表的是每次迭代中 x 内的元素，它是整数。由于只需要计算奇数的和，因此这里直接在生成器表达式中把偶数元素置零。

练一练 Ex1-3

对于前文构造的 my_list，请输出包含 3 的整数倍的内层列表。

1.1.3 打包函数

有些时候，我们需要对两个列表中对应位置上的元素进行同时操作，此时可以使用打包函数 zip()。例如，某一个班级学生的期中成绩和期末成绩存放在两个列表中，现在想要计算学期总评并输出，学期总评的计算方式为40%的期中成绩加上60%的期末成绩。

```
In [19]:  mid = [70, 83, 95, 78, 79]
          final = [80, 70, 68, 90, 70]
```

通过使用zip()函数，能够得到一个可迭代的zip对象：

```
In [20]:  mid = [70, 83, 95, 78, 79]
          for midScore, finalScore in zip(mid, final):
              print(midScore, finalScore)
Out[20]:  70 80
          83 70
          95 68
          78 90
          79 70
```

结合1.1.1节中的推导式，可以直接输出最后的学期总评结果：

```
In [21]:  [0.4*midScore + 0.6*finalScore for midScore, finalScore in zip(mid, final)]
Out[21]:  [76.0, 75.2, 78.8, 85.2, 73.6]
```

除了可以同时遍历两个列表相同位置的元素的值，当需要对两个列表建立字典映射时，也可以利用zip()函数：

```
In [22]:  L1 = list("abcde")
          # 把字符串传入list来生成单字符列表的做法与如下语句等价：
          # L1 = ["a", "b", "c", "d", "e"]
          L2 = ["apple", "ball", "cat", "dog", "eye"]
          dict(zip(L1, L2))
Out[22]:  {'a': 'apple', 'b': 'ball', 'c': 'cat', 'd': 'dog', 'e': 'eye'}
```

对zip对象使用list的构造方法能够返回一个由元组构成的列表，可以看到原来列表相同位置的元素被压缩在了同一个元组中：

```
In [23]:  # 本书中间步骤的结果常用res变量表示，它是result的缩写
          res = list(zip(L1, L2))
          res
Out[23]:  [('a', 'apple'), ('b', 'ball'), ('c', 'cat'), ('d', 'dog'), ('e', 'eye')]
```

如果想要把上述打包后的结果转换为打包前的序列，可以联合使用zip()函数和*操作符：

```
In [24]:  res = list(zip(*res))
          res[0]
Out[24]:  ('a', 'b', 'c', 'd', 'e')
In [25]:  res[1]
Out[25]:  ('apple', 'ball', 'cat', 'dog', 'eye')
```

最后，这里介绍一个特殊的打包函数enumerate()，它可以在迭代时绑定迭代元素的遍历序号：

```
In [26]:  for index, value in enumerate(L2):
              print(index, value)
Out[26]:  0 apple
          1 ball
          2 cat
          3 dog
          4 eye
```

练一练 Ex1-4

请用 zip()函数完成上述例子中 enumerate()函数的功能。

1.2 NumPy 基础

NumPy 是 Python 中负责科学计算的第三方库，它提供了 *n* 维数组 ndarray 的各类操作。在 pandas 中，数据容器对象中的值属性 values 就是 NumPy 中的 ndarray 类型，同时，许多在 pandas 包中自定义的数据类型及其成员函数都是基于 NumPy 来实现的。NumPy 的效率很高，这个评价包含了两层含义：首先，NumPy 基于 C 编写，在调用底层库的同时做了大量的性能优化，而 Python 在绝大多数情况下只负责接口的实现；其次，编写 NumPy 代码需要具备向量化的思维模式，这种思维模式在本节介绍的广播机制中尤其重要，精确简明地使用 NumPy 的各类函数能够使数据处理与分析更为高效便捷。下面，我们将从数组的构造、数组的变形、数组的切片、广播机制与常用函数这 5 个方面来介绍 NumPy 的使用方法。

1.2.1 NumPy 数组的构造

NumPy 数组的构造方式多种多样，其中最一般的方法是通过 array()来构造，下面的例子是把一个普通列表转换为 NumPy 数组：

```
In [27]:  import numpy as np
          np.array([1,2,3])
Out[27]:  array([1, 2, 3])
```

除了掌握上述利用显式构造列表生成 NumPy 数组的方法，更重要的是掌握一些特殊的数组生成方法，包括等差数列的生成、特殊矩阵的生成与随机数组的生成等方法。

1. 等差数列

在日常生活中，等差数列随处可见，例如一组连续的奇数是等差数列，又如居民住宅楼每层所在的高度的数值大多呈等差数列。在 NumPy 中，生成数值均匀间隔数组的函数为 np.linspace()和 np.arange()，前者的 3 个参数代表了起始点、终止点（包含）与样本个数，后者的 3 个参数代表了起始点、终止点（不包含）与步长。

```
In [28]:  np.linspace(1, 5, 5)
Out[28]:  array([1., 2., 3., 4., 5.])
In [29]:  np.arange(1, 5, 1) # 与range()一样不含末端点
Out[29]:  array([1, 2, 3, 4])
```

2. 特殊矩阵

NumPy 提供了若干特殊的数组生成函数，这里介绍 np.zeros()、np.ones()、np.eye()和 np.full()这 4 种函数。其中，np.zeros()和 np.ones()传入的参数为元组，其含义是数组每一个维度的大小。这里需要指出，NumPy 数组可以是任意维度的，很多函数都会含有参数 dim，指代这个函数操作

作用于数组的哪一个或哪几个维度，后文会更加具体地说明其中的计算方法。下面构造一个 2×3×4 的全零数组：

```
In [30]:  # 传入元组表示各维度大小，此例中外层二维，中层三维，内层四维
          np.zeros((2, 3, 4))
Out[30]:  array([[[0., 0., 0., 0.],
                  [0., 0., 0., 0.],
                  [0., 0., 0., 0.]],

                 [[0., 0., 0., 0.],
                  [0., 0., 0., 0.],
                  [0., 0., 0., 0.]]])
In [31]:  np.ones((2, 1, 2))
Out[31]:  array([[[1., 1.]],
                 [[1., 1.]]])
```

全零函数 np.zeros()是填充函数 np.full()的特例，后者最简单的用法即在第一个参数中传入元组代表维数，在第二个参数中传入单个数值代表填充元素。

```
In [32]:  # 传入元组表示各维度大小，10 表示填充数值
          np.full((2,3), 10)
Out[32]:  array([[10, 10, 10],
                 [10, 10, 10]])
```

一般地，若 np.full()的第一个参数为元组$(d_0,\cdots,d_{k-t},\cdots,d_{k-1})$，且第二个参数为维度大小为$d_{k-t}\times\cdots\times d_{k-1}$ 的数组 np_input，则 np.full()函数返回的数组为将 $d_0\times\cdots\times d_{k-t-1}$ 个 np_input 按照$d_0\times\cdots\times d_{k-t-1}$的布局进行拼接的结果，返回数组的维度大小为$d_0\times\cdots\times d_{k-t}\times\cdots\times d_{k-1}$。下面举一个具体的例子来说明。

```
In [33]:  np_input = [[1, 2], [3, 4], [5, 6]]
          np.full((2, 2, 3, 2), np_input)
out[33]:  array([[[[1, 2],
                   [3, 4],
                   [5, 6]],

                  [[1, 2],
                   [3, 4],
                   [5, 6]]],

                 [[[1, 2],
                   [3, 4],
                   [5, 6]],

                  [[1, 2],
                   [3, 4],
                   [5, 6]]]])
```

在上面的这个例子中，数组 np_input 的大小为 $d_2\times d_3=3\times2$，布局维度为 $d_0\times d_1=2\times2$，从而最终得到的数组维度大小为 2×2×3×2。

在某些情况下，用户希望生成和给定数组相同大小的全零矩阵、全一矩阵和填充矩阵，可以使用 np.zeros_like()、np.ones_like()和 np.full_like()来完成，用法如下：

```
In [34]: arr = [[1, 2], [3, 4]] # 给定的矩阵
         np.zeros_like(arr)
Out[34]: array([[0, 0],
                [0, 0]])
In [35]: np.ones_like(arr)
Out[35]: array([[1, 1],
                [1, 1]])
In [36]: np.full_like(arr, [100, 200])
Out[36]: array([[100, 200],
                [100, 200]])
```

除了重复元素的填充矩阵，单位矩阵也是一类常用的特殊矩阵，它可以通过 np.eye()来获取，其中包含参数 n，表示返回 $n \times n$ 的单位矩阵。

```
In [37]: np.eye(3) # 3×3 的单位矩阵
Out[37]: array([[1., 0., 0.],
                [0., 1., 0.],
                [0., 0., 1.]])
```

值得注意的是，np.eye()中的参数 k 表示主对角线的偏移距离，当 $k \geqslant 1$ 时，主对角线上的元素 1 向上移动 k 个单位。

```
In [38]: np.eye(3, k=1)
Out[38]: array([[0., 1., 0.],
                [0., 0., 1.],
                [0., 0., 0.]])
```

注解

在某些时候，用户希望生成没有初始化的空数组，作为之后填充的容器，此时可以使用 empty(shape,dtype)或 empty_like(arr, dtype)来实现，其中 shape 为整数或元组，dtype 为空数组的数据类型（即填入元素后希望得到的类型）。空数组将在第 13 章中被使用。

3. 随机数组

随机数组广泛出现在数据建模或模型构造的过程中，例如神经网络中的 Xavier 初始化策略，贝叶斯统计学习中的蒙特卡洛模拟等。最常用的随机生成函数为 uniform()、normal()、randint()和 choice()，它们都来自 np.random 模块，分别表示均匀分布的随机数组、正态分布的随机数组、随机整数数组和随机列表抽样。

使用 uniform(a,b,size)能够生成服从 $U[a,b]$且数组维度为 size 的均匀分布的数组：

```
In [39]: np.random.uniform(-1, 2, 3) # 一维
Out[39]: array([ 0.59014468, -0.86907229, -0.21060346])
In [40]: np.random.uniform(-1, 2, (3, 3)) # 二维
Out[40]: array([[ 0.21562771,  1.79108142, -0.6553781 ],
                [-0.36814731, -0.12093076,  0.51697754],
                [-0.00473059, -0.18388791, -0.50126406]])
```

特别地，能够使用 rand($d_1,d_2,...,d_i$)来生成服从 $U[0,1]$的均匀分布的数组，其中 d_i 是相应维度的维数。

```
In [41]:  np.random.rand(3) # 一维
Out[41]:  array([0.47851726, 0.18083504, 0.75219483])
In [42]:  np.random.rand(3, 3) # 二维
Out[42]:  array([[0.04386193, 0.58884209, 0.33904954],
                 [0.33108071, 0.71849998, 0.03185896],
                 [0.1269714 , 0.1664075 , 0.26441228]])
```

使用 normal()能够生成服从 $N[\mu,\sigma]$的正态分布的数组：

```
In [43]:  mu, sigma = 3, 2.5
          np.random.normal(mu, sigma, 3) # 一维
Out[43]:  array([3.73778133, 8.41300871, 5.04849452])
In [44]:  np.random.normal(mu, sigma, (3, 3)) # 二维
Out[44]:  array([[5.42932796,  2.78689662, -1.45657554],
                 [6.06735553, -0.675319  ,  4.84657806],
                 [6.54138637,  0.21483743,  3.04411302]])
```

特别地，能够使用 randn($d_1,d_2,\cdots$)来生成服从 $N[0,1]$的标准正态分布的数组：

```
In [45]:  np.random.randn(3) # 一维
Out[45]:  array([-1.38498657,   0.70879419, -0.31567701])
In [46]:  np.random.randn(3, 3) # 二维
Out[46]:  array([[-1.24285359,  0.08074262, -0.127839  ],
                 [-1.16307485, -0.80570142, -0.66898915],
                 [1.12926891 , -0.684949   ,  0.97122595]])
```

使用 randint()可以生成在给定整数范围内的呈离散均匀分布的数组，其中参数 high 对应的整数值不包含在内：

```
In [47]:  low, high, size = 5, 15, (3, 3) # 生成 5 到 14 的随机整数
In [48]:  np.random.randint(low, high, size)
Out[48]:  array([[ 5,  6, 13],
                 [10,  9,  7],
                 [14,  9,  5]])
```

使用 choice()可以从给定的列表中，以一定概率和方式抽取元素，当不指定概率时为等概率抽样。默认抽样方式为有放回抽样，此时 replace=True，即同一个元素可能会被重复抽取：

```
In [49]:  my_list = ['a', 'b', 'c', 'd']
In [50]:  np.random.choice(
              my_list,
              3,
              replace=False,
              p=[0.1,0.7,0.1,0.1]
          )# 结果一定不同
          # <U1 类型指不超过一个字符长度的字符串
Out[50]:  array(['b', 'c', 'd'], dtype='<U1')
In [51]:  # 此时，指定 replace=False 报错
          np.random.choice(my_list, (3, 3))
```

```
Out[51]: array([['d', 'a', 'c'],
                ['b', 'c', 'a'],
                ['b', 'd', 'c']],dtype='<U1')
```

当返回的元素个数与原列表的元素个数相同时，不放回抽样等价于使用 permutation()函数，即打散原列表：

```
In [52]:  np.random.permutation(my_list)
Out[52]:  array(['b', 'd', 'c', 'a'], dtype='<U1')
```

最后，需要提到的是随机种子，它能够固定随机数的输出结果。传入固定随机种子的做法在一些具有随机性的算法模型中是常见的。

```
In [53]:  np.random.seed(0)
          np.random.rand()
Out[53]:  0.5488135039273248
In [54]:  np.random.seed(0)
          np.random.rand()
Out[54]:  0.5488135039273248
```

1.2.2 NumPy 数组的变形

数组的变形现象主要来自两个方面，其一是数组中元素组织方式的变化导致的变形，其二是多个数组合并或单个数组拆分时产生的维度变化导致的变形。因此，关于数组维度变化的研究是数组变形操作的核心内容，尤其是在高维数组中，熟练掌握变形函数有利于使数据处理操作更为便捷高效。

1. 由元素组织方式变化导致的变形

此处将介绍两类元素组织方式的变化方法：第一类为维度交换方法，包括 transpose()和 T 操作；第二类为维度变换方法，此处指 reshape()。

首先，考虑一个 360×180×3 的数组，其中第一维代表经度，第二维代表纬度，第三维代表 2018 年～2020 年中该经纬度对应区域每年的碳排放总量。现在，希望把 3 年的排放量作为外层维度，即每一年的列表包含一个 360×180 的经纬度数组。此时，可以使用 transpose()，把原来的维度放置到当前的维度下：

```
In [55]:  carbon = np.random.rand(360, 180, 3)  # 这里用随机数字替代
          res = carbon.transpose(2, 0, 1)       # 最后一个维度前置，其他维度向后顺移
          res.shape
Out[55]:  (3, 360, 180)
```

T 操作可以看作一种特殊的 transpose()，它能够把原来数组的维度从 $d_1,\cdots,d_k$ 逆向地变换至 $d_k,\cdots,d_1$：

```
In [56]:  res = carbon.T # 等价于 carbon.transpose(2, 1, 0)
          res.shape
Out[56]:  (3, 180, 360)
```

特别地，当数组的维度为 2 时，T 操作可被看作矩阵转置：

```
In [57]: my_matrix = np.array([[1, 2], [3, 4]])
         my_matrix.T
Out[57]: array([[1, 3],
                [2, 4]])
```

注解

在数组维度较多时，如果只是想交换其中的两个维度，使用 transpose 就不得不把所有的维度写出，非常烦琐。此时，可以使用 swapaxes，其使用方法为 np.swapaxes(arr, a, b)，3 个参数分别代表给定的数组以及需要交换的 2 个维度。

上面所说的方法都只是在矩阵的维度上进行变换，而下面要介绍的 reshape()能够直接重构维度。例如，现想要构造一个矩阵，满足元素为从 0 开始的连续整数，假设其中的末位数字是 7，且矩阵大小为 2×4，利用 reshape()可以得到：

```
In [58]: my_matrix = np.arange(8) # 默认初始值为0，步长为1
         my_matrix.reshape(2, 4)
Out[58]: array([[0, 1, 2, 3],
                [4, 5, 6, 7]])
```

通过观察可以发现，reshape()在填入数组时是以行的顺序或内层优先的顺序进行填充的。事实上可以指定参数 order 为 F，表示以列的顺序或以外层优先的顺序进行填充。其中，默认使用 order="C"，字符串 C 和 F 分别代表 C 数组风格和 Fortran 数组风格。

```
In [59]: my_matrix.reshape((2, 4), order="C")
Out[59]: array([[0, 1, 2, 3],
                [4, 5, 6, 7]])
In [60]: my_matrix.reshape((2, 4), order="F")
Out[60]: array([[0, 2, 4, 6],
                [1, 3, 5, 7]])
```

更进一步地说，参数 order 不仅控制写入的顺序，还控制数组的读取顺序，其顺序与写入顺序保持一致。例如，在把上面这组例子第一条语句的结果转为一维数组时，使用 F 模式来转换，这时的结果因读取时的优先层顺序不同而与原始数组 my_matrix 相异。

```
In [61]: my_matrix.reshape((2, 4), order="C").reshape(8, order="F")
Out[61]: array([0, 4, 1, 5, 2, 6, 3, 7])
```

这里需要指出，由于被调用数组的大小是确定的，reshape()允许有一个维度存在空缺，此时只需填充-1，但需要保证原数组元素个数能够被新矩阵给定维度的维数乘积整除。以前文的 my_matrix 为例，如果需要将其转换为 2×2×2 的数组，那么下面的表示方法是与之等价的：

```
In [62]: my_matrix.reshape(2, 2, -1)
Out[62]: array([[[0, 1],
                 [2, 3]],

                [[4, 5],
                 [6, 7]]])
In [63]: my_matrix.reshape(2, -1, 2)
```

```
Out[63]:  array([[[0, 1],
                  [2, 3]],

                 [[4, 5],
                  [6, 7]]])
```

```
In [64]:  my_matrix.reshape(-1, 2, 2)
```

```
Out[64]:  array([[[0, 1],
                  [2, 3]],

                 [[4, 5],
                  [6, 7]]])
```

如下的变形操作不被允许，这是由于原来的数组元素个数 8 不能被给定维度的维数乘积 3×2 整除。

```
In [65]:  my_matrix.reshape(3, 2, -1)
```

```
---------------------------------------------------------------------------
ValueError                                Traceback (most recent call last)
<ipython-input-3-19add7811e43> in <module>
----> 1 my_matrix.reshape(3, 2, -1)

ValueError: cannot reshape array of size 8 into shape (3,2,newaxis)
```

在某些情况下，特别是在广播操作中（后文将具体介绍广播），用户需要人为地在某些维度上进行插入，并且插入的维数为 1，例如将 2×2 的数组变形为 1×2×1×2，或者将 1×2×1×2 数组中维数为 1 的维度进行挤压，变为 2×2 的数组，使用 reshape 就显得有些烦琐。此时，可以分别使用 expand_dims()和 squeeze()，它们的第一个参数为传入的数组，第二个参数为需要变化的维度。

```
In [66]:  target = np.ones((2, 2))
          expanded_target = np.expand_dims(target, (0, 2)) # 在第 1 和第 3 维度插入
          expanded_target.shape
```

```
Out[66]:  (1, 2, 1, 2)
```

```
In [67]:  np.squeeze(expanded_target, (0, 2)) # 压缩第 1 和第 3 维度
```

```
Out[67]:  array([[1., 1.],
                 [1., 1.]])
```

2. 由合并或拆分导致的变形

接下来将介绍 concatenate()、stack()以及 split()。为了介绍得更为具体，此处构造一个具有实际含义的数组，其维度为 20×6×3，含义依次为年份（1981 年～2000 年）、月份（1 月～6 月）与人口指标（某国家人口出生率、某国家人口死亡率与某国家总人口数），例如位置(4,3,1)中的数字就代表了 1984 年 3 月某国家的人口死亡率。

concatenate()和 stack()的作用十分类似，都是在某一个维度上连接多个数组，它们的区别在于 stack()会产生新的维度而 concatenate()不会，同时 stack()拼接的数组的维度必须完全一致，concatenate()只需在非拼接的维度上匹配。

由于使用 stack()拼接之后会产生新的维度，这意味着被拼接后的数组具有不同的含义。例如，数组 pop_man 中存放的是男性的人口指标，数组 pop_women 中存放的是女性的人口指标，用户希望得到的结果的维度是 20×6×2×3，即性别维度在月份维度与人口指标维度之间。

```
In [68]: pop_man = np.random.rand(20, 6, 3)                          # 男性（随机生成）
         pop_women = np.random.rand(20, 6, 3)                        # 女性（随机生成）
         res = np.stack([pop_man, pop_women], axis=2)                # 新维度为新数组的第三维
         res.shape
Out[68]: (20, 6, 2, 3)
```

相对于stack()的异质性拼接，concatenate()是一种同质性或连续性拼接。例如，数组pop_1_6包含了每年1月～6月的数据，数组pop_7_12包含了每年7月～12月的数据，用户希望将原先月份维度的维数从6扩展至12。

```
In [69]: pop_1_6 = np.random.rand(20, 6, 3)                          # 1月～6月
         pop_7_12 = np.random.rand(20, 6, 3)                         # 7月～12月
         res = np.concatenate([pop_1_6, pop_7_12], axis=1)           # 在月份维度拼接
         res.shape
Out[69]: (20, 12, 3)
```

如果此时使用stack()，那么所产生的结果的意义不同，新结果增加了表示上半年或下半年的维度，它把两组月份"割裂"地看待，而不是实现一种连续的拼接。

```
In [70]: res = np.stack([pop_1_6, pop_7_12], axis=1)
         res.shape
Out[70]: (20, 2, 6, 3)
```

与合并函数相对应的是分割函数split()，它可以指定在某一个维度上对数组进行分割，返回分割后NumPy数组的列表。其中，indices_or_sections是一个重要参数，当其为整数时表示对某一个维度的维数均匀分割，当被分割数组为一维数组序列时，该参数的值表示某一个维度的维数分割点数。我们仍然通过具体的例子来认识它：用户想要分割获取3个数组，分别代表1月～2月、3月～4月、5月～6月的数据，由于这是一种均匀分割，因此可以指定分割数的参数为3。

```
In [71]: res = np.split(pop_1_6, indices_or_sections=3, axis=1)
         for i in res:
             print(i.shape)
Out[71]: (20, 2, 3)
         (20, 2, 3)
         (20, 2, 3)
```

当需要进行非均匀分割时，例如获取1月、2月～4月、5月～6月的数据，可以给出相应的分割点序列：

```
In [72]: res = np.split(pop_1_6, indices_or_sections=[1, 4], axis=1)
         for i in res:
             print(i.shape)
Out[72]: (20, 1, 3)
         (20, 3, 3)
         (20, 2, 3)
```

练一练 Ex1-5

split()函数从功能上看更类似于concatenate()的逆操作还是stack()的逆操作？请说明理由。

除了上述的两种变形，此处还要介绍一种使用广泛的重复函数 np.repeat()，虽然它并不属于典型的变形函数，但是从某种程度而言，它的“变形”方式是通过对数组内的元素按照给定的次数进行重复来实现的。

```
In [73]:  a = np.arange(3) # [0,1,2]
          np.repeat(a, repeats=2) # 每个元素重复两遍
Out[73]:  array([0, 0, 1, 1, 2, 2])
In [74]:  np.repeat(a, repeats=a+1) # 第 i 个元素重复 i 遍
Out[74]:  array([0, 1, 1, 2, 2, 2])
```

对二维数组而言，还可以指定发生重复的维度：

```
In [75]:  a = np.array([[1, 2],[3, 4]])
          np.repeat(a, repeats=[1,2], axis=1) # 在最内层维度，第 i 个元素重复 i 遍
Out[75]:  array([[1, 2, 2],
                 [3, 4, 4]])
In [76]:  # 在最外层维度，第 i 个元素重复 i 遍，注意这里的元素也是一个 NumPy 数组
          np.repeat(a, repeats=[1,2], axis=0)
Out[76]:  array([[1, 2],
                 [3, 4],
                 [3, 4]])
```

练一练 Ex1-6

请使用 repeat()函数构造两个 10 × 10 的数组，第一个数组要求第 i 行的元素值都为 i，第二个数组要求第 i 列的元素值都为 i。

1.2.3 NumPy 数组的切片

切片是一种常用的数组操作，最常见的切片方式是利用[]符号在相应维度传入 slice 对象来获取子数组。例如，用户想要获得三维数组 target 的子数组，其各层维数分别为原数组外层第一维～第三维、中层所有维数、内层第二维～第三维：

```
In [77]:  target = np.arange(24).reshape(4, 2, 3)
          target
Out[77]:  array([[[ 0,  1,  2],
                  [ 3,  4,  5]],

                 [[ 6,  7,  8],
                  [ 9, 10, 11]],

                 [[12, 13, 14],
                  [15, 16, 17]],

                 [[18, 19, 20],
                  [21, 22, 23]]])
In [78]:  target[0:3, :, 1:3]
```

```
Out[78]:  array([[[ 1,  2],
                  [ 4,  5]],

                 [[ 7,  8],
                  [10, 11]],

                 [[13, 14],
                  [16, 17]]])
```

上述代码中的 0:3 等价于 slice(0,3,1)，即起始点为 0，终止点为 3（不包含 3），步长为 1。一般的 slice 对象若具有 slice(p,q,r)的形式，则等价于 p:q:r，当 p 为 0 时可省略 p，当 q 为对应数组维度的维数时可省略 q，当步长为 1 时可省略:r。

当[]符号对应维度的输入值都是长度相同的列表（或一维 NumPy 数组）时，其返回的结果并不是子数组，此时输入值分别代表元素在各个维度的索引值，例如下面的例子等价于取出 target[0,0,0]和 target[1,1,1]，而不是一个大小为 2×2×2 的子数组：

```
In [79]:  target[[0, 1], [0, 1], [0, 1]] # 单个元素逐个取出
Out[79]:  array([ 0, 10])
In [80]:  target[0:2, 0:2, 0:2]          # 维度为 2×2×2 的子数组
Out[80]:  array([[[0,  1],
                  [3,  4]],

                 [[6,  7],
                  [9, 10]]])
```

在实际使用中，利用布尔数组进行切片也是一种常见操作，其使用方法为：若要保留某一个维度的若干维数，只需传入相应位置为 True 且其余位置为 False 的布尔数组。例如，保留外层维度中维数为 0 和 2 的子数组：

```
In [81]:  target[[True, False, True, False], :, :]
Out[81]:  array([[[ 0,  1,  2],
                  [ 3,  4,  5]],

                 [[12, 13, 14],
                  [15, 16, 17]]])
```

对于连续多个出现在最后几个维度的全体切片“:”，可以省略：

```
In [82]:  target[[True, False, True, False]].shape
Out[82]:  (2, 2, 3)
```

对于连续多个出现在最初几个维度的全体切片“:”，可以使用...来简写：

```
In [83]:  target[:, :, 0::2].shape == target[..., 0::2].shape
Out[83]:  True
```

练一练 Ex1-7

与 Python 中字符串的切片类似，NumPy 数组切片的首、末端点以及步长都可以是负数，例如 arr 是一个大小为 10×5 的数组，那么 arr[-2:-10:-3, 1:-1:2]切片结果的大小为 3×2。请给出一些相应的例子，并观察结果是否与预期一致。

最后来介绍 np.newaxis，它结合切片可以完成与 expand_dims()类似的操作，每一个全体切片“:”代表原数组中的一个维度：

```
In [84]:  target[:, np.newaxis, np.newaxis].shape # 后两个“:”省略，第一个“:”对应最外层
Out[84]:  (4, 1, 1, 2, 3)
In [85]:  target[:, np.newaxis, :, np.newaxis].shape # 最内层的“:”省略
Out[85]:  (4, 1, 2, 1, 3)
In [86]:  # 通过“...”省略前两个维度，用最后一个“:”匹配最内层维度
          target[..., np.newaxis, :, np.newaxis].shape
Out[86]:  (4, 2, 1, 3, 1)
```

注解

np.newaxis 其实本质上就是 Python 中的 None，上面的相应位置用 None 替换是等价的。

1.2.4 广播机制

广播机制是 NumPy 的重要机制，熟练地使用广播能够极大地提高数据处理的效率。那么什么是广播？考虑这样一个场景：某个小卖铺共有 3 件商品，有 5 位顾客前来消费，现在利用数组 ***A*** 记录顾客购买的商品件数，这里设第一维是顾客，第二维是商品。另外，我们还知道小卖铺每一件商品的单价，用长度为 3 的一维数组表示。超市的营业员想要每位顾客在每件商品上的消费金额数组。

```
In [87]:  # 假设顾客购买某件商品的件数为 0～4
          piece = np.random.randint(0, 5, (5, 3))
          # 商品价格为 10～100 元
          price = np.random.uniform(10, 100, 3)
          # 使用 round()函数能够保留 n 位小数，此处保留两位
          price = price.round(2)
```

在没有广播机制的情况下，我们可以通过显式地写出循环来得到数组：

```
In [88]:  res = np.array([i*price for i in piece])
          res
Out[88]:  array([[ 44.09,  90.85, 193.56],
                 [ 88.18, 363.4 , 387.12],
                 [132.27, 363.4 , 193.56],
                 [ 44.09,   0.  , 193.56],
                 [ 88.18,  90.85, 193.56]])
```

在 NumPy 中，只有维度完全一样的数组才能进行逐元素运算，即标量之间的直接运算，包括但不限于加、减、乘、除、整除、取余数。正如上面例子的循环中的 i*price，*两侧都是大小一样的数组，因此这些数组之间的乘法就是逐元素的乘法，结果的维度与原来数组的维度一致。

下面我们来看一个特别的写法：

```
In [89]:  piece * price
```

```
Out[89]:  array([[ 44.09,  90.85, 193.56],
                 [ 88.18, 363.4 , 387.12],
                 [132.27, 363.4 , 193.56],
                 [ 44.09,   0.  , 193.56],
                 [ 88.18,  90.85, 193.56]])
```

令人惊奇的是，这个简洁的语句产生了与前文显式循环一样的结果，但是运算符（这里为乘号）两边的数组维度不匹配，这是因为利用了广播机制。我们先来描述广播的一般规则，假设数组 ***A*** 的维度为 $d_p^A \times\cdots\times d_1^A$，数组 ***B*** 的维度为 $d_q^B \times\cdots\times d_1^B$，设 $r=\max(p,q)$。当 $p\geqslant q$ 时，数组 ***B*** 需要在 d_q^B 的维度前补充 $p-q$ 个维度，相应的维数都为 1；当 $q\geqslant p$ 时，数组 ***A*** 需要在 d_p^A 的维度前补充 $q-p$ 个维度，相应的维数同样都为 1。在补充维度后，重记数组 ***A*** 的维度为 $d_r^A \times\cdots\times d_1^A$，数组 ***B*** 的维度为 $d_r^B \times\cdots\times d_1^B$。此时依次比较各个维度的值，对维度 i 而言，当 $d_i^A = d_i^B$ 时，数组保持不变；当 $d_i^A \neq d_i^B$ 且 $d_i^A = 1$ 时，***A*** 将沿着该维度进行复制，将该维度大小扩充至 d_i^B；当 $d_i^A \neq d_i^B$ 且 $d_i^B = 1$ 时，***B*** 将沿着该维度进行复制，将该维度大小扩充至 d_i^A；当上述 3 种情况都不满足时，报错。

上面的规则非常“官方”，初次接触时不免会让人摸不着头脑，对此我们将结合顾客购买商品的例子来说明。piece 数组的维度为 5×3，price 数组的维度为 3，根据维度数量相同的规则，price 数组的维度将会被变形为 1×3，即在最外层维度前补充维数为 1 的维度，从而与 piece 数组对齐。接着依次比较各个维度的维数：首先看外层，由于 $d_{\text{outer}}^{\text{piece}} \neq d_{\text{outer}}^{\text{price}}$ 且 $d_{\text{outer}}^{\text{price}} = 1$，与规则中的第三种情况相符合，因此将 price 数组沿着该维度重复 5 次；接着看内层，由于 $d_{\text{outer}}^{\text{piece}} = d_{\text{outer}}^{\text{price}}$，故数组保持不变。此时两个数组的大小都为 5×3，可以使用逐元素的运算。这个简单的例子就反映了广播的整个过程，其中包括的两个子过程分别为维度对齐与维数比较。

练一练 Ex1-8

对于如下的数组维度组合，判断使用逐元素运算是否会报错，如果不会请直接写出广播结果的维度。

（1）1×3×5 和 3×1。

（2）3×5×3×4 和 1×3×1。

（3）3×2×1×5 和 2×5。

下面我们将在原数组的维度含义上稍微做一些改变，把 piece 的行列进行转置，生成新的 piece 数组，以外层为商品维度，以内层为顾客维度，我们仍然能使用前文的策略吗？

```
In [90]:  piece = piece.T
          piece * price
```

```
---------------------------------------------------------------------------
ValueError                                Traceback(mostrecentcalllast)
<ipython-input-7-eecf163bc837>in<module>
      1 piece = piece.T
----> 2 piece * price

ValueError: operands could not be broadcast together with shapes
            (3,5) (3,)
```

我们可以看见上述的程序会报错，其原因在于两个数组在广播后得到的维度分别是 3×5 和 1×3，从内层维度的角度来看不属于广播一般规则里 3 种情况中的任何一种。那么在这种情况下，如何得到正确的每位顾客的单件商品消费金额数组呢？

事实上，为了对两个数组对应的商品维度进行匹配，我们需要把 price 数组转换为 3×1 的维度，这样就能通过广播机制来对 price 数组进行顾客维度上的复制，如下：

```
In [91]:  piece*price[:,np.newaxis]
Out[91]:  array([[ 44.09,  88.18, 132.27,  44.09,  88.18],
                 [ 90.85, 363.4 , 363.4 ,   0.  ,  90.85],
                 [193.56, 387.12, 193.56, 193.56, 193.56]])
```

练一练 Ex1-9

对于上述 price 维度的修改，除了使用 np.newaxis 实现，还可以使用 reshape()和 expand_dims()来实现，请分别使用这两种方法完成等价操作。

1.2.5 常用函数

NumPy 中包含大量的函数，本节将筛选出使用频率较高的 3 类函数进行讲解。熟练地掌握这些常用函数是实现快速数据处理的必要条件。

1. 计算函数

我们先来介绍最简单的计算函数，包括 max()、min()、mean()、median()、std()、var()、sum() 和 quantile()，它们分别计算最大值、最小值、平均值、中位数、标准差、方差、总和和分位数。由于这些函数都是把一个序列或数组聚合为一个标量结果，因此可以称这些函数为聚合函数，在第 4 章中我们会经常使用这种名称。

以 sum()函数为例，假设 my_matrix 中存储的是各校各年级各班的学生总数，利用求和函数可以计算全体学生的总数：

```
In [92]:  my_matrix = np.random.randint(20, 40, 24).reshape(2, 3, 4)
          # 维度分别代表学校、年级、班级
          my_matrix
Out[92]:  array([[[21, 25, 37, 31],
                  [39, 32, 36, 34],
                  [37, 27, 31, 24]],

                 [[37, 38, 22, 33],
                  [30, 33, 26, 33],
                  [20, 22, 21, 35]]])
In [93]:  my_matrix.sum()
Out[93]:  724
```

在很多时候，我们只想计算某一个或某几个维度的值，例如计算每个学校的学生总数，可以使用参数 axis，这个参数在绝大多数的聚合函数中都存在。

```
In [94]:  my_matrix.sum(axis=(1, 2)) # 把年级和班级的维度聚合起来，只保留学校
Out[94]:  array([374, 350])
```

一种错误的写法如下所示，其含义是合并了学校的维度，计算各年级各班在所有学校的学生总数。

```
In [95]:  my_matrix.sum(axis=0)
Out[95]:  array([[58, 63, 59, 64],
                 [69, 65, 62, 67],
                 [57, 49, 52, 59]])
```

练一练 Ex1-10

仿照上面的例子，给出按年级统计学生总数的方案，即返回的数组包含 3 个元素，分别为各年级在所有学校、所有班级的学生总数。

类似地，我们可以分别计算各学校所有班级中最大的学生总数：

```
In [96]:  my_matrix.max(axis=(1, 2))
Out[96]:  array([39, 38])
```

关于上述的 NumPy 聚合函数，有两点需要注意。首先，median()函数与 quantile()函数并不能直接通过数组调用，而必须使用 np.median()与 np.quantile()来实现，并且后者具有参数 q 表示分位数。

```
In [97]:  np.quantile(my_matrix, axis=-1, q=0.5) # -1 表示倒数第一维
Out[97]:  array([[28. , 35. , 29. ],
                 [35. , 31.5, 21.5]])
In [98]:  np.median(my_matrix, axis=-1)
          # 由于 quantile()的分位数为 0.5，因此结果一致
Out[98]:  array([[28. , 35. , 29. ],
                 [35. , 31.5, 21.5]])
```

其次我们需要注意，如果在数组中聚合的维度具有缺失值，那么结果中的对应维度也会被设为缺失值。如果想要忽略缺失值进行计算，可以使用以 nan 开头的聚合函数，例如 max()可被替换为 nanmax()：

```
In [99]:  my_matrix = my_matrix.astype("float")
          # np.nan 是一种特殊的浮点类型，故在赋值前需要更改数组类型
          # 关于数据中缺失值的各种性质与处理方法将在第 7 章中讨论
          my_matrix[0][0][0] = np.nan
          my_matrix.max(axis=(1, 2))
Out[99]:  array([nan, 38.])
In [100]:  np.nanmax(my_matrix, axis=(1, 2))
Out[100]:  array([39., 38.])
```

注解

一般而言，NumPy 数组中的元素必须是统一类型的，常用类型包括 int32(int)、int64、float32、float64(float)和 bool。正如上文给出的例子，类型之间的转换可以通过 astype 完成。其中，bool 的转换规则为：原数组位置元素等于 0 时设为 False，否则设为 True。

介绍完了简单的聚合函数，下面来看一对相关性计算方法，它们都是以两个数组变量作为输入的函数，分别利用 cov()、corrcoef()实现，如下所示。

```
In [101]:  target1 = np.array([1,3,5,9])
           target2 = np.array([1,5,3,-9])
           np.cov(target1, target2)
Out[101]:  array([[ 11.66666667, -16.66666667],
                  [-16.66666667,  38.66666667]])
In [102]:  np.corrcoef(target1, target2)
Out[102]:  array([[ 1.        , -0.78470603],
                  [-0.78470603,  1.        ]])
```

上述函数的功能都是聚合，还有另外一类函数的功能是处理逐个元素，这一类函数包括 cos、sin、tan、arccos、arcsin、arctan、abs、sqrt、power、exp、log（以 e 为底数）、log10、log2、ceil 和 floor，它们的使用也非常广泛。这一类函数的特点是对数组中每一个元素进行数学运算，而不是将多个值聚合为一个数字，它们在 NumPy 中被称为 ufunc 函数（Universal Functions）。

```
In [103]:  target = np.arange(-4, 5).reshape(3, -1)
           np.abs(target)
Out[103]:  array([[4, 3, 2],
                  [1, 0, 1],
                  [2, 3, 4]])
In [104]:  np.power(target, 2)
Out[104]:  array([[16,  9,  4],
                  [ 1,  0,  1],
                  [ 4,  9, 16]], dtype=int32)
In [105]:  # 对数的换底公式: log_c(a)/log_c(b) = log_b(a)
           two, ten = 2 * np.ones(2), 10 * np.ones(2)
           np.abs(np.log(ten) / np.log(two) - np.log2(ten)) < 1e-15 # 浮点数比较
Out[105]:  array([ True, True])
```

练一练 Ex1-11

Softmax 函数在深度学习的模型设计中有重要应用，对一维数组$[x_1, ..., x_n]$进行 Softmax 归一化时，每一个元素被修正为 $\tilde{x}_i = \text{Softmax}(x_i) = \dfrac{\exp(x_i)}{\sum_{i=1}^{n}\exp(x_i)}$。现给定一个二维数组，请对其进行逐行 Softmax 归一化，且不得使用 for 循环。

2. 逻辑函数

逻辑判断在日常数据处理的过程中四处可见，例如对于下面构造的二维数组，外层代表某公司的部门，内层代表不同部门的内部小组，其中的数值为月工资均值，依次判断该公司各部门的小组月平均工资是否都超过了 10000 元。

```
In [106]:  salary = np.array([[9000, 11000], [11000, 12000]])
           (salary>10000).all(axis=1)
Out[106]:  array([False,  True])
```

从结果可以看到，该公司的第一个部门不符合条件，第二个部门符合条件。如果需要依次判断该公司各部门是否至少存在一个小组的月平均工资超过10000元，只需把all()更换为any()，并且从这两个例子中，我们能够发现all()和any()都是基于逻辑数组的聚合函数。

```
In [107]:  (salary>10000).any(axis=1)
Out[107]:  array([ True,  True])
```

一般来说，NumPy有以下几种常见的生成逻辑数组的方式：

- 通过比较运算符，如<、>、<=、>=、!=和==等；
- 通过内置函数，如isnan()，isinf()等，当然也包括上面介绍的any()和all()；
- 通过逻辑运算符，这里主要指或运算符|、与运算符&以及非运算符~。

练一练 Ex1-12

阅读逻辑函数的相关内容，完成下列练习。

- 逻辑运算符的优先顺序是怎样的？其左右侧的数组能够被广播吗？请构造例子说明。
- 给定一个维度为 $m \times n$ 的整数数组，请返回一个元素为0或1的同维度数组，当且仅当某位置在原数组中的对应元素是原数组同行元素中的最大值时，该位置的元素取1。

这里我们举一个例子来说明逻辑运算符的使用方法。假设现在随机构造一个1000×3矩阵，其中的元素服从[0,1]的均匀分布，筛选出行元素之和不超过1.5或者行内第一个元素与第三个元素都超过0.5的所在行。

```
In [108]:  my_array = np.random.rand(1000, 3)
           condition1 = ~(my_array.sum(1)>1.5)
           condition2 = (my_array[:, 0]>0.5)&(my_array[:, 2]>0.5))
           res = my_array[condition1|condition2, :]
```

下面进行筛选结果的验证：

```
In [109]:  ((res.sum(1)<=1.5)|(res[:, [0, 2]]>0.5).all(1)).all()
Out[109]:  True
```

练一练 Ex1-13

利用round()函数将上例中的随机矩阵按第一位小数四舍五入取整，依次筛选出矩阵中满足如下条件的行。

（1）行元素至多有一个1。

（2）行元素至少有一个0。

（3）行元素既非全0又非全1。

除了上面所说的逻辑函数，我们有必要介绍where()函数，虽然它本质上是填充函数，但是其填充的内容与输入参数中的逻辑数组有关，其用法如下：

```
np.where(bool_array, fill_array_for_true, fill_array_for_false)
```

为了更好地说明 where()的使用方法，考虑如下例子：

```
In [110]:  a = np.arange(4).reshape(-1, 2)
           a
Out[110]:  array([[0, 1],
                  [2, 3]])
In [111]:  np.where(a>1, a.sum(0), a.sum(1))
Out[111]:  array([[1, 5],
                  [2, 4]])
```

where()的第一个参数是一个逻辑数组，其中的元素都为布尔值，第二个与第三个参数是待填充的值。从图 1.1 中可以看到，如果后两个元素与第一个数组维度不匹配且符合广播条件，则会被广播至相应维度，输出的数组与逻辑数组的大小一致。如果布尔值为 True，则用 fill_array_for_true 的相应位置值填充；如果布尔值为 False，则用 fill_array_for_false 的相应位置值填充。

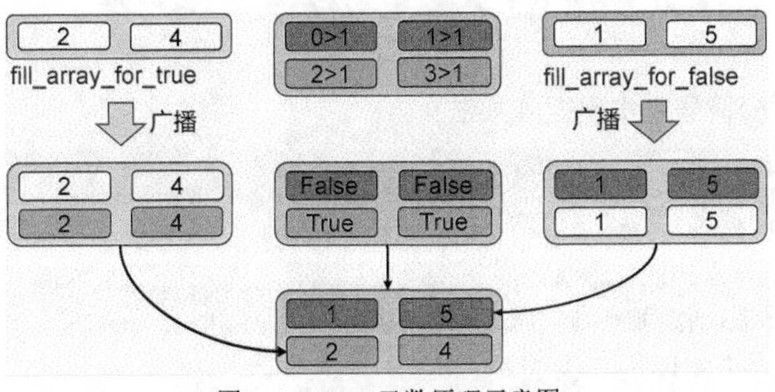

图 1.1 where 函数原理示意图

练一练 Ex1-14

np.clip(array,min,max)是一种截断函数，对于数组中超过 max 的值会被截断为 max，数组中不足 min 的值会被截断为 min。请用 np.where()实现这个功能。

3. 索引函数

本部分提及的索引函数并不是用来进行索引的函数，而是返回值为索引的函数，它们包括 nonzero()、argmax()和 argmin()。其中，nonzero()返回非零数的索引，argmax()、argmin()分别返回最大数和最小数的索引。

```
In [112]:  a = np.array([0,-5,0,1,3,-1])
           np.nonzero(a)
Out[112]:  (array([1, 3, 4, 5], dtype=int64),)
In [113]:  a.argmax()
Out[113]:  4
In [114]:  a.argmin()
Out[114]:  1
```

练一练 Ex1-15

在上面这个例子中，nonzero()的输入值a是一维数组，通过a[np.nonzero(a)]能够取出数组中的所有非零元素值。事实上，nonzero()函数也能够将高维数组作为参数，此时其返回值代表什么含义呢？a[np.nonzero(a)]仍然能够选出数组中的所有非零元素值吗？请说明理由。

1.3 习题

1. 基于列表推导式的矩阵乘法

记矩阵 $\boldsymbol{A}_{m\times n}$，矩阵 $\boldsymbol{B}_{n\times p}$，记矩阵 $\boldsymbol{A}_{m\times n}$ 与矩阵 $\boldsymbol{B}_{n\times p}$ 相乘的结果为矩阵 $\boldsymbol{C}_{m\times p}$，矩阵 $\boldsymbol{C}_{m\times p}$ 第 i 行第 j 列元素的值满足

$$\boldsymbol{C}_{ij}=\sum_{k=1}^{n}\boldsymbol{A}_{ik}\boldsymbol{B}_{kj}$$

NumPy可以使用@符号来实现矩阵乘法：

```
In [115]:  A = np.arange(6).reshape(2, -1)
           B = np.arange(6).reshape(3, -1)
           A @ B
Out[115]:  array([[10, 13],
                  [28, 40]])
```

请使用列表推导式来实现矩阵乘法。

2. 计算卡方统计量

设矩阵 $\boldsymbol{A}_{m\times n}$，记 $B_{ij}=\dfrac{\left(\sum_{i=1}^{m}A_{ij}\right)\times\left(\sum_{j=1}^{n}A_{ij}\right)}{\sum_{i=1}^{m}\sum_{j=1}^{n}A_{ij}}$，定义矩阵 $\boldsymbol{A}_{m\times n}$对应的卡方统计量为：

$$\chi^2=\sum_{i=1}^{m}\sum_{j=1}^{n}\frac{\left(A_{ij}-B_{ij}\right)^2}{B_{ij}}$$

请利用NumPy对以下给定的矩阵 $\boldsymbol{A}_{m\times n}$ 计算 χ^2。

```
In [116]:  np.random.seed(0)
           A=np.random.randint(10,20,(8,5))
```

3. 统计某商店的月度销量情况

文件夹data/ch1/shop_sales中存放了200类货品从2001年1月至2020年12月的月度销量数组，每个数组的大小为 $Y\times M$，其中 $Y=20$ 表示年维度，$M=12$ 表示月维度。

```
In [117]:  # 使用np.load能够加载.npy格式的数组
           # 使用np.save("文件路径/my_arr.npy")能够将数组保存到本地
           np.load("data/ch1/shop_sales/product_1.npy").shape
Out[117]:  (20, 12)
```

（1）请计算各季度（从 1 月至 12 月，每 3 个月表示一个季度）的销售总量（所有商品的销量加和），输出大小为 $Y\times Q$ 的数组，其中 $Q=4$ 表示季度维度。

（2）请计算不同种类货品月度销量的方差，输出大小为 $Y\times M$ 的数组。

（3）文件 data/ch1/increase_rate.npy 中记录了各类货品每月相对于上月的单价涨幅（当月值与上月值之差除以上月值），数组大小为 200×20×12（200 类货品，20 年，每年 12 个月）。文件 data/ch1/unit_price.npy 中记录了各类货品在 2015 年 1 月的单价，数组长度为 200。已知 np.cumprod() 能够对数组进行累乘计算，请利用该函数计算所有货品从 2001 年 1 月至 2020 年 12 月的单价，输出大小为 $Y\times M\times 200$ 的数组。

（4）结合第（3）问，计算各类货品最大月度销售额（销量与单价的乘积）的所在月份，输出长度为 200 的一维列表，列表中的每个元素用相应月份的字符串表示（例如“2008-05”）。

第2章

pandas基础

本章中将涉及常用文件格式的输入与输出、pandas 的基本数据结构、常用基本函数以及窗口对象等内容，这些内容是学习本书后续章节的基础，需要熟练掌握。我们需要检查安装的 pandas 版本是否不低于 1.4.0。

一个包的版本号可以通过 package_name.__version__的方式获得。注意，version 两侧均为__。

```
In [1]:  import numpy as np
         import pandas as pd

In [2]:  pd.__version__
Out[2]:  '1.4.0'
```

注解

本书绝大多数代码都可以在 pandas 1.2.0 及以上版本运行。若介绍新版本的特性，会特别指出。

2.1 文件的读取和写入

在数据分析的整个流程中，文件的读取和写入是不可缺少的环节，pandas 提供了各类读取或写入不同格式文件的函数，这里主要介绍 csv、txt 和 excel 这 3 种格式文件的读取和写入。

2.1.1 文件读取

pandas 的文件输入输出模块依赖 xlrd、xlwt 和 openpyxl 这 3 个第三方库，若未安装可使用如下命令安装：

```
# 可以使用如下 conda 命令或 pip 命令安装
$ conda install xlrd xlwt openpyxl
$ pip install xlrd xlwt openpyxl
```

csv、txt 和 excel 文件分别可以用 read_csv()、read_table()和 read_excel()读取，其中的传入参数为相应文件的绝对路径或相对路径。

```
In [3]:  df_csv = pd.read_csv('data/ch2/my_csv.csv')
         df_csv
Out[3]:     col1 col2  col3    col4      col5
         0     2    a   1.4   apple  2020/1/1
```

```
1     3    b   3.4  banana  2020/1/2
2     6    c   2.5  orange  2020/1/5
```

```
In [4]:  df_txt = pd.read_table('data/ch2/my_table.txt')
         df_txt
```

```
Out[4]:    col1  col2  col3    col4      col5
         0    2     a   1.4   apple  2020/1/1
         1    3     b   3.4  banana  2020/1/2
         2    6     c   2.5  orange  2020/1/5
```

```
In [5]:  df_excel = pd.read_excel('data/ch2/my_excel.xlsx')
         df_excel
```

```
Out[5]:    col1  col2  col3    col4      col5
         0    2     a   1.4   apple  2020/1/1
         1    3     b   3.4  banana  2020/1/2
         2    6     c   2.5  orange  2020/1/5
```

这些函数有一些公共参数，含义如下：将 header 设置为 None 表示第一行不作为列名；index_col 表示把某一列或几列作为索引，索引的内容将会在第 3 章进行详述；usecols 表示读取列的集合，默认读取所有列；parse_dates 表示需要转化为时间的列，关于时间序列的内容将在第 10 章讲解；nrows 表示读取的数据行数。上面这些参数在上述的 3 个函数里都可以使用。

```
In [6]:  pd.read_table('data/ch2/my_table.txt', header=None)
```

```
Out[6]:       0     1     2       3         4
         0 col1  col2  col3    col4      col5
         0    2     a   1.4   apple  2020/1/1
         1    3     b   3.4  banana  2020/1/2
         2    6     c   2.5  orange  2020/1/5
```

```
In [7]:  pd.read_csv('data/ch2/my_csv.csv', index_col=['col1', 'col2'])
```

```
Out[7]:                col3    col4      col5
         col1 col2
         2    a         1.4   apple  2020/1/1
         3    b         3.4  banana  2020/1/2
         6    c         2.5  orange  2020/1/5
```

```
In [8]:  pd.read_table('data/ch2/my_table.txt', usecols=['col1', 'col2'])
```

```
Out[8]:    col1 col2
         0    2    a
         1    3    b
         2    6    c
```

```
In [9]:  # col5 的格式已不是原先的字符串
         pd.read_csv('data/ch2/my_csv.csv', parse_dates=['col5'])
```

```
Out[9]:    col1  col2  col3    col4      col5
         0    2     a   1.4   apple  2020/1/1
         1    3     b   3.4  banana  2020/1/2
         2    6     c   2.5  orange  2020/1/5
```

```
In [10]:  pd.read_excel('data/ch2/my_excel.xlsx', nrows=2)
```

```
Out[10]:    col1  col2  col3    col4      col5
          0    2     a   1.4   apple  2020/1/1
          1    3     b   3.4  banana  2020/1/2
```

在读取txt文件时，经常会遇到分隔符非空格的情况，read_table()有一个分割参数sep，它使得用户可以自定义分割符号来进行对txt类型数据的读取。例如，下面读取的表以“||||”为分割符号：

```
In [11]: pd.read_table('data/ch2/my_table_special_sep.txt')
Out[11]:
                col1 |||| col2
0  TS |||| This is an apple.
1    GQ |||| My name is Bob.
2         WT |||| Well done!
```

上面的结果显然不是我们想要的，这时可以使用参数sep，同时需要指定引擎（engine）为Python：

```
In [12]: pd.read_table(
             'data/ch2/my_table_special_sep.txt',
             sep= '\|\|\|\|',
             engine= 'python'
         )
Out[12]:
  col1                col2
0  TS  This is an apple.
1  GQ    My name is Bob.
2  WT         Well done!
```

注解

在使用 read_table()的时候需要注意，参数 sep 中使用的是正则表达式。在正则表达式中，“|”具有特殊含义，因此需要对“|”利用反斜杠转义为真实的“|”，否则无法读取到正确的结果。有关正则表达式的基本内容可以参考第8章或者其他资料。

2.1.2 数据写入

一般情况下，pandas会在数据写入时包含当前的数据索引，但很多情况下我们并不需要将默认的整数索引（0～n−1，n为行数）包含到输出表中，此时我们可以把index设置为False，该操作能在保存输出表的时候把索引去除。

```
In [13]: df_csv.to_csv('data/ch2/my_csv_saved.csv', index=False)
         df_excel.to_excel('data/ch2/my_excel_saved.xlsx', index=False)
```

练一练 Ex2-1

请将上面代码中的index=False删除或设置index=True，对比输出结果有何差异。

pandas中没有定义to_table()函数，但是to_csv()函数可以将数据保存为txt文件，并且允许自定义分隔符、常用制表符t分割：

```
In [14]: df_txt.to_csv('data/ch2/my_txt_saved.txt', sep='\t', index=False)
```

如果想要把表格快速转换为markdown格式和latex格式，可以使用to_markdown()函数和to_latex()函数，此处需要安装tabulate包。

```
pip install tabulate
```

In [15]:
```
print(df_csv.to_markdown())
```

Out[15]:
```
|    |   col1 | col2   |   col3 | col4   | col5     |
|---:|-------:|:-------|-------:|:-------|:---------|
|  0 |      2 | a      |    1.4 | apple  | 2020/1/1 |
|  1 |      3 | b      |    3.4 | banana | 2020/1/2 |
|  2 |      6 | c      |    2.5 | orange | 2020/1/5 |
```

In [16]:
```
print(df_csv.style.to_latex())
```

Out[16]:
```
\begin{tabular}{lrlrll}
 & col1 & col2 & col3 & col4 & col5 \\
0 & 2 & a & 1.400000 & apple & 2020/1/1 \\
1 & 3 & b & 3.400000 & banana & 2020/1/2 \\
2 & 6 & c & 2.500000 & orange & 2020/1/5 \\
\end{tabular}
```

注解

在上面的例子中，我们访问了DataFrame上的style，其返回的Styler对象能够让用户在Jupyter Notebook中对显示的表格进行自定义渲染。本书不会介绍对 style 对象的使用，有兴趣了解的读者可以参考pandas 官方文档 User Guide 中对 Table Visualization 的详细解读。

2.2 基本数据结构

pandas 有两种基本的数据结构，分别是存储一维值属性 values 的 Series 和存储二维值属性 values 的 DataFrame，在这两种数据结构上定义了很多属性和方法，pandas 中的绝大多数数据处理操作基于它们来进行。

2.2.1 Series

Series 对象中包含 4 个重要的组成部分，分别是序列的值 data、索引 index、存储类型 dtype 和序列的名字 name。其中，索引也可以指定名字。

In [17]:
```
s = pd.Series(data = [100, 'a', {'dic1':5}],
              index = pd.Index(['id1', 20, 'third'], name='my_idx'),
              dtype = 'object', # 常用的dtype还有int、float、string、category
              name = 'my_name')
s
```

Out[17]:
```
my_idx
id1              100
20                 a
third    {'dic1': 5}
Name: my_name, dtype: object
```

注解

object 代表一种混合类型，正如上面的例子中存储了整数、字符串以及 Python 的字典数据结构。此外，在默认状态下，pandas 把纯字符串序列当作一种 object 类型的序列，但它也可以显式地指定 string 作为其类型。文本序列的内容会在第 8 章中讨论。

对于这些属性等内容，可以通过“.”来获取：

```
In [18]:  s.values
Out[18]:  array([100, 'a', {'dic1': 5}], dtype=object)
In [19]:  s.index
Out[19]:  Index(['id1', 20, 'third'], dtype='object', name='my_idx')
In [20]:  s.dtype
Out[20]:  dtype('O')
In [21]:  s.name
Out[21]:  'my_name'
```

利用.shape可以获取序列的长度：

```
In [22]:  s.shape
Out[22]:  (3,)
```

索引是pandas中最重要的概念之一，将在第3章中详细地讨论。如果想要取出单个索引对应的值，可以通过[index_item]取出，其中index_item是索引的标签。

```
In [23]:  s['third']
Out[23]:  {'dic1': 5}
```

2.2.2 DataFrame

DataFrame 在 Series 的基础上增加了列索引，可以把它理解为一种将一组具有公共索引的Series拼接而得到的数据结构。一个DataFrame可以由二维的data与行列索引来构造：

```
In [24]:  data = [[1, 'a', 1.2], [2, 'b', 2.2], [3, 'c', 3.2]]
          df = pd.DataFrame(data=data,
                            index=['row_%d'%i for i in range(3)],   # 行索引
                            columns=['col_0', 'col_1', 'col_2'])    # 列索引
          df
Out[24]:
                col_0 col_1  col_2
          row_0     1     a    1.2
          row_1     2     b    2.2
          row_2     3     c    3.2
```

但更多的时候会采用从列索引名到数据的映射来构造DataFrame，再加上行索引：

```
In [25]:  df = pd.DataFrame(data = {'col_0': [1,2,3], 'col_1':list('abc'),
                                    'col_2': [1.2, 2.2, 3.2]},
                            index = ['row_%d'%i for i in range(3)])
          df
Out[25]:
                col_0 col_1  col_2
          row_0     1     a    1.2
          row_1     2     b    2.2
          row_2     3     c    3.2
```

练一练 Ex2-2

在上面的df中，如果data字典的'col_0'键对应的不是列表，而是一个与df中索引相同的Series，会发生什么？如果它的索引和df的索引不一致，又会发生什么？

由于这种映射关系，在 DataFrame 中可以用[col_name]与[col_list]来取出相应的列与由多个列组成新的 DataFrame，结果分别为 Series 和 DataFrame：

```
In [26]: df['col_0']
Out[26]: row_0    1
         row_1    2
         row_2    3
         Name: col_0, dtype: int64
In [27]: df[['col_0', 'col_1']]
Out[27]:       col_0 col_1
         row_0     1     a
         row_1     2     b
         row_2     3     c
```

练一练 Ex2-3

使用 df['col_0']和 df[['col_0']]得到的结果的类型有什么区别？

使用 to_frame()函数可以把序列转换为列数为 1 的 DataFrame：

```
In [28]: df['col_0'].to_frame()
Out[28]:      col_0
         row_0    1
         row_1    2
         row_2    3
```

与 Series 类似，在 DataFrame 中同样可以取出相应的属性：

```
In [29]: df.values
Out[29]: array([[1, 'a', 1.2],
                [2, 'b', 2.2],
                [3, 'c', 3.2]], dtype=object)
In [30]: df.index
Out[30]: Index(['row_0', 'row_1', 'row_2'], dtype='object')
In [31]: df.columns
Out[31]: Index(['col_0', 'col_1', 'col_2'], dtype='object')
In [32]: df.dtypes # 返回的是值为相应列数据类型的 Series
Out[32]: col_0      int64
         col_1     object
         col_2    float64
         dtype: object
In [33]: df.shape # 返回一个元组
Out[33]: (3, 3)
```

通过“.T”可以把 DataFrame 的行列进行转置：

```
In [34]: df.T
Out[34]:       row_0 row_1 row_2
         col_0     1     2     3
```

```
col_1      a     b     c
col_2    1.2   2.2   3.2
```

练一练 Ex2-4

给定一个DataFrame，请构造其转置且不得使用“.T”。

当想要对列进行修改或者新增一列时，可以直接使用df[col_name]的方式：

```
In [35]:  df["col_0"] = df['col_0'].values[::-1] # 颠倒顺序
          df["col_2"] *= 2
          df["col_3"] = ["apple",banana", "cat"]
          df
```

```
Out[35]:        col_0 col_1   col_2   col_3
          row_0     3     a     2.4   apple
          row_1     2     b     4.4  banana
          row_2     1     c     6.4     cat
```

当想要删除某一个列时，可以使用drop方法：

```
In [36]:  df.drop(["col_3"], axis=1)
```

```
Out[36]:        col_0 col_1   col_2
          row_0     3     a     2.4
          row_1     2     b     4.4
          row_2     1     c     6.4
```

当axis取值为1时为删除列，而当axis取值为0时为删除行：

```
In [37]:  df.drop(["row_1"], axis=0)
          df
```

```
Out[37]:        col_0 col_1   col_2   col_3
          row_0     3     a     2.4   apple
          row_2     1     c     6.4     cat
```

注解

Series或DataFrame的绝大多数方法在默认参数下都不会改变原表，而是返回一个临时拷贝。当真正需要在df上删除时，使用赋值语句df=df.drop(...)即可。

同时，利用[col_list]的方式来选出需要的列可以做到如上的等价筛选：

```
In [38]:  df = df[df.columns[:-1]]
          df
```

```
Out[38]:        col_0 col_1   col_2
          row_0     3     a     2.4
          row_1     2     b     4.4
          row_2     1     c     6.4
```

2.3 常用基本函数

pandas中大量的函数是初学者学习pandas的第一只“拦路虎”，本书将它们分为3类：第一类是与索引、分组、变形和连接这 4 种数据操作有关的函数，它们被安排在第 3 章～第 6 章；第二类是与缺失数据、文本数据、分类数据和时间序列数据这 4 种数据类型有关的函数，它们被安排在第 7 章～第 10 章；剩下的基本函数被划分为第三类。本节通过功能划分将这些函数拆分到各个小节，以此来帮助读者进行模块化的学习，也便于后续的复习、查阅和整理。

为了结合具体的数据来演示函数的操作方法，我们将引入数据集 learn_pandas.csv，它记录了 4 所学校学生的个人体测信息。本数据集中所有样本均为随机生成，与真实的个人信息无关。

```
In [39]:  df = pd.read_csv('data/learn_pandas.csv')
          df.columns
Out[39]:  Index(['School', 'Grade', 'Name', 'Gender', 'Height',
                 'Weight', 'Transfer', 'Test_Number', 'Test_Date',
                 'Time_Record'], dtype='object')
```

上述列名依次代表学校、年级、姓名、性别、身高、体重、是否为转系生、体测场次、测试时间、1000 米成绩，本节只需使用其中的前 7 列的数据。

```
In [40]:  df = df[df.columns[:7]]
```

2.3.1 汇总函数

Series 和 DataFrame 上存储了许多信息，但我们很多时候只需要获取其中的部分信息。当想要查看表的前几行或后几行时，可以使用 head()函数和 tail()函数，它们分别返回表或者序列的前 n 行和后 n 行信息，其中 n 默认为 5：

```
In [41]:  df.head(2)
Out[41]:    School     Grade             Name  Gender  Height  Weight  Transfer
          0      A  Freshman     Gaopeng Yang  Female   158.9    46.0         N
          1      B  Freshman  Changqiang You    Male   166.5    70.0         N
In [42]:  df.tail(3)
Out[42]:      School      Grade              Name  Gender  Height  Weight  Transfer
          197      A     Senior  Chengqiang Chu  Female   153.9    45.0         N
          198      A     Senior   Chengmei Shen    Male   175.3    71.0         N
          199      D  Sophomore     Chunpeng Lv    Male   155.7    51.0         N
```

info()函数和 describe()函数分别返回表的信息概况和表中数值列对应的主要统计量：

```
In [43]:  df.info()
Out[43]:  <class 'pandas.core.frame.DataFrame'>
          RangeIndex: 200 entries, 0 to 199
          Data columns (total 7 columns):
          #   Column    Non-Null Count  Dtype
         --------- -------------------
          0   School    200 non-null    object
          1   Grade     200 non-null    object
          2   Name      200 non-null    object
          3   Gender    200 non-null    object
          4   Height    183 non-null    float64
          5   Weight    189 non-null    float64
          6   Transfer  188 non-null    object
          dtypes: float64(2), object(5)
          memory usage: 11.1+ KB
```

```
In [44]:  df.describe()
Out[44]:
                Height      Weight
       count  183.000000  189.000000
       mean   163.218033   55.015873
       std      8.608879   12.824294
       min    145.400000   34.000000
       25%    157.150000   46.000000
       50%    161.900000   51.000000
       75%    167.500000   65.000000
       max    193.900000   89.000000
```

注解

info() 和 describe() 只能实现对信息的初步汇总，如果想要对一个数据集进行更为全面且有效的观察，特别是在列较多的情况下，推荐使用 pandas-profiling 包，我们将在 11.2.4 节中进行介绍。

2.3.2 特征统计函数

在 Series 和 DataFrame 上定义了许多统计函数，最常见的是 sum()、mean()、median()、var()、std()、max()和 min()。下面，我们选出身高和体重列来计算它们的均值和最大值：

```
In [45]:  df_demo = df[['Height', 'Weight']]
          df_demo.mean()
Out[45]:  Height    163.218033
          Weight     55.015873
          dtype: float64
In [46]:  df_demo.max()
Out[46]:  Height    193.9
          Weight     89.0
          dtype: float64
```

此外，需要介绍的是 quantile()、count()和 idxmax()这 3 个函数，它们分别返回的是分位数、非缺失值个数和最大值对应的索引：

```
In [47]:  df_demo.quantile(0.75)
Out[47]:  Height    167.5
          Weight     65.0
          Name: 0.75, dtype: float64
In [48]:  df_demo.idxmax()# idxmin()函数结果是最小值对应的索引
Out[48]:  Height    193
          Weight      2
          dtype: int64
```

由于上述所有函数对每一个序列进行操作后返回的结果是标量（单个值），因此它们又被称为聚合函数，它们有一个公共参数 axis，默认值为 0，代表逐列聚合，如果设置为 1 则表示逐行聚合：

```
In [49]:  df_demo.mean(axis=1).head()  # 在这个数据集上体重和身高的均值没有意义
Out[49]:  0    102.45
          1    118.25
```

```
2    138.95
3     41.00
4    124.00
dtype: float64
```

练一练 Ex2-5

身体质量指数（BMI）的计算方式是体重（单位为 kg）除以身高（单位为 m）的平方，请找出 BMI 最高对应同学的姓名。

2.3.3 频次函数

pandas 中有一些函数和数据中元素出现的频次相关。对 Series 使用 unique()和 nunique()可以分别得到其唯一值组成的列表和唯一值的个数：

```
In [50]:  df['School'].unique()
Out[50]:  array(['A', 'B', 'C', 'D'], dtype=object)
In [51]:  df['School'].nunique()
Out[51]:  4
```

通过 value_counts()可以得到序列中每个值出现的次数，当设定 normalize 为 True 时会进行归一化处理。

```
In [52]:  df['School'].value_counts()
Out[52]:  D    69
          A    57
          C    40
          B    34
          Name: School, dtype: int64
In [53]:  df['School'].value_counts(normalize=True)
Out[53]:  D    0.345
          A    0.285
          C    0.200
          B    0.170
          Name: School, dtype: float64
```

如果想要观察多个列组合的唯一值，可以使用 drop_duplicates()。其中的关键参数是 keep，默认值 first 表示保留每个组合第一次出现的所在行，指定为 last 表示保留每个组合最后一次出现的所在行，指定为 False 表示把所有组合重复的所在行剔除。

```
In [54]:  df_demo = df[['Gender','Transfer','Name']]
          df_demo.drop_duplicates(['Gender', 'Transfer'])
Out[54]:        Gender Transfer              Name
          0     Female        N      Gaopeng Yang
          1       Male        N   Changqiang You
          12    Female      NaN         Peng You
          21      Male      NaN    Xiaopeng Shen
          36      Male        Y    Xiaojuan Qin
          43    Female        Y       Gaoli Feng
```

```
In [55]: df_demo.drop_duplicates(['Gender', 'Transfer'], keep='last')
Out[55]:     Gender Transfer            Name
         147   Male      NaN        Juan You
         150   Male        Y  Chengpeng You
         169 Female        Y  Chengquan Qin
         194 Female      NaN     Yanmei Qian
         197 Female        N Chengqiang Chu
         199   Male        N     Chunpeng Lv
```

将 keep 指定为 False 意味着保留标签或标签组合中只出现过一次的行：

```
In [56]: df_demo.drop_duplicates(['Name', 'Gender'], keep=False).head()
Out[56]:   Gender Transfer            Name
         0 Female        N    Gaopeng Yang
         1   Male        N Changqiang You
         2   Male        N         Mei Sun
         4   Male        N     Gaojuan You
         5 Female        N     Xiaoli Qian
```

我们在 Series 上也可以使用 drop_duplicates()：

```
In [57]: df['School'].drop_duplicates()
Out[57]: 0    A
         1    B
         3    C
         5    D
         Name: School, dtype: object
```

duplicated()和 drop_duplicates()的功能类似，但前者返回关于元素是否为唯一值的布尔列表，而其参数 keep 的意义与后者一致。duplicated()返回的序列把重复元素设为 True，否则为 False，drop_duplicates()等价于把 duplicated()返回为 True 的对应行剔除。

```
In [58]: df_demo.duplicated(['Gender', 'Transfer']).head()
Out[58]: 0    False
         1    False
         2     True
         3     True
         4     True
         dtype: bool
In [59]: df['School'].duplicated().head()
Out[59]: 0   False
         1   False
         2    True
         3   False
         4    True
         Name: School, dtype: bool
```

2.3.4 替换函数

一般而言，替换操作是针对某一个列进行的，因此下面的例子都使用 Series。pandas 中的替换可以归纳为 3 类：映射替换、逻辑替换和数值替换。其中，映射替换包含 replace()、第 8 章中的 str.replace()以及第 9 章中的 cat.codes 属性。此处介绍映射替换中 replace()的用法。

在 replace()中，可以通过字典构造或者传入两个列表（分别表示需要替换的值和替换后的值）来进行替换：

```
In [60]:  df['Gender'].replace({'Female':0, 'Male':1}).head()
Out[60]:  0    0
          1    1
          2    1
          3    0
          4    1
          Name: Gender, dtype: int64
In [61]:  df['Gender'].replace(['Female', 'Male'], [0, 1]).head()
Out[61]:  0    0
          1    1
          2    1
          3    0
          4    1
          Name: Gender, dtype: int64
```

另外，replace()还可以进行一种特殊的方向替换，指定参数 method 为 ffill 时，用前面一个最近的未被替换的值进行替换，参数 method 为 bfill 时，则用后面最近的未被替换的值进行替换。从下面的例子可以看到，它们的结果是不同的：

```
In [62]:  s = pd.Series(['a', 1, 'b', 2, 1, 1, 'a'])
          s.replace([1, 2], method='ffill')
Out[62]:  0    a
          1    a
          2    b
          3    b
          4    b
          5    b
          6    a
          dtype: object
In [63]:  s.replace([1, 2], method='bfill')
Out[63]:  0    a
          1    b
          2    b
          3    a
          4    a
          5    a
          6    a
          dtype: object
```

逻辑替换包括 where()和 mask()，这两个函数是相对应的：where()在传入条件为 False 的对应行进行替换，而 mask()在传入条件为 True 的对应行进行替换，当未对二者指定替换值时，将对应行替换为缺失值。

```
In [64]:  s = pd.Series([-1, 1.2345, 100, -50])
          s.where(s<0)
Out[64]:  0     -1.0
          1      NaN
```

```
2       NaN
3     -50.0
dtype: float64
```

```
In [65]:  s.where(s<0, 100)
Out[65]:  0     -1.0
          1    100.0
          2    100.0
          3    -50.0
          dtype: float64
In [66]:  s.mask(s<0)
Out[66]:  0         NaN
          1      1.2345
          2    100.0000
          3         NaN
          dtype: float64
In [67]:  s.mask(s<0, -50)
Out[67]:  0    -50.0000
          1      1.2345
          2    100.0000
          3    -50.0000
          dtype: float64
```

需要注意的是，传入的条件只需要是布尔序列即可，但其索引应当与被调用的Series索引一致：

```
In [68]:  s_condition= pd.Series([True,False,False,True],index=s.index)
          s.mask(s_condition, -50)
Out[68]:  0    -50.0000
          1      1.2345
          2    100.0000
          3    -50.0000
          dtype: float64
```

数值替换包含round()、abs()和clip()，它们分别表示按照给定精度四舍五入、取绝对值和截断：

```
In [69]:  s = pd.Series([-1, 1.2345, 100, -50])
          s.round(2)
Out[69]:  0     -1.00
          1      1.23
          2    100.00
          3    -50.00
          dtype: float64
In [70]:  s.abs()
Out[70]:  0    1.0000
          1    1.2345
          2  100.0000
          3   50.0000
          dtype: float64
In [71]:  s.clip(0, 2) # 前两个数分别表示上下截断边界
Out[71]:  0    0.0000
          1    1.2345
          2    2.0000
          3    0.0000
          dtype: float64
```

练一练 Ex2-6

在 clip()中，超过边界的值只能被截断为边界值，如果要把超出边界的值替换为自定义的值，可以如何操作？

2.3.5 排序函数

pandas 中有两种排序函数，第一种是值排序函数 sort_values()，第二种是索引排序函数 sort_index()。为了演示排序函数的使用方法，下面先利用 set_index()把年级和姓名两列作为索引，多级索引的内容和索引设置的方法将在第 3 章进行详细讲解。

```
In [72]: df_demo = df[['Grade', 'Name', 'Height', 'Weight']].set_index(['Grade','Name'])
```

默认参数 ascending 为 True 表示升序，对身高进行排序：

```
In [73]: df_demo.sort_values('Height').head()
Out[73]:
                                  Height  Weight
          Grade     Name
          Junior    Xiaoli Chu     145.4    34.0
          Senior    Gaomei Lv      147.3    34.0
          Sophomore Peng Han       147.8    34.0
          Senior    Changli Lv     148.7    41.0
          Sophomore Changjuan You  150.5    40.0
```

当 ascending 为 False 时表示对身高进行降序排列：

```
In [74]: df_demo.sort_values('Height', ascending=False).head()
Out[74]:
                                   Height  Weight
          Grade     Name
          Senior    Xiaoqiang Qin   193.9    79.0
                    Mei Sun         188.9    89.0
                    Gaoli Zhao      186.5    83.0
          Freshman  Qiang Han       185.3    87.0
          Senior    Qiang Zheng     183.9    87.0
```

在排序中，经常会遇到多列排序的问题，例如在体重相同的情况下，对身高进行排序，并且保持身高降序排列，体重升序排列。对应代码如下：

```
In [75]: df_demo.sort_values(['Weight','Height'],ascending=[True,False]).head()
Out[75]:
                                  Height  Weight
          Grade     Name
          Sophomore Peng Han       147.8    34.0
          Senior    Gaomei Lv      147.3    34.0
          Junior    Xiaoli Chu     145.4    34.0
          Sophomore Qiang Zhou     150.5    36.0
          Freshman  Yanqiang Xu    152.4    38.0
```

索引排序的用法和值排序几乎完全一致，只不过元素的值在索引中，此时需要指定索引层的名字或者层号，用参数 level 表示。

```
In [76]: # 对年级按升序排列，对名字按降序排列
         df_demo.sort_index(level=['Grade','Name'],ascending=[True,False]).head()
```

Out[76]:
```
                          Height   Weight
Grade    Name
Freshman Yanquan Wang      163.5    55.0
         Yanqiang Xu       152.4    38.0
         Yanqiang Feng     162.3    51.0
         Yanpeng Lv          NaN    65.0
         Yanli Zhang       165.1    52.0
```

注解

字符串序列的排列顺列由字母顺序决定。

此外，pandas 的 rank()函数也与元素的排序相关，它返回每个元素在整个序列中的排名，参数 ascending 表示升序排序，pct 表示是否返回元素对应的分位数。

In [77]:
```
s = pd.Series(list("ebcad"))
s.rank(ascending=True, pct=False)
```

Out[77]:
```
0  5.0
1  2.0
2  3.0
3  1.0
4  4.0
dtype: float64
```

参数 method 用于控制元素相等时的排名处理方式，默认为“average”，取均值。取“min”和“max”时分别表示取最小的可能排名和最大的可能排名，取“first”时表示按照序列中元素出现的先后顺序排名，取“dense”时表示相邻大小的元素排名相差 1。从下面的例子中可以看出它们的区别：

In [78]:
```
s = pd.Series(list("abac"))
df_rank = pd.DataFrame()
for method in ["average", "min", "max", "first", "dense"]:
    df_rank[method] = s.rank(method=method)
df_rank
```

Out[78]:
```
    average       min       max     first      dense
0       1.5       1.0       2.0       1.0        1.0
0       1.5       1.0       2.0       1.0        1.0
1       3.0       3.0       3.0       3.0        2.0
2       1.5       1.0       2.0       2.0        1.0
3       4.0       4.0       4.0       4.0        3.0
```

2.3.6 apply()函数

apply()函数常用于对 DataFrame 进行行迭代或者列迭代，它的 axis 的含义与 2.3.2 节中的统计聚合函数的 axis 的含义一致。apply()的参数往往是一个以序列为输入的函数，例如，对于 mean()，使用 apply()可以写出：

In [79]:
```
df_demo = df[['Height', 'Weight']]
def my_mean(x):
    res = x.mean()
    return res
df_demo.apply(my_mean)
```

Out[79]:
```
Height    163.218033
Weight     55.015873
dtype: float64
```

对于简单的函数，可以利用 Lambda 表达式使得书写简洁，如下代码中的 x 就指代被调用的 df_demo 表中逐个输入的序列：

In [80]:
```
df_demo.apply(lambda x:x.mean())
```

Out[80]:
```
Height   163.218033
Weight    55.015873
type: float64
```

若指定 axis=1，那么每次传入函数的就是由行元素组成的 Series，其结果与 2.3.2 节例子中的逐行均值的结果一致。

In [81]:
```
df_demo.apply(lambda x:x.mean(), axis=1).head()
```

Out[81]:
```
0    102.45
1    118.25
2    138.95
3     41.00
4    124.00
dtype: float64
```

这里再举一个例子：mad()返回的是一个序列中元素偏离该序列均值的绝对值大小的均值，例如序列[1,3,7,10]中，均值为 5.25，每一个元素偏离的绝对值为[4.25,2.25,1.75,4.75]，这个偏离序列的均值为 3.25。现在利用 apply()、mad()计算身高和体重的指标：

In [82]:
```
df_demo.apply(lambda x:(x-x.mean()).abs().mean())
```

Out[82]:
```
Height     6.707229
Weight    10.391870
dtype: float64
```

In [83]:
```
df_demo.mad()
```

Out[83]:
```
Height     6.707229
Weight    10.391870
dtype: float64
```

既然 apply()如此强大，是不是就意味着其他的函数都没有用武之地，它们都可以用自定义函数来替换呢？答案是否定的，apply()的自由性是牺牲性能换来的。当 apply()中迭代的行或列的数量较多时，运算时间明显变长。仍然以计算身高和体重的均值这一过程为例，我们来分别比较在 200 行数据样本下使用 apply()和使用内置函数的性能差异：

In [84]:
```
%timeit -n 100 -r 7 df_demo.apply(lambda x:x.mean(), axis=1)
```

Out[84]:
```
16.6ms ± 347 µs per loop (mean ± std. dev.of 7 runs, 100 loops each)
```

In [85]:
```
%timeit df_demo.mean(1)
```

Out[85]:
```
 182µs ± 10.7 µs per loop (mean ± std. dev.of 7 runs, 100 loops each)
```

注解

在 Jupyter 中可以使用%timeit 来估计一行代码所运行的时间，其中参数-r 表示运行的轮数（runs），参数-n 表示每一轮该代码运行的次数（loops）。

从结果可以看到，在这个例子中它们竟存在高达约 100 倍的时长差距，这样的结果显然是我们不愿看见的。从另一方面说，我们应该在何时使用 apply()？笔者认为只有当不存在内置函数能够解决当下的计算问题且 apply()的迭代次数较少时，我们才考虑使用 apply()来辅助完成计算任务。总之，在 apply()的“诱惑”前，我们应当保持谨慎。

2.4 窗口

pandas 中有 3 类窗口，分别是滑动窗口 rolling、扩张窗口 expanding 以及指数加权窗口 ewm，窗口能够在序列上通过窗口函数进行聚合。以日期偏置为窗口大小的滑动窗口将在第 10 章讨论，指数加权窗口见本章习题。

2.4.1 滑动窗口

要使用滑动窗口（简称滑窗）函数，就必须要对一个序列使用“.rolling”以得到滑窗对象，其最重要的参数为窗口大小 window。

```
In [86]:  s = pd.Series([1,2,3,4,5])
          roller = s.rolling(window = 3)
          roller
Out[86]:  Rolling [window=3,center=False,axis=0,method=single]
```

我们可以对一个窗口中的元素进行聚合，图 2.1 展示了滑窗均值的计算过程。

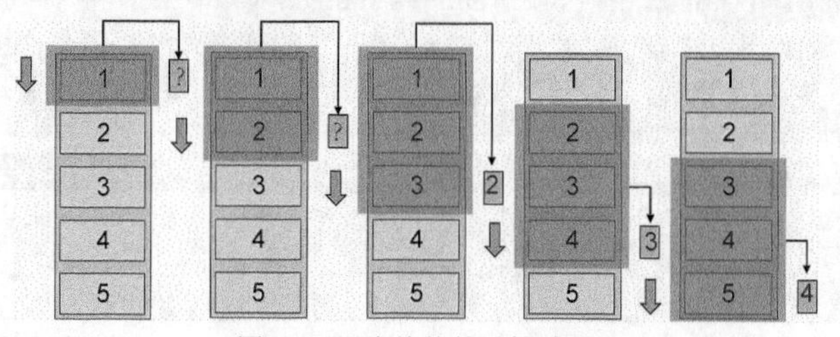

图 2.1 滑窗均值的计算过程

调用滑窗的 mean()方法即可得到相应结果：

```
In [87]:  roller.mean() # NaN表示缺失值，说明窗口元素未满，无法计算
Out[87]:  0    NaN
          1    NaN
          2    2.0
          3    3.0
          4    4.0
          dtype: float64
```

注解

除 window 之外，min_periods 也是 rolling()的一个常用参数，它指定了参与计算的最小样本量，默认为窗口大小。例如，上文中的第一个和第二个元素对应的窗口内样本数量均小于窗口大小，则直接取缺失值。当令 min_periods 为 1 时，输出的第一个和第二个元素为窗口内元素的均值。

2.3.2 节中介绍的特征统计函数都能够用于滑窗：

```
In [88]: roller.sum()
```

```
Out[88]: 0     NaN
         1     NaN
         2     6.0
         3     9.0
         4    12.0
         dtype: float64
```

```
In [89]: roller.max()
```

```
Out[89]: 0    NaN
         1    NaN
         2    3.0
         3    4.0
         4    5.0
         dtype: float64
```

对于滑动协方差或滑动相关系数的计算如下所示：

```
In [90]: s2 = pd.Series([1,2,6,16,30])
         roller.cov(s2)
```

```
Out[90]: 0     NaN
         1     NaN
         2     2.5
         3     7.0
         4    12.0
         dtype: float64
```

```
In [91]: roller.corr(s2)
```

```
Out[91]: 0         NaN
         1         NaN
         2    0.944911
         3    0.970725
         4    0.995402
         dtype: float64
```

此外，滑窗还支持使用 apply()传入自定义函数，其传入参数是对应窗口的 Series，例如上述的均值函数可以等效表示为：

```
In [92]: roller.apply(lambda x:x.mean())
```

```
Out[92]: 0    NaN
         1    NaN
         2    2.0
         3    3.0
         4    4.0
         dtype: float64
```

shift()、diff()和 pct_change()是一组类滑窗函数，它们的公共参数为 periods=n，默认值为 1，它们分别表示取向前第 *n* 个元素的值、与向前第 *n* 个元素作差和与向前第 *n* 个元素相比而计算出的增长率。这里的 *n* 可以为负值，表示反方向进行类似操作。

```
In [93]: s = pd.Series([1,3,6,10,15])
         s.shift(2)
```

```
Out[93]: 0     NaN
         1     NaN
         2     1.0
         3     3.0
         4     6.0
         dtype: float64
In [94]: s.diff(3)
Out[94]: 0      NaN
         1      NaN
         2      NaN
         3      9.0
         4     12.0
         dtype: float64
In [95]: s.pct_change()
Out[95]: 0          NaN
         1     2.000000
         2     1.000000
         3     0.666667
         4     0.500000
         dtype: float64
In [96]: s.shift(-1)
Out[96]: 0     3.0
         1     6.0
         2    10.0
         3    15.0
         4     NaN
         dtype: float64
In [97]: s.diff(-2)
Out[97]: 0    -5.0
         1    -7.0
         2    -9.0
         3     NaN
         4     NaN
         dtype: float64
```

练一练 Ex2-7

NumPy 中也有一个同名函数 np.diff()，它与 pandas 中 diff 的功能相同吗？请查阅文档并说明。

将其视作类滑窗函数的原因是，它们的功能可以用窗口大小为 n+1 的滑窗函数等价代替：

```
In [98]: s.rolling(3).apply(lambda x:list(x)[0]) # s.shift(2)
Out[98]: 0    NaN
         1    NaN
         2    1.0
         3    3.0
         4    6.0
         dtype: float64
In [99]: s.rolling(4).apply(lambda x:list(x)[-1]-list(x)[0]) # s.diff(3)
```

```
Out[99]:  0     NaN
          1     NaN
          2     NaN
          3     9.0
          4    12.0
          dtype: float64
```

```
In [100]:  def my_pct(x):
               L = list(x)
               return L[-1]/L[0]-1
           s.rolling(2).apply(my_pct) # s.pct_change()
```

```
Out[100]:  0         NaN
           1    2.000000
           2    1.000000
           3    0.666667
           4    0.500000
           dtype: float64
```

练一练 Ex2-8

rolling 对象的默认窗口都是向下滑动的，在某些情况下用户需要逆向滑动的窗口，例如对[1,2,3]设定窗口为 2 的逆向 sum 操作，结果为[3,5,NaN]，此时应该如何实现？

2.4.2 扩张窗口

扩张窗口又称累计窗口，它本质上是一个动态长度窗口，其窗口的长度就是从序列开始处的位置到具体操作处的位置，其使用的聚合函数会作用于这些逐步扩张的窗口。具体地说，设序列为[a1,a2,a3,a4]，则其每个位置对应的窗口即[a1]、[a1,a2]、[a1,a2,a3]、[a1,a2,a3,a4]。

```
In [101]:  s = pd.Series([1, 3, 6, 10])
           # 可选 max()、min()、median()、std()、var 等
           # 参见 pandas 官方 API 文档中的 Expanding window functions
           s.expanding().mean()
```

```
Out[101]:  0    1.000000
           1    2.000000
           2    3.333333
           3    5.000000
           dtype: float64
```

在 NumPy 中，cumsum()和 cumprod()分别计算当前位置与之前所有元素的总和与乘积：

```
In [102]:  s.values.cumsum()
Out[102]:  array([ 1, 4, 10, 20], dtype=int64)
In [103]:  s.values.cumprod()
Out[103]:  array([ 1, 3, 18, 180], dtype=int64)
```

上述操作就是一种扩张窗口操作，在 pandas 中可以类似地写出：

```
In [104]:  s.cumsum()
```

```
Out[104]: 0     1
          1     4
          2    10
          3    20
          dtype: int64
```

```
In [105]: s.cumprod()
```

```
Out[105]: 0      1
          1      3
          2     18
          3    180
          dtype: int64
```

与rolling对象的apply()方法类似，我们可以利用expanding对象上的apply()方法来等价地完成上述操作：

```
In [106]: s.expanding().apply(lambda x: x.sum())
```

```
Out[106]: 0     1.0
          1     4.0
          2    10.0
          3    20.0
          dtype: float64
```

```
In [107]: s.expanding().apply(lambda x: x.prod())
```

```
Out[107]: 0      1.0
          1      3.0
          2     18.0
          3    180.0
          dtype: float64
```

2.5 习题

1. 整理某服装店的商品情况

data/ch2/clothing_store.csv中记录了某服装店的商品信息，每件商品都有一级类别（type_1）、二级类别（type_2）、进价（buy_price）、售价（sale_price）和唯一的商品编号（product_id）。请注意，在本题中仅允许使用本章中介绍的函数，不得使用后续章节介绍的功能或函数（例如loc和groupby），但读者可在学习完后续章节后，自行给出基于其他方案的解答。

- 利润指售价与进价之差，求商品的平均利润。
- 从原表构造一个同长度的Series，索引是商品编号，value中的每个元素是对应位置的商品信息字符串，字符串格式为"商品一级类别为×××，二级类别为×××，进价和售价分别为×××和×××。"
- 表中有一个商品的二级类别与一级类别明显无法对应，例如一级类别为上衣，但二级类别是拖鞋，请找出这个商品对应的商品编号。
- 求各二级类别中利润最高的商品编号。

2. 汇总某课程的学生总评分数

data/ch2/student_grade.csv 中记录了某课程中每位学生的学习情况，包含学生编号、期中考试分数、期末考试分数、回答问题次数和缺勤次数。请注意，本题同样只能使用本章介绍的函数。

- 求出在缺勤次数最少的学生中回答问题次数最多的学生编号。
- 按如下规则计算每位学生的总评分数：（1）总评分数为百分之四十的期中考试成绩加百分之六十的期末考试成绩；（2）每回答一次问题，学生的总评分数加 1 分，但加分的总次数不得超过 10 次；（3）每缺勤一次，学生的总评分数扣 5 分；（4）当学生缺勤次数高于 5 次时，总评分数直接按 0 分计算；（5）总评最高分数为 100 分，最低分数为 0 分。
- 在表中新增一列“等第”，规定当学生总评分数低于 60 分时等第为不及格，总评分数不低于 60 分且低于 80 分时为及格，总评分数不低于 80 分且低于 90 分时为良好，总评分数不低于 90 分时为优秀，请统计各个等第的学生比例。

3. 指数加权窗口

（1）作为扩张窗口的 ewm 窗口。

在扩张窗口中，用户可以使用各类函数进行历史的累计指标统计，但这些内置的统计函数往往给窗口中的所有元素赋予了同样的权重。事实上，可以给出不同的权重来赋予窗口中的元素，指数加权窗口就是这样一种特殊的扩张窗口。

其中，最重要的参数是 α，它决定了默认情况下的窗口权重为 $w_i=(1-\alpha)^{t-i}, i\in\{0,1,\cdots,t\}$，其中 w_0 表示序列第一个元素 x_0 的权重，w_t 表示当前元素 x_t 的权重。从权重公式可以看出，离开当前值越远则权重越小，若记原序列为 x，更新后的当前元素为 y_t，此时通过加权公式归一化后可知：

$$
\begin{aligned}
y_t &= \frac{\sum_{i=0}^{t} w_i x_i}{\sum_{i=0}^{t} w_i} \\
&= \frac{x_t+(1-\alpha)x_{t-1}+(1-\alpha)^2 x_{t-2}+\cdots+(1-\alpha)^t x_0}{1+(1-\alpha)+(1-\alpha)^2+\cdots+(1-\alpha)^t}
\end{aligned}
$$

对 Series 而言，可以用 ewm 对象通过如下计算得到指数平滑后的序列：

```
In [108]:  np.random.seed(0)
           s = pd.Series(np.random.randint(-1,2,30).cumsum())
           s.head()

Out[108]:  0   -1
           1   -1
           2   -2
           3   -2
           4   -2
           dtype: int32

In [109]:  s.ewm(alpha=0.2).mean().head()
```

```
Out[109]: 0   -1.000000
          1   -1.000000
          2   -1.409836
          3   -1.609756
          4   -1.725845
          dtype: float64
```

请用 expanding 实现上述功能。

（2）作为滑动窗口的 ewm 窗口。

从第（1）问中可以看到，ewm 窗口作为一种扩张窗口的特例，只能从序列的第一个元素开始加权。现在希望给定一个限制窗口 n，只将包含自身的最近的 n 个元素作为窗口进行滑动加权平滑。请根据滑窗函数，给出新的 w_i 与 y_t 的公式，并通过 rolling 实现这一功能。

第二部分

4 类操作

第3章

索引

索引操作是一切数据处理的基础，若离开了索引，我们几乎寸步难行！因此，熟练掌握索引的相关知识是十分有必要的。本章中，我们将讨论单级索引、多级索引和常用索引方法这3部分内容。

3.1 单级索引

在pandas中，每一行数据都会存在一个元素与该行数据相对应，这些元素的序列被称为这个Series或DataFrame的（行）索引。如果元素指代的是单个变量，那么对应的就是单级索引，例如用学号来作为学生序列的索引；如果元素指代的是多个变量的组合，那么对应的就是多级索引，例如用所在班级和班内学号这两个变量（组合可以重复）来作为学生序列的索引。本节中，我们讨论单级索引，3.2节将讨论多级索引。

3.1.1 DataFrame的列索引

列索引是常见的索引形式，一般通过[...]来实现。通过[列名]可以从DataFrame中取出相应的列，返回值为Series。例如使用第2章提到的learn_pandas数据集，从表中取出姓名这一列：

```
In [1]:  df = pd.read_csv('data/learn_pandas.csv',
                          usecols = ['School', 'Grade', 'Name',
                                     'Gender','Weight','Transfer'])
         df['Name'].head()
Out[1]:  0      Gaopeng Yang
         1    Changqiang You
         2           Mei Sun
         3     Xiaojuan Sun
         4       Gaojuan You
         Name: Name,dtype: object
```

如果要取出多个列，则可以通过[列名组成的列表]的方式来得到，其返回值为一个DataFrame。例如从表中取出性别和姓名这两列：

```
In [2]:  df[['Gender', 'Name']].head()
Out[2]:     Gender            Name
         0  Female    Gaopeng Yang
         1    Male  Changqiang You
         2    Male         Mei Sun
         3  Female    Xiaojuan Sun
         4    Male     Gaojuan You
```

此外，若要取出单列且列名中不包含空格，则可以用“.列名”的方式来得到，这和[列名]是等价的：

```
In [3]:  df.Name.head()
```

```
Out[3]:  0      Gaopeng Yang
         1    Changqiang You
         2          Mei Sun
         3     Xiaojuan Sun
         4       Gaojuan You
         Name: Name, dtype: object
```

3.1.2 Series 的行索引

1. 以字符串为索引的 Series

如果要取出单个索引的对应元素，可以使用[item]。若 Series 只有单个值对应，则返回相应的标量值；如果有多个值对应，则返回一个 Series：

```
In [4]:  s = pd.Series([1, 2, 3, 4, 5, 6],  index=['a', 'b', 'a', 'a', 'a', 'c'])
         s['a']
```

```
Out[4]:  a    1
         a    3
         a    4
         a    5
         dtype: int64
```

```
In [5]:  s['b']
```

```
Out[5]:  2
```

如果要取出多个索引的对应元素，可以使用[items 的列表]：

```
In [6]:  s[['c', 'b']]
```

```
Out[6]:  c    6
         b    2
         dtype: int64
```

如果要取出某两个索引之间的元素，并且这两个索引在整个索引中唯一，则可以使用切片。同时，需要注意这里的切片会包含两个端点：

```
In [7]:  s['c': 'b': -2]
```

```
Out[7]:  c    6
         a    4
         b    2
         dtype: int64
```

如果前后端点的值存在重复，即非唯一值，那么需要经过排序才能使用切片：

```
In [8]:  s['a':'b']
```

```
KeyError                                  Traceback (most recent call last)
Input In [9], in <module>
----> 1 s['a': 'b']
. . . . . .
File ~\miniconda3\envs\final\lib\site-packages\pandas\core\indexes\base.py:6411, in
Index.get_slice_bound(self, label, side, kind)
```

```
    6409 slc = lib.maybe_booleans_to_slice(slc.view("u1"))
    6410 if isinstance(slc, np.ndarray):
--> 6411 raise KeyError(
    6412 f"Cannot get {side} slice bound for non-unique "
    6413 f"label: {repr(original_label)}"
    6414 )

    6416 if isinstance(slc, slice):

    6417 if side == "left":
KeyError: "Cannot get left slice bound for non-unique label: 'a'"
```

```
In [9]:  s.sort_index()['a':'b']
Out[9]:  a    1
         a    3
         a    4
         a    5
         b    2
         dtype: int64
```

2. 以整数为索引的 Series

如果使用整数切片，则会取出对应索引位置的值，注意这里的整数切片同 Python 中的切片一样不包含右端点：

```
In [10]:  s[1:-1:2]
Out[10]:  b    2
          a    4
          dtype: int64
```

注解

如果不想陷入麻烦，那么请不要把浮点类型或者任何混合类型（例如字符串、整数、浮点数等的混合类型）作为索引，否则可能会在具体的操作中出现报错或者返回非预期的结果，并且在实际的数据分析中也不存在这样做的需求。

3.1.3 loc 索引器

3.1.1 节提到了对 DataFrame 的列进行选取，下面要讨论对其行的选取。对 DataFrame 而言，有两种索引器，一种是基于元素（Element-Based）的 loc 索引器，另一种是基于位置（Position-Based）的 iloc 索引器。

loc 索引器的一般形式是 loc[*,*]，其中第一个参数代表行的选择，第二个参数代表列的选择。如果省略第二个参数则写作 loc[*]，指行的筛选。其中，“*”的位置一共可以填入 4 类合法对象，分别是单个元素、元素列表、元素切片以及布尔列表，下面将依次说明。

为了演示相应操作，先利用 set_index()把 Name 列设为索引，关于 set_index()的其他用法将在 3.3.3 节进行介绍。

```
In [11]:  df_demo = df.set_index('Name')
          df_demo.head()
```

```
Out[11]:
                        School       Grade  Gender  Weight Transfer
Name
Gaopeng Yang                 A    Freshman  Female    46.0        N
Changqiang You               B    Freshman    Male    70.0        N
Mei Sun                      A      Senior    Male    89.0        N
Xiaojuan Sun                 C   Sophomore  Female    41.0        N
Gaojuan  You                 C   Sophomore    Male    74.0        N
```

1. “*”为单个元素

此时直接取出相应的行或列，如果该元素在索引中重复，则结果为DataFrame，否则为Series：

```
In [12]: df_demo.loc['Qiang Sun'] # 多个人叫此名字
Out[12]:
             School      Grade  Gender  Weight Transfer
Name
Qiang Sun         D     Junior  Female    53.0        N
Qiang Sun         D  Sophomore  Female    40.0        N
Qiang Sun         A     Junior  Female     NaN        N
In [13]: df_demo.loc['Quan Zhao'] # 名字唯一
Out[13]:
School           A
Grade       Junior
Gender      Female
Weight        53.0
Transfer         N
Name: Quan Zhao, dtype: object
```

也可以同时选择行和列：

```
In [14]: df_demo.loc['Qiang Sun', 'School'] # 返回Series
Out[14]:
Name
Qiang Sun    D
Qiang Sun    D
Qiang Sun    A
Name: School, dtype: object
In [15]: df_demo.loc['Quan Zhao', 'School'] # 返回单个元素
Out[15]: 'A'
```

练一练 Ex3-1

当两个“*”指代的行元素和列元素在DataFrame的行索引和列索引中都为重复值，此时结果是什么类型？

2. “*”为元素列表

此时取出列表对应的行与列中所有元素值：

```
In [16]: df_demo.loc[['Qiang Sun','Quan Zhao'], ['School','Gender']]
Out[16]:
                  School  Gender
Name
Qiang  Sun             D  Female
Qiang  Sun             D  Female
Qiang  Sun             A  Female
Quan  Zhao             A  Female
```

3. "*"为元素切片

先前我们提到，在 Series 中使用字符串索引时，如果索引的是唯一的起点字符和终点字符，那么可以使用元素切片，并且元素切片包含两个端点，如果不唯一则报错。DataFrame 上 loc 索引器的使用与其相同：

In [17]:
```
df_demo.loc['Gaojuan You':'Gaoqiang Qian', 'School':'Gender']
```

Out[17]:
```
                   School   Grade   Gender
Name
Gaojuan  You         C  Sophomore    Male
Xiaoli Qian          D   Freshman  Female
Qiang Chu            A   Freshman  Female
Gaoqiang Qian        D     Junior  Female
```

In [18]:
```
df_loc_slice_demo = df_demo.copy()
df_loc_slice_demo.index = range(df_demo.shape[0],0,-1)
df_loc_slice_demo.loc[5:3]
```

Out[18]:
```
  School   Grade  Gender  Weight Transfer
5      C  Junior  Female    46.0        N
4      D  Senior  Female    50.0        N
3      A  Senior  Female    45.0        N
```

In [19]:
```
df_loc_slice_demo.loc[3:5] # 没有返回值，说明不是整数位置的切片
```

Out[19]:
```
Empty DataFrame
Columns: [School, Grade, Gender, Weight, Transfer]
Index: []
```

4. "*"为布尔列表

在实际的数据处理中，根据条件来筛选行是极其常见的。若传入 loc 索引器的布尔列表与 DataFrame 长度相同，则列表中为 True 的位置所对应的行会被选中，为 False 的位置所对应的行会被剔除。

例如，选出体重超过 70kg 的学生：

In [20]:
```
df_demo.loc[df_demo.Weight>70].head()
```

Out[20]:
```
                  School      Grade Gender Weight Transfer
Name
Mei Sun              A     Senior   Male   89.0        N
Gaojuan  You         C  Sophomore   Male   74.0        N
Xiaopeng Zhou        A   Freshman   Male   74.0        N
Xiaofeng Sun         D     Senior   Male   71.0        N
Qiang Zheng          A     Senior   Male   87.0        N
```

先前所提到的传入元素列表的方法也可以通过传入 isin()方法返回的布尔列表来等价替代，例如选出所有大一和大四的学生信息：

In [21]:
```
df_demo.loc[df_demo.Grade.isin(['Freshman', 'Senior'])].head()
```

Out[21]:
```
                   School     Grade Gender Weight Transfer
Name
Gaopeng  Yang         A  Freshman Female   46.0        N
Changqiang You        B  Freshman   Male   70.0        N
Mei Sun               A    Senior   Male   89.0        N
Xiaoli Qian           D  Freshman Female   51.0        N
Qiang Chu             A  Freshman Female   52.0        N
```

对复合条件而言，可以用“|”（或）、“&”（且）和“~”（非）的组合来实现，例如选出 A 学校中体重超过 70kg 的大四学生，或者 B 学校中体重超过 80kg 的非大四学生：

In [22]:
```
condition_1_1 = df_demo.School == 'A'
condition_1_2 = df_demo.Grade == 'Senior'
condition_1_3 = df_demo.Weight > 70
condition_1 = condition_1_1 & condition_1_2 & condition_1_3
condition_2_1 = df_demo.School == 'B'
condition_2_2 = df_demo.Grade == 'Senior'
condition_2_3 = df_demo.Weight > 80
condition_2 = condition_2_1 & (~condition_2_2) & condition_2_3
df_demo.loc[condition_1 | condition_2]
```

Out[22]:
```
                School     Grade Gender Weight Transfer
Name
Mei Sun              A    Senior   Male   89.0        N
Qiang Zheng          A    Senior   Male   87.0        N
Qiang Han            B  Freshman   Male   87.0        N
Changpeng Zhao       B  Freshman   Male   83.0        N
Gaoli Zhao           A    Senior   Male   83.0        N
Xiaofeng Zhang       A    Senior   Male   80.0        N
Chengmei Shen        A    Senior   Male   71.0        N
```

练一练 Ex3-2

完成以下关于索引的操作。

- 选出 A 学校和 B 学校的大一女生。
- select_dtypes()是一个实用函数，它能够从表中选出相应类型的列。若要选出所有数值型的列，只需要使用.select_dtypes('number')；若要剔除所有布尔类型和 int64 类型的列，只需要使用.select_dtypes (exclude=['bool','int64'])，请利用布尔列表选择的方法结合 DataFrame 的 dtypes 属性在 learn_pandas 数据集上实现这个功能。

在对表或者序列赋值时，应当在使用一层索引器后直接进行赋值操作，这样做是由于多次索引后的赋值是赋在临时返回的 copy 副本上的，没有真正修改元素，从而导致 SettingWithCopy Warning 警告。下面举一个相应的例子：

In [23]:
```
df_chain = pd.DataFrame([[0,0],[1,0],[-1,0]], columns=list('AB'))
df_chain
```

Out[23]:
```
   A  B
0  0  0
1  1  0
2 -1  0
```

In [24]:
```
# 使用方括号进行列索引后，再使用点进行列索引
df_chain[df_chain.A!=0].B=1
```

Out[24]:
```
C:\Users\gyh\AppData\Local\Temp\ipykernel_8512\212501494.py:2:SettingWithCopyWarning:
A value is trying to be set on a copy of a slice from a DataFrame.
Try using .loc[row_indexer,col_indexer] = value instead
See the caveats in the documentation: https://pandas.pydata.org/pandas-
```

```
docs/stable/user_guide/indexing.html#returning-a-view-versus-a-copy
  df_chain[df_chain.A!=0].B = 1
```

```
In [25]: df_chain # 没有任何变化，因为赋值在临时副本上
```

```
Out[25]:
    A  B
0   0  0
1   1  0
2  -1  0
```

```
In [26]: df_chain.loc[df_chain.A!=0,'B'] = 1
         df_chain   # 元素真正被修改
```

```
Out[26]:
    A  B
0   0  0
1   1  1
2  -1  1
```

最后需要指出的是，对 Series 也可以使用 loc 索引器，其遵循的原则与 DataFrame 中用于行筛选的 loc[*]相同，此处不赘述。

3.1.4 iloc 索引器

iloc 索引器的使用与 loc 索引器的使用类似，只不过它是针对位置进行筛选，在相应的“*”位置处共有 4 类可填入的合法对象，分别是：整数、整数列表、整数切片和布尔列表。

```
In [27]: df_demo.iloc[1, 1]             # 第二行第二列
```

```
Out[27]: 'Freshman'
```

```
In [28]: df_demo.iloc[[0, 1], [0, 1]] # 前两行前两列
```

```
Out[28]:
                  School     Grade
Name
Gaopeng Yang          A  Freshman
Changqiang You        B  Freshman
```

```
In [29]: df_demo.iloc[1: 4, 2:4] # 整数切片不包含结束端点
```

```
Out[29]:
                  Gender   Weight
Name
Changqiang You    Male       70.0
Mei Sun           Male       89.0
Xiaojuan Sun    Female       41.0
```

```
In [30]: # 传入同长度的布尔序列
         df_demo.iloc[np.isin(np.arange(df_demo.shape[0]), [1, 2, 3])]
```

```
Out[30]:
                  School       Grade  Gender Weight Transfer
Name
Changqiang You        B    Freshman    Male   70.0        N
Mei Sun               A      Senior    Male   89.0        N
Xiaojuan Sun          C   Sophomore  Female   41.0        N
```

在使用布尔列表的时候要特别注意，不能传入 Series 而必须传入序列的 values，否则会报错。因此，在使用布尔筛选的时候还是应当优先考虑使用 loc 索引器的方式。例如，选出体重超过 80kg 的学生：

```
In [31]: df_demo.iloc[(df_demo.Weight>80).values].head()
```

```
Out[31]:
                        School     Grade  Gender Weight Transfer
Name
Mei Sun                      A    Senior    Male   89.0        N
Qiang Zheng                  A    Senior    Male   87.0        N
Qiang Han                    B  Freshman    Male   87.0        N
Chengpeng Zhou               C    Senior    Male   81.0        N
Feng  Han                    A Sophomore    Male   82.0        N
```

对 Series 而言，同样可以通过 iloc 索引器返回相应位置的值或子序列：

```
In [32]: df_demo.School.iloc[1]
Out[32]: 'B'
In [33]: df_demo.School.iloc[1:5:2]
Out[33]:
Name
Changqiang You    B
Xiaojuan Sun      C
Name: School, dtype: object
```

注解

当仅需索引单个元素时，可以使用性能更好的.at[row, col]和.iat[row_pos, col_pos]，它们的用法和 loc 与 iloc 索引单个元素时完全一致。

3.1.5 query()函数

在 pandas 中，支持通过把字符串形式的查询表达式传入 query()来查询数据，其表达式的执行必须返回布尔列表。在进行复杂索引时，由于这种检索方式无须像普通方法一样重复使用 DataFrame 的名字来引用列名，因此一般而言会使代码量在不降低可读性的前提下有所减少。例如，将 3.1.3 节中的复合条件查询例子进行如下改写：

```
In [34]: df.query('((School == "A")&'
                  '(Grade == "Senior")&'
                  '(Weight > 70))|'
                  '((School == "B")&'
                  '(Grade!= "Senior")&'
                  '(Weight > 80))')
Out[34]:
    School     Grade            Name Gender Weight Transfer
2        A    Senior          MeiSun   Male   89.0        N
23       A    Senior      QiangZheng   Male   87.0        N
38       B  Freshman        QiangHan   Male   87.0        N
99       B  Freshman Changpeng Zhao   Male   83.0        N
134      A    Senior       GaoliZhao   Male   83.0        N
171      A    Senior Xiaofeng Zhang   Male   80.0        N
198      A    Senior  Chengmei Shen   Male   71.0        N
```

注解

对于含有空格的列名，需要使用`col name`的方式进行引用，例如 df.query("`col name`=="A"")。

在 query()中，pandas 注册了英语的若干字面用法以提高可读性，例如 or、and、is in 和 not in。筛选出男生中不是大一、大二的学生的代码如下：

```
In [35]:  df.query('(Grade not in ["Freshman", "Sophomore"]) and'
                   '(Gender=="Male")').head()
```

```
Out[35]:     School    Grade             Name  Gender  Weight Transfer
          2        A   Senior          Mei Sun    Male    89.0        N
          16       D   Junior  Xiaoqiang Qin    Male    68.0        N
          17       D   Junior       Peng Wang    Male    65.0        N
          18       D   Senior   Xiaofeng Sun    Male    71.0        N
          21       A   Senior  Xiaopeng Shen    Male    62.0      NaN
```

练一练 Ex3-3

利用 query()选出 A 学校和 B 学校的大一女生。

此外，在字符串中出现与列表的比较时，==和!=分别表示元素出现在列表和没有出现在列表，等价于 is in 和 not in。查询所有大三和大四的学生的代码如下：

```
In [36]:  df.query('Grade == ["Junior", "Senior"]').head()
```

```
Out[36]:   School   Grade            Name  Gender  Weight Transfer
          2      A  Senior          MeiSun    Male    89.0        N
          7      D  Junior  Gaoqiang Qian  Female    50.0        N
          9      B  Junior         Juan Xu  Female     NaN        N
          11     D  Junior    Xiaoquan Lv  Female    43.0        N
          12     A  Senior        Peng You  Female    48.0      NaN
```

对于 query()中的字符串，我们还可以引用外部变量，只需在变量名前加@符号。上面的查询可以表示如下：

```
In [37]:  query_list = ["Junior", "Senior"]
          df.query('Grade == @query_list').head()
```

```
Out[37]:   School   Grade            Name  Gender  Weight Transfer
          2      A  Senior         Mei Sun    Male    89.0        N
          7      D  Junior  Gaoqiang Qian  Female    50.0        N
          9      B  Junior         Juan Xu  Female     NaN        N
          11     D  Junior    Xiaoquan Lv  Female    43.0        N
          12     A  Senior        Peng You  Female    48.0      NaN
```

3.1.6 索引运算

在实际数据分析中，经常会有利用集合运算来取出符合条件行的需求。例如，对于两个表 A 和 B，它们的索引都是员工编号，现在需要筛选出两个表索引交集的所有员工信息，此时通过 Index 上的运算操作就很容易实现。

不过在此之前，不妨先复习一下常见的 4 种集合运算：

$$S_A.\text{intersection}(S_B)=S_A\cap S_B\Leftrightarrow\{x|x\in S_A \text{ and } x\in S_B\}$$

$$S_A.\text{union}(S_B)=S_A\cup S_B\Leftrightarrow\{x|x\in S_A \text{ or } x\in S_B\}$$

$$S_A.\text{difference}(S_B)=S_A-S_B \Leftrightarrow \{x|x\in S_A \text{ and } x\notin S_B\}$$

$$S_A.\text{symmetric\_difference}(S_B)=S_A\triangle S_B \Leftrightarrow \{x|x\in S_A\cup S_B-S_A\cap S_B\}$$

由于集合的元素是互异的，但是索引中可能有相同的元素，此时可先用 unique()去重后再进行运算。下面构造两个简单的示例表进行演示：

```
In [38]: df_set_1 = pd.DataFrame([[0,1],[1,2],[3,4]],
                                 index = pd.Index(['a','b','a'],name='id1'))
         df_set_2 = pd.DataFrame([[4,5],[2,6],[7,1]],
                                 index = pd.Index(['b','b','c'],name='id2'))
         id1, id2 = df_set_1.index.unique(), df_set_2.index.unique()
In [39]: id1.intersection(id2)
Out[39]: Index(['b'], dtype='object')
In [40]: id1.union(id2)
Out[40]: Index(['a', 'b', 'c'], dtype='object')
In [41]: id1.difference(id2)
Out[41]: Index(['a'], dtype='object')
In [42]: id1.symmetric_difference(id2)
Out[42]: Index(['a', 'c'], dtype='object')
```

若两个表中需要做集合运算的列没有被设置为索引，一种办法是先将其转换成索引，运算后再恢复；另一种方法是使用 isin()方法。例如，在重置索引的第一个表中选出 id 列交集的所在行：

```
In [43]: df_set_in_col_1 = df_set_1.reset_index()
         df_set_in_col_1
Out[43]:   id1  0  1
         0   a  0  1
         1   b  1  2
         2   a  3  4
In [44]: df_set_in_col_2 = df_set_2.reset_index()
         df_set_in_col_2
Out[44]:   id2  0  1
         0   b  4  5
         1   b  2  6
         2   c  7  1
In [45]: df_set_in_col_1[df_set_in_col_1.id1.isin(df_set_in_col_2.id2)]
Out[45]:   id1  0  1
         1   b  1  2
```

3.2 多级索引

多级索引是单级索引的扩展，本节的内容包含多级索引的结构、索引器及构造。

3.2.1 多级索引及其表的结构

为了更加清晰地说明具有多级索引的 DataFrame，下面新构造一个表，读者可以忽略这里的构造方法，将会在 3.2.3 节更详细地讲解它们。

```
In [46]:  np.random.seed(0)
           df_ = df.copy()
           multi_index = pd.MultiIndex.from_product(
               [list('ABCD'),df_.Gender.unique()], names=('School', 'Gender'))
           df_.Grade = df_.Grade.replace(
               ["Freshman","Senior","Sophomore","Junior"], [1,4,2,3])
           multi_column = pd.MultiIndex.from_product(
               [['Height','Weight'],df_.Grade.unique()],names=('Indicator','Grade'))
           df_multi=pd.DataFrame(
               np.c_[(np.random.randn(8,4)*5 + 163).tolist(),
               (np.random.randn(8,4)*5 + 65).tolist()], index = multi_index,
               columns = multi_column).round(1).sort_values(["Indicator","Grade"], axis=1)
           df_multi
```

```
Out[46]:  Indicator       Height                          Weight
          Grade                1      2      3      4      1     2     3     4
          School Gender
          A      Female    171.8  167.9  174.2  165.0   60.6  63.3  65.8  55.1
                 Male      172.3  167.8  162.2  158.1   71.2  63.1  63.5  71.0
          B      Female    162.5  163.7  170.3  165.1   59.8  56.5  74.8  57.9
                 Male      166.8  165.2  164.7  163.6   62.5  58.7  68.9  62.8
          C      Female    170.5  164.6  158.7  162.0   56.9  60.5  66.9  63.9
                 Male      150.2  167.3  159.3  166.3   62.4  64.9  67.1  59.1
          D      Female    174.3  163.2  162.1  155.7   65.3  61.8  63.2  66.5
                 Male      170.7  163.8  164.9  170.3   61.6  60.9  56.4  63.2
```

图 3.1 标记了这个 DataFrame 的结构。与单级索引的表一样，该结构具备元素值、行索引和列索引 3 个部分。其中，这里的行索引和列索引都是 MultiIndex 类型，只不过索引中的元素是索引而不是单级索引中的单个元素。例如，行索引的第四个元素为("B", "Male")，列索引的第二个元素为("Height", 2)。这里需要注意，外层连续出现相同的值时，第一次之后出现的值会被隐藏，使结果的可读性增强。

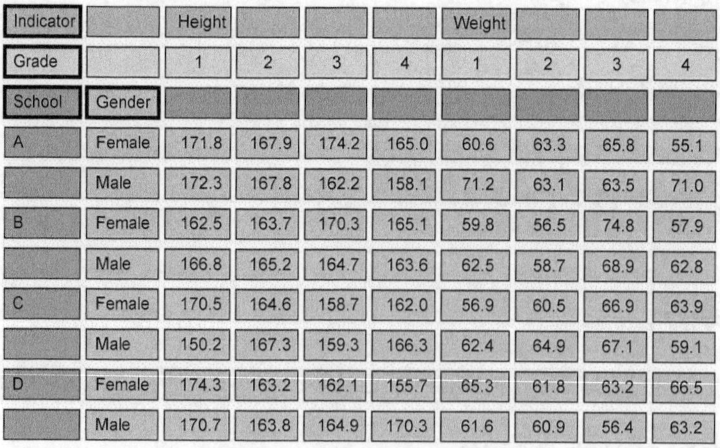

Indicator		Height				Weight			
Grade		1	2	3	4	1	2	3	4
School	Gender								
A	Female	171.8	167.9	174.2	165.0	60.6	63.3	65.8	55.1
	Male	172.3	167.8	162.2	158.1	71.2	63.1	63.5	71.0
B	Female	162.5	163.7	170.3	165.1	59.8	56.5	74.8	57.9
	Male	166.8	165.2	164.7	163.6	62.5	58.7	68.9	62.8
C	Female	170.5	164.6	158.7	162.0	56.9	60.5	66.9	63.9
	Male	150.2	167.3	159.3	166.3	62.4	64.9	67.1	59.1
D	Female	174.3	163.2	162.1	155.7	65.3	61.8	63.2	66.5
	Male	170.7	163.8	164.9	170.3	61.6	60.9	56.4	63.2

图 3.1　多级索引表的结构

与单级索引类似，MultiIndex 也具有名字属性，图 3.1 中的 School 和 Gender 分别对应表的第一层和第二层行索引的名字，Indicator 和 Grade 分别对应第一层和第二层列索引的名字。索引的名字和值属性分别可以通过 names 和 values 获得：

```
In [47]: df_multi.index.names
Out[47]: FrozenList(['School', 'Gender'])
In [48]: df_multi.columns.names
Out[48]: FrozenList(['Indicator', 'Grade'])
In [49]: df_multi.index.values
Out[49]: array([('A', 'Female'), ('A', 'Male'), ('B', 'Female'), ('B', 'Male'),
               ('C', 'Female'), ('C', 'Male'), ('D', 'Female'), ('D', 'Male')],
              dtype=object)
In [50]: df_multi.columns.values
Out[50]: array([('Height', 1), ('Height', 2), ('Height', 3), ('Height', 4),
               ('Weight', 1), ('Weight', 2), ('Weight', 3), ('Weight', 4)],
              dtype=object)
```

如果想要得到某一层的索引，则需要使用 get_level_values()：

```
In [51]: df_multi.index.get_level_values(0)
Out[51]: Index(['A', 'A', 'B', 'B', 'C', 'C', 'D', 'D'], dtype='object', name='School')
```

但对索引而言，无论是单级还是多级，用户都无法通过使用 index_obj[0]=item 的方式来修改元素，也不能通过使用 index_name[0]=new_name 的方式来修改名字，关于如何修改这些属性的话题将在 3.3.2 节讨论。

3.2.2 多级索引中的 loc 索引器

熟悉了结构后，现在回到 learn_pandas 数据集。将学校和年级设为索引后，此时的行为多级索引，列为单级索引，由于默认状态的列索引不含名字，因此对应于图 3.1 中 Indicator 和 Grade 的索引名位置是空缺的。

```
In [52]: df_multi = df.set_index(['School', 'Grade'])
         df_multi.head()
Out[52]:
                                  Name  Gender  Weight Transfer
School Grade
A      Freshman       Gaopeng Yang  Female    46.0        N
B      Freshman    Changqiang You    Male    70.0        N
A      Senior              Mei Sun    Male    89.0        N
C      Sophomore     Xiaojuan Sun  Female    41.0        N
       Sophomore      Gaojuan You    Male    74.0        N
```

由于多级索引中的单个元素以元组为单位，因此之前在 3.1 节中介绍的 loc 索引器的使用方法和 iloc 索引器的使用方法完全可以照搬，只需把标量的位置替换成对应的元组。当传入元组列表或单个元组或返回前二者的函数时，需要先进行索引排序以避免性能警告：

```
In [53]: df_multi.loc[('A', 'Junior')].head()

C:\Users\gyh\AppData\Local\Temp\ipykernel_10072\2081335578.py:1: PerformanceWarning:
indexing past lexsort depth may impact performance.
  df_multi.loc[('A', 'Junior')].head()
```

```
Out[53]:                          Name    Gender  Weight Transfer
         School  Grade
         A        Grade      Feng Zheng   Female    51.0        N
                 Junior       Mei Zhang   Female    44.0        N
                 Junior     Xiaoli Wang     Male    70.0        N
                 Junior        Qiang Lv   Female    42.0        N
                 Junior         Mei Sun   Female    50.0        N
```

```
In [54]:  df_sorted = df_multi.sort_index()
          df_sorted.loc[('A', 'Junior')].head()
```

```
Out[54]:                         Name   Gender  Weight Transfer
         School Grade
         A      Junior      Feng Zheng   Female    51.0        N
                Junior       Mei Zhang   Female    44.0        N
                Junior     Xiaoli Wang     Male    70.0        N
                Junior        Qiang Lv   Female    42.0        N
                Junior         Mei Sun   Female    50.0        N
```

```
In [55]:  df_sorted.loc[[('A', 'Senior'), ('B', 'Freshman')]].head()
```

```
Out[55]:                         Name   Gender  Weight Transfer
         School Grade
         A      Senior         Mei Sun     Male    89.0        N
                Senior       Peng You   Female    48.0      NaN
                Senior      Qiang Chu   Female    50.0        N
                Senior  Xiaopeng Shen     Male    62.0      NaN
                Senior Changqiang Sun   Female    55.0        N
```

```
In [56]:  df_sorted.loc[df_sorted.Weight > 70].head() # 布尔列表也是可用的
```

```
Out[56]:                              Name   Gender  Weight Transfer
         School Grade
         A      Freshman   Xiaopeng Zhou     Male    74.0        N
                Freshman     Chunli Zhao     Male    83.0        N
                Freshman     Changmei Lv     Male    75.0        N
                Freshman      Qiang Feng     Male    80.0        N
                Senior           Mei Sun     Male    89.0        N
```

在使用切片时需要注意：在单级索引中只要切片的端点元素是唯一的，就可以进行切片；但在多级索引中，无论元组在索引中是否重复出现，都必须经过排序之后才能切片，否则会报错：

```
In [57]:  df_multi.loc[('A', 'Senior'):].head() # 端点不唯一
```

```
UnsortedIndexError Traceback (most recent call last)
Input In [58], in <module>
----> 1 df_multi.loc[('A', 'Senior'):].head()
. . . . . .
File ~\miniconda3\envs\final\lib\site-packages\pandas\core\indexes\multi.py: 2742, in
MultiIndex._partial_tup_index(self, tup, side)
    2740 def _partial_tup_index(self, tup: tuple, side="left"):
    2741 if len(tup) > self._lexsort_depth:
--> 2742 raise UnsortedIndexError(
    2743 f"Key length ({len(tup)}) was greater than MultiIndex lexsort depth "
    2744 f"({self._lexsort_depth})"
    2745 )
    2747 n = len(tup)
    2748 start, end = 0, len(self)
UnsortedIndexError: 'Key length (2) was greater than MultiIndex lexsort depth (0)'
```

In [58]:
```
df_sorted.loc[('A', 'Senior'):].head()
```

Out[58]:
```
                                Name  Gender  Weight Transfer
School Grade
A      Senior              Mei Sun    Male    89.0        N
       Senior             Peng You  Female    48.0      NaN
       Senior           Qiang Chu  Female    50.0        N
       Senior        Xiaopeng Shen    Male    62.0      NaN
       Senior      Changqiang Sun  Female    55.0        N
```

In [59]:
```
df_unique = df.drop_duplicates(
    subset=['School','Grade']).set_index(['School', 'Grade'])
df_unique.loc[('A', 'Senior'):].head() # 端点唯一但没有排序
```

```
UnsortedIndexError Traceback (most recent call last)
Input In [60], in <module>
      1 df_unique = df.drop_duplicates(
      2 subset=['School','Grade']).set_index(['School', 'Grade'])
----> 3 df_unique.loc[('A', 'Senior'):].head()
. . . . . .
File ~\miniconda3\envs\final\lib\site-packages\pandas\core\indexes\multi.py:2742, in
MultiIndex._partial_tup_index(self, tup, side)
   2740 def _partial_tup_index(self, tup: tuple, side="left"):
   2741 if len(tup) > self._lexsort_depth:
-> 2742 raise UnsortedIndexError(
   2743 f"Key length ({len(tup)}) was greater than MultiIndex lexsort depth"
   2744 f"({self._lexsort_depth})"
   2745 )
   2747 n = len(tup)
   2748 start, end = 0, len(self)
UnsortedIndexError: 'Key length (2) was greater than MultiIndex lexsort depth (0)'
```

In [60]:
```
df_unique.sort_index().loc[('A', 'Senior'):].head()
```

Out[60]:
```
                                Name  Gender  Weight Transfer
School Grade
A      Senior              Mei Sun    Male    89.0        N
       Sophomore      Yanfeng Qian  Female    48.0        N
B      Freshman    Changqiang You    Male    70.0        N
       Junior               Juan Xu  Female     NaN        N
       Senior           Changli Lv  Female    41.0        N
```

此外，在多级索引中的元组有一种特殊的用法，可以对多层的元素在交叉组合后进行索引，但同时需要指定 loc 索引器的列，全选则用“:”表示。其中，每一层需要选中的元素用列表存放，传入 loc 索引器的形式为[(level_0_list,level_1_list),cols]。例如，想要找出 A 学校和 B 学校的所有大二、大三学生，可以表示如下：

In [61]:
```
res = df_multi.loc[(['A', 'B'], ['Sophomore', 'Junior']), :]
res.head()
```

Out[61]:
```
                                Name  Gender  Weight Transfer
School Grade
A      Sophomore      Yanfeng Qian  Female    48.0        N
       Sophomore          Gaoli Xu  Female    53.0        N
       Sophomore          Feng Han    Male    82.0        N
       Sophomore     Chunpeng Shi  Female    44.0        N
       Sophomore   Xiaoqiang Feng  Female    43.0        N
```

```
In [62]: res.shape
Out[62]: (35, 4)
```

下面的语句和上面的类似，但传入的是元素（这里为元组）的列表，它们的意义是不同的，此处表示的是选出A学校的大三学生和B学校的大二学生：

```
In [63]: res = df_multi.loc[[('A', 'Junior'), ('B', 'Sophomore')]]
         res.head()
Out[63]:
                        Name  Gender  Weight Transfer
School Grade
A      Junior    Feng Zheng  Female    51.0        N
       Junior     Mei Zhang  Female    44.0        N
       Junior  Xiaoli Wang    Male    70.0        N
       Junior      Qiang Lv  Female    42.0        N
       Junior       Mei Sun  Female    50.0        N
In [64]: res.shape
Out[64]: (22, 4)
```

前面介绍的方法，即使在索引不重复的时候，也只能对元组整体进行切片，而不能对每层进行切片，也不允许将切片和布尔列表混合使用，但引入IndexSlice对象就能解决这个问题。slice对象有两种形式，第一种为loc[idx[...,...]]型，第二种为loc[idx[...,...],idx[...,...]]型，下面将分别介绍。为了方便演示，下面构造一个索引不重复的DataFrame：

```
In [65]: np.random.seed(0)
         L1,L2 = ['A','B','C'],['a','b','c']
         mul_index1 = pd.MultiIndex.from_product([L1,L2],names=('Upper', 'Lower'))
         L3,L4 = ['D','E','F'],['d','e','f']
         mul_index2 = pd.MultiIndex.from_product([L3,L4],names=('Big', 'Small'))
         df_ex = pd.DataFrame(np.random.randint(-9,10,(9,9)),
                              index=mul_index1,
                              columns=mul_index2)
         df_ex
Out[65]:
Big          D           E           F
Small        d   e   f   d   e   f   d   e   f
Upper Lower
A     a      3   6  -9  -6  -6  -2   0   9  -5
      b     -3   3  -8  -3  -2   5   8  -4   4
      c     -1   0   7  -4   6   6  -9   9  -6
B     a      8   5  -2  -9  -8   0  -9   1  -6
      b      2   9  -7  -9  -9  -5  -4  -3  -1
      c      8   6  -5   0   1  -8  -8  -2   0
C     a     -6  -3   2   5   9  -9   5  -6   3
      b      1   2  -5  -3  -5   6  -6   3  -5
      c     -1   5   6  -6   6   4   7   8  -4
```

为了能够使用slice对象，先要对其进行定义：

```
In [66]: idx = pd.IndexSlice
```

loc[idx[...,...]]型的slice对象并不能进行多层分别切片，前一个表示行的选择，后一个表示列的选择，与单纯的loc索引器操作是类似的，输出如下：

```
In [67]: df_ex.loc[idx['C':, ('D', 'f'):]]
```

```
Out[67]:  Big          D  E           F
          Small        f  d   e   f  d   e   f
          Upper Lower
          C     a      2   5   9  -9   5  -6   3
                b     -5  -3  -5   6  -6   3  -5
                c      6  -6   6   4   7   8  -4
```

它也能够支持布尔索引：

```
In [68]:  df_ex.loc[idx[:'A', lambda x:x.sum()>0]] # 列和大于 0
Out[68]:  Big          D       F
          Small        d   e   e
          Upper Lower
          A     a      3   6   9
                b     -3   3  -4
                c     -1   0   9
```

loc[idx[...,...],idx[...,...]]型的 slice 对象能够进行分层切片，前一个 idx 指代的是行索引，后一个 idx 指代的是列索引，每一个...代表行索引或列索引的层内切片。

```
In [69]:  df_ex.loc[idx[:'A', 'b':], idx['E':, 'e':]]
Out[69]:  Big          E       F
          Small        e   f   e   f
          Upper Lower
          A     b     -2   5  -4   4
                c      6   6   9  -6
```

3.2.3 多级索引的构造

前面提到了多级索引表的结构和切片，那么除了使用 set_index()，如何自己构造多级索引呢？常用的有 from_tuples()、from_arrays()和 from_product()这 3 种方法，它们都是 pd.MultiIndex 对象的方法。

from_tuples()指根据传入由元组组成的列表进行构造：

```
In [70]:  my_tuple = [('a','cat'),('a','dog'),('b','cat'),('b','dog')]
          pd.MultiIndex.from_tuples(my_tuple, names=['First','Second'])
Out[70]:  MultiIndex([('a', 'cat'),
                      ('a', 'dog'),
                      ('b', 'cat'),
                      ('b', 'dog')],
                     names=['First', 'Second'])
```

from_arrays()指根据传入列表中对应层的列表进行构造：

```
In [71]:  my_array = [list('aabb'), ['cat', 'dog']*2]
          pd.MultiIndex.from_arrays(my_array, names=['First','Second'])
Out[71]:  MultiIndex([('a', 'cat'),
                      ('a', 'dog'),
                      ('b', 'cat'),
                      ('b', 'dog')],
                     names=['First', 'Second'])
```

from_product()指根据给定的多个列表的交叉组合进行构造：

```
In [72]:  my_list1 = ['a','b']
          my_list2 = ['cat','dog']
```

```
pd.MultiIndex.from_product(
    [my_list1,my_list2],names=['First','Second'])
```

Out[72]:
```
MultiIndex([('a', 'cat'),
            ('a', 'dog'),
            ('b', 'cat'),
            ('b', 'dog')],
           names=['First', 'Second'])
```

练一练 Ex3-4

3.2.1 节开头利用 from_product 构造了 df_multi，请分别用 from_tuples 和 from_arrays 构造一个相同的 Dataframe。

3.3 常用索引方法

我们讨论了如何利用索引对数据进行操作，本节将介绍如何对索引本身进行操作。

3.3.1 索引层的交换和删除

为了演示索引层交换的过程，这里构造一个 3 级索引的例子：

In [73]:
```
np.random.seed(0)
L1,L2,L3 = ['A','B'],['a','b'],['alpha','beta']
mul_index1 = pd.MultiIndex.from_product([L1,L2,L3],
             names=('Upper', 'Lower','Extra'))
L4,L5,L6 = ['C','D'],['c','d'],['cat','dog']
mul_index2 = pd.MultiIndex.from_product([L4,L5,L6],
             names=('Big', 'Small', 'Other'))
df_ex = pd.DataFrame(np.random.randint(-9,10,(8,8)),
                     index=mul_index1,
                     columns=mul_index2)
df_ex.head()
```

Out[73]:
```
Big                  C               D
Small                c       d       c       d
Other              cat dog cat dog cat dog cat dog
Upper Lower Extra
A     a     alpha    3   6  -9  -6  -6  -2   0   9
            beta    -5  -3   3  -8  -3  -2   5   8
      b     alpha   -4   4  -1   0   7  -4   6   6
            beta    -9   9  -6   8   5  -2  -9  -8
B     a     alpha    0  -9   1  -6   2   9  -7  -9
```

索引层的交换可由 swaplevel()和 reorder_levels()完成，前者只能交换两层，而后者可以交换任意层，两者都可以指定交换的“轴”，即指定交换行索引或交换列索引：

In [74]:
```
df_ex.swaplevel(0,2,axis=1).head() # 列索引的第一层和第三层交换
```

Out[74]:
```
Other              cat dog cat dog cat dog cat dog
Small                c   c   d   d   c   c   d   d
Big                  C   C   C   C   D   D   D   D
Upper Lower Extra
```

```
A     a     alpha   3   6  -9  -6  -6  -2   0   9
            beta   -5  -3   3  -8  -3  -2   5   8
      b     alpha  -4   4  -1   0   7  -4   6   6
            beta   -9   9  -6   8   5  -2  -9  -8
B     a     alpha   0  -9   1  -6   2   9  -7  -9
```

```
In [75]: df_ex.reorder_levels([2,0,1],axis=0).head() # 列表中的数字指代原来索引中的层
```

```
Out[75]: Big                 C               D
         Small               c       d       c       d
         Other             cat dog cat dog cat dog cat dog
         Extra Upper Lower
         alpha A     a       3   6  -9  -6  -6  -2   0   9
         beta  A     a      -5  -3   3  -8  -3  -2   5   8
         alpha A     b      -4   4  -1   0   7  -4   6   6
         beta  A     b      -9   9  -6   8   5  -2  -9  -8
         alpha B     a       0  -9   1  -6   2   9  -7  -9
```

注解

这里只涉及行索引或列索引内部的交换，不同方向索引之间的交换将在第 5 章中讨论。

若想要删除某一层的索引，可以使用 droplevel()方法：

```
In [76]: df_ex.droplevel(1,axis=1).head()
```

```
Out[76]: Big                 C               D
         Other             cat dog cat dog cat dog cat dog
         Upper Lower Extra
         A     a     alpha   3   6  -9  -6  -6  -2   0   9
                     beta   -5  -3   3  -8  -3  -2   5   8
               b     alpha  -4   4  -1   0   7  -4   6   6
                     beta   -9   9  -6   8   5  -2  -9  -8
         B     a     alpha   0  -9   1  -6   2   9  -7  -9
```

```
In [77]: df_ex.droplevel([0,1],axis=0).head()
```

```
Out[77]: Big     C               D
         Small   c       d       c       d
         Other cat dog cat dog cat dog cat dog
         Extra
         alpha   3   6  -9  -6  -6  -2   0   9
         beta   -5  -3   3  -8  -3  -2   5   8
         alpha  -4   4  -1   0   7  -4   6   6
         beta   -9   9  -6   8   5  -2  -9  -8
         alpha   0  -9   1  -6   2   9  -7  -9
```

3.3.2 索引属性的修改

通过 rename_axis()可以对索引层的名字进行修改，常用的修改方式是传入字典的映射：

```
In [78]: df_ex.rename_axis(index={'Upper':'Changed_row'},
                           columns={'Other':'Changed_Col'}).head()
```

```
Out[78]: Big                           C       D
         Small                         c   d   c   d
         Changed_Col                 cat dog cat dog cat dog cat dog
         Changed_row Lower Extra
```

```
A          a     alpha   3   6  -9  -6  -6  -2   0   9
                 beta   -5  -3   3  -8  -3  -2   5   8
           b     alpha  -4   4  -1   0   7  -4   6   6
                 beta   -9   9  -6   8   5  -2  -9  -8
B          a     alpha   0  -9   1  -6   2   9  -7  -9
```

通过rename()可以对索引元素进行修改，如果是多级索引则需要指定修改的层号level：

```
In [79]: df_ex.rename(columns={'cat':'not_cat'}, level=2).head()
```

```
Out[79]: Big                     C                        D
         Small                   c           d            c           d
         Other             not_cat dog not_cat dog not_cat dog not_cat dog
         Upper Lower Extra
         A     a     alpha       3   6      -9  -6      -6  -2       0   9
                     beta       -5  -3       3  -8      -3  -2       5   8
               b     alpha      -4   4      -1   0       7  -4       6   6
                     beta       -9   9      -6   8       5  -2      -9  -8
         B     a     alpha       0  -9       1  -6       2   9      -7  -9
```

传入的参数也可以是函数，其输入值就是索引元素：

```
In [80]: df_ex.rename(index=lambda x:str.upper(x), level=2).head()
```

```
Out[80]: Big                 C               D
         Small               c       d       c       d
         Other             cat dog cat dog cat dog cat dog
         Upper Lower Extra
         A     a     ALPHA   3   6  -9  -6  -6  -2   0   9
                     BETA   -5  -3   3  -8  -3  -2   5   8
               b     ALPHA  -4   4  -1   0   7  -4   6   6
                     BETA   -9   9  -6   8   5  -2  -9  -8
         B     a     ALPHA   0  -9   1  -6   2   9  -7  -9
```

练一练　Ex3-5

尝试在 rename_axis()中使用函数完成与例子中代码一样的功能，即把 Upper 和 Other 分别替换为 Changed_row 和 Changed_col。

对于整个索引的元素的替换，可以利用迭代器实现：

```
In [81]: new_values = iter(list('abcdefgh'))
         df_ex.rename(index=lambda x:next(new_values), level=2).head()
```

```
Out[81]: Big                 C               D
         Small               c       d       c       d
         Other             cat dog cat dog cat dog cat dog
         Upper Lower Extra
         A     a     a       3   6  -9  -6  -6  -2   0   9
                     b      -5  -3   3  -8  -3  -2   5   8
               b     c      -4   4  -1   0   7  -4   6   6
                     d      -9   9  -6   8   5  -2  -9  -8
         B     a     e       0  -9   1  -6   2   9  -7  -9
```

若想要对某个位置的元素进行修改，在单级索引时容易实现，即先取出索引的 values 属性，再对对应的列表进行修改，最后对 index 对象重新赋值。但如果是多级索引就有些麻烦，一个解决方案是先把某一层索引临时转换为表的元素，再对其进行修改，最后重新设定为索引，3.3.3 节将介绍这些操作。

另外一个需要介绍的方法是 map()，它是定义在 Index 上的方法，与前面 rename()方法中的函数用法是类似的，只不过传入 map()的不是层的标量值，而直接是索引的元组，这为用户进行跨层的修改提供了便利。例如，可以等价地写出将上面的字符串中的字母转换为大写字母的操作：

```
In [82]:  df_temp = df_ex.copy()
          new_idx = df_temp.index.map(lambda x: (x[0], x[1], str.upper(x[2])))
          df_temp.index = new_idx
          df_temp.head()
```

```
Out[82]:  Big                 C               D
          Small               c       d       c       d
          Other             cat dog cat dog cat dog cat dog
          Upper Lower Extra
          A     a     ALPHA   3   6  -9  -6  -6  -2   0   9
                      BETA   -5  -3   3  -8  -3  -2   5   8
                b     ALPHA  -4   4  -1   0   7  -4   6   6
                      BETA   -9   9  -6   8   5  -2  -9  -8
          B     a     ALPHA   0  -9   1  -6   2   9  -7  -9
```

map()的另一个作用是对多级索引的压缩，这在分组或变形操作中是有用的，因为它们都可能会产生多级索引：

```
In [83]:  df_temp = df_ex.copy()
          new_idx = df_temp.index.map(lambda x: (x[0]+'-'+ x[1]+'-'+ x[2]))
          df_temp.index = new_idx
          df_temp.head() # 单级索引
```

```
Out[83]:  Big         C               D
          Small       c       d       c       d
          Other     cat dog cat dog cat dog cat dog
          A-a-alpha   3   6  -9  -6  -6  -2   0   9
          A-a-beta   -5  -3   3  -8  -3  -2   5   8
          A-b-alpha  -4   4  -1   0   7  -4   6   6
          A-b-beta   -9   9  -6   8   5  -2  -9  -8
          B-a-alpha   0  -9   1  -6   2   9  -7  -9
```

同时，也可以反向地展开：

```
In [84]:  new_idx = df_temp.index.map(lambda x:tuple(x.split('-')))
          df_temp.index = new_idx
          df_temp.head() # 三级索引
```

```
Out[84]:  Big         C               D
          Small       c       d       c       d
          Other     cat dog cat dog cat dog cat dog
          A a alpha   3   6  -9  -6  -6  -2   0   9
              beta   -5  -3   3  -8  -3  -2   5   8
            b alpha  -4   4  -1   0   7  -4   6   6
              beta   -9   9  -6   8   5  -2  -9  -8
          B a alpha   0  -9   1  -6   2   9  -7  -9
```

练一练 Ex3-6

将上述 df_temp 的内层列索引合并到外层列索引（用下划线连接）后删除内层列索引，即结果表压缩为两层列索引，同时再把外层列索引的索引名重命名为“Big_Other”。

3.3.3 索引的设置与重置

此处，我们构造一个新表：

```
In [85]: df_new = pd.DataFrame({'A':list('aacd'), 'B':list('PQRT'), 'C':[1,2,3,4]})
```

索引的设置可以使用 set_index()完成，这里的主要参数是 append，表示是否保留原来的索引，当设为 True 时会直接把新设定的索引添加到原索引的内层：

```
In [86]: df_new.set_index('A')
Out[86]:
     B   C
A
a    P   1
a    Q   2
c    R   3
d    T   4
In [87]: df_new.set_index('A', append=True)
Out[87]:
         B   C
     A
0    a   P   1
1    a   Q   2
2    c   R   3
3    d   T   4
```

可以同时指定多个列作为索引：

```
In [88]: df_new.set_index(['A', 'B'])
Out[88]:
         C
A B
a P      1
  Q      2
c R      3
d T      4
```

如果想要添加索引的列没有出现在其中，那么可以直接在参数中传入相应的 Series：

```
In [89]: my_index = pd.Series(list('WXYZ'), name='D')
         df_new = df_new.set_index(['A', my_index])
         df_new
Out[89]:
         B   C
A D
a W      P   1
  X      Q   2
c Y      R   3
d Z      T   4
```

reset_index()是 set_index() 的逆函数，其主要参数是 drop，表示是否要把去掉的索引层丢弃，即不再将其添加到列中：

```
In [90]: df_new.reset_index(['D'])
Out[90]:
     D   B   C
A
a    W   P   1
a    X   Q   2
```

```
c   Y   R   3
d   Z   T   4
```

```
In [91]: df_new.reset_index(['D'], drop=True)
```

```
Out[91]:
    B   C
A
a   P   1
a   Q   2
c   R   3
d   T   4
```

如果重置了所有索引，那么 pandas 会直接重新生成一个默认索引：

```
In [92]: df_new.reset_index()
```

```
Out[92]:
    A   D   B   C
0   a   W   P   1
1   a   X   Q   2
2   c   Y   R   3
3   d   Z   T   4
```

3.3.4 索引的对齐

在某些场景下需要对索引做一些扩充或者剔除，更具体的要求是给定一个新的索引，把原表中相应索引的对应元素填充到新索引构成的表中。例如，下面的表中给出了员工信息，现需要制作一个新的表，要求能在增加员工信息的同时去掉身高列并增加性别列：

```
In [93]: df_reindex = pd.DataFrame({"Weight":[60,70,80],
                                    "Height":[176,180,179]},
                                    index=['1001','1003','1002'])
         df_reindex
```

```
Out[93]:
      Weight  Height
1001      60     176
1003      70     180
1002      80     179
```

```
In [94]: df_reindex.reindex(index=['1001','1002','1003','1004'],
                            columns=['Weight','Gender'])
```

```
Out[94]:
      Weight  Gender
1001    60.0     NaN
1002    80.0     NaN
1003    70.0     NaN
1004     NaN     NaN
```

这种需求常出现在时间序列索引的时间点填充以及 ID 编号的扩充之中。另外需要注意，原来表中的数据和新表中的数据会根据索引自动对齐，例如原先 1002 号的位置在 1003 号之后，而新表中相反，那么在完成 reindex()操作之后，表中数据会根据新表索引进行元素对齐，与原位置无关。

还有一个与 reindex()功能类似的函数是 reindex_like()，其功能是仿照传入的表索引来进行被调用表索引的对齐。例如，现在已经存在一个表具备了目标索引的条件，那么上述功能可采用下述代码实现：

```
In [95]: df_existed = pd.DataFrame(index=['1001','1002','1003','1004'],
                                   columns=['Weight','Gender'])
         df_reindex.reindex_like(df_existed)
```

```
Out[95]:       Weight Gender
         1001    60.0    NaN
         1002    80.0    NaN
         1003    70.0    NaN
         1004     NaN    NaN
```

3.4 习题

1. 实现 sample()函数

如果把 DataFrame 的每一行看作一个样本，或把每一列看作一个特征，再把整个 DataFrame 看作总体，想要对样本或特征进行随机抽样就可以用 sample()函数。有时在拿到大型数据集后，想要对统计特征进行计算来了解数据的大致分布，但是这很费时间。同时，由于许多统计特征在等概率不放回的简单随机抽样条件下，抽样结果是总体统计特征的无偏估计，例如样本均值和总体均值，因此可以先从整个表中抽出一部分来做近似估计。

sample()函数中主要的参数为 n、axis、frac、replace 和 weights，前 3 个分别指抽样数量、抽样的方向（0 为行、1 为列）和抽样比例（如 0.3 表示从总体中抽出 30%的样本）。replace 和 weights 分别指是否放回和每个样本抽样的相对概率，replace 为 True 表示有放回抽样。例如，对下面构造的 df_sample 以 value 的相对大小为抽样概率进行有放回抽样，抽样数量为 3。

```
In [96]:  df_sample = pd.DataFrame({'id': list('abcde'), 'value': [1, 2, 3, 4, 90]})
          df_sample
Out[96]:    id  value
          0  a      1
          1  b      2
          2  c      3
          3  d      4
          4  e     90
In [97]:  df_sample.sample(3, replace = True, weights = df_sample.value)
Out[97]:    id  value
          4  e     90
          4  e     90
          4  e     90
```

（1）请分别利用 loc 索引器和 iloc 索引器来实现带有参数 n、axis 和 frac 的 sample()函数。

（2）请结合 NumPy 中的 choice()函数在第（1）问的基础上实现参数 replace 和参数 weights 的功能。

2. 公司员工数据的索引操作

现有一个公司员工数据集：

```
In [98]:  df = pd.read_csv('data/ch3/company.csv')
```

（1）分别只使用 query()和 loc 索引器选出年龄不超过 40 岁且工作部门为 Dairy 或 Bakery 的男性员工。

（2）选出员工 ID 号为奇数的所在行的第一、第三和倒数第二列。

（3）按照以下步骤进行索引操作。

- 把后 3 列设为索引后交换内外两层。
- 恢复中间层索引。
- 修改外层索引名为 Gender。
- 用下划线合并两层行索引。
- 把行索引拆分为原状态。
- 修改索引名为原表名称。
- 恢复默认索引并将列保持为原表的相对位置。

3. 巧克力评价数据的索引操作

现有一个关于巧克力评价的数据集：

```
In [99]: df = pd.read_csv('data/ch3/chocolate.csv')
```

（1）把列索引名中的换行符替换为空格。

（2）巧克力评分（Rating）为 1～5 分，每 0.25 为一档，请选出 2.75 分及以下且 Cocoa Percent 列中高于中位数的样本。

（3）选出 Review Date 列中在 2012 年之后且 Company Location 列的值不属于 France、Canada、Amsterdam 和 Belgium 的样本。

第4章

分组

分组操作是数据处理与分析中使用最为频繁的操作之一，我们在日常生活中也随时可以接触到分组的概念，例如，依据性别分组统计全国人口寿命的平均值、依据季度分组对每月商品销量数据进行组内标准化、依据班级分组筛选出组内学生数学分数平均值超过 80 分的班级。本章将对不同情况下的分组操作进行详细介绍。

4.1 分组模式及其对象

我们在引言中列举了一些现实生活中的分组计算案例，将这些表述转换为代码的过程依赖分组操作的模式，因此我们将首先介绍分组模式。由于 pandas 的分组操作都在 groupby 对象上完成，因此我们还要讨论分组对象。

4.1.1 分组的一般模式

在先前的例子中我们可以发现一个分组操作能够被分割为 3 个部分：分组依据（如性别、季节、班级）、数据来源（如全国人口寿命、全年级学生的数学分数）和具体操作（如求均值、组内标准化、筛选出符合某个条件的组）。同时从充分性的角度来说，如果明确了这 3 个部分，就能确定一个分组操作，因此分组代码的一般模式为：

```
df.groupby(分组依据)[数据来源].具体操作
```

第一个例子中的代码应表示如下：

```
df.groupby('Gender')['Longevity'].mean()
```

此处仍然使用学生体测的数据集 learn_pandas.csv，如果想要按照性别统计身高中位数，可以表示如下：

```
In [1]:  import pandas as pd
         import numpy as np
         df = pd.read_csv('data/learn_pandas.csv')
         df.groupby('Gender')['Height'].median()
Out[1]:  Gender
         Female    159.6
         Male      173.4
         Name: Height, dtype: float64
```

练一练 Ex4-1

请在 learn_pandas 数据集上按学校分组统计体重的均值。

4.1.2 分组依据的本质

前文提到的若干例子都是根据单一变量进行分组的，例如根据性别分组。如果现在需要根据多个变量进行分组，那么应该如何操作？事实上，只需在 groupby 中传入由相应列名构成的列表。例如，现希望根据学校和性别进行分组，统计学生身高的均值，可以表示如下：

```
In [2]: df.groupby(['School', 'Gender'])['Height'].mean()
```

```
Out[2]: School  Gender
        A       Female    159.122500
                Male      176.760000
        B       Female    158.666667
                Male      172.030000
        C       Female    158.776923
                Male      174.212500
        D       Female    159.753333
                Male      171.638889
        Name: Height, dtype: float64
```

目前为止，groupby 的分组依据都是可以直接从列中按照名字获取的。如果希望通过一定的复杂逻辑来分组，例如根据学生体重是否超过总体均值来分组，同样还是计算身高的均值，此时应当如何做？

首先，写出分组条件：

```
In [3]: condition = df.Weight > df.Weight.mean()
```

然后，将其传入 groupby 对象后进行均值计算：

```
In [4]: df.groupby(condition)['Height'].mean()
```

```
Out[4]: Weight
        False    159.034646
        True     172.705357
        Name: Height, dtype: float64
```

练一练 Ex4-2

请根据 0.25 分位数和 0.75 分位数进行分割，将体重分为 high、normal 和 low 这 3 组，统计身高的均值。

从输出的索引可以看出，其实最后就是按照条件列表中元素的值（此处是 True 和 False）来分组，下面用随机传入的字母序列来验证这一想法：

```
In [5]: np.random.seed(0)
        item = np.random.choice(list('abc'), df.shape[0])
        df.groupby(item)['Height'].mean()
```

```
Out[5]: a    164.756716
        b    163.037931
```

```
c    161.620690
Name: Height, dtype: float64
```

此处的索引就是原先 item 中的元素，如果传入多个序列进入 groupby，那么最后分组的依据和分组结果的牵引就是这两个序列对应行的唯一组合：

In [6]:
```
df.groupby([condition, item])['Height'].mean()
```

Out[6]:
```
Weight
False    a    159.541860
         b    158.787500
         c    158.763636
True     a    174.100000
         b    172.483333
         c    170.600000
Name: Height, dtype: float64
```

由此可以看出，之前传入的列名只是一种简便的记号，它等价于传入一个或多个列，最后分组的依据来自单列元素的唯一值或多列元素的唯一组合，通过 drop_duplicates()就能知道具体的分组类别：

In [7]:
```
df[['School', 'Gender']].drop_duplicates()
```

Out[7]:
```
   School  Gender
0       A  Female
1       B    Male
2       A    Male
3       C  Female
4       C    Male
5       D  Female
9       B  Female
16      D    Male
```

In [8]:
```
df.groupby([df['School'], df['Gender']])['Height'].mean()
```

Out[8]:
```
School   Gender
A        Female   159.122500
         Male     176.760000
B        Female   158.666667
         Male     172.030000
C        Female   158.776923
         Male     174.212500
D        Female   159.753333
         Male     171.638889
Name: Height, dtype: float64
```

4.1.3 groupby 对象

前文进行具体的分组操作时，所调用的方法都来自 pandas 中的 groupby 对象，这个对象上定义了许多方法，也具有一些方便使用的属性。

In [9]:
```
gb = df.groupby(['School', 'Grade'])
gb
```

Out[9]:
```
<pandas.core.groupby.generic.DataFrameGroupBy object at
0x00000201E9250790>
```

通过 ngroups 属性，可以得到分组个数：

```
In [10]: gb.ngroups
Out[10]: 16
```

通过 groups 属性，可以返回从组名映射到组索引列表的字典：

```
In [11]: res = gb.groups
         res.keys()  # 由于字典的值是索引，元素个数过多，此处只展示字典的键
Out[11]: dict_keys([
             ('A', 'Freshman'), ('A', 'Junior'), ('A', 'Senior'),
             ('A', 'Sophomore'), ('B', 'Freshman'), ('B', 'Junior'),
             ('B', 'Senior'), ('B', 'Sophomore'), ('C', 'Freshman'),
             ('C', 'Junior'), ('C', 'Senior'), ('C', 'Sophomore'),
             ('D', 'Freshman'), ('D', 'Junior'), ('D', 'Senior'),
             ('D', 'Sophomore')])
```

当 size 作为 DataFrame 的属性时，返回的是表长乘以表宽的大小，即 DataFrame 中 values 属性的元素个数，但 size 作为 groupby 对象上的方法时，它表示统计每个组的元素个数：

```
In [12]: df.iloc[:5,:5].size
Out[12]: 25
In [13]: gb.size()
Out[13]: School  Grade
         A       Freshman     13
                 Junior       17
                 Senior       22
                 Sophomore     5
         B       Freshman     13
                 Junior        8
                 Senior        8
                 Sophomore     5
         C       Freshman      9
                 Junior       12
                 Senior       11
                 Sophomore     8
         D       Freshman     17
                 Junior       22
                 Senior       14
                 Sophomore    16
         dtype: int64
```

通过 get_group()方法可以直接获取元素所在组对应的行，此时必须知道组的具体名字：

```
In [14]: gb.get_group(('A', 'Freshman')).iloc[:3, :3] # 仅展示一部分
Out[14]:    School     Grade             Name
         0       A  Freshman    Gaopeng Yang
         6       A  Freshman      Qiang Chu
         10      A  Freshman  Xiaopeng Zhou
```

注解

本节列出了两个属性和两个方法，而之前出现的 mean()、median()也都是 groupby 对象上的方法，这些函数和许多其他聚合函数的操作具有高度相似性，将在 4.2 节进行专门介绍。

最后，我们来观察引言例子中每一组的返回值，它们在形式上是完全不同的：第一个例子中，每一个组返回一个标量值，可以是均值、中位数、组容量等；第二个例子中，做了原序列的标准化处理，也就是说每组返回的是一个Series类型；第三个例子中，返回的既不是标量也不是序列，而是整个组的所在行，即返回DataFrame。由此，我们可以引申出分组的三大操作：聚合、变换和过滤，它们分别对应聚合函数agg()、变换函数transform()和过滤函数filter()。本章接下来将对它们依次进行介绍。

4.2 聚合函数

我们在2.3.2节中已经接触过聚合函数的概念，分组的聚合函数与之类似，它们都是输出为标量值的函数。

4.2.1 内置聚合函数

在讨论聚合函数agg()之前，我们要了解一些直接定义在groupby对象上的内置聚合函数，它们的性能都已经过内部的优化，因此使用时应当优先考虑内置函数。常用的内置聚合函数包括max()、min()、mean()、median()、count()、all()、any()、idxmax()、idxmin()、unique()、skew()、quantile()、sum()、std()和var()等。

```
In [15]:  gb = df.groupby('Gender')['Height']
          gb.idxmin()
Out[15]:  Gender
          Female    143
          Male      199
          Name: Height, dtype: int64
In [16]:  gb.quantile(0.95)
Out[16]:  Gender
          Female    166.8
          Male      185.9
          Name: Height, dtype: float64
```

练一练 Ex4-3

在learn_pandas.csv数据集中，Transfer列的元素为“N”时表示该名同学不是转系生，请按照学校和年级两列分组，找出所有不含转系生的组对应的学校和年级。

当传入的数据包含多个列时，这些聚合函数将按照列进行迭代计算：

```
In [17]:  gb = df.groupby('Gender')[['Height', 'Weight']]
          gb.max()# 先计算分组的身高最大值，再计算分组的体重最大值
Out[17]:         Height  Weight
          Gender
          Female  170.2    63.0
          Male    193.9    89.0
```

4.2.2 agg()函数

虽然在 groupby 对象上定义了许多使用方便的内置函数，但若单纯依靠这些内置函数仍然有以下不便之处。

（1）无法同时使用多个函数。

（2）无法对特定的列使用特定的聚合函数。

（3）无法使用自定义的聚合函数。

（4）无法直接对结果的列名在聚合前进行自定义命名。

下面说明如何通过 agg()函数解决这 4 类问题。

1. 使用多个函数

当使用多个聚合函数时，需要用列表的形式把内置聚合函数对应的字符串传入，4.2.1 节提到的所有聚合函数对应的聚合字符串都是合法的。

```
In [18]: gb.agg(['sum','idxmax','skew'])
Out[18]:
          Height                          Weight
             sum  idxmax      skew           sum idxmax      skew
Gender
Female   21014.0      28 -0.219253      6469.0     28 -0.268482
Male      8854.9     193  0.437535      3929.0      2 -0.332393
```

从结果看，此时的列索引为多级索引，第一层为数据源，第二层为使用的聚合函数，分别逐一对列聚合，结果共 6 列。

2. 对特定的列使用特定的聚合函数

聚合函数和列的对应可以通过使用构造字典传入 agg()的方法来实现，其中字典以列名为键，以聚合字符串或字符串列表为值。

```
In [19]:  gb.agg({'Height':['mean','max'], 'Weight':'count'})
Out[19]:
            Height          Weight
              mean    max    count
Gender
Female   159.19697  170.2      135
Male     173.62549  193.9       54
```

练一练 Ex4-4

请使用传入字典的方法完成与 gb.agg(['max','min'])等价的聚合任务。

3. 使用自定义函数

在 agg()中可以使用具体的自定义函数，传入函数的参数（如以下例子中的 x）是之前数据源中的列，逐列进行计算。下面分组计算身高和体重的极差：

```
In [20]:  gb.agg(lambda x: x.max()-x.min())
Out[20]:
            Height        Weight
Gender
Female    13.79697     13.918519
Male      17.92549     21.759259
```

练一练 Ex4-5

在 groupby 对象中可以使用 describe()方法进行统计信息汇总，请同时使用多个聚合函数，实现与该方法相同的功能。

由于传入的是序列，因此序列上的方法和属性都是可以在函数中使用的，只需保证返回值是标量。下面代码的含义是：如果组的指标均值超过该指标的总体均值，返回 High，否则返回 Low。

```
In [21]:  def my_func(s):
              res = 'High'
              if s.mean() <= df[s.name].mean():
                  res = 'Low'
              return res
          gb.agg(my_func)
```

```
Out[21]:        Height Weight
          Gender
          Female   Low    Low
          Male    High   High
```

练一练 Ex4-6

在 agg()中能够使用聚合字符串的地方，我们都可以传入返回标量值的自定义函数，请自行构造一个相关的例子。

4. 聚合结果重命名

要想对聚合结果的列名进行重命名，只需要将聚合函数处改写成元组，元组的第一个元素为新的名字，第二个元素为原来的聚合函数（聚合字符串或者自定义函数）。下面举两个例子说明：

```
In [22]:  gb.agg([('range', lambda x: x.max()-x.min()), ('my_sum', 'sum')])
```

```
Out[22]:        Height                Weight
                 range    my_sum     range     my_sum
          Gender
          Female  24.8   21014.0      29.0     6469.0
          Male    38.2    8854.9      38.0     3929.0
```

```
In [23]:  gb.agg({'Height': [('my_func', my_func), 'sum'], 'Weight': lambda x:x.max()})
```

```
Out[23]:        Height              Weight
               my_func      sum   <lambda>
          Gender
          Female   Low  21014.0       63.0
          Male    High   8854.9       89.0
```

4.3 变换和过滤

4.2 节介绍了内置聚合函数和 agg()函数，本节将介绍变换函数和组索引与过滤。

4.3.1 变换函数

变换函数的返回值为与数据源同长度的序列，最常用的内置变换函数是累计函数：cumcount()、cumsum()、cumprod()、cummax()和 cummin()，它们的使用方式和聚合函数的类似，只不过它们完成的是组内累计。此外，在 groupby 对象上定义了填充类变换函数（如 fillna()、ffill()和 bfill()），这些函数的一般形式将在第 7 章中讨论，此处略过。

变换函数最重要的特性之一在于它返回的结果在默认情况下不会改变原表中行的顺序。例如，在下面的例子中，累加的结果在组的内部进行，并在获得每个组的累加结果后按照原表中对应元素的顺序进行排列：

```
In [24]:  example =  pd.DataFrame({"A": list("aaabba"), "B": [3,6,5,2,1,7]})
          example.groupby("A")["B"].cummax()
Out[24]:  0   3
          1   6
          2   6
          3   2
          4   2
          5   7
          Name: B, dtype: int64
```

有时我们希望对某一个列按照列元素的取值进行连续编号，那么就可以使用 cumcount()函数，其用途为对组中的元素依次从 0 开始进行自然数标号，例如：

```
In [25]:  example = pd.DataFrame({"A": list("aaabba"), "B": [3,6,5,2,1,7]})
          example.groupby("A")["A"].cumcount()
Out[25]:  0   0
          1   1
          2   2
          3   0
          4   1
          5   3
          dtype: int64
```

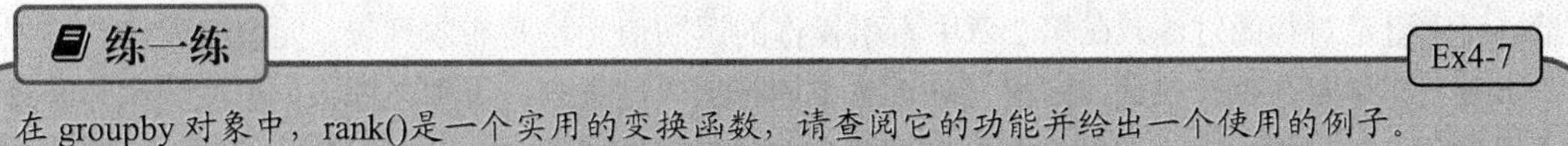

练一练 Ex4-7

在 groupby 对象中，rank()是一个实用的变换函数，请查阅它的功能并给出一个使用的例子。

当需要进行自定义变换时，应使用 transform()。自定义函数的传入值为数据源的序列，这与 agg()的传入类型是一致的，其最后的返回结果是行列索引与数据源一致的 Series 或 DataFrame。现对身高和体重进行分组标准化处理，即减去组均值后除以组的标准差：

```
In [26]:  gb.transform(lambda x: (x-x.mean())/x.std()).head()
Out[26]:
                Height     Weight
          0  -0.058760  -0.354888
          1  -1.010925  -0.355000
          2   2.167063   2.089498
          3        NaN  -1.279789
          4   0.053133   0.159631
```

练一练 Ex4-8

transform()无法像 agg()一样，通过传入字典来对指定列使用特定的变换，如果需要在一次 transform()的调用中实现这种功能，请给出解决方案。

当 transform()的输入为聚合字符串或返回标量的函数时，每个组实质上返回的是同元素的序列，这个元素就是每组的聚合结果，该特性被称为标量广播。

```
In [27]: gb.transform('mean').head() # 传入返回标量的自定义函数也是可以的
Out[27]:
      Height     Weight
0  159.19697  47.918519
1  173.62549  72.759259
2  173.62549  72.759259
3  159.19697  47.918519
4  173.62549  72.759259
```

```
In [28]: example.groupby("A")["A"].transform(lambda x:0 if x.name=="a"else 1)
Out[28]:
0    0
1    0
2    0
3    1
4    1
5    0
Name: A, dtype: int64
```

注解

在上面的最后一个例子中，x.name 指每个组的组名，即分组依据中唯一值对应的元素。当使用多列分组时，x.name 为元组类型。

4.3.2 组索引与过滤

在第 3 章中介绍了索引的用法，那么索引和过滤有什么区别呢？过滤在分组操作中表示对组的过滤，而索引是对行的过滤。在第 2 章中索引操作的返回值无论是布尔列表、元素列表还是位置列表，本质上都是对行进行筛选，即符合筛选条件的行选入结果表，否则不选入。组过滤作为行过滤的推广指的是，如果对一个组的全体所在行进行统计的结果返回 True 则该组会被保留，返回 False 则该组会被过滤，最后把所有未被过滤的组及其对应的所在行拼接起来作为 DataFrame 返回。

在 groupby 对象中定义了 filter()方法来进行组的筛选。其中，自定义函数的输入参数为数据源构成的 Series 或 DataFrame 本身而不会像 agg()方法或 transform()方法一样进行逐列迭代。在之前例子中定义的 groupby 对象中，传入的就是 df[['Height','Weight']]，因此所有表方法和属性的参数都可以在自定义函数中相应地使用，只需保证自定义函数返回的为布尔值。

例如，在原表中通过过滤得到所有容量大于 100 的组：

```
In [29]: gb.filter(lambda x: x.shape[0] > 100).head()
Out[29]:
   Height  Weight
0   158.9    46.0
```

```
3      NaN    41.0
5    158.0    51.0
6    162.5    52.0
7    161.9    50.0
```

练一练 Ex4-9

从概念上说，索引功能是组过滤功能的子集，请使用 filter()函数完成 loc[...]的功能，这里假设“...”是元素的列表。

4.4 跨列分组

4.2 节和 4.3 节介绍了三大分组操作，但事实上还有一种常见的分组，无法用前面介绍的任何一种方法处理。例如定义身体质量指数（BMI）：

$$\mathrm{BMI}=\frac{\mathrm{Weight}}{\mathrm{Height}^2}$$

其中，体重和身高的单位分别为千克和米，需要分组计算组 BMI 的均值。

首先，这显然不是过滤操作，因此 filter()不符合要求；其次，返回的均值是标量而不是序列，因此 transform()不符合要求；最后，似乎使用 agg()函数能够处理，但是之前强调过聚合函数是逐列处理的，而不能够对多列数据同时处理。由此，我们需要引入 groupby 对象上的 apply()函数来解决这一问题。

在设计上，apply()自定义函数的传入参数与 filter()的完全一致，只不过后者只允许返回布尔值。现解决上述计算问题：

```
In [30]: def BMI(x):
             Height = x['Height']/100
             Weight = x['Weight']
             BMI_value = Weight/Height**2
             return BMI_value.mean()
         gb.apply(BMI)
```

```
Out[30]: Gender
         Female    18.860930
         Male      24.318654
         dtype: float64
```

除了返回标量，apply()函数还可以返回一维 Series 和二维 DataFrame，但它们产生的 DataFrame 的维数和多级索引的层数应当如何变化？下面举 3 组简明的例子进行说明：

1. 标量的情况

无论数据源是单列或多列，此时得到的结果是 Series，索引与 agg()的结果一致：

```
In [31]: gb1 = df.groupby(['Gender','Test_Number'])['Height']
         gb2 = df.groupby(['Gender','Test_Number'])[['Height','Weight']]
         gb1.apply(lambda x: 0)
```

```
Out[31]: Gender   Test_Number
         Female   1              0
                  2              0
                  3              0
         Male     1              0
                  2              0
                  3              0
         Name: Height,dtype: int64
```

```
In [32]: # 虽然返回列表，但是作为返回值仍然看作标量
         # 即此处的标量非 Series 且非 DataFrame
         gb2.apply(lambda x: [0, 0])
```

```
Out[32]: Gender   Test_Number
         Female   1              [0, 0]
                  2              [0, 0]
                  3              [0, 0]
         Male     1              [0, 0]
                  2              [0, 0]
                  3              [0, 0]
         dtype: object
```

2. Series 的情况

当数据源为单列时，得到的是 Series，原来的行索引会被加到新表的最内层：

```
In [33]: gb1.apply(lambda x: pd.Series([0,0],index=['a','b']))
```

```
Out[33]: Gender  Test_Number
         Female  1               a   0
                                 b   0
                 2               a   0
                                 b   0
                 3               a   0
                                 b   0
         Male    1               a   0
                                 b   0
                 2               a   0
                                 b   0
                 3               a   0
                                 b   0
         Name: Height, dtype: int64
```

当数据源为多列时，得到的是 DataFrame，原来的行索引会被作为新表的列索引：

```
In [34]: gb2.apply(lambda x: pd.Series([0,0],index=['a','b']))
```

```
Out[34]:                         a   b
         Gender  Test_Number
         Female  1               0   0
                 2               0   0
                 3               0   0
         Male    1               0   0
                 2               0   0
                 3               0   0
```

3. DataFrame 的情况

无论数据源是单列还是多列，得到结果的都是 DataFrame，原来的行索引会被添加到新表的最内层，原来的列索引会作为新表的列索引。

```
In [35]: temp_df = pd.DataFrame(np.ones((2,2)),
                             index = ['a','b'],
                             columns=pd.Index([('w','x'),('y','z')]))
         gb1.apply(lambda x: temp_df).head()
```

```
Out[35]:
                              w    y
                              x    z
         Gender Test_Number
         Female 1          a  1.0  1.0
                           b  1.0  1.0
                2          a  1.0  1.0
                           b  1.0  1.0
                3          a  1.0  1.0
```

```
In [36]: gb2.apply(lambda x: temp_df).head()
```

```
Out[36]:
                              w    y
                              x    z
         Gender Test_Number
         Female 1          a  1.0  1.0
                           b  1.0  1.0
                2          a  1.0  1.0
                           b  1.0  1.0
                3          a  1.0  1.0
```

练一练 Ex4-10

在 groupby 对象中还定义了 cov()函数和 corr()函数，从概念上说也属于跨列的分组处理。请利用本节定义的 gb 对象，使用 apply()函数实现与 gb.cov()函数同样的功能。

最后需要强调的是，groupby 上的 apply()函数与普通 Series 或 DataFrame 上的 apply()函数一样，其灵活性是以牺牲一定性能为代价换得的，除需要跨列处理的分组操作外，应当使用其他专门设计的 groupby 对象方法，否则会存在较大的性能差距。同时，在使用聚合函数和变换函数时，也应优先使用内置函数，它们经过了高度的性能优化，一般而言在运行速度上都会快于用自定义函数来实现相同功能的方法。

4.5 习题

1. 汽车数据的分组分析

现有一个汽车数据集 data/ch4/car.csv，其中 Brand、Disp.和 HP 分别代表汽车品牌和发动机蓄量、发动机输出功率。

（1）按照如下要求，逐步对表格数据进行操作。

- 筛选出所属 Country 数超过 2 的汽车，即若该汽车的 Country 在总体数据集中出现次数不超过 2 则剔除。
- 再按 Country 分组计算价格均值、价格变异系数和该 Country 的汽车数量，其中变异系数的计算方法是标准差除以均值，并在结果中把变异系数重命名为 CoV。

（2）按照表中位置的前三分之一、中间三分之一和后三分之一分组，统计 Price 的均值。

（3）按照 Type 分组，解决如下问题。

- 对 Price 和 HP 分别计算最大值和最小值，结果会产生多级索引，请用下划线把多级列索引合并为单级索引。
- 对 HP 进行组内的 min-max 归一化，即每个元素减去组内 HP 的最小值后，再除以组内 HP 的极差。

2. 某海洋物种在三大海域的分布研究

2001 年 1 月～2020 年 12 月，某科研团队对某海洋物种在太平洋部分水域（西经 120°～西经 160°、赤道线～南纬 40°）、印度洋部分水域（东经 60°～东经 100°、赤道线～南纬 40°）和大西洋部分水域（0°经线～西经 40°、南纬 20°～南纬 60°）的出现情况进行了记录。记录的数据表存储在 data/ch4/marine_observation.csv 中，表中的每一行数据包含该次观测的时间、经纬度坐标（东经和北纬为正值，西经和南纬为负值）以及海水盐度。

（1）分组计算各年份在各海域的观测次数与海水盐度均值。

（2）将 3 片海域各自划分为 10×10 大小相同的网格，逐月统计每个网格内的观测总次数，并将结果保存为 3 个 10×10×20×12 的数组，这些维度分别代表经度方向的网格划分、维度方向的网格划分、年数以及月数。

3. 实现 transform() 函数

请按照如下要求实现 transform()函数。

（1）groupby 对象的构造方法是 my_groupby(df,group_cols)。

（2）支持单列分组功能（group_cols 为单个列名）。

（3）支持多列分组功能（group_cols 为列名列表）。

（4）支持标量广播的功能。

（5）给出测试样例，并与 pandas 中 transform()的运行结果进行对比。

第5章

变形

在数据处理的语境下，变形操作指改变数据表的结构。最常见的变形模式共3种：列（或行索引）中元素转移至列索引、列索引中元素转移至列（或行索引）、基于规则将某一列沿横向或纵向扩张。本章我们将结合具体的例子来对这些变形模式进行介绍。

5.1 长宽表的变形

引言中提到了行列互转的变形模式，它们对应长表和宽表的相应概念，我们首先来对其进行解释。长宽表是对元素序列而言的，如果我们关心的元素序列以某个列的形式存在，就称该表是关于这个元素序列的长表，如果它们以列索引的形式存在，就称该表是关于这个元素序列的宽表。例如，如果把性别数据存储在某一列中，该表是关于性别的长表；如果把性别作为列索引，列中的元素是该性别下对应的其他特征数据（如身高、体重、年龄等），该表是关于性别的宽表。下面的两段代码表示的分别是关于性别的长表和宽表：

```
In [1]:  import pandas as pd
         import numpy as np
         pd.DataFrame({'Gender':['F','F','M','M'], 'Height':[163, 160, 175, 180]})
Out[1]:  Gender   Height
         0    F       163
         1    F       160
         2    M       175
         3    M       180
In [2]:  pd.DataFrame({'Height: F':[163, 160], 'Height: M':[175, 180]})
Out[2]:      Height: F  Height: M
         0        163        175
         1        160        180
```

上述两个表包含的信息量是等价的，它们都含有性别类别和身高数据，只是这些元素的组织方式不相同，并且这种组织方式与性别元素序列的布局模式（列布局或列索引布局）密切相关。因此为了使它们之间能够互相转换，pandas 针对此类长表和宽表的变形问题分别设计了透视变形函数和逆透视变形函数。

练一练 Ex5-1

除了上述例子，请再给出一些长宽表的例子。

5.1.1 长表的透视变形

长表到宽表的转换可以通过pivot()函数来实现。我们来看一个例子：下表存储了A同学和B同学的语文和数学成绩，现在想要把语文和数学成绩作为列来展示。

```
In [3]: df = pd.DataFrame({'Class':[1,1,2,2], # 班级
                           'Name':['A','A','B','B'],# 姓名
                           'Subject':['Chinese','Math','Chinese','Math'],# 科目
                           'Grade':[80,75,90,85]})# 成绩
        df
Out[3]:   Class Name  Subject  Grade
        0     1    A  Chinese     80
        1     1    A     Math     75
        2     2    B  Chinese     90
        3     2    B     Math     85
```

对一个基本的长转宽操作而言，有3个重要的基本要素，它们分别是变形后的行索引、需要转到列索引的列，以及这些列和行索引对应的数值，它们分别对应pivot()方法中的参数index、columns和values。生成的新表的列索引是columns对应列的唯一值，新表的行索引是index对应列的唯一值，values对应想要展示的数据列。

```
In [4]: df.pivot(index='Name', columns='Subject', values='Grade')
Out[4]: Subject  Chinese   Math
        Name
        A             80     75
        B             90     85
```

练一练 Ex5-2

如果只选取df的部分行使用pivot，结果会如何变化？

图5.1通过颜色的标记，更清晰地展示了pivot()的变形过程（见彩插1）。

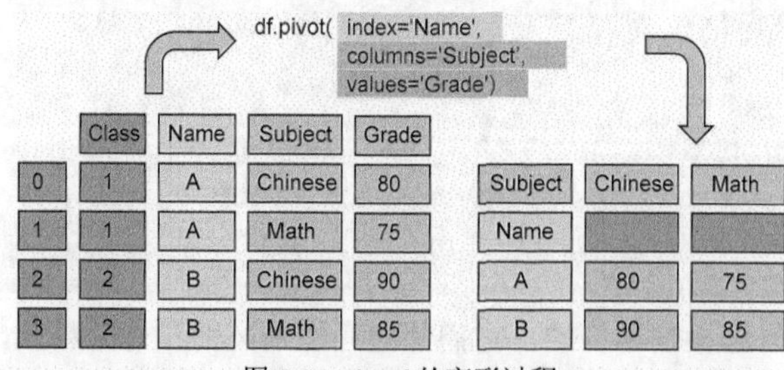

图5.1 pivot()的变形过程

注解

经常使用Excel表格工具的读者可能对透视表的功能非常熟悉，透视表对应的英文为pivot table，但pivot本身并没有透视的含义，透视只是对其起到描述的作用。事实上，笔者认为pivot table更好的译法是“转轴表”，一方面pivot本身就有轴、支点或转动点的意思，另一方面“转轴表”能够形象地描述元素从列或行索引转动后到达列索引的过程。由于“透视表”已是当前被普遍接受的译法，故本章不对其进行修改，特此说明。

利用 pivot()进行变形操作需要满足唯一性的要求，即由于在新表中的行列索引对应唯一的值，因此 pivot 中的参数 index 和 columns 对应列的行组合必须唯一。例如，现在把原表中第二行的数学改为语文就会报错，这是由于 Name 与 Subject 的组合中两次出现("A", "Chinese")，从而最后不能够确定变形后到底应该是填写 80 还是 75。

```
In [5]:  df.loc[1, 'Subject'] = 'Chinese'
         df.pivot(index='Name', columns='Subject', values='Grade')
```

```
ValueError Traceback (most recent call last)
Input In [6], in <module>
      1 df.loc[1, 'Subject'] = 'Chinese'
----> 2 df.pivot(index='Name', columns='Subject', values='Grade')
. . . . . .
File ~\miniconda3\envs\final\lib\site-packages\pandas\core\reshape\reshape.py:192,in
_Unstacker._make_selectors(self)
    189 mask.put(selector, True)
    191 if mask.sum() < len(self.index):
--> 192 raise ValueError("Index contains duplicate entries, cannot reshape")
    194 self.group_index = comp_index
    195 self.mask = mask

ValueError: Index contains duplicate entries, cannot reshape
```

pandas 从 1.1.0 版本开始，pivot()相关的 3 个参数允许被设置为列表，这意味着会返回多级索引。这里构造一个相应的例子来说明：下表中的 6 列分别为班级、姓名、测试类型（期中考试和期末考试)、科目、成绩和排名。

```
In [6]:  df_unpivot = pd.DataFrame({'Class':[1, 1, 2, 2, 1, 1, 2, 2],
                                    'Name':list("AABBAABB"),
                                    'Examination':['Mid', 'Final', 'Mid', 'Final',
                                    'Mid', 'Final', 'Mid', 'Final'],
                                    'Subject':['Chinese', 'Chinese', 'Chinese', 'Chinese',
                                               'Math', 'Math', 'Math', 'Math'],
                                    'Grade':[80,75,85,65,90,85,92,88],
                                    'Rank':[10,15,21,15,20,7,6,2]})
         df_unpivot
```

```
Out[6]:    Class Name  Examination  Subject  Grade  Rank
         0     1    A          Mid  Chinese     80    10
         1     1    A        Final  Chinese     75    15
         2     2    B          Mid  Chinese     85    21
         3     2    B        Final  Chinese     65    15
         4     1    A          Mid     Math     90    20
         5     1    A        Final     Math     85     7
         6     2    B          Mid     Math     92     6
         7     2    B        Final     Math     88     2
```

现在想要把测试类型和科目联合组成的 4 个类别（期中语文、期末语文、期中数学、期末数学）转到列索引，并且同时统计成绩和排名：

```
In [7]:  pivot_multi = df_unpivot.pivot(index = ['Class', 'Name'],
                                       columns = ['Subject','Examination'],
                                       values = ['Grade','Rank'])
         pivot_multi
```

Out[7]:

```
                    Grade                          Rank
Subject      Chinese          Math        Chinese          Math
Examination      Mid Final    Mid Final       Mid Final    Mid Final
Class Name
1     A           80    75     90    85        10    15     20     7
2     B           85    65     92    88        21    15      6     2
```

根据唯一性原则，新表的行索引等价于对 index 中的多列使用 drop_duplicates()，而列索引的长度为参数 values 列表中的元素个数乘以参数 columns 列表对应列元素的唯一组合数量，Out[7]中列索引的长度即 2×4=8。图 5.2 通过颜色的标记，更清晰地展示了列表参数下 pivot()的变形过程（见彩插 2）。

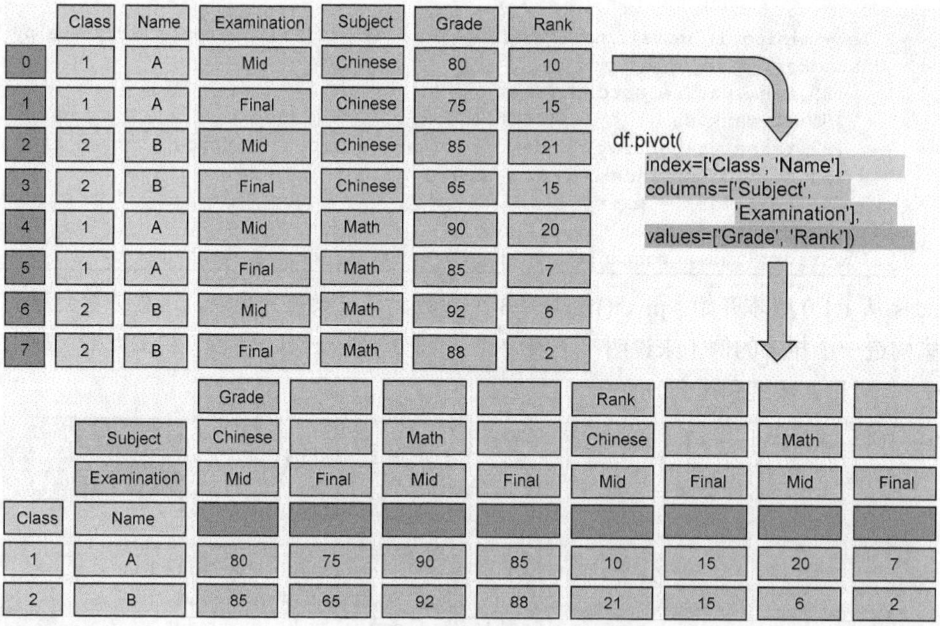

	Class	Name	Examination	Subject	Grade	Rank
0	1	A	Mid	Chinese	80	10
1	1	A	Final	Chinese	75	15
2	2	B	Mid	Chinese	85	21
3	2	B	Final	Chinese	65	15
4	1	A	Mid	Math	90	20
5	1	A	Final	Math	85	7
6	2	B	Mid	Math	92	6
7	2	B	Final	Math	88	2

```
df.pivot(
    index=['Class', 'Name'],
    columns=['Subject',
             'Examination'],
    values=['Grade', 'Rank'])
```

		Grade				Rank			
	Subject	Chinese		Math		Chinese		Math	
	Examination	Mid	Final	Mid	Final	Mid	Final	Mid	Final
Class	Name								
1	A	80	75	90	85	10	15	20	7
2	B	85	65	92	88	21	15	6	2

图 5.2 列表参数下 pivot()的变形过程

练一练 Ex5-3

请修改上表中的元素值以破坏 pivot()的唯一性条件，并在使用 pivot()进行强制变形后观察报错信息。

限于 pivot()对唯一性的要求，某些情况下的变形需求并不能得到满足。例如，A 同学和 B 同学都参加了两次语文考试和两次数学考试，按照学校规定，各科最后的成绩是两次考试分数的平均值。

In [8]:

```
df = pd.DataFrame({'Name':list("AAAABBBB"),
                   'Subject':['Chinese', 'Chinese', 'Math','Math',
                              'Chinese', 'Chinese', 'Math', 'Math'],
                   'Grade':[80,90,100,90,70,80,85,95]})
df
```

Out[8]:

```
  Name  Subject  Grade
0    A  Chinese     80
```

```
1   A   Chinese      90
2   A      Math     100
3   A      Math      90
4   B   Chinese      70
5   B   Chinese      80
6   B      Math      85
7   B      Math      95
```

pandas 提供了 pivot_table()来实现满足上述需求的功能，其中的参数 aggfunc 就是使用的聚合函数，它能够对行列组合中的所有对应值分别进行聚合操作。可以表示如下：

```
In [9]:   df.pivot_table(index='Name', columns='Subject', values='Grade', aggfunc='mean')
```

```
Out[9]:   Subject    Chinese   Math
          Name
          A               85     95
          B               75     90
```

这里传入 aggfunc 的参数可以取第 4 章中介绍的任一聚合字符串，此外还可以传入以序列为输入、以标量为输出的聚合函数来实现自定义操作，上述功能可以等价写为：

```
In [10]:  df.pivot_table(
              index='Name', columns='Subject', values='Grade',
              aggfunc=lambda x:x.mean())
```

```
Out[10]:  Subject  Chinese   Math Name
          A              85        95
          B              75        90
```

此外，pivot_table()具有边际汇总的功能，可以通过设置 margins 为 True 来实现。其中，边际的聚合方法与 aggfunc 中给出的聚合函数一致。下面分别统计了语文平均分和数学平均分、A 同学平均分和 B 同学平均分以及所有分数的平均分：

```
In [11]:  df.pivot_table(
              index='Name', columns='Subject', values='Grade',
              aggfunc='mean', margins='True')
```

```
Out[11]:  Subject  Chinese  Math     All
          Name
          A             85  95.0  90.00
          B             75  90.0  82.50
          All           80  92.5  86.25
```

练一练 Ex5-4

在上面的边际汇总例子中，行或列的汇总为新表中行元素或者列元素的平均值，而总体的汇总为新表中 4 个元素的平均值。这种关系一定成立吗？若不成立，请给出一个例子来说明。

5.1.2 宽表的逆透视变形

逆透视操作是透视操作的逆过程，即把宽表转换为长表，在 pandas 中可以使用 melt()函数实现。下面的 DataFrame 中，语文和数学作为学科（Subject）相关的元素存放在列索引上，我们想要将它转换为 Subject 列。

```
In [12]:  df = pd.DataFrame({'Class':[1,2], 'Name':['A', 'B'],
                             'Chinese':[80, 90], 'Math':[80, 75]})
          df
```

```
Out[12]:    Class  Name  Chinese  Math
          0     1     A       80    80
          1     2     B       90    75
```

在 melt()中，id_vars 的地位等价于 pivot()函数中的 index，value_vars 代表想要转换到列上的元素，var_name 代表 value_vars 的含义（本例中 Chinese 和 Math 都是 Subject），value_name 代表 value_vars 在宽表中列对应元素值的含义（本例中对应列的内容都是分数值），由此逆透视操作可以表示如下：

```
In [13]:  df_melted = df.melt(id_vars = ['Class', 'Name'],
                                value_vars = ['Chinese', 'Math'],
                                var_name = 'Subject',
                                value_name = 'Grade')
          df_melted
```

```
Out[13]:    Class Name  Subject  Grade
          0     1    A  Chinese     80
          1     2    B  Chinese     90
          2     1    A     Math     80
          3     2    B     Math     75
```

对逆透视操作而言，我们如何才能确定输出结果的维数呢？当使用 melt()时，宽表中 id_vars 对应的所有列会与每一个 value_vars 中的元素进行组合，因此生成的长表行数等于宽表行数乘以 value_vars 的元素个数，而由于在长表中会把 value_vars 作为一列存储且对应的值（本例中为 Grade）也会占用一列存储，因此生成的长表列数等于 id_vars 的元素个数加 2。图 5.3 通过颜色的标记，展示了 melt()函数的变形过程（见彩插 3）。

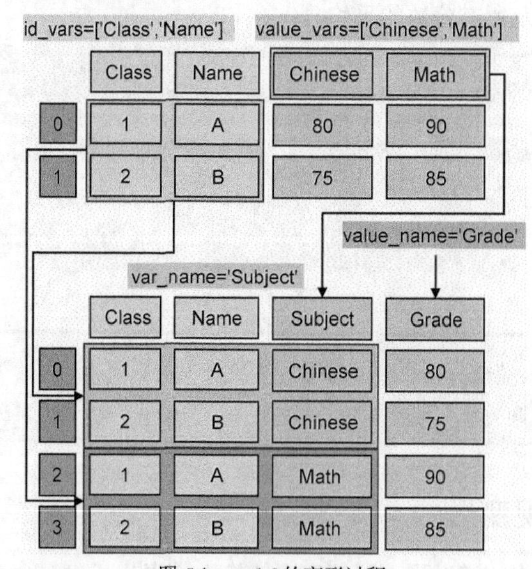

图 5.3 melt()的变形过程

先前提到的使用 melt()和 pivot()是互逆的，那么一定可以通过 pivot()把 df_melted 转换回 df 的形式：

```
In [14]:  df_unmelted = df_melted.pivot(index = ['Class', 'Name'],
                                     columns='Subject',
                                     values='Grade')
          df_unmelted
```

```
Out[14]:  Subject      Chinese   Math
          Class  Name
          1      A          80     80
          2      B          90     75
```

恢复索引并重命名列索引后，通过 equals()函数可以验证得到的 df_unmelted 结果与最初的 df 完全一致。

```
In [15]:  df_unmelted = df_unmelted.reset_index()
          df_unmelted = df_unmelted.rename_axis(columns={'Subject':''})
          df_unmelted.equals(df)
```

```
Out[15]:  True
```

注解

equals()函数的作用是检验两个 Series 或两个 DataFrame 是否一致。两个 Series 一致，当且仅当：（1）Series 的 dtype 属性一致；（2）Series 的 values 个数和值一致；（3）索引的元素值一致。两个 DataFrame 一致，当且仅当：（1）DataFrame 每列的 dtype 一致；（2）DataFrame 的 values 维度和值一致；（3）行索引和列索引的元素值一致。

在 melt()函数中，列索引上的待转换元素对应列表示的含义相同，例如 Chinese 列和 Math 列下的数都表示学生某一次考试的成绩。如果列索引上的元素分别为语文期中成绩、数学期中成绩、语文期末成绩和数学期末成绩，想要把由语文和数学构成的 Subject 转换到列或行索引上，将期中和期末的信息保留在列索引上，这种需求对于 melt()是难以实现的。

```
In [16]:  df = pd.DataFrame({'Class':[1,2],'Name':['A', 'B'],
                              'Mid_Chinese':[80, 85], 'Mid_Math':[70, 80],
                              'Final_Chinese':[90, 75], 'Final_Math':[95, 85]})
```

此时，我们可以选择 wide_to_long()函数来完成：

```
In [17]:  pd.wide_to_long(df, stubnames=['Mid', 'Final'],
                          i=['Class', 'Name'], j='Subject',
                          sep='_', suffix='.+')
```

```
Out[17]:                       Mid   Final
          Class Name Subject
          1     A    Chinese    80      90
                     Math       70      95
          2     B    Chinese    85      75
                     Math       80      85
```

wide_to_long()函数的参数较多且参数名设计不友好，其中 i 等价于 melt()中的 id_vars 或 pivot()中的 index，j 表示列索引待转换元素列表的含义，此处由于需要把学科进行转移，故取 j 为“Subject”。列索引元素现在由两部分构成并用下划线分割，sep 表示分割的字符串参数，sep 之前的元素仍然保留在列索引上，此处为期中或期末成绩，sep 之后的元素（Subject 的元素）可以用 suffix 正则参数进行捕获，“.+”表示匹配至少一个除换行符以外的字符，有关正则表达式的用法会在第 8 章详细介绍。图 5.4 通过颜色的标记，展示了 wide_to_long()函数的变形过程（见彩插 4）。

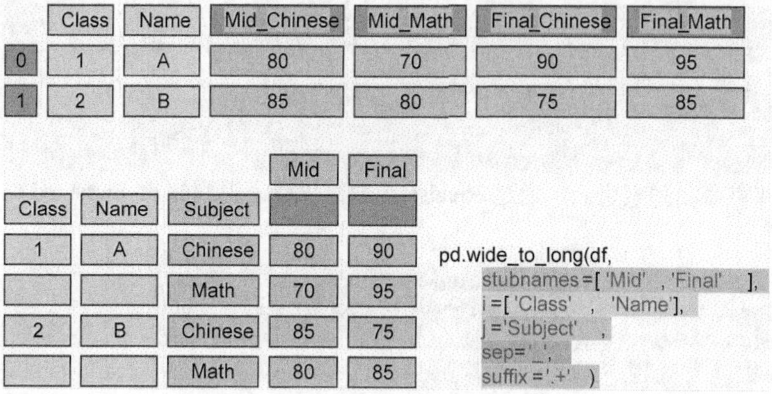

	Class	Name	Mid_Chinese	Mid_Math	Final_Chinese	Final_Math
0	1	A	80	70	90	95
1	2	B	85	80	75	85

			Mid	Final
Class	Name	Subject		
1	A	Chinese	80	90
		Math	70	95
2	B	Chinese	85	75
		Math	80	85

```
pd.wide_to_long(df,
    stubnames=['Mid' , 'Final' ],
    i=['Class' , 'Name'],
    j='Subject' ,
    sep='_',
    suffix='.+' )
```

图 5.4　wide_to_long()的变形过程

练一练　Ex5-5

在上例中，若想把考试类型（Examination）的 Mid 和 Final 转到行索引，Subject 中的 Chinese 和 Math 保留在列索引上，应当如何操作？

我们最后再给出一个关于 wide_to_long()的例子，把之前在 5.1.1 节中 pivot()使用列表参数操作的结果（产生了多级索引）转换回原表的 unpivot 形态。此处，考虑先把列索引按照“学科_考试类型_考试结果”的格式进行压缩，再恢复索引，从而将表格转换为 wide_to_long 的输入格式以进行后续操作：

```
In [18]:  res = pivot_multi.copy()
          res.columns = res.columns.map(lambda x:'_'.join(x))
          res = res.reset_index()
          res = pd.wide_to_long(
              res, stubnames=['Grade', 'Rank'],
              i   =['Class','Name'],
              j   ='Subject_Examination',
              sep = '_', suffix = '.+')
          res
```

```
Out[18]:                               Grade   Rank
          Class Name Subject_Examination
          1     A    Chinese_Mid          80     10
                     Chinese_Final        75     15
                     Math_Mid             90     20
                     Math_Final           85      7
          2     B    Chinese_Mid          85     21
                     Chinese_Final        65     15
                     Math_Mid             92      6
                     Math_Final           88      2
```

由于 wide_to_long()返回的表中，压缩的学科和考试类型信息被存放在了行索引，为了将其恢复到列上并展开，此时还需要对格式做进一步微调：

In [19]:
```
res = res.reset_index()
res[["Subject", "Examination"]] = res.Subject_Examination.apply(
    lambda x: x.split("_")).tolist()
res = res[['Class', 'Name', 'Examination', 'Subject',
    'Grade', 'Rank']].sort_values('Subject').reset_index(drop=True)
```

通过 equals()函数可以验证 pivot_multi 经过转换得到的结果与最初的 df_unpivot 完全一致。

In [20]:
```
df_unpivot.equals(res)
```

Out[20]:
```
True
```

5.2 其他变形方法

除了 5.1 节介绍的 4 个长宽表变形函数，pandas 还提供了一些其他的变形方法，本节将介绍索引变形函数和扩张变形函数。

5.2.1 索引变形

索引变形是一种特殊的长宽表变形，当把行索引上的元素转换为列索引时称为索引透视，当把列索引上的元素转换为行索引时称为索引逆透视，它们分别对应 unstack()函数和 stack()函数。

我们来构造一个例子说明 unstack()的使用方法：

In [21]:
```
df = pd.DataFrame(np.ones((4,2)),
                  index = pd.Index([('A', 'cat', 'big'),
                                    ('A', 'dog', 'small'),
                                    ('B', 'cat', 'big'),
                                    ('B', 'dog', 'small')]),
                  columns=['col_1', 'col_2'])
df
```

Out[21]:
```
             col_1 col_2
A cat   big    1.0   1.0
  dog small    1.0   1.0
B cat   big    1.0   1.0
  dog small    1.0   1.0
```

unstack()的主要参数是移动的层号，默认将行索引的最内层移动到列索引的最内层：

In [22]:
```
# 此处第三层就是最内层，因此等价于 df.unstack(-1)和 df.unstack()
df.unstack(2)
```

Out[22]:
```
      col_1       col_2
        big small   big small
A cat   1.0   NaN   1.0   NaN
```

```
  dog   NaN   1.0    NaN   1.0
B cat   1.0   NaN    1.0   NaN
  dog   NaN   1.0    NaN   1.0
```

练一练 Ex5-7

结合 unstack()和 reorder_levels()，将行索引的第二层插入至列索引的最外层。

unstack()也支持同时转换多个层：

In [23]:
```
df.unstack([0,2])
```

Out[23]:
```
    col_1                      col_2
      A          B               A           B
     big small  big  small    big small    big small
cat  1.0   NaN  1.0    NaN    1.0   NaN    1.0   NaN
dog  NaN   1.0  NaN    1.0    NaN   1.0    NaN   1.0
```

类似于 pivot()中的唯一性要求，在 unstack()中必须保证被转换为列索引的行索引层和被保留的行索引层构成的组合是唯一的。例如，在上例中把前两个列索引改为相同元素时，就会因破坏唯一性而报错：

In [24]:
```
# 索引在 pandas 中是不可变类型，故改变 index 中的
# 某一个元素必须先转为列表再修改
my_index = df.index.to_list()
my_index[1] = my_index[0]
df.index = pd.Index(my_index)
df.unstack()
```

```
ValueError Traceback (most recent call last)
Input In [25], in <module>
    4 my_index[1] = my_index[0]
    5 df.index = pd.Index(my_index)
----> 6 df.unstack()
. . . . . .
File ~\miniconda3\envs\final\lib\site-packages\pandas\core\reshape\reshape.py:192,in
_Unstacker._make_selectors(self)
    189 mask.put(selector, True)
    191 if mask.sum() < len(self.index):
--> 192 raise ValueError("Index contains duplicate entries, cannot reshape")
    194 self.group_index = comp_index
    195 self.mask = mask

ValueError: Index contains duplicate entries, cannot reshape
```

练一练 Ex5-8

请自行构造一个 unstack()因违背唯一性要求而报错的例子。

与 unstack()相反，stack()的作用就是把列索引的层压入行索引，但其用法类似。

In [25]:
```
df = pd.DataFrame(np.ones((4,2)),
                  index = pd.Index([('A', 'cat', 'big'),
```

```
                                            ('A', 'dog', 'small'),
                                            ('B', 'cat', 'big'),
                                            ('B', 'dog', 'small')]),
                          columns=['index_1', 'index_2']).T
df
```

Out[25]:
```
              A            B
            cat    dog   cat    dog
            big  small   big  small
index_1     1.0    1.0   1.0    1.0
index_2     1.0    1.0   1.0    1.0
```

In [26]:
```
df.stack()
```

Out[26]:
```
                     A            B
                   cat    dog   cat    dog
index_1 big        1.0    NaN   1.0    NaN
        small      NaN    1.0   NaN    1.0
index_2 big        1.0    NaN   1.0    NaN
        small      NaN    1.0   NaN    1.0
```

In [27]:
```
df.stack([1,2])
```

Out[27]:
```
                         A      B
index_1 cat big        1.0    1.0
        dog small      1.0    1.0
index_2 cat big        1.0    1.0
        dog small      1.0    1.0
```

练一练 Ex5-9

2.2.2 节提到 df.T 能够将 DataFrame 转置，而转置是一种特殊的索引变形，请仅用 unstack 和 stack 实现转置功能。

把行索引全部压入列索引或把列索引全部压入行索引，这两种方式都能获得一个 Series 输出，只是输出的索引层顺序并不相同，更重要的是 stack 会把结果中缺失值位置的行删去，而 unstack 则进行保留。比如下面的例子：

In [28]:
```
example = pd.DataFrame({"A": [1, 2], "B": [3, np.nan]}, index=["a", "b"])
example
```

Out[28]:
```
     A      B
a    1    3.0
b    2    NaN
```

In [29]:
```
example.stack()
```

Out[29]:
```
     A    1.0
a    B    3.0
b    A    2.0
dtype: float64
```

In [30]:
```
example.unstack()
```

Out[30]:
```
A    a    1.0
     b    2.0
B    a    3.0
     b    NaN
dtype: float64
```

5.2.2 扩张变形

扩张即把序列根据某种规则沿着某个维度展开，本节介绍两种扩张变形函数。

explode() 能够对某一列的元素进行纵向展开，被展开的单元格所存储的元素必须是 list、tuple、set、Series 或 np.ndarray 中的某一种类型。

```
In [31]:  df_ex = pd.DataFrame({
              'A':[[1,2],{1,2},pd.Series([1,2])],
              'B':list("abc")})
          df_ex.explode("A")
```

```
Out[31]:     A  B
          0  1  a
          0  2  a
          1  1  b
          1  2  b
          2  1  c
          2  2  c
```

get_dummies()是用于特征构建的重要函数之一，其作用是把某一列以将类别特征转换为独热编码的方式进行横向展开。例如，下表中的 A 列展开后，每一行的元素被转换为 0、1 表示，即列索引与该行元素值相等处为 1，不相等处为 0。

```
In [32]:  df = pd.DataFrame({"A": list("XXYZY")})
          pd.get_dummies(df.A)
```

```
Out[32]:     X  Y  Z
          0  1  0  0
          1  1  0  0
          2  0  1  0
          3  0  0  1
          4  0  1  0
```

5.3 习题

1. 某连锁店的库存统计

某连锁店总共有 5 个大区仓库（First_Area），每个大区仓库内有若干子区仓库（Child_Area），在 data/ch5/area_storage.csv 中记录了 2010 年～2017 年各子区仓库中不同货品（Type）的存量（Storage）。其中，Year、First_Area、Child_Area 和 Type 这 4 列已为依次排序状态。

```
In [33]:  df = pd.read_csv("data/ch5/area_storage.csv")
          df.head()
```

```
Out[33]:     Year   First_Area   Child_Area         Type   Storage
          0  2010            A            4   product_14         1
          1  2010            A            4   product_55         2
          2  2010            A            7   product_14         1
          3  2010            A            7   product_55         2
          4  2010            A            8   product_14        31
```

（1）将数据转为如下格式，其中 First_Area、Child_Area 和 Type 这 3 列已为依次排序状态。

```
  First_Area  Child_Area        Type  2010  2011  2012  2013  2014  2015  2016  2017
0          A           4  product_14   1.0   2.0   1.0   5.0   6.0   3.0   4.0   NaN
1          A           4  product_15   NaN   NaN   NaN   NaN   NaN   1.0   NaN   NaN
2          A           4  product_27   NaN   NaN   NaN   NaN   NaN   1.0   NaN   NaN
3          A           4  product_37   NaN   NaN   NaN   NaN   NaN   1.0  10.0   6.0
4          A           4  product_42   NaN   NaN   NaN   NaN   NaN   NaN   1.0   NaN
```

（2）将第（1）问中的结果恢复为原表。

（3）按 First_Area 分别统计每年的库存量总和，并分别将 First_Area 和 Year 作为列索引和行索引，要求分别使用 pivot_table()函数与 groupby+unstack()两种不同的策略实现，并体会变形和分组之间的联系。

2. 整理某地区的化石燃料数据

data/ch5/fossil_fuel.txt 中存放了某地 2020 年各月化石燃料资源的消耗量和生产量。

```
In [34]:  df = pd.read_table("data/ch5/fossil_fuel.txt", header=None)
```

请将该表整理成如下格式，其中“日期”“统计类别”和“资源名称”这 3 列已依次排序。

	资源名称	统计类别	单位	日期	数值
0	01-煤炭	消耗量	万吨	2020-1	14.81
1	02-气化天然气	消耗量	亿立方米	2020-1	0.1201
2	03-油页岩	消耗量	万吨	2020-1	13.82
3	04-石油	消耗量	万吨	2020-1	12.86
4	05-液化天然气	消耗量	万吨	2020-1	10.65

3. 特殊的 wide_to_long()

从功能上看，melt()应当属于 wide_to_long()的一种特例，即 Stubnames 只有一类。请使用 wide_to_long()生成 melt()在 5.1.2 节中的 df_melted。（提示：对列名增加适当的前缀。）

第 6 章

连接

先前我们学习的所有数据操作都是在单个 DataFrame 或单个序列中进行的，但在实际的数据处理中很可能需要把多个表中的数据按照某种连接方式进行整合。例如，商家在年末将各个商品的月度销售情况表进行汇总，某公司将员工的身份信息表和员工的薪水情况表按照员工的公司 ID 编号进行连接合并。本章将讨论有关连接的话题，内容主要包含关系连接和方向连接。

6.1　关系连接

关系连接是 pandas 连接模块中的核心方法，本节介绍关系连接函数中的 merge()和 join()，在此我们首先需要学习关系连接的基本概念。

6.1.1　关系连接的基本概念

关系连接指把两个表按照某一组列或多组列的元素匹配结果进行连接，这些列被称为连接的键（key），在 pandas 的函数参数中用 on 表示，此处的 on 可理解为“根据”。关系连接共有 4 种形式，分别是内连接（inner）、外连接（outer）、左连接（left）和右连接（right），在 pandas 的函数参数中用 how 表示。上述 4 种连接的示意图如图 6.1 所示。

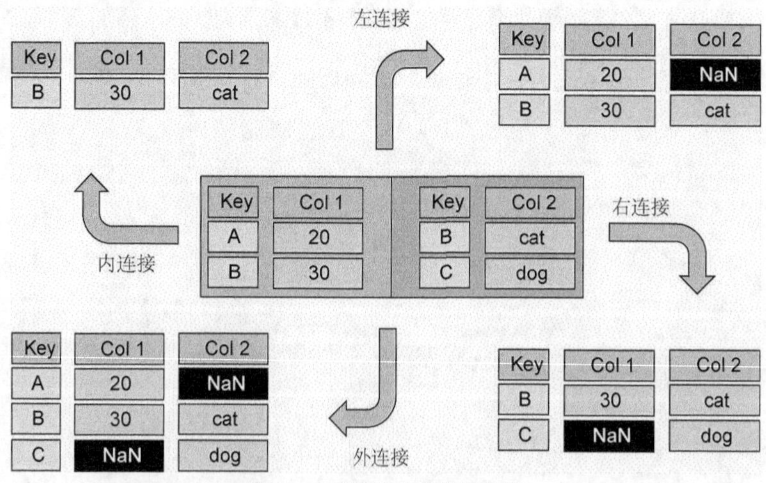

图 6.1　4 种连接方式的示意图

从图 6.1 中可以看到，所谓左连接即以左表的键为准，如果右表中的键在左表中存在，就添加到左表，如果不存在则处理为缺失值。右连接与左连接类似。内连接只负责合并两边同时出现的键，而外连接会在内连接的基础上包含只在左表中出现的键以及只在右表中出现的键，因此外连接又叫全连接。

上面这个简单的例子中，同一个表中的键没有出现重复，那么如果出现重复的键应该如何处理呢？此处需要引入笛卡儿积的概念，对集合 A 和集合 B 而言，其笛卡儿积为

$$\text{Cartesian}(A,B)=\{(a,b)|a\in A,b\in B\}$$

举一个例子：假设集合 $A=\{1,2\}$，集合 $B=\{-1,-2\}$，则 $\text{Cartesian}(A,B)=\{(1,-1),(1,-2),(2,-1),(2,-2)\}$。更形象地说，两个集合的笛卡儿积是两个集合的元素交叉组合构成的集合。

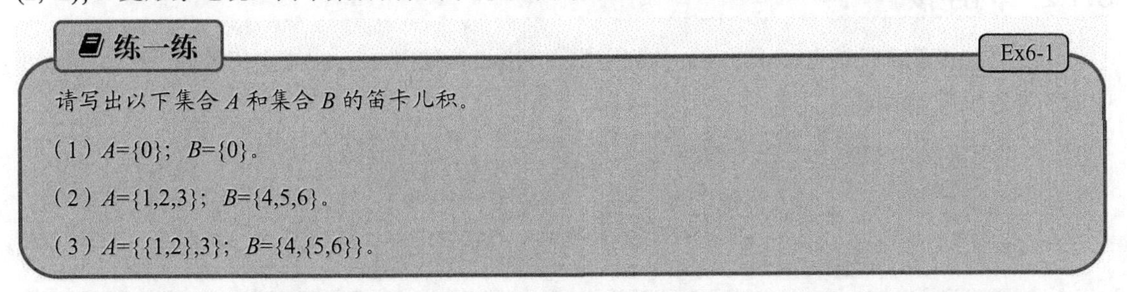

练一练 Ex6-1

请写出以下集合 A 和集合 B 的笛卡儿积。

（1）$A=\{0\}$；$B=\{0\}$。

（2）$A=\{1,2,3\}$；$B=\{4,5,6\}$。

（3）$A=\{\{1,2\},3\}$；$B=\{4,\{5,6\}\}$。

关系连接中，重复键的连接也采用了笛卡儿积的规则，假设左表中存在重复的键元素“label”，此时左表的“label”元素对应行和右表的“label”元素对应行就分别是笛卡儿积中的集合 A 和集合 B，连接时进行交叉组合。图 6.2 描述了重复键的具体连接过程。

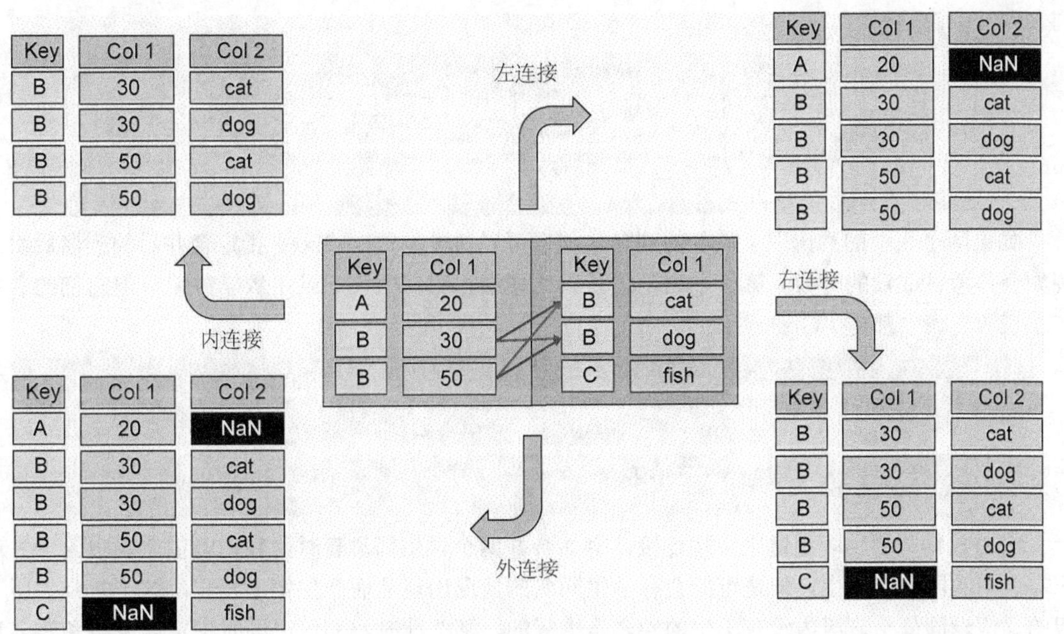

图 6.2 含有重复键的连接示意图

练一练 Ex6-2

假设左表键的所在列元素列表为[1,2,2,3,3,3]，右表键与左表相同，请问用 4 种方式连接得到的结果表分别有多少行？

针对不同的业务场景，我们应当使用不同的连接形式。由于左（右）连接结果中作为键的列只由左（右）侧的表确定，因此常被用于带有方向性的连接。由于内（外）连接两侧的表地位等价，即左右表的位置交换不会引起结果的变化，因此常被用于取两侧键交（并）集的连接情况。

6.1.2 列连接

列连接指两侧表的键在 DataFrame 的列上出现，pandas 使用 merge()来进行处理。例如，图 6.1 中的左连接可以表示如下：

```
In [1]:  import pandas as pd
         import numpy as np
         df1 = pd.DataFrame({"Key": ["A", "B"], "Col1": [20, 30]})
         df2 = pd.DataFrame({"Key": ["B", "C"], "Col2": ["cat", "dog"]})
         df1.merge(df2, on="Key", how="left")
```

```
Out[1]:    Key  Col1  Col2
         0   A    20   NaN
         1   B    30   cat
```

有时，两个表中键的列名可能不一致，此时可以通过 left_on 和 right_on 来分别指定左表键的列名和右表键的列名：

```
In [2]:  df1 = pd.DataFrame({"key_left": ["A"], "Col1": [20]})
         df2 = pd.DataFrame({"key_right": ["A"], "Col2": ["cat"]})
         df1.merge(df2, left_on="key_left", right_on="key_right")
```

```
Out[2]:     key_left  Col1 key_right  Col2
         0         A    20         A   cat
```

如果两个表中的列出现了重复的列名，那么可以通过参数 suffixes 指定合并后的列名后缀。例如合并考试成绩的时候，第一个表记录了语文成绩，第二个表记录了数学成绩，但它们的名称在左表和右表中都是“Grade”：

```
In [3]:  df1 = pd.DataFrame({"Key": ["A"], "Grade": [70]})
         df2 = pd.DataFrame({"Key": ["A"], "Grade": [80]})
         df1.merge(df2, on="Key", suffixes=["_Chinese", "_Math"])
```

```
Out[3]:    Key  Grade_Chinese  Grade_Math
         0   A             70          80
```

有时我们需要用多组键来实现连接，例如合并两个学生信息表时，我们希望左表中的学生对应右表中的同一名学生，但是可能会有学生同名的情况出现从而产生笛卡儿积，这不是我们所期望的。假设同一个班级内没有学生的姓名是重复的，那么此时我们可以同时指定以班级和姓名为键来保证匹配的唯一性。

```
In [4]:  df1 = pd.DataFrame({"Name": ["Alice", "Bob", "Bob", "Tom"],
                             "Class":[1,1,2,2],
                             "Gender":["Female","Male","Male","Male"]})
         df1
Out[4]:     Name  Class  Gender
         0  Alice      1  Female
         1    Bob      1    Male
         2    Bob      2    Male
         3    Tom      2    Male
In [5]:  df2 = pd.DataFrame({"Name": ["Tim", "Alice", "Bob", "Bob"],
                             "Class": [2, 1, 2, 1],
                             "Grade": [80, 100, 95, 75]})
         df2
Out[5]:     Name  Class  Grade
         0    Tim      2     80
         1  Alice      1    100
         2    Bob      2     95
         3    Bob      1     75
In [6]:  df1.merge(df2, on=["Name", "Class"], how="outer")
Out[6]:     Name  Class  Gender  Grade
         0  Alice      1  Female  100.0
         1    Bob      1    Male   75.0
         2    Bob      2    Male   95.0
         3    Tom      2    Male    NaN
         3    Tim      2     NaN   80.0
```

错误的连接结果如下：

```
In [7]:  # 默认情况下重复列的后缀为"_x"和"_y"
         df1.merge(df2, on="Name", how="outer")
Out[7]:     Name  Class_x  Gender  Class_y  Grade
         0  Alice      1.0  Female      1.0  100.0
         1    Bob      1.0    Male      2.0   95.0
         2    Bob      1.0    Male      1.0   75.0
         3    Bob      2.0    Male      2.0   95.0
         4    Bob      2.0    Male      1.0   75.0
         5    Tom      2.0    Male      NaN    NaN
         6    Tim      NaN     NaN      2.0   80.0
```

上面的这个例子中，我们希望在合并时检查左右表键的唯一性，merge()提供了参数 validate，当将其设置为“1：1”时，若两侧表中任意一个表不符合唯一性条件就会直接报错，从而终止合并操作。

```
In [8]:  df1.merge(df2, on="Name", how="outer", validate="1:1")
```

```
MergeError Traceback (most recent call last)
Input In [9], in <module>
----> 1 df1.merge(df2, on="Name", how="outer", validate="1:1")
. . . . . .
File ~\miniconda3\envs\final\lib\site-packages\pandas\core\reshape\merge.py:1423, in
_MergeOperation._validate(self, validate)
   1421 if validate in ["one_to_one", "1:1"]:
   1422 if not left_unique and not right_unique:
--> 1423 raise MergeError(
```

```
1424 "Merge keys are not unique in either left "
1425 "or right dataset; not a one-to-one merge"
1426 )
1427 elif not left_unique:
1428 raise MergeError(
1429 "Merge keys are not unique in left dataset; not a one-to-one merge"
1430 )
MergeError: Merge keys are not unique in either left or right dataset; not a one-to-one merge
```

除了“1∶1”模式，参数 validate 还能选择“1∶m”模式和“m∶1”模式，它们分别表示对左表键的唯一性和右表键的唯一性进行检查。

练一练 Ex6-3

请构造两个表，使它们在用 merge()合并时能够通过“1∶m”模式的检查，但无法通过“m∶1”模式的检查。

6.1.3 索引连接

索引连接指两侧表的键在 DataFrame 的索引上出现，对此，pandas 使用 join()来进行处理。它与 merge()在本质上没有任何区别，省略参数 on 表示以当前索引为键进行连接，6.1.2 节的最后一个例子可以等价表示如下：

```
In [9]:  df1, df2 = df1.set_index(["Name", "Class"]), df2.set_index(["Name", "Class"])
         df1.join(df2, how="outer")
Out[9]:     Name  Class  Gender  Grade
           Alice      1  Female  100.0
             Bob      1    Male   75.0
                      2    Male   95.0
             Tim      2     NaN   80.0
             Tom      2    Male    NaN
```

左表和右表存在同名列时，可以使用参数 lsuffix 和参数 rsuffix 来指定后缀。

```
In [10]:  df1 = pd.DataFrame({"Col": [10]}, index=["A"])
          df2 = pd.DataFrame({"Col": [10]}, index=["A"])
          df1.join(df2, lsuffix="_left", rsuffix="_right")
Out[10]:     Col_left  Col_right
          A        10         10
```

练一练 Ex6-4

join()函数中没有 merge()函数中的参数 validate，请构造一个 join_with_validate，其参数包含 df1、df2、on、how 和 validate，实现与 merge()类似的功能（允许在 join_with_validate 内部调用 join()函数）。

从 pandas 的 1.2.0 版本开始，merge()和 join()支持一种新的连接方式，可将其称为“交叉连接”，用 how="cross"表示。交叉连接指将两个 DataFrame 或序列进行所有行的笛卡儿积的组合，此时不存在键的概念，因此参数 on 非法。一个 n 行的 DataFrame 和一个 m 行的 DataFrame 进行交叉连接的结果是一个 $n \times m$ 行的 DataFrame。

```
In [11]:  df1_cross = pd.DataFrame({"A":[0,1], "B":list("ab")})
          df2_cross = pd.DataFrame({"C":[2,3,4], "D":list("cde")})
          df1_cross.join(df2_cross, how="cross")
```

```
Out[11]:    A  B  C  D
          0 0  a  2  c
          1 0  a  3  d
          2 0  a  4  e
          3 1  b  2  c
          4 1  b  3  d
          5 1  b  4  e
```

6.2 其他连接

本节我们将介绍一些除关系连接之外的其他连接函数，包括 concat()、assign()、compare()和combine()。

6.2.1 方向连接

在 6.1 节中，我们讨论了列连接和索引连接的概念和用法，它们依赖键将两个表进行连接。在数据分析中，有时我们只是想把两个或者多个索引相同的表进行横向或者纵向拼接，可以利用 pandas 中提供的 concat()函数来实现这种方向连接。在 concat()函数中，横向拼接和纵向拼接分别用 axis=1 和 axis=0 表示。

```
In [12]:  df1 = pd.DataFrame({"A": [1,2], "B": [3,4]})
          df2 = pd.DataFrame({"A": [5,6], "B": [7,8]})
          df3 = pd.DataFrame({"C": [5,6], "D": [7,8]})
```

```
In [13]:  pd.concat([df1, df3, df1, df3], axis=1) # 4个表合并，且合并方向索引对齐
```

```
Out[13]:    A  B  C  D  A  B  C  D
          0 1  3  5  7  1  3  5  7
          1 2  4  6  8  2  4  6  8
```

```
In [14]:  pd.concat([df1, df2], axis=0) # 默认 axis=0
```

```
Out[14]:    A  B
          0 1  3
          1 2  4
          0 5  7
          1 6  8
```

DataFrame 与 Series 的合并以及 Series 与 Series 的合并均可通过 concat()函数实现：

```
In [15]:  s = pd.Series([5,6], name="C")
          pd.concat([df1, s], axis=1)
```

```
Out[15]:    A  B  C
          0 1  3  5
          1 2  4  6
```

```
In [16]:  s = pd.Series([5,6], index=["A", "B"], name=2)
          pd.concat([df1, s.to_frame().T], axis=0) # 先转为 DataFrame 再 concat
```

```
Out[16]:     A  B
         0   1  3
         1   2  4
         2   5  6
```

```
In [17]: s1 = pd.Series([1,2], index=["a", "b"], name="Apple")
         s2 = pd.Series([3,4], index=["c", "d"], name="Apple")
         s3 = pd.Series([3,4], index=["a", "b"], name="Banana")
```

```
In [18]: pd.concat([s1, s2], axis=0)
```

```
Out[18]: a 1
         b 2
         c 3
         d 4
         Name: Apple, dtype: int64
```

```
In [19]: pd.concat([s1, s3], axis=1)
```

```
Out[19]:    Apple  Banana
         a      1       3
         b      2       4
```

注解

pandas 中的 append()函数也能够用于纵向的合并，这与 concat()函数的功能十分相似，这种设计上的不必要导致它在 pandas 1.4.0 版本后不被推荐使用，目前用户应当尽量使用 concat()函数完成方向连接的功能。

concat()中还存在两个重要参数，分别是 join 和 keys。参数 join 与 merge()或 join()中的参数 how 含义一致，由于在多表中不存在左表和右表的概念，故参数 join 仅支持外连接和内连接，在横（纵）向合并时分别代表取行（列）索引元素的并集和取行（列）索引元素的交集。

```
In [20]: df1 = pd.DataFrame({"A": [1, 2], "B": [3, 4]}, index=["label1", "label2"])
         df2 = pd.DataFrame({"C": [5, 6]}, index=["label1", "label3"])
         df3 = pd.DataFrame({"D": [7, 8]}, index=["label1", "label4"])
         pd.concat([df1, df2, df3], axis=1, join="inner")
```

```
Out[20]:        A  B  C  D
         label  1  3  5  7
```

```
In [21]: pd.concat([df1, df2, df3], axis=1, join="outer")
```

```
Out[21]:           A    B    C    D
         label1  1.0  3.0  5.0  7.0
         label2  2.0  4.0  NaN  NaN
         label3  NaN  NaN  6.0  NaN
         label4  NaN  NaN  NaN  8.0
```

参数 keys 并非关系连接中的键，而是在横（纵）向合并时新增一层列（行）索引来指代当前列（行）来自哪个表。

```
In [22]: pd.concat([df1, df2, df3], axis=1, join="outer",
                   keys=["table1", "table2", "table3"])
```

```
Out[22]:     table1      table2 table3
                  A    B      C      D
         label1 1.0  3.0    5.0    7.0
```

```
label2  2.0  4.0   NaN    NaN
label3  NaN  NaN   6.0    NaN
label4  NaN  NaN   NaN    8.0
```

关系连接和方向连接最大的区别之一在于，在绝大多数情况下，方向连接应当保证被连接表在连接方向上的索引（即纵向连接的列索引和横向连接的行索引）是一致的。例如，在对某个班级的理科成绩和文科成绩进行合并时，行索引应当是一一对应的：

```
In [23]:  df_a = pd.DataFrame({"语文":[80, 95,70], "英语":[90, 92, 80]},
                              index=["张三", "李四", "王五"])
          df_b = pd.DataFrame({"数学":[85, 75,75]}, index=["李四", "张三", "王五"])
          pd.concat([df_a, df_b], axis=1)
Out[23]:       语文  英语  数学
          张三   80    90    75
          李四   95    92    85
          王五   70    80    75
```

注解

上述所说的一一对应指左边的索引元素最多能在右边的索引中出现一次，右边的索引元素最多能在左边的索引中出现一次，实际元素所在行或列的位置不一定要对应。

如果此时两个表中的任何一个含有重复索引，关系连接应当根据连接方式返回对应笛卡儿积的拼接结果，而方向连接会直接报错：

```
In [24]:  df_a.index = ["张三", "张三", "王五"]
          df_a.join(df_b, how="outer")
Out[24]:        语文    英语    数学
          张三   80.0    90.0    75
          张三   95.0    92.0    75
          李四    NaN     NaN    85
          王五   70.0    80.0    75
In [25]:  pd.concat([df_a, df_b], axis=1)
```

```
InvalidIndexError Traceback (most recent call last)
Input In [26], in <module>
----> 1 pd.concat([df_a, df_b], axis=1)
. . . . . .
File ~\miniconda3\envs\final\lib\site-packages\pandas\core\indexes\base.py:3721, in
Index.get_indexer(self, target, method, limit, tolerance)
      3718 self._check_indexing_method(method, limit, tolerance)
      3720 if not self._index_as_unique:
->    3721 raise InvalidIndexError(self._requires_unique_msg)
      3723 if len(target) == 0:
      3724 return np.array([], dtype=np.intp)
InvalidIndexError: Reindexing only valid with uniquely valued Index objects
```

在 concat()函数中，重复索引的情况只在一种情况下被允许，即两侧表所有元素的值和位置都一一对应，拼接结果即相应行（或列）进行拼接，例如下面的例子：

```
In [26]:  df_b.index = df_a.index
          pd.concat([df_a, df_b], axis=1)
```

```
Out[26]:      语文   英语   数学
          张三  80    90    85
          张三  95    92    75
          王五  70    80    75
```

注解

为什么要以上述的规则设计 concat()函数？首先，方向连接最重要的特点在于“方向性”而不在于两表的具体元素是什么，用户应当尽量保证两侧元素一一对应。其次，正如上面的例子所示，假如恰好班级里有两个叫张三的同学，那么这种对应位置的连接是有实际意义的。

除了 concat，也可以使用 assign()函数把 Series 加到 DataFrame 的末列，传入的参数名称为新列名，支持一次拼接多个序列。此外，如果被拼接的 Series 索引中出现了 DataFrame 行索引中未出现的元素，拼接结果的相应位置会被设置为缺失值。

```
In [27]:  s1 = pd.Series([5, 6], index=["label1", "label2"])
          s2 = pd.Series([5, 6], index=["label1", "label3"])
          # 最后一列中整数 5 被转化为浮点 5.0 的原因将在第 7 章中解释
          df1.assign(new_col_1=s1, new_col_2=s2)
```

```
Out[27]:          A  B   new_col_1    new_col_2
          label1  1  3           5          5.0
          label2  2  4           6          NaN
```

注解

虽然我们能够使用 df["new_col"]=s 增加新列，但这样做会对原 df 做出改动，而 assign()函数仅返回一个新增列后的 df 副本，不会对原来的数据框进行修改。

6.2.2 比较与组合

compare()是 pandas 在 1.1.0 版本中引入的新函数，它能够比较两个 DataFrame 或者 Series 的不同之处并将其汇总展示：

```
In [28]:  df1 = pd.DataFrame({"A":[0,1,2], "B":[3,4,5]}, index=["x", "y", "z"])
          df2 = pd.DataFrame({"A":[0,2,1], "B":[3,4,4]}, index=["x", "y", "z"])
          df1.compare(df2)
```

```
Out[28]:       A           B
            self other  self other
          y  1.0   2.0   NaN   NaN
          z  2.0   1.0   5.0   4.0
```

结果中返回了不同值所在的行列，如果相同则会被填充为缺失值。其中 self 和 other 分别指代调用 compare()的表和 compare()中作为参数传入的表。如果想要完整显示表中所有元素的比较情况，可以设置 keep_shape=True：

```
In [29]: df1.compare(df2, keep_shape=True)
```

```
Out[29]:      A           B
          self other  self other
        x  NaN   NaN   NaN   NaN
        y  1.0   2.0   NaN   NaN
        z  2.0   1.0   5.0   4.0
```

combine()的作用是对两个表的元素按照给定的规则进行组合，组合规则由一个输入为两个序列的函数给出，combine()会根据函数的返回值依次对两个表的对应列进行更新。在下面的例子中，如果 s1 的列元素超过了 s1 相应列元素的最大值，则该位置按 s1 取值，否则按 s2 取值。

```
In [30]: df1 = pd.DataFrame({"A":[0,2],"B":[4,3]})
         df2 = pd.DataFrame({"A":[1,0],"B":[3,2]})
         df1.combine(df2, lambda s1, s2: s1.where(s1>s2.max(), s2))
```

```
Out[30]:    A  B
         0  1  4
         1  2  2
```

练一练 Ex6-5

给定两个具有相同行列索引的 DataFrame，设 s1 和 s2 分别是传入规则函数的左表列和右表列，请根据如下更新规则依次进行组合。

（1）当 s1 中的元素值为 0 时，使用 s2 对应位置元素更新新表中相应元素，否则保持不变。

（2）当 s1 中的元素值超过 s2 中元素的均值时，使用 s1、s2 的对应位置元素之和更新新表中相应元素，否则使用 s1、s2 的对应位置元素之差更新。

6.3 习题

1. 合并员工信息表

data/ch6/employee 文件夹存放了某公司的员工信息。其中，salary 目录存放了 2018 年 1 月~2020 年 12 月这段时间内员工每月的基本工资金额，award 目录存放了员工每月的奖金金额，员工最终的工资金额等于基本工资加上奖金。（注：本题中数据均为随机生成，与现实无关。）

（1）info_a.csv、info_b.csv 和 info_c.csv 中分别存放了公司员工的不同信息，请提取 ID 范围为 ID-000001~ID-025000 的员工的邮箱、性别、年龄和学历信息，并将它们合并成一个表，表的索引为员工 ID。

（2）对所有 ID 在第（1）问范围内的员工统计 2018 年 1 月~2020 年 12 月每个季度的工资总额，并将这 12 个季度的结果作为新的列添加至第（1）问的结果表中。统计 2018 年第一季度的结果时，列名为“2018-Q1”，其他季度对应列的名字以此类推。

2. 实现 join()函数

请按照如下要求实现 join()函数：

- 函数的调用方式为join(df1, df2, how, lsuffix, rsuffix)；
- 传入的参数 df1 和 df2 都为单级索引的 DataFrame；
- 参数 how 支持 left、right、inner、outer 和 cross；
- 给出测试样例，并与 pandas 中 join()函数的运行结果进行对比；
- 在实现过程中允许使用 pd.concat()。

注解

由于合并时可能产生缺失值，导致自定义 join()函数和 pandas 内置的 join()函数在列的 dtype 上产生差别，此时使用 equals()函数在这种情况下不能进行判定，可以使用 pd.testing.assert_frame_equal (my_result, pandas_result, check_dtype=False)来进行对比。assert_frame_equal()通过参数 check_dtype 可以关闭列类型的检查，它在两个表存在差异时会报错，在两个表相同时不进行任何操作。

3. 条件连接

在本章介绍的关系连接中，merge()、join()和 concat()都是等值连接，即每一个左表中的键元素“label”只会与右表中完全相同的键元素“label”进行笛卡儿积的匹配。现在，我们希望只要左表中的键与右表中的键满足一定条件就进行匹配，下面给出一个根据大小关系匹配的例子。

假设 df1 和 df2 的构造如下：

```
In [31]:  df1 = pd.DataFrame({"Key":[0,1,1,2], "Col1":[10,20,30,40]})
          df1

Out[31]:    Key   Col1
          0   0     10
          1   1     20
          2   1     30
          3   2     40

In [32]:  df2 = pd.DataFrame({"Key":[1,1,2,3], "Col2":[50,60,70,80]})
          df2

Out[32]:    Key   Col2
          0   1     50
          1   1     60
          2   2     70
          3   3     80
```

我们希望通过 conditional_merge()函数对 df1 和 df2 进行左连接，连接规则是左键元素值不得小于右键元素值，即 conditional_merge(df1,df2, on="Key", how="left", rule="x>=y")的期望结果如下所示：

```
     Key_x   Col1   Key_y    Col2
0        0     10     NaN     NaN
1        1     20     1.0    50.0
2        1     20     1.0    60.0
3        1     30     1.0    50.0
4        1     30     1.0    60.0
5        2     40     1.0    50.0
6        2     40     1.0    60.0
7        2     40     2.0    70.0
```

（1）实现上述根据大小关系连接的 conditional_merge()函数，其中参数 rule 可取"x=y"、"x>y"、"x==y"、"x!=y"、"x<=y"和"x<y"（仅实现左连接版本即可，即无须考虑参数 how）。

（2）data/ch6/left.csv 和 data/ch6/right.csv 中分别存放了两个表，我们希望对两个表以经度（Longitude）和纬度（Latitude）为键进行条件连接，连接规则是左键元素值和右键元素值的球面距离不得超过 d 千米，请实现这个连接函数 spherical_merge(df1,df2,distance=d,on=["Longitude", "Latitude"])。此处由于左键和右键均无重复值，故无须考虑连接方式。球面距离的计算可以通过 sklearn 库的 haversine_distances()函数实现，其安装方式为 conda install scikit-learn，使用方法如以下代码所示。

In [33]:
```
from sklearn.metrics.pairwise import haversine_distances
df1 = pd.read_csv("data/ch6/left.csv").head(5)
df2 = pd.read_csv("data/ch6/right.csv").head(5)
def get_distance(df1, df2):
    rad1 = np.stack([np.radians(df1.Latitude), np.radians(df1.Longitude)], axis=-1)
    rad2 = np.stack([np.radians(df2.Latitude), np.radians(df2.Longitude)], axis=-1)
    result = haversine_distances(rad1, rad2) * 6371000 / 1000 # 乘以地球半径并转为km
    return result
get_distance(df1, df2) # 第i行第j列代表df1的第i个点到df2的第j个点的球面距离
```

第三部分

4 类数据

- 第 7 章　缺失数据
- 第 8 章　文本数据
- 第 9 章　分类数据
- 第 10 章　时间序列数据

第7章

缺失数据

我们在第3章～第6章中学习了数据处理的4类操作，第7章～第10章将对具体的4种数据类型进行介绍。缺失数据在现实生活中普遍存在，但其也具备多类型性的特殊性，即任何类型的数据都有可能存在缺失值，如数值中的缺失、无序类别的缺失、有序类别的缺失、文本的缺失、时间序列的缺失，不同类型缺失的输出处理方式有相似之处也有相异之处。缺失不意味着无用，相反在有些时候，缺失与否本身就蕴含了很多信息，例如在某高校某课程上某同学的点名记录有很多缺失值，此时缺失值占整个学期老师点名次数的比例就是该学生的缺勤率；生产环境下的日志输出中出现了部分指标在某段时间内的缺失，此时就需要对缺失值的情况进行监控，即时发送警报至运维部门以进行排查。本章将介绍缺失数据的统计、删除、填充、插值以及pandas在1.0.0版本后引入的新特性——Nullable类型。

7.1 缺失值的统计和删除

缺失值的统计和删除是缺失数据处理中最基本的操作，前者使我们获得对数据集缺失情况的定量了解，后者是数据清洗过程中的重要步骤之一。

7.1.1 缺失信息的统计

可以使用isna()或isnull()（这两个函数几乎没有区别）来查看每个DataFrame单元格是否缺失数据，结合mean()可以计算出每列缺失值所占的比例。此处仍然使用learn_pandas数据集来计算各列的缺失值所占比例：

```
In [1]: import pandas as pd
        import numpy as np
        df = pd.read_csv('data/learn_pandas.csv',
            usecols = ['Grade', 'Name', 'Gender',
                       'Height', 'Weight', 'Transfer'])
In [2]: df.isna().head()
Out[2]:
     Grade    Name  Gender  Height  Weight  Transfer
  0  False   False   False   False   False     False
  1  False   False   False   False   False     False
  2  False   False   False   False   False     False
  3  False   False   False    True   False     False
  4  False   False   False   False   False     False
```

```
In [3]:  df.isna().mean() # 查看缺失值所占比例

Out[3]:  Grade       0.000
         Name        0.000
         Gender      0.000
         Height      0.085
         Weight      0.055
         Transfer    0.060
         dtype: float64
```

如果想要查看某一列缺失或者非缺失的行，可以利用 Series 上的 isna()或者 notna()进行布尔索引。例如，查看身高数据缺失的行：

```
In [4]:  df[df.Height.isna()].head()

Out[4]:         Grade            Name   Gender  Height  Weight Transfer
         3   Sophomore  Xiaojuan Sun   Female     NaN    41.0        N
         12     Senior      Peng You   Female     NaN    48.0      NaN
         26     Junior     Yanli You   Female     NaN    48.0        N
         36   Freshman  Xiaojuan Qin     Male     NaN    79.0        Y
         60   Freshman    Yanpeng Lv     Male     NaN    65.0        N
```

如果想要同时对几个列，检索出全部缺失、至少有一个缺失或者没有缺失的行，可以使用 isna()/notna()和 any()/all()的组合。例如，对身高、体重和学生转系情况这 3 列数据分别进行以上后两种情况的检索：

```
In [5]:  sub_set = df[['Height', 'Weight', 'Transfer']]

In [6]:  df[sub_set.isna().any(1)].head() # 至少有一个缺失值

Out[6]:         Grade             Name   Gender  Height  Weight Transfer
         3   Sophomore   Xiaojuan Sun   Female     NaN    41.0        N
         9      Junior        Juan Xu   Female   164.8     NaN        N
         12     Senior       Peng You   Female     NaN    48.0      NaN
         21     Senior  Xiaopeng Shen     Male   166.0    62.0      NaN
         26     Junior      Yanli You   Female     NaN    48.0        N

In [7]:  df[sub_set.notna().all(1)].head() # 没有缺失值

Out[7]:        Grade             Name   Gender  Height  Weight Transfer
         0  Freshman    Gaopeng Yang   Female   158.9    46.0        N
         1  Freshman  Changqiang You     Male   166.5    70.0        N
         2    Senior         Mei Sun     Male   188.9    89.0        N
         4 Sophomore     Gaojuan You     Male   174.0    74.0        N
         5  Freshman     Xiaoli Qian   Female   158.0    51.0        N
```

练一练 Ex7-1

请检索出身高、体重全为缺失值的行。

7.1.2 缺失信息的删除

数据处理中经常需要根据缺失值的大小、占比或其他特征来进行行样本或列特征的删除，pandas 中提供了 dropna()函数来进行以上操作。

dropna()的主要参数为轴方向 axis（默认值为 0，即删除行）、删除方式 how、删除的非缺失值个数阈值 thresh（非缺失值没有达到这个数量的相应维度会被删除）、备选的删除子集 subset，其中 how 有 any 和 all 两种参数可以使用。

例如，删除身高、体重至少有一个缺失值的行：

```
In [8]:  res = df.dropna(how = 'any', subset = ['Height', 'Weight'])
         res.shape
Out[8]:  (174, 6)
```

又如，删除超过 15 个缺失值的列：

```
In [9]:  res = df.dropna(axis=1, thresh=df.shape[0]-15) # 身高被删除
         res.columns
Out[9]:  Index(['Grade', 'Name', 'Gender', 'Weight', 'Transfer'],dtype='object')
```

当然，不用 dropna()实现删除操作同样是可行的，例如上述的两个删除操作，也可以使用布尔索引来实现：

```
In [10]:  res = df.loc[df[['Height', 'Weight']].notna().all(1)]
          res.shape
Out[10]:  (174, 6)
In [11]:  res = df.loc[:, ~(df.isna().sum()>15)]
          res.columns
Out[11]:  Index(['Grade', 'Name', 'Gender', 'Weight', 'Transfer'],dtype='object')
```

7.2 缺失值的填充和插值

有些时候我们并不想删除部分含有缺失值的数据，就需要对缺失值位置进行填充。其中，插值是一种特殊且重要的填充方法。本节对填充和插值的相关内容进行介绍。

7.2.1 利用 fillna() 进行填充

fillna()中有 3 个参数是常用的：value、method、limit。其中，value 为填充值，可以是标量，也可以是索引到元素的字典映射；method 为填充方法，有用前面的元素填充 ffill（f 指 forward）和用后面的元素填充 bfill（b 指 backward）两种类型；参数 limit 表示连续缺失值的最大填充次数。

下面构造一个 Series 来说明：

```
In [12]:  s = pd.Series([np.nan, 1, np.nan, np.nan, 2, np.nan], list('aaabcd'))
          s
Out[12]:  a    NaN
          a    1.0
          a    NaN
          b    NaN
          c    2.0
          d    NaN
          dtype: float64
```

用前面的值向后填充：

In [13]:
```
s.fillna(method='ffill')
```
Out[13]:
```
a    NaN
a    1.0
a    1.0
b    1.0
c    2.0
d    2.0
dtype: float64
```

练一练 Ex7-2

将上述 Series 使用 s.fillna(method="bfill")填充，并观察与 fill 处理结果的差别。

对于连续出现的缺失值，最多填充一次：

In [14]:
```
s.fillna(method='ffill', limit=1)
```
Out[14]:
```
a    NaN
a    1.0
a    1.0
b    NaN
c    2.0
d    2.0
dtype: float64
```

设定 value 为单个值：

In [15]:
```
s.fillna(s.mean())
```
Out[15]:
```
a    1.5
a    1.0
a    1.5
b    1.5
c    2.0
d    1.5
dtype: float64
```

通过索引映射来进行填充：

In [16]:
```
s.fillna({'a': 100, 'd': 200})
```
Out[16]:
```
a    100.0
a      1.0
a    100.0
b      NaN
c      2.0
d    200.0
dtype: float64
```

练一练 Ex7-3

请构造一个缺失值所占比例为 5%的序列，并用众数进行填充。

有时为了更加合理地填充，需要先完成数据分组再填充。例如，根据年级进行学生身高的平均值填充：

```
In [17]: df.groupby('Grade')['Height'].transform(
             lambda x: x.fillna(x.mean())).head()
```

```
Out[17]: 0    158.900000
         1    166.500000
         2    188.900000
         3    163.075862
         4    174.000000
         Name: Height, dtype: float64
```

练一练 Ex7-4

对一个序列以如下规则填充缺失值：单独出现的缺失值用前后平均值填充，连续出现的缺失值不填充，即序列[1,NaN,3,NaN,NaN]填充后为[1,2,3,NaN,NaN]，请利用 fillna()函数实现（提示：利用参数 limit）。

7.2.2 插值函数

插值是数值分析领域的重要研究课题，常见的插值方法指：构造一个函数来拟合所有已知的样本数据，从而利用该函数预测其他位置的样本数据。由于很多插值方法涉及比较复杂的数学知识，因此这里只讨论比较常用且简单的3类情况，即线性插值、近邻插值和索引插值。

在 pandas 中，插值过程主要由 interpolate()函数实现。除了有插值方法的参数 method（默认值为 linear，即线性插值），还有与 fillna()类似的两个常用参数，一个是控制方向的 limit_direction，另一个是控制连续缺失值插值个数的 limit。其中，限制插值方向的默认值为 forward，这与 fillna()的参数 methodcdo 中的 ffill 是类似的，若想要后向限制插值或者双向限制插值可以将其分别指定为 backward 或 both。构造一个 Series：

```
In [18]: s = pd.Series([np.nan, np.nan, 1, np.nan, np.nan,
             np.nan, 2, np.nan, np.nan])
         s.values
```

```
Out[18]: array([nan, nan,  1., nan, nan, nan,  2., nan, nan])
```

在线性插值法中，分别进行后向限制插值和双向限制插值，同时限制最大连续缺失值插值个数为1：

```
In [19]: res = s.interpolate(limit_direction='backward', limit=1)
         res.values
```

```
Out[19]: array([ nan, 1.  , 1.  ,  nan,  nan, 1.75, 2.  ,  nan,  nan])
```

```
In [20]: res = s.interpolate(limit_direction='both', limit=1)
         res.values
```

```
Out[20]: array([ nan, 1.  , 1.  , 1.25,  nan, 1.75, 2.  , 2.  ,  nan])
```

近邻插值的操作方式是缺失值的填充元素和离它最近的非缺失值元素一样：

```
In [21]: s.interpolate('nearest').values
```

```
Out[21]: array([nan, nan,  1.,  1.,  1.,  2.,  2., nan, nan])
```

注解

在 interpolate()中，如果选用 polynomial 的插值方法并指定阶数 order，它内部调用的是 scipy.interpolate.interp1d(*,*,kind=order)，这个函数内部调用的是 make_interp_spline()，此方法实现的是基样条（basic spline）插值算法，而非通常所说的多项式插值，更不是 NumPy 中 polyfit()的多项式拟合；而当选用 spline 的插值算法并指定 order 参数时，pandas 调用的是 scipy.interpolate.UnivariateSpline()，它实现的是平滑样条（smoothing spline）算法，其中参数 order 的范围是 1 ~ 5。读者若想要使用这两种插值方式，请确保所调用的函数确实符合当前的需求。此外，基样条插值和平滑样条插值的理论，可参考数值分析领域的相关教材，它们都远超出了本书讨论的范围。

索引插值是根据索引大小进行线性插值的插值方法，我们需要构造一个不等间距的索引进行演示：

```
In [22]:  s = pd.Series([0,np.nan,10],index=[0,1,10])
          s
Out[22]:  0      0.0
          1      NaN
          10    10.0
          dtype: float64
```

此时，如果使用默认的线性插值则等价于计算中点的值：

```
In [23]:  s.interpolate()
Out[23]:  0      0.0
          1      5.0
          10    10.0
          dtype: float64
```

使用索引插值时，设索引的左端点和右端点分别为 x 和 y，对应的值分别为 f_x 和 f_y，则此时索引 z 的对应值为 $(z-x)\frac{f_y-f_x}{y-x}$。

```
In [24]:  s.interpolate(method="index")
Out[24]:  0      0.0
          1      1.0
          10    10.0
          dtype: float64
```

练一练 Ex7-5

请实现上述 interpolate(method="index")的功能，即给定一个索引为整数的 Series，返回其索引插值结果。

这种方法还能用于时间戳索引，有关时间序列的话题会在第 10 章进行讨论，这里只举一个简单的例子：

```
In [25]:  s = pd.Series([0,np.nan,10],
              index=pd.to_datetime(['20200101', '20200102', '20200111']))
          s
```

```
Out[25]:  2020-01-01     0.0
          2020-01-02     NaN
          2020-01-11    10.0
          dtype: float64
In [26]:  s.interpolate()
Out[26]:  2020-01-01     0.0
          2020-01-02     5.0
          2020-01-11    10.0
          dtype: float64
```

对于时间戳索引，当使用索引插值时，时刻 z 的值为 $\Delta_{z-x}\dfrac{f_y-f_x}{\Delta_{y-x}}$，其中符号 Δ_{z-x} 指 z 和 x 两个时刻的时间差，Δ_{y-x} 与之类似。

```
In [27]:  s.interpolate(method='index')
Out[27]:  2020-01-01     0.0
          2020-01-02     1.0
          2020-01-11    10.0
          dtype: float64
```

注解

在 GitHub 的 transdim 这个项目中，实现了大量时间序列的缺失值填充算法，有兴趣的读者可以进行了解或学习。

7.3 Nullable 类型

缺失值的表示和处理是非常麻烦的事，一些框架为了兼容缺失值的表示和处理，不得不做许多额外的工作，不同的库中的类似函数也可能对缺失值采用不同的操作方式，pandas 对于有关此问题的解决不断做出努力。本节将讲述 Python、NumPy 和 pandas 中的缺失值表示、Nullable 类型引入的原因、缺失数据的计算规则和分组规则。

7.3.1 缺失记号及其缺陷

在 Python 中使用 None 表示缺失值，它与除自身之外的对象都不相等：

```
In [28]:  None == False
Out[28]:  False
In [29]:  None == []
Out[29]:  False
In [30]:  None == ""
Out[30]:  None
In [31]:  None == None
Out[31]:  True
```

在 NumPy 中使用 np.nan 表示缺失值，它与任何对象都不相等：

```
In [32]:  np.nan == None
Out[32]:  False
In [33]:  np.nan == False
Out[33]:  False
In [34]:  np.nan == np.nan
Out[34]:  False
```

值得注意的是，虽然在对缺失序列或表的元素进行比较操作的时候，np.nan 的对应位置会返回 False，但是在使用 equals()函数进行两个表或两个序列的相同性检验时，会自动跳过两侧都是缺失值的位置：

```
In [35]:  s1 = pd.Series([1, np.nan])
          s2 = pd.Series([1, 2])
          s3 = pd.Series([1,np.nan])
In [36]:  s1 == 1
Out[36]:  0     True
          1    False
          dtype: bool
In [37]:  s1.equals(s2)
Out[37]:  False
In [38]:  s1.equals(s3)
Out[38]:  True
```

在时间序列的对象中，pandas 利用 pd.NaT 来指代缺失值，它的作用和 np.nan 是一致的，时间序列的对象和构造将在第 10 章讨论。

```
In [39]:  pd.to_datetime(['20200101', np.nan]) # Datetime 中的 NaT
Out[39]:  DatetimeIndex(['2020-01-01', 'NaT'], dtype='datetime64[ns]', freq=None)
In [40]:  pd.to_timedelta(['30s', np.nan]) # Timedelta 中的 NaT
Out[40]:  TimedeltaIndex(['0 days 00:00:30', NaT], dtype='timedelta64[ns]', freq=None)
```

那么为什么要引入 pd.NaT 来表示时间序列对象中的缺失值呢？仍然以 np.nan 的形式存放会有什么问题呢？pandas 设计了 object 类型的对象，它是一种混合对象类型，即如果出现多个类型的元素同时存储在 Series 中，Series 的存储类型就会变成 object。例如，同时存放整数和字符串的列表：

```
In [41]:  pd.Series([1, 'two'])
Out[41]:  0      1
          1    two
          dtype: object
```

NaT 问题的根源为 np.nan 本身是一种浮点类型，当浮点和时间类型混合存储时，若不设计新的内置缺失值类型来处理，它就会变成 object 类型，这显然是我们不希望看到的。

```
In [42]:  type(np.nan)
Out[42]:  float
```

同时，由于 np.nan 的浮点性质，如果在一个存储整数的 Series 中出现缺失值，那么 Series 的存储类型会转换为 float64；而如果在一个存储 bool 类型的 Series 中出现缺失值，那么 Series 的存储类型就会转换为 object 而不是 bool：

```
In [43]:  pd.Series([1, np.nan]).dtype
Out[43]:  dtype('float64')
In [44]:  pd.Series([True, False, np.nan]).dtype
Out[44]:  dtype('O')
```

因此，在 1.0.0 版本后，开发人员在 pandas 中尝试设计了一种新的缺失值类型 pd.NA 以及多种 Nullable 序列类型来应对这些缺陷，目前（指 pandas 1.4.0）已实现的类型有 Int、boolean、string 和 Float。由于 Int、boolean 和 string 类型均在 1.0.0 版本引入，而 Float 类型于 1.2.0 版本引入，故读者运行本书代码时若出现相异结果，则需要对 pandas 版本进行核查。

7.3.2 Nullable 类型的性质

从字面意义上看 Nullable 就是可空的，言下之意就是序列类型不受缺失值的影响。例如，3 个 Nullable 类型（Int、boolean、string）存储缺失值，都会转换为 pandas 内置的 pd.NA：

```
In [45]:  pd.Series([np.nan, 1], dtype = 'Int64') # "i"是大写的
Out[45]:  0    <NA>
          1       1
          dtype: Int64
In [46]:  pd.Series([np.nan, True], dtype = 'boolean')
Out[46]:  0    <NA>
          1    True
          dtype: boolean
In [47]:  pd.Series([np.nan, 'my_str'], dtype = 'string')
Out[47]:  0      <NA>
          1    my_str
          dtype: string
```

在 Int 类型的序列中，返回的结果会尽可能地成为 Nullable 类型：

```
In [48]:  s = pd.Series([np.nan, 0], dtype = 'Int64')
          s + 1
Out[48]:  0    <NA>
          1       1
          dtype: Int64
In [49]:  s == 0
Out[49]:  0    <NA>
          1    True
          dtype: boolean
In [50]:  s * 0.5
Out[50]:  0    <NA>
          1     0.0
          dtype: Float64
```

对 boolean 类型的序列而言，其和布尔序列的行为主要有两点区别。

第一点是带有缺失值的布尔列表无法进行索引器中的选择，而 boolean 会把缺失值看作 False：

```
In [51]: s = pd.Series(['a', 'b'])
         s_bool = pd.Series([True,np.nan])
         s_boolean = pd.Series([True,np.nan]).astype('boolean')
In [52]: s[s_bool]
```

```
ValueError Traceback (most recent call last)
Input In [53], in <module>
----> 1 s[s_bool]
. . . . . .
File ~\miniconda3\envs\final\lib\site-packages\pandas\core\common.py:144, in
is_bool_indexer(key)
    140 na_msg = "Cannot mask with non-boolean array containing NA / NaN values"
    141 if lib.infer_dtype(key) == "boolean" and isna(key).any():
    142 # Don't raise on e.g. ["A", "B", np.nan], see
    143 # test_loc_getitem_list_of_labels_categoricalindex_with_na
--> 144 raise ValueError(na_msg)
    145 return False
    146 return True

ValueError: Cannot mask with non-boolean array containing NA / NaN values
```

```
In [53]: s[s_boolean]
Out[53]: 0    a
         dtype: object
```

第二点是在进行逻辑运算时，布尔类型在缺失值处返回的永远是 False，而 boolean 会根据逻辑运算是否能确定唯一结果来返回相应的值。那么什么叫能否确定唯一结果呢？举个简单例子：True|pd.NA 中无论缺失值为什么值，必然返回 True；False|pd.NA 中的结果会根据缺失值取值的不同而变化，返回 pd.NA；False&pd.NA 中无论缺失值为什么值，必然返回 False。

```
In [54]: s_boolean & True
Out[54]: 0    True
         1    <NA>
         dtype: boolean
In [55]: s_boolean | True
Out[55]: 0    True
         1    True
         dtype: boolean
In [56]: ~s_boolean # 非操作同样无法唯一地判断缺失结果
Out[56]: 0    False
         1     <NA>
         dtype: boolean
```

关于 string 类型的具体性质将在第 8 章文本数据中进行讨论。

一般在处理实际数据时，可以在读入数据集后，先通过 convert_dtypes()转换为 Nullable 类型：

```
In [57]: df = pd.read_csv('data/learn_pandas.csv')
         df = df.convert_dtypes()
         df.dtypes # 全部是 Nullable 类型
```

```
Out[57]: School         string
         Grade          string
         Name           string
         Gender         string
         Height        Float64
         Weight          Int64
         Transfer       string
         Test_Number     Int64
         Test_Date      string
         Time_Record    string
         dtype: object
```

7.3.3 缺失数据的计算和分组

调用函数 sum()使用加法以及调用函数 prod()使用乘法的时候，缺失数据等价于被分别视作 0 和 1，即不改变原来的计算结果：

```
In [58]: s = pd.Series([2,3,np.nan,4,5])
         s.sum()
Out[58]: 14.0
In [59]: s.prod()
Out[59]: 120.0
```

使用累计函数时，会自动跳过缺失值：

```
In [60]: s.cumsum()
Out[60]: 0     2.0
         1     5.0
         2     NaN
         3     9.0
         4    14.0
         dtype: float64
```

进行单个标量运算的时候，除了 np.nan**0 和 1**np.nan 这两种情况为确定的值，其余运算结果全为缺失值（pd.NA 的行为与此一致），并且 np.nan 在比较操作中一定返回 False，而 pd.NA 返回 pd.NA：

```
In [61]: np.nan == 0, pd.NA == 0, np.nan > 0, pd.NA > 0, np.nan + 1
Out[61]: (False, <NA>, False, <NA>, nan)
In [62]: np.log(np.nan), np.add(np.nan, 1)
Out[62]: (nan, nan)
In [63]: np.nan ** 0, pd.NA ** 0, 1 ** np.nan, 1 ** pd.NA
Out[63]: (1.0, 1, 1.0, 1)
```

另外需要注意的是，diff()和 pct_change()这两个函数虽然功能相似，但是对缺失值的处理不同，前者将凡是参与缺失值计算的部分全部设为缺失值，而后者的缺失值位置沿用前一个非缺失值：

```
In [64]: s.diff()
Out[64]: 0    NaN
         1    1.0
         2    NaN
```

```
3    NaN
4    1.0
dtype: float64
```

```
In [65]: s.pct_change() # 等价于 s.fillna(method = "ffill").pct_change()
```

```
Out[65]: 0         NaN
         1    0.500000
         2    0.000000
         3    0.333333
         4    0.250000
         dtype: float64
```

第 4 章介绍了用 groups 和 ngroups 来获取组到索引的映射字典以及组的数量，但它们在按多列分组处理缺失值时的表现略有不同：

```
In [66]: # 单列分组时，groups 和 ngroups 都剔除了缺失值的组
         df = pd.DataFrame({"A":[1,np.nan],"B":[2,2],"C":[3,4]})
         df.groupby("A").groups
Out[66]: {1.0: [0]}
In [67]: df.groupby("A").ngroups
Out[67]: 1
In [68]: # 多列分组，groups 会把含有缺失值的组也包含进去，但是 ngroups 只会计算所有元素非缺失的组的数量
         df.groupby(["A", "B"]).groups
Out[68]: {(1.0, 2): [0], (nan, 2): [1]}
In [69]: df.groupby(["A", "B"]).ngroups
Out[69]: 1
```

而聚合结果中组数是由 ngroups 决定的，此时如果想要保留缺失值所在的组，可以将参数 dropna 设置为 False。

```
In [70]: df.groupby(["A", "B"]).mean()
Out[70]:            C
           A   B
         1.0   2   3.0
In [71]: # pandas 版本大于 1.1.0
         df.groupby(["A", "B"], dropna=False).mean()
Out[71]:            C
           A   B
         1.0   2   3.0
         NaN   2   4.0
```

此外，get_dummies()中也可以设置类似的参数 dummy_na 为 True 来增加缺失类别：

```
In [72]: s_nan = pd.Series(['a','a','b',np.nan,np.nan])
         s_nan
Out[72]: 0      a
         1      a
         2      b
         3    NaN
         4    NaN
         dtype: object
In [73]: pd.get_dummies(s_nan, dummy_na=True)
```

```
Out[73]:    a  b NaN
         0  1  0   0
         1  1  0   0
         2  0  1   0
         3  0  0   1
         4  0  0   1
```

练一练

Ex7-6

请设计一个my_get_dummies()函数，其作用是仅对非缺失值对应行的类别进行独热编码，缺失值对应行的编码结果列全设为缺失值。例如，my_get_dummies(s_nan)的返回结果如下所示：

```
      a    b
0    1    0
1    0    0
2    0    1
3   <NA><NA>
4   <NA><NA>
```

7.4 习题

1. 缺失数据筛选

data/ch7/missing.csv 中存放了 1000 列数据，请按照如下条件进行数据筛选。

（1）选出缺失值比例低于 50%的列和缺失值个数超过 520 的行。

（2）选出连续缺失值个数超过 20 的列。

（3）若某一列左右两侧的列同时满足行缺失的比例超过 10%，则称此列满足缺失对称条件。表中是否存在满足缺失对称条件的列？若存在，请找出所有符合条件的列。

2. *k* 近邻填充

k 近邻是一种监督学习模型，对于分类变量，利用 *k* 近邻分类模型可以实现其缺失值的插补，思路是度量缺失样本的特征与所有其他样本特征的距离，当给定了模型参数 n_neighbors=n 时，计算离该样本距离最近的 *n* 个样本点中最多的那个类别，并把这个类别作为该样本的缺失预测类别，具体如图 7.1 所示，未知的类别被预测为黄色（见彩插 5）。

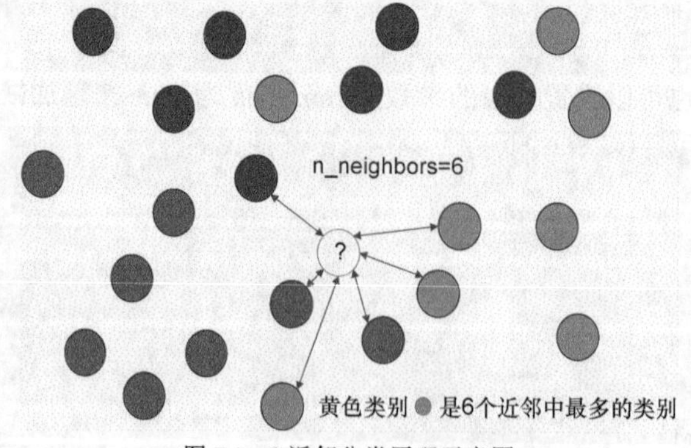

图 7.1 *k* 近邻分类原理示意图

图中有颜色的点的特征数据来源如下：

```
In [74]: df = pd.read_excel('data/ch7/color.xlsx')
         df.head(3)
```

```
Out[74]:     X1   X2 Color
         0 -2.5  2.8  Blue
         1 -1.5  1.8  Blue
         2 -0.8  2.8  Blue
```

已知待预测的样本点为 X_1=0.8、X_2=−0.2，那么预测类别可以表示如下：

```
In [75]: from sklearn.neighbors import KNeighborsClassifier
         clf = KNeighborsClassifier(n_neighbors=6) # 定义分类器
         clf.fit(df.iloc[:,:2].values, df.Color)  # 拟合数据
         clf.predict([[0.8, -0.2]]) # 获取未知点的类别
```

```
Out[75]: array(['Yellow'], dtype=object)
```

（1）7.2.2 节介绍的近邻插值和此处介绍的 *k* 近邻填充有什么联系？

（2）对于数据集中的缺失型特征而言，可以把已有的类别看作有颜色的点，把缺失的类别看作需要预测的点，请根据上述方法对 data/ch7/audit.csv 中的 Employment 变量进行缺失值填充，字符串变量可用独热编码转换为数值型变量。

3. 条件近邻插值

近邻插值使用最近的非缺失值进行填充，但有时候我们需要对最近的元素做一些限制，例如用另一列中和待填充元素相同类别的上一个最近值进行填充。假设现有如下的 DataFrame：

```
In [76]: df = pd.DataFrame({
             "A": [1,2,3,4,np.nan],
             "B": list("YXZXY")})
         df
```

```
Out[76]:       A  B
         0   1.0  Y
         1   2.0  X
         2   3.0  Z
         3   4.0  X
         4   NaN  Y
```

若现在需要按照 B 的类别对 A 进行近邻填充，那么首先找到缺失值 df.iloc[4,0]对应的 B 列类别为 Y，接着寻找距离其最近的 Y 的所在位置（第一行），此时使用 df.iloc[0,0]的值 1.0 进行填充。如果 A 列中获取的条件近邻值 df.iloc[0,0]也是缺失值，则不进行填充。

请按照上述规则，对 data/ch7/near.csv 中的 A 列进行填充。

```
In [77]: df = pd.read_csv("data/ch7/near.csv")
         df.head()
```

```
Out[77]:       A  B
         0   NaN  Q
         1  79.0  T
         2  -6.0  S
         3   NaN  T
         4   NaN  T
```

第8章

文本数据

文本数据类型处理的功能扩增是pandas进入1.0.0版本后最大的改进之一，一方面得益于str对象的设计，我们能够快速且便利地使用文本处理的各类方法，另一方面由于string类型的引入，原本主要用于存储文本的混合存储类型object有了更加清晰的功能定位。本章将涉及str对象的性质、正则表达式、文本处理的5类操作和常用字符串函数这4个方面。

8.1 str对象

str对象能够对文本序列进行快速处理。它有哪些基本的使用方法？它与string类型的Series又有什么关系？本节将对这些内容进行讨论。

8.1.1 str对象的设计意图

str对象是定义在Index或Series上的属性，专门用于处理每个元素的文本内容，其内部定义了大量方法，因此，对一个序列进行文本处理，首先需要获取其str对象。在Python标准库中也有str模块，为了使用上的便利，pandas照搬了许多Python中str模块函数用法的设计，例如小写字母转换为大写字母的操作：

```
In [1]:  import pandas as pd
         import numpy as np
         var = 'abcd' # 先构造一个字符串
In [2]:  str.upper(var) # Python内置str模块
Out[2]:  'ABCD'
In [3]:  s = pd.Series(['abcd', 'efg', 'hi'])
         s.str
Out[3]:  <pandas.core.strings.accessor.StringMethods at 0x264028543c8>
In [4]:  s.str.upper() # pandas中str对象上的upper()方法
Out[4]:  0    ABCD
         1     EFG
         2      HI
         dtype: object
```

根据截至1.4.0版本的文档API材料，在pandas的50个str对象方法中，有31个和标准库的str模块中的方法同名且功能一致，这为批量处理序列提供了有力的工具。

8.1.2　[]索引器

str 对象和 Python 的字符串处理不但在方法上类似，在索引或切片方式上也具有高度相似性。在一般的字符串中，通过[]可以取出某个位置的元素：

```
In [5]:  var[0]
Out[5]:  'a'
```

也能通过切片得到子串：

```
In [6]:  var[-1: 0: -2]
Out[6]:  'db'
```

通过对 str 对象使用[]索引器可以得到同样的子串，若超出范围则返回缺失值：

```
In [7]:  s.str[0]
Out[7]:  0    a
         1    e
         2    h
         dtype: object
In [8]:  s.str[-1: 0: -2]
Out[8]:  0    db
         1     g
         2     i
         dtype: object
In [9]:  s.str[2] # 第三个元素越界缺失
Out[9]:  0      c
         1      g
         2    NaN
         dtype: object
```

8.1.3　string 类型

本章引言中提到，pandas 从 1.0.0 版本开始，引入了 string 类型，其引入动机在于：原来所有字符串类型都会以 object 类型的 Series 进行存储，但 object 类型只应当存储混合类型，例如同时存储浮点、字符串、字典、列表、自定义类型等，因此，字符串有必要同数值型或 category（第 9 章将介绍）一样，拥有自己的数据存储类型。

绝大多数对 object 和 string 类型的序列使用 str 对象的方法产生的结果是一致的，但是在下面提到的两点上有较大差异。

首先，应当尽量在保证每一个序列中的值都是字符串的情况下才使用 str 对象，但这并不是必需的，使用 str 对象的必要条件是序列中能够被索引或切片。对一个非字符串的对象进行索引或切片，string 类型的 str 对象和 object 类型的 str 对象的返回结果可能是不同的。

```
In [10]:  s = pd.Series([{1: 'temp_1', 2: 'temp_2'}, ['a', 'b'], 0.5, 'my_string'])
In [11]:  s.str[1]
Out[11]:  0    temp_1
          1         b
          2       NaN
```

```
3        y
dtype: object
```

In [12]:
```
s.astype('string').str[1]
```

Out[12]:
```
0    1
1    '
2    .
3    y
dtype: string
```

上述结果中，除了最后一个字符串元素，前 3 个元素返回的值都不同，其原因在于当序列类型为 object 时，是对每一个元素进行[]索引，因此对字典而言，返回 temp_1 字符串，对列表而言，则返回第二个值，而第三个元素为浮点，不能被索引，返回缺失值，第四个元素是字符串。而 string 类型的 str 对象先把整个元素转换为字面意义上的字符串，例如对字典而言，第一个元素即"{"，而对最后一个字符串元素而言，恰好转换前后的表示方法一致，因此结果和 object 类型的一致。

练一练　Ex8-1

对序列 a = pd.Series([1,2],[4,5])进行两种切片操作：转为 string 类型后使用 str 切片，即 a.astype("string").str[::-1]；直接使用 str 切片，即 a.str[::-1]。它们的结果分别是什么？请进行相应的解释。

除了对某些对象的 str 序列化方法不同，两者的另一个差别在于：string 类型是 Nullable 类型，但 object 不是。这意味着 string 类型的序列，如果调用的 str 方法的返回值为整数 Series 和布尔 Series 时，其对应的 dtype 分别是 Int 和 boolean 的 Nullable 类型，而 object 会分别返回 int 或 float（含缺失值）、bool 或 object（含缺失值），具体类型取决于缺失值存在与否。同时，字符串的比较操作也具有相似的特性，string 返回 Nullable 类型，但 object 不会。

In [13]:
```
s = pd.Series(['a'])
```

In [14]:
```
s.str.len() # str对象上的len()方法返回的是字符串长度
```

Out[14]:
```
0    1
dtype: int64
```

In [15]:
```
s.astype('string').str.len()
```

Out[15]:
```
0    1
dtype: Int64
```

In [16]:
```
s == 'a'
```

Out[16]:
```
0    True
dtype: bool
```

In [17]:
```
s.astype('string') == 'a'
```

Out[17]:
```
0    True
dtype: boolean
```

In [18]:
```
s = pd.Series(['a', np.nan]) # 带有缺失值
s.str.len()
```

Out[18]:
```
0    1.0
1    NaN
dtype: float64
```

In [19]:
```
s.astype('string').str.len()
```

Out[19]:
```
0       1
1    <NA>
dtype: Int64
```

In [20]:
```
s == 'a'
```

Out[20]:
```
0     True
1    False
dtype: bool
```

In [21]:
```
s.astype('string') == 'a'
```

Out[21]:
```
0     True
1     <NA>
dtype: boolean
```

最后需要注意，对于全体元素为数值类型的序列，即使其类型为 object 或者 category，也不允许直接使用 str 对象。如果需要把数值类型当成 string 类型处理，可以使用 astype()将其强制转换为 string 类型的 Series：

In [22]:
```
s = pd.Series([12, 345, 6789])
s.astype('string').str[1]
```

Out[22]:
```
0    2
1    4
2    7
dtype: string
```

8.2 正则表达式基础

正则表达式是一种用于检索或替换符合某些文本模式的强大工具，本节将对正则表达式的基本内容进行介绍，想要更进一步学习正则表达式的读者可以参考如下资料：

（1）《正则表达式必知必会（修订版）》，Ben Forta 著。

（2）《正则指引（第 2 版）》，余晟著。

在 Python 中，可以利用 re 模块的 findall()函数来匹配所有出现过且不重叠的文本模式，其第一个参数为正则表达式，第二个参数为待匹配的字符串。例如从下面的字符串中找出“Apple”：

In [23]:
```
reg, string = "Apple", "Apple! This Is an Apple!"
```

返回的结果显示找到了两个符合正则表达式“Apple”的子串：

In [24]:
```
import re
re.findall(reg, string)
```

Out[24]:
```
['Apple', 'Apple']
```

注解

此处的“所有出现过且不重叠”指的是 findall()函数从左到右对字符串进行扫描，凡是捕捉到了对应的模式后，只能在当前位置之后进行捕捉。例如，re.findall("abab","ababab")的结果是［"abab"］而不是［"abab","abab"］，这正是因为捕获的模式不能在原字符串重叠。

上述过程是利用正则表达式进行字符检索的基本流程，但是这个例子仅等价于从字符串中寻找到所有给定的子串，完全没有发挥出正则表达式的强大能力，下面我们将结合具体的正则匹配规则来更进一步地介绍。

8.2.1 元字符

元字符是正则表达式中的特殊字符，它可以被大致分为 4 类：集合元字符、频次元字符、逻辑元字符和位置元字符。

集合元字符即用一个元字符来匹配某个字符的集合，常用的集合元字符如表 8.1 所列：

表 8.1 集合元字符

语法	匹配对象
.	除换行符以外的所有字符
\w、\W	字母和数字、非字母和非数字
\d、\D	数字、非数字
\s、\S	空白字符（含空格“ ”、换行符“\n”、换页符“\f”、制表符“\t”）、非空白字符
[...]	方括号内“...”中的任意一个字符

```
In [25]:  re.findall("a.b", "a?b abx atb")
Out[25]:  ['a?b', 'atb']
In [26]:  re.findall("A\w\WZ", "Af!Z A!fZ A!!Z AffZ A3*Z")
Out[26]:  ['Af!Z', 'A3*Z']
In [27]:  re.findall("A[@\d]\s", "A3 AA A@ A@")
Out[27]:  ['A3 ', 'A@ ']
```

特别地，如果想要单独匹配大写字母、小写字母或所有字母，可以使用[A-Z]、[a-z] 和[A-Za-z]：

```
In [28]:  re.findall("[A-Z][a-z][A-Za-z]", "abc Abc aBc abc ")
Out[28]:  ['Abc']
```

频次元字符能够控制前面一个字符出现的次数，常用的频次元字符如表 8.2 所列：

表 8.2 频次元字符

语法	匹配对象
?	出现 0 次或 1 次
*	出现 0 次或 0 次以上
+	出现 1 次或 1 次以上
{n}	出现 *n* 次
{n,}	出现 *n* 次或 *n* 次以上
{n,m}	出现 *n*～*m* 次

```
In [29]: re.findall("nm?", "n nm nmm")
Out[29]: ['n', 'nm', 'nm']
In [30]: re.findall("nm*", "n nm nmm")
Out[30]: ['n', 'nm', 'nmm']
```

注解

这里需要注意，正则匹配默认使用贪婪模式，即尽可能长地匹配对应模式，如果一旦匹配到对应的正则表达式就停止匹配，可以在频次元字符后加“?”，将贪婪模式切换为懒惰模式。例如，上面的这个例子中如果把正则表达式改为“nm*?”，那么得到的结果就是['n','n','n']。

```
In [31]: re.findall("nm+", "n nm nmm")
Out[31]: ['nm', 'nmm']
In [32]: re.findall("nm{2}", "n nm nmm nmmm")
Out[32]: ['nmm']
In [33]: re.findall("nm{2,}", "n nm nmm nmmm")
Out[33]: ['nmm', 'nmmm']
In [34]: re.findall("nm{1,2}", "n nm nmm nmmm")
Out[34]: ['nm', 'nmm', 'nmm']
```

逻辑元字符主要指“|”表示的选择符号以及方括号集合匹配中“^”表示的取反符号，下面举例说明：

```
In [35]: # 注意 acd 没有全部匹配，说明 ab|cd 不能理解为 a 加上 b（或 c）再加上 d
         # 而应该是匹配 ab 或者 cd
         re.findall("ab|cd", "abc bcd acd")
Out[35]: ['ab', 'cd', 'cd']
In [36]: re.findall("a[^\w!]", "a ab a? a!") # 不匹配单词、数字和感叹号
Out[36]: ['a ', 'a?']
```

位置元字符是一种特殊的元字符，它不匹配任何元素而是匹配位置，这里的位置包括单词的起始或终止、字符串的起始或终止，常见的位置元字符如表 8.3 所示。

表 8.3 位置元字符

语法	匹配位置
\b	单词的起始或终止
\B	不是单词的起始或终止
^	字符串的起始
$	字符串的终止

```
In [37]: re.findall(r"\BAB|cc\b", "CAB ccd AB cc AC")
Out[37]: ['AB', 'cc']
```

注解

上例中，由于“\b”在 Python 的字符串中是转义字符，因此需要在正则字符串前加“r”，以保证其不作为 Python 的转义字符。如果不想加“r”，可以把“\b”替换为“\\b”，即对 Python 中的反斜杠进行转义。

```
In [38]:  re.findall("^[Tt]able|ble$|Ble$", "Table Table table taBle")
Out[38]:  ['Table', 'Ble']
```

最后需要指出，如果我们需要匹配正则元字符本身，那么需要用反斜杠“\”转义。例如，对于字符串“苹果的价格是 5$，香蕉的价格是 4$”，如果想要匹配这两个带美元符号的价格，可取正则表达式为“\d\$”。

8.2.2 分组捕获与反向引用

分组捕获用于抓取正则表达式中的子结构，例如在获取某种编码信息时，经常需要对分编码的区域进行提取，即对于“XX-YY”的号码，需要分 XX 和 YY 两组来进行捕获。此时，可以将需要提取的组用小括号标注。

```
In [39]:  re.findall("(\w{3})-(\d{3})", "ABC-012 DEF-345")
Out[39]:  [('ABC', '012'), ('DEF', '345')]
```

当我们不需要某个分组时，可以选择使用(?:...)的语法在结果中去除这个组。

```
In [40]:  re.findall("(?:\w{3})-(\d{3})", "ABC-012 DEF-345")
Out[40]:  ['012', '345']
```

注解

上例中也可以使用“\w{3}-(\d{3})”获得结果，这样加了括号但又去除这个组的做法是否多此一举？事实上，如果一个正则表达式非常复杂，括号有利于书写者把握正则表达式的结构，如果不加上括号就难以直观地体现这种结构，为编写复杂正则表达式带来不便。

当一个子结构被捕获时，在它之后可以使用反斜杠加数字来引用被捕获到结果，这就是反向引用。我们来看一个具体的例子：

```
In [41]:  re.findall(r"(\w:\s)(\w+)\s\1(\w+)",
              "A: apple A: 苹果 B: banana B: 香蕉")
Out[41]:  [('A: ', 'apple', '苹果'), ('B: ', 'banana', '香蕉')]
```

这个例子中，正则表达式中的“\1”指第一个被匹配到的组，即“\w:\s”，我们能够在后面对其进行引用。注意，这里由于“\1”会被 Python 转义，因此我们在正则表达式前需要加“r”。下面是一个多组引用的例子：

```
In [42]:  re.findall(r"(\d)(\1)(\2{0,2})", "11222333344444")
Out[42]:  [('1', '1', ''), ('2', '2', '2'), ('3', '3', '33'), ('4', '4', '44')]
```

Python 的 re 模块提供了 sub()函数，用于处理基于正则表达式的替换任务，其用法为 re.sub(pattern,repl,string)。其中，pattern 指正则表达式，repl 指填入的替换词，string 指需要被正则替换的文本内容。

```
In [43]:  re.sub("\d", "*", "1f93fdf0wef")
Out[43]:  '*f**fdf*wef'
In [44]:  re.sub("\d", "", "1f93fdf0wef")
Out[44]:  'ffdfwef'
```

此外，还可以在参数 repl 中对正则表达式的分组进行引用，引用方式与前文提及的反向引用类似。下面的例子把“t”替换为“t”前一个字母：

```
In [45]:  # 注意 repl 含转义，在前面需要加“r”
          re.sub("([a-zA-Z])t", r"\1\1", "atjsjtjst")
Out[45]:  'aajsjjjss'
```

练一练 Ex8-2

使用如下语句可从 my_file.txt 中读取文本：

```
with open("data/ch8/my_file.txt", "r",encoding = "utf-8") as f:
    text = f.read()
    # 进行后续文本操作
```

使用如下语句可将文本保存到 my_file.txt 中：

```
text = "aaa\nbbb"
with open("my_file.txt", "w",encoding = "utf-8") as f:
    f.write(text)
```

请结合正则表达式相关的知识，完成以下内容：

（1）读取 data/ch8/regex1.txt 中的数据（文本均随机生成），删除“#begin”和“#close”所在行及其中间的所有行，处理后保存至 data/ch8/regex1_result.txt 中。

（2）读取 data/ch8/regex2.txt 中的数据，将“\section{×××}”“\subsection{×××}”和“\subsubsection{×××}”分别替换为“#×××”“##×××”和“###×××”，其中“×××”指花括号中的标题名，处理后保存至 data/ch8/regex2_result.txt 中。

8.2.3 零宽断言

零宽断言是一种位置匹配，所谓零宽就是没有宽度，因为相对于占位的字符，字符的起始和终止之处都可以被看作一个光标，光标自然是不存在占位宽度的概念。零宽断言分为 4 类，它们的语法和作用各不相同，表 8.4 罗列了这 4 类断言。下面我们用 4 个例子来说明这些断言的用法。

表 8.4 4 类断言

名称	语法	功能
正向先行断言	(?=...)	匹配...表达式的起始位置
正向后行断言	(?<=...)	匹配...表达式的终止位置
负向先行断言	(?!...)	匹配非...表达式的起始位置
负向后行断言	(?<!...)	匹配非...表达式的终止位置

```
In [46]:  re.findall(": (\d+)(?=件)", "商品成交量：758 件") # 正向先行断言
Out[46]:  ['758']
In [47]:  re.findall(": (?<=成交量：)(\d+)", "商品成交量：758 件") # 正向后行断言
Out[47]:  ['758']
In [48]:  # 负向先行断言
          re.findall("(\d+)(?![件|\d])", "交易量减少 50 件，交易额增加 100 元")
Out[48]:  ['100']
In [49]:  # 负向后行断言
          re.findall("(?<![少|\d])(\d+)", "交易量减少 50 件，交易额增加 100 元")
Out[49]:  ['100']
```

练一练 Ex8-3

在上述的两个负向断言例子中，如果把“[件|\d]”和“[少|\d]”分别修改为“件”和“少”，匹配结果如何变化？请解释原因。

注解

regular expressions 101 和 RegExr 这两个网站都能够对给定的正则表达式和文本进行正则匹配的检测，做正则测试时可以参考使用。

8.3　文本处理的 5 类操作

前两节介绍了 str 对象和正则表达式的基本内容，本节我们将针对特定的文本处理任务进行讲解。一般而言，文本处理可以分为 5 类操作：拆分、合并、匹配、替换、提取。熟练掌握正则表达式和这些文本操作能够使我们在文本处理上更加得心应手。

8.3.1　拆分

函数 str.split()能够把字符串的列进行拆分，其中第一个参数为正则表达式，可选参数包括从左到右的最大拆分次数 n，以及是否展开为多个列的 expand。

```
In [50]:  s = pd.Series(['This is an apple.', 'This is not a banana.'])
          s.str.split('\s') # 根据空格拆分
Out[50]:  0    [This, is,  an,     apple.]
          1    [This, is, not, a, banana.]
          dtype: object
In [51]:  s.str.split('\s', expand=True)
Out[51]:        0    1    2       3        4
          0  This   is   an  apple.     None
          1  This   is  not       a  banana.
In [52]:  s.str.split('\s', n=2, expand=True)
```

```
Out[52]:          0    1              2
         0   This   is        an  apple.
         1   This   is   not   a banana.
```

与其类似的函数是 str.rsplit()，区别在于该函数使用参数 n 的时候是从右到左限制最大拆分次数，但当前版本（1.4.0）下的 str.rsplit()因 bug 而无法使用正则表达式进行拆分：

```
In [53]: s.str.rsplit('\s', n=2, expand=True)
Out[53]:                            0
         0   This   is        an apple.
         1   This   is   not  a banana.
```

对于正则表达式“\s”的 str.rsplit()函数的功能实现，这里提供一种基于字符反转的解决方案：

```
In [54]: df = s.str[::-1].str.split('\s', n=2, expand=True)
         df = df.apply(lambda x: x.str[::-1]).iloc[:,::-1]
         df = df.T.reset_index(drop=True).T
         df
Out[54]:                 0     1        2
         0         This is    an   apple.
         1   This is not       a  banana.
```

8.3.2 合并

str 对象上有两个与合并有关的方法，它们分别是 str.join()和 str.cat()。str.join()的作用是把 Series 元素中的字符列表进行合并，若存在无法合并的元素，则返回缺失值。

```
In [55]: s = pd.Series([['a','b'], [1, 'a'], [['a', 'b'], 'c']])
In [56]: s.str.join("-")
Out[56]: 0    a-b
         1    NaN
         2    NaN
         dtype: object
In [57]: # 等价于下面的过程
         def join(x):
             try:
                 return "-".join(x)
             except TypeError:
                 return np.nan
         s.apply(lambda x: join(x))
Out[57]: 0    a-b
         1    NaN
         2    NaN
         dtype: object
```

str.cat()用于合并两个序列，主要参数为连接符 sep、连接形式 join 以及缺失值替代符号 na_rep，其中连接形式默认为以索引为键的左连接。

```
In [58]: s1 = pd.Series(["a","b"], index=["No.1", "No.2"])
         s2 = pd.Series(["B","C"], index=["No.2", "No.3"])
         s1.str.cat(s2, na_rep='?', sep="|")
```

```
Out[58]: No.1    a|?
         No.2    b|B
         dtype: object
```

```
In [59]: s1.str.cat(s2, na_rep='?', sep="|", join="outer")
```

```
Out[59]: No.1    a|?
         No.2    b|B
         No.3    ?|C
         dtype: object
```

对于两个字符串序列，我们还能直接通过加号进行合并：

```
In [60]: s1 = pd.Series(["A", "B"])
         s2 = pd.Series(["a", "b"])
         s1 + "-" + s2
```

```
Out[60]: 0    A-a
         1    B-b
         dtype: object
```

8.3.3 匹配

str 对象中有 6 个与匹配有关的函数，下面逐一介绍。str.contains()返回每个字符串是否包含相应正则表达式的布尔序列：

```
In [61]: s = pd.Series(['my cat', 'he is fat', 'railway station'])
         s.str.contains('\s\wat')
```

```
Out[61]: 0     True
         1     True
         2    False
         dtype: bool
```

str.startswith()和 str.endswith()返回每个字符串是否是以给定模式为起始和终止的布尔序列，它们都不支持正则表达式：

```
In [62]: s.str.startswith('my')
```

```
Out[62]: 0     True
         1    False
         2    False
         dtype: bool
```

```
In [63]: s.str.endswith('t')
```

```
Out[63]: 0     True
         1     True
         2    False
         dtype: bool
```

如果需要用正则表达式来检测起始或终止字符串的模式，可以使用 str.match()返回每个字符串起始处是否符合给定正则表达式的布尔序列：

```
In [64]: s.str.match('m|h')
```

```
Out[64]: 0     True
         1     True
         2    False
         dtype: bool
```

```
In [65]: s.str[::-1].str.match('ta[f|g]|n') # 反转后匹配
Out[65]: 0    False
         1     True
         2     True
         dtype: bool
```

当然，以上功能也能通过在 str.contains()的正则模式中使用“^”和“$”来实现：

```
In [66]: # ^表示文本起始位置
         s.str.contains('^[m|h]')
Out[66]: 0     True
         1     True
         2    False
         dtype: bool
In [67]: # $表示文本终止位置
         s.str.contains('[f|g]at|n$')
Out[67]: 0    False
         1     True
         2     True
         dtype: bool
```

除了上述返回值为布尔序列的匹配函数，还有返回索引的匹配函数，即 str.find()与 str.rfind()，它们分别返回从左到右和从右到左第一次符合匹配条件的位置的索引，未找到则返回-1。需要注意的是，这两个函数不支持正则匹配，只能用于字符子串的匹配：

```
In [68]: s = pd.Series(['This is an apple. That is not an apple.'])
         s.str.find('apple')
Out[68]: 0    11
         dtype: int64
In [69]: s.str.rfind('apple')
Out[69]: 0    33
         dtype: int64
```

8.3.4 替换

我们在第 2 章学习了 replace()函数的用法，此处介绍 str.replace()函数，在需要实现与字符串相关的局部替换时应当使用后者，当需要替换整个字符串时应当使用前者。

str.replace()的第一个参数等价于 re.sub()中的参数 pattern，第二个参数等价于 re.sub()中的参数 repl，它们分别表示匹配的正则模式和用于填充替换的新字符串。

```
In [70]: s = pd.Series(['a_1_b','c_?'])
         s.str.replace('\d|\?', 'new', regex=True)
Out[70]: 0    a_new_b
         1      c_new
         dtype: object
```

很多时候我们希望对字符串的不同区域进行不同的替换，这时就可以利用正则表达式中分组捕获的方法。str.replace()能够通过传入自定义的替换函数来对不同的区域分别进行处理。下面代

码中的group(k)代表匹配到的第 k 个子组（pat正则表达式中小括号之间的内容）:

```
In [71]: s = pd.Series(['上海市黄浦区方浜中路249号',
                        '上海市宝山区密山路5号',
                        '北京市昌平区北农路2号'])
         city = {'上海市': 'Shanghai', '北京市': 'Beijing'}
         district = {'昌平区': 'CP District',
                     '黄浦区': 'HPDistrict',
                     '宝山区': 'BSDistrict'}
         road = {'方浜中路': 'Mid Fangbin Road',
                 '密山路': 'MishanRoad',
                 '北农路': 'BeinongRoad'}
In [72]: def my_func(m):
             str_city = city[m.group(1)]
             str_district = district[m.group(2)]
             str_road = road[m.group(3)]
             str_no = 'No. ' + m.group(4)[:-1]
             return ' '.join([str_city, str_district, str_road, str_no])
In [73]: pat = '(\w+市)(\w+区)(\w+路)(\d+号)'
         s.str.replace(pat, my_func, regex=True)
Out[73]: 0    Shanghai HP District Mid Fangbin Road No. 249
         1           Shanghai BS District Mishan Road No. 5
         2           Beijing CP District Beinong Road No. 2
         dtype:object
```

由于这里的数字标识并不直观，我们考虑使用正则表达式中命名捕获的方法，它的语法为"(?P<group_name>...)"，其中...和group_name分别为匹配的正则表达式和对应的组名。

```
In [74]: def my_func(m):
             str_city = city[m.group('市名')]
             str_district = district[m.group('区名')]
             str_road = road[m.group('路名')]
             str_no = 'No. ' + m.group('编号')[:-1]
             return ' '.join([str_city, str_district, str_road, str_no])
In [75]: pat = '(?P<市名>\w+市)(?P<区名>\w+区)(?P<路名>\w+路)(?P<编号>\d+号)'
         s.str.replace(pat, my_func, regex=True)
Out[75]: 0    Shanghai HP District Mid Fangbin Road No. 249
         1           Shanghai BS District Mishan Road No. 5
         2           Beijing CP District Beinong Road No. 2
         dtype: object
```

8.3.5 提取

提取既可以被认为是一种返回具体元素（而不是布尔值或元素对应的索引位置）的匹配操作，也可以被认为是一种特殊的拆分操作。8.3.1节提到的str.split()会把分隔符去除，例如:

```
In [76]: s = pd.Series(["15*202&255@"])
         s.str.split('\W', expand=True)
Out[76]:     0    1    2    3
         0  15  202  255
```

若希望同时保留数字和分隔符，就必须使用提取函数，例如 str.extract()。

```
In [77]:  pat = '(\d+\W)(\d+\W)(\d+\W)'
          s.str.extract(pat)
```

```
Out[77]:       0      1      2
          0   15*   202&   255@
```

我们还可以在正则表达式中使用命名捕获：

```
In [78]:  pat = '(?P<First>\d+\W)(?P<Second>\d+\W)(?P<Third>\d+\W)'
          s.str.extract(pat)
```

```
Out[78]:    First Second Third
          0   15*   202&  255@
```

str.extractall()不同于 str.extract()的单次匹配，它会把所有符合条件的文本模式全部匹配出来，如果存在多个结果，则以多级索引的方式存储：

```
In [79]:  s = pd.Series(['A135T15,A26S5', 'B674S2,B25T6'],
                        index = ['my_A', 'my_B'])
          pat = '[A|B](?P<First>\d+)[T|S](?P<Second>\d+)'
          s.str.extractall(pat)
```

```
Out[79]:              First Second
               match
          my_A 0        135     15
               1         26      5
          my_B 0        674      2
               1         25      6
```

str.findall()的功能与 str.extractall()类似，区别在于前者把结果存入列表中，而后者将其处理为多级索引，每行只对应一组匹配，而不是使所有匹配组合构成列表。

```
In [80]:  s.str.findall(pat)
```

```
Out[80]:  my_A    [(135, 15), (26, 5)]
          my_B     [(674, 2), (25, 6)]
          dtype: object
```

8.4 其他字符串方法

除了上述介绍的与 5 类字符串操作有关的方法，str 对象上还定义了一些实用的其他方法，故在此进行介绍。

8.4.1 字母型方法

str.upper()、str.lower()、str.title()、str.capitalize()和 str.swapcase()这 5 个方法主要用于字母的大小写转换，从下面的例子中很容易领会它们的功能：

```
In [81]:  s = pd.Series(['this is a sentence', 'SwApCaSe'])
          s.str.upper()
```

```
Out[81]:  0   THIS IS A SENTENCE
          1             SWAPCASE
          dtype: object
```

```
In [82]: s.str.lower()
Out[82]: 0    this is a sentence
         1              swapcase
         dtype: object
In [83]: s.str.title()
Out[83]: 0   This Is A Sentence
         1             Swapcase
         dtype: object
In [84]: s.str.capitalize()
Out[84]: 0    This is a sentence
         1              Swapcase
         dtype: object
In [85]: s.str.swapcase()
Out[85]: 0    THIS IS A SENTENCE
         1              sWaPcAsE
         dtype: object
```

8.4.2 数值型方法

pd.to_numeric()方法是一个非常实用的方法，它虽然不是 str 对象上的方法，但是能够对字符格式的数值进行快速转换和筛选。其主要参数 errors 和 downcast 分别代表对非数值元素的处理模式和转换类型。其中，对于不能转换为数值的元素有 3 种 errors 选项，即 raise、ignore 和 coerce，它们分别表示直接报错、保持为原来的字符串以及设为缺失值。

```
In [86]: s = pd.Series(['1', '2.2', '2e', '??', '-2.1', '0'])
         pd.to_numeric(s, errors='raise')

ValueError Traceback (most recent call last)
Input In [87], in <module>
1 s = pd.Series(['1', '2.2', '2e', '??', '-2.1', '0'])
----> 2 pd.to_numeric(s, errors='raise')

File ~\miniconda3\envs\final\lib\site-packages\pandas\core\tools\numeric.py:184, in
to_numeric(arg, errors, downcast)
    182 coerce_numeric = errors not in ("ignore", "raise")
    183 try:
--> 184 values, _ = lib.maybe_convert_numeric(
    185 values, set(), coerce_numeric=coerce_numeric
    186 )
    187 except (ValueError, TypeError):
    188 if errors == "raise":

File ~\miniconda3\envs\final\lib\site-packages\pandas\_libs\lib.pyx:2357, in
pandas._libs.lib.maybe_convert_numeric()
ValueError: Unable to parse string "2e" at position 2

In [87]: pd.to_numeric(s,errors='ignore')
Out[87]: 0       1
         1     2.2
         2      2e
         3      ??
```

```
      4    -2.1
      5       0
      dtype: object
In [88]: pd.to_numeric(s, errors='coerce')
Out[88]: 0    1.0
      1    2.2
      2    NaN
      3    NaN
      4   -2.1
      5    0.0
      dtype: float64
```

在数据清洗时，可以通过将 errors 设置为 coerce 来快速查看非数值型的行：

```
In [89]: s[pd.to_numeric(s,errors='coerce').isna()]
Out[89]: 2    2e
      3    ??
      dtype: object
```

8.4.3 统计型方法

str.count()和 str.len()的作用分别是返回符合正则表达式的字符串的出现次数和字符串的长度，它们都起到了统计指标功能的作用：

```
In [90]: s = pd.Series(['cat rat fat at', 'get feed sheet heat'])
      s.str.count('[r|f]at|ee')
Out[90]: 0    2
      1    2
      dtype: int64
In [91]: s.str.len()
Out[91]: 0    14
      1    19
      dtype: int64
```

8.4.4 格式型方法

格式型函数主要分为两类，第一类是除空型，第二类是填充型。其中，第一类函数共有 3 种，它们是 str.strip()、str.rstrip()和 str.lstrip()，分别代表去除两侧空格、右侧空格和左侧空格。这些函数在进行数据清洗时是有用的，特别是列名含有非法空格的时候。

```
In [92]: my_index = pd.Index([' col1', 'col2 ', ' col3 '])
In [93]: my_index.str.strip().str.len()
Out[93]: Int64Index([4, 4, 4], dtype='int64')
In [94]: my_index.str.rstrip().str.len()
Out[94]: Int64Index([5, 4, 5], dtype='int64')
In [95]: my_index.str.lstrip().str.len()
Out[95]: Int64Index([4, 5, 5], dtype='int64')
```

对填充型函数而言，str.pad()是非常灵活的，它可以选定字符串长度、填充方向和填充内容：

```
In [96]:  s = pd.Series(['a','b','c'])
In [97]:  s.str.pad(5,'left','*')
Out[97]:  0    ****a
          1    ****b
          2    ****c
          dtype: object
In [98]:  s.str.pad(5,'right','*')
Out[98]:  0    a****
          1    b****
          2    c****
          dtype: object
In [99]:  s.str.pad(5,'both','*')
Out[99]:  0    a**
          1    b**
          2    c**
          dtype: object
```

上述代码中的 3 种情况可以分别用 str.rjust()、str.ljust()和 str.center()来等效实现，需要注意 str.ljust()指右侧填充而不是左侧填充：

```
In [100]:  s.str.rjust(5, '*')
Out[100]:  0   ****a
           1   ****b
           2   ****c
           dtype: object
In [101]:  s.str.ljust(5, '*')
Out[101]:  0    a****
           1    b****
           2    c****
           dtype: object
In [102]:  s.str.center(5, '*')
Out[102]:  0    **a**
           1    **b**
           2    **c**
           dtype: object
```

在读取 Excel 表格时，经常会出现在数字前补 0 的需求，例如读入证券代码的时候会把“000007”作为数值 7 来处理，此时需要在左侧补全 0。在 pandas 中，除了可以使用上面的左侧填充函数，还可用 str.zfill()来实现。

```
In [103]:  s = pd.Series([7, 155, 303000]).astype('string')
In [104]:  s.str.pad(6,'left','0')
Out[104]:  0    000007
           1    000155
           2    303000
           dtype: string
In [105]:  s.str.rjust(6,'0')
Out[105]:  0    000007
           1    000155
           2    303000
           dtype: string
```

```
In [106]: s.str.zfill(6)
Out[106]: 0    000007
          1    000155
          2    303000
          dtype: string
```

8.5 习题

1. 房屋数据的文本提取

现有一个房屋信息数据集如下：

```
In [107]: df = pd.read_excel('data/ch8/house.csv',
          df.head(3)
Out[107]:
             floor      year      area    price
0      高层（共6层）  1986年建   58.23m^2   155万
1     中层（共20层）  2020年建      88m^2   155万
2     低层（共28层）  2010年建   89.33m^2   365万
```

（1）将 year 列中的元素改为整数年份存储。

（2）将 floor 列替换为 level、highest 两列，其中的元素分别为 string 类型的层类别（高层、中层、低层）与整数类型的最高层数。

（3）计算每平方米均价 avg_price，以“××元/平方米”的格式存储到表中，其中××为整数。

2. 巴洛克时期作曲家的年龄统计

巴洛克时期是西方音乐发展过程中的重要时期，它上承文艺复兴时期，下启古典主义时期，在这期间诞生了许多伟大的作曲家。data/ch8/baroque.txt 中存储了巴洛克时期作曲家（含部分文艺复兴晚期作曲家）的名字和生卒年：

```
In [108]: df = pd.read_table("data/ch8/baroque.txt"
          df.head()
Out[108]:
      Information for Baroque Composers
0         Philippe de Monte (1521-1603)
1  Baldassare Donato (1525/1530-1603)
2            Costanzo Porta (1529-1601)
3            Jií Rychnovský (1529-1616)
4       Guillaume Costeley (1530-1606)
```

（1）请筛选出能够确定生卒年的作曲家，并提取他们的姓名、出生年份和去世年份。

（2）约翰·塞巴斯蒂安·巴赫（Johann Sebastian Bach）是重要的巴洛克时期的作曲家，请问在数据表中寿命超过他的作曲家的比例为多少？

3. 汇总显卡测试的结果

data/ch8/benchmark.txt 中记录了某显卡某次性能测评的日志结果，每一条日志有如下结构：

```
Benchmarking #2# #4# precision type #1#
#1#   model average #2# time :   #3# ms
```

其中，#1#表示模型名称，#2#的值为 Training 或 Inference，表示训练状态或推断状态，#3#表示耗时，#4#表示精度，包含 float、half、double 这 3 种类型，下面是一个具体的例子：

```
Benchmarking Inference float precision type resnet50
resnet50   model average inference time :   13.426570892333984 ms
```

请把日志结果进行整理，变换成如下状态，行索引用相应模型名称填充，按照字母顺序（a～z）排序，数值保留 3 位小数：

Three	Training_half	Training_float	Training_double	Inference_half	Inference_float	Inference_double
densenet121	88.976	93.357	417.206	19.772	15.636	144.110
densenet161	144.318	136.624	1290.286	27.554	31.750	511.176
densenet169	121.555	104.839	511.403	26.370	21.598	175.807
densenet201	118.940	129.333	654.365	33.393	26.169	223.960
mnasnet0_5	27.197	28.527	48.232	6.929	8.038	11.870

第9章

分类数据

分类数据是一种重要的数据类型，pandas 设计了 category 类型和 cat 对象以处理该数据类型。分类数据从顺序关系上可分为无序类别和有序类别，这两种类别在日常生活中都很常见，例如学生的性别和学校的所在区县都是无序类别，学生所在的年级和学校的食堂卫生等级都是有序类别。当数据仅在两个类别上取值时，该数据被称为二项分类变量。特别地，当数据仅取 0 或者 1 时，该数据被称为伯努利变量，其源自概率论中的伯努利分布。当数据在多个类别上取值时，该数据被称为多项分类变量。在有序类别中，区间类别是一种特殊且重要的类型，本章将对其构造及属性进行深入探索。

9.1 cat 对象

如同字符串序列中的 str 对象，对分类变量而言，其分类类别的操作也同样需要通过访问一个对象的属性或方法来实现。在 pandas 中，这个对象被称为 cat 对象，本节将介绍如何利用它来对类别进行增删查改。

9.1.1 cat 对象的属性

使用 learn_pandas.csv 数据集：

```
In [1]:  import pandas as pd
         import numpy as np
         df = pd.read_csv('data/learn_pandas.csv',
             usecols=['Grade','Name','Gender','Height','Weight'])
```

如果想要使用 cat 对象，需要将 Series 转为“category”类型后，再通过属性来访问。

```
In [2]:  s = df.Grade.astype('category')
         s.head()
Out[2]:  <pandas.core.arrays.categorical.CategoricalAccessor objectat
          at 0x000001B2678B0940>
```

一个具体的分类有两个组成部分，其一为类别本身，它以 Index 类型存储，其二为是否有序，它们都可以通过 cat 的属性被访问：

```
In [3]:  s.cat.categories
Out[3]:  Index(['Freshman','Junior','Senior','Sophomore'],dtype='object')
In [4]:  s.cat.ordered
```

```
Out[4]:  False
```

另外，每一个序列的类别会被赋予唯一的整数编号，它们的编号取决于它们在 cat.categories 中的顺序，该属性可以通过 codes 访问：

```
In [5]:  s.cat.codes.head()
Out[5]:  0    0
         1    0
         2    2
         3    3
         4    3
         dtype:int8
```

pandas 模块下的 factorize()在功能上类似于 cat.codes 和 cat.categories 的组合，它返回 Series 元素的编号序列以及唯一值：

```
In [6]:  codes, categories = pd.factorize(df.Grade)
In [7]:  codes[:5], codes.shape
Out[7]:  (array([0, 0, 1, 2, 2], dtype=int64), (200,))
In [8]:  # 返回的唯一值顺序决定了编码的映射
         # Freshman、Senior、Sophomore和 Junior分别对应 0、1、2和 3
         categories
Out[8]:  Index(['Freshman', 'Senior', 'Sophomore', 'Junior'], dtype='object')
```

当 factorize 中的参数 sort 设置为 True 时，由于默认情况 cat.categories 会对类别进行排序（如单词类别按照字母顺序），因此此时两者返回的编码和唯一值顺序完全一致。

```
In [9]:  codes, categories = pd.factorize(df.Grade, sort=True)
         (codes == s.cat.codes).all()
Out[9]:  True
In [10]:  (categories == s.cat.categories).all()
Out[10]:  True
```

9.1.2 类别的增加、删除和修改

通过 cat 对象的 categories 属性能够完成对类别的查询，那么应该如何进行增删查改中“增”“删”“改”这 3 个操作呢？

注解

第 3 章曾提到，索引 Index 类型无法用 index_obj[0] = item 来修改，而 categories 被存储在 Index 中。因此，pandas 在 cat 对象上定义了若干方法来达到相同的目的。

首先，对于类别的增加可以使用 add_categories()：

```
In [11]:  s = s.cat.add_categories('Graduate') # 增加一个毕业生类别
          s.cat.categories
Out[11]:  Index(['Freshman','Junior','Senior','Sophomore',
                 'Graduate'], dtype='object')
```

若要删除某一个类别可以使用 remove_categories()，原来序列中所有该类别的对应位置会被设

置为缺失值。例如，删除 Freshman 这一类别：

```
In [12]: s=s.cat.remove_categories('Freshman')
         s.cat.categories
Out[12]: Index(['Junior','Senior','Sophomore','Graduate'],dtype='object')
In [13]: s.head()
Out[13]: 0          NaN
         1          NaN
         2       Senior
         3    Sophomore
         4    Sophomore
         Name: Grade, dtype: category
         Categories(4,object):['Junior','Senior','Sophomore','Graduate']
```

此外可以使用 set_categories()直接设置序列的新类别，如果原来的类别中存在不属于新类别的元素，那么该元素会被设置为缺失值。

```
In [14]: s = s.cat.set_categories(['Sophomore','PhD']) # 新类别为大二学生和博士
         s.cat.categories
Out[14]: Index(['Sophomore', 'PhD'],dtype='object')
In [15]: s.head()
Out[15]: 0          NaN
         1          NaN
         2          NaN
         3    Sophomore
         4    Sophomore
         Name: Grade, dtype: category
         Categories (2, object): ['Sophomore', 'PhD']
```

如果想要删除未出现在序列中的类别，可以使用 remove_unused_categories()来实现：

```
In [16]: s = s.cat.remove_unused_categories() # 移除了未出现的博士生类别
         s.cat.categories
Out[16]: Index(['Sophomore'],dtype='object')
```

修改类别的操作可以通过 rename_categories()方法实现，同时需要注意的是，这个方法会对原序列的对应值也进行相应修改。例如，现在把 Sophomore 改成中文的“本科二年级学生”：

```
In [17]: s = s.cat.rename_categories({'Sophomore':'本科二年级学生'})
         s.head()
Out[17]: 0        NaN
         1        NaN
         2        NaN
         3    本科二年级学生
         4    本科二年级学生
         Name: Grade,dtype:category
         Categories(1,object):['本科二年级学生']
```

练一练 Ex9-1

请构造一个无序类别元素构成的序列，通过 cat 对象完成增删改查的操作。

9.2 有序类别

有序类别的特点在于能够比较类别中任意两个元素的大小关系，进而实现基于类别的排序，故本节将讨论序的建立、序列的比较和排序。

9.2.1 序的建立

有序类别和无序类别可以通过 as_unordered()和 reorder_categories()互相转化，需要注意的是，传入后者的参数必须是由当前序列中无序类别元素构成的列表，不能增加新的类别，也不能缺少原来的类别，并且必须指定参数 ordered=True，否则方法无效。例如对年级进行相对大小的类别划分，然后恢复成无序状态：

```
In [18]:  s = df.Grade.astype('category')
          s = s.cat.reorder_categories(
              ['Freshman','Sophomore','Junior','Senior'],ordered=True)
          s.head()
Out[18]:  0     Freshman
          1     Freshman
          2       Senior
          3    Sophomore
          4    Sophomore
          Name: Grade, dtype: category
          Categories(4,object):['Freshman'<'Sophomore'<'Junior'<'Senior']
In [19]:  s.cat.as_unordered().head()
Out[19]   0     Freshman
          1     Freshman
          2       Senior
          3    Sophomore
          4    Sophomore
          Name: Grade, dtype: category
          Categories(4,object):['Freshman','Sophomore','Junior','Senior']
```

注解

如果不想指定参数 ordered=True，那么可以先用 s.cat.as_ordered()转化为有序类别，再利用 reorder_categories()进行具体的相对大小调整。

9.2.2 排序和比较

在第 2 章中，我们曾提到字符串和数值类型序列的排序。此处，我们介绍有序分类变量的排序，只需把列的类型修改为 category，再赋予相应的大小关系，就能正常地使用 sort_index()和 sort_values()进行操作。例如，对年级进行排序：

```
In [20]:  df.Grade = df.Grade.astype('category')
          df.Grade =              df.Grade.cat.reorder_categories(
             ['Freshman', 'Sophomore', 'Junior', 'Senior'],ordered=True)
In [21]:  df.sort_values('Grade').head() # 值排序
```

```
Out[21]:         Grade            Name  Gender  Height  Weight
         0    Freshman    Gaopeng Yang  Female   158.9    46.0
         105  Freshman      Qiang Shi   Female   164.5    52.0
         96   Freshman  Changmei Feng   Female   163.8    56.0
         88   Freshman   Xiaopeng Han   Female   164.1    53.0
         81   Freshman    Yanli Zhang   Female   165.1    52.0
```

```
In [22]: df.set_index('Grade').sort_index().head() # 索引排序
```

```
Out[22]:                    Name  Gender  Height  Weight
         Grade
         Freshman   Gaopeng Yang  Female   158.9    46.0
         Freshman      Qiang Shi  Female   164.5    52.0
         Freshman  Changmei Feng  Female   163.8    56.0
         Freshman   Xiaopeng Han  Female   164.1    53.0
         Freshman    Yanli Zhang  Female   165.1    52.0
```

在序的相对关系建立后，我们就可以进行比较操作。分类变量的比较操作分为两类，第一种是等式关系（==和!=）的比较，第二种是不等式关系（>、>=、<和<=）的比较，比较的对象可以是标量、列表或者与被比较 Series 类别完全一致的 Series。此外需要注意，Series 之间的比较需要保持索引的一致性。

```
In [23]: res1 = df.Grade == 'Sophomore' # 等式关系的标量比较
         res1.head()
```

```
Out[23]: 0    False
         1    False
         2    False
         3     True
         4     True
         Name: Grade, dtype: bool
```

```
In [24]: res2 = df.Grade == ['PhD']*df.shape[0] # 等式关系的 Series 比较
         res2.head()
```

```
Out[24]: 0    False
         1    False
         2    False
         3    False
         4    False
         Name: Grade, dtype: bool
```

```
In [25]: res3 = df.Grade <= 'Sophomore' # 不等式关系的标量比较
         res3.head()
```

```
Out[25]: 0     True
         1     True
         2    False
         3     True
         4     True
         Name: Grade, dtype: bool
```

```
In [26]: res4 = df.Grade <= df.Grade.sample(frac=1
             ).reset_index(drop=True) # 不等式关系的 Series 比较
         res4.head()
```

```
Out[26]: 0     True
         1     True
         2     True
         3     True
```

```
4    False
Name: Grade, dtype: bool
```

练一练 Ex9-2

请构造两组因不同原因（索引不一致和Series类别不一致）导致无法比较的有序类别Series。

9.3 区间类别

区间类别是一种特殊的有序类别，其类别中的每一个元素都是一段区间。在实际的数据分析中，使用区间类别对连续变量进行分箱是一种常见的离散化方式。

9.3.1 利用cut()和qcut()进行区间构造

cut()和qcut()都能把序列中的每一个数值映射到一个区间，但其生成的机制有所不同，首先来介绍cut()。

cut()中最重要的参数是bins，如果将其设为整数n，则代表把整个传入数组的值按照最大值和最小值所构成的区间等间距地分为*n*段。由于默认区间是左开右闭，需要在调整时把最小值包含进去，在pandas中的解决方案是在最小值所在区间的左端点减去0.001×(最大值−最小值)。因此，如果将序列[1, 2]划分为2个箱子，第一个箱子的范围是(0.999, 1.5]，第二个箱子的范围是(1.5, 2]。如果需要指定区间为左闭右开，需要把参数right设置为False，相应的区间调整方法是在最大值所在区间的右端点加上0.001×(最大值−最小值)。

```
In [27]:  s = pd.Series([1,2])
          pd.cut(s, bins=2)
Out[27]:  0    (0.999, 1.5]
          1      (1.5, 2.0]
          dtype: category
          Categories (2, interval[float64, right]): [(0.999, 1.5] < (1.5, 2.0]]
In [28]:  pd.cut(s, bins=2, right=False)
Out[28]:  0      [1.0, 1.5)
          1    [1.5, 2.001)
          dtype: category
          Categories (2, interval[float64, left]):[[1.0, 1.5) < [1.5, 2.001)]
```

bins的另一个常见用法是指定区间分割点的列表（使用np.infty可以表示无穷大）：

```
In [29]:  pd.cut(s, bins=[-np.infty, 1.2, 1.8, 2.2, np.infty])
Out[29]:  0    (-inf, 1.2]
          1     (1.8, 2.2]
          dtype: category
          Categories (4, interval[float64, right]):
              [(-inf, 1.2] < (1.2, 1.8] < (1.8, 2.2] < (2.2, inf]]
```

还有两个常用参数是labels和retbins，分别代表区间的名字和是否返回分割点（默认不返回）：

```
In [30]: s = pd.Series([1,2])
         res = pd.cut(s, bins=2, labels=['small', 'big'], retbins=True)
         res[0]
Out[30]: 0    small
         1      big
         dtype: category
         Categories (2, object): ['small' < 'big']
In [31]: res[1] # 该元素为返回的分割点
Out[31]: array([0.999, 1.5   , 2.   ])
```

qcut()的使用方法相较于 cut()的使用方法，只是把参数 bins 变成参数 q，这个 q 表示 quantile。q 为整数 *n* 时，按照 *n* 等分位数把数据分箱。q 中还可以传入浮点列表指代相应的分位数分割点。

```
In [32]: s = df.Weight
         pd.qcut(s, q=3).head()
Out[32]: 0    (33.999, 48.0]
         1      (55.0, 89.0]
         2      (55.0, 89.0]
         3    (33.999, 48.0]
         4      (55.0, 89.0]
         Name: Weight, dtype: category
         Categories (3, interval[float64, right]):
             [(33.999, 48.0] < (48.0, 55.0] < (55.0, 89.0]]
In [33]: pd.qcut(s, q=[0,0.2,0.8,1]).head()
Out[33]: 0      (44.0, 69.4]
         1      (69.4, 89.0]
         2      (69.4, 89.0]
         3    (33.999, 44.0]
         4      (69.4, 89.0]
         Name: Weight, dtype: category
         Categories (3, interval[float64, right]):
           [(33.999, 44.0] < (44.0, 69.4] < (69.4, 89.0]]
```

9.3.2 一般区间的构造

cut()和 qcut()能够生成符合某些特征的区间序列，那么一般的区间和区间序列应该如何构造呢？对某一个区间而言，其应当具备 3 个要素，即左端点、右端点和端点的开闭状态，其中开闭状态可以指定为 right、left、both 或 neither 中的一个：

```
In [34]: my_interval = pd.Interval(0, 1, 'right')
         my_interval
Out[34]: Interval(0, 1, closed='right')
```

区间对象的属性包含 mid、length、right、left 和 closed，分别表示区间中点、区间长度、区间右端点、区间左端点和区间的开闭状态。

使用 in 可以判断元素是否属于区间：

```
In [35]: 0.5 in my_interval
Out[35]: True
```

使用 overlaps()可以判断两个区间是否有交集：

```
In [36]:  my_interval_2 = pd.Interval(0.5, 1.5, 'left')
          my_interval.overlaps(my_interval_2)
Out[36]:  True
```

一般而言，pd.IntervalIndex 对象可以通过 4 类方法生成，分别是 from_breaks()、from_arrays()、from_tuples()和 interval_range()，它们分别应用于不同的情况。

from_breaks()的功能类似于 cut()或 qcut()，只不过后两个是通过计算得到分割点，而前者是直接传入自定义的分割点：

```
In [37]:  pd.IntervalIndex.from_breaks([1,3,6,10], closed='both')
Out[37]:  IntervalIndex([[1, 3], [3, 6], [6, 10]], dtype='interval[int64, both]')
```

from_arrays()中传入的参数值分别是左端点和右端点的列表，适用于在区间之间有交集并且知道起点和终点的情况：

```
In [38]:  pd.IntervalIndex.from_arrays(
              left = [1,3,6,10], right = [5,4,9,11], closed = 'neither')
Out[38]:  IntervalIndex([(1, 5), (3, 4), (6, 9), (10, 11)],
              dtype='interval[int64, neither]')
```

from_tuples()中传入的参数值分别是由起点和终点的元组构成的列表：

```
In [39]:  pd.IntervalIndex.from_tuples(
              [(1,5),(3,4),(6,9),(10,11)], closed='neither')
Out[39]:  IntervalIndex([(1, 5), (3, 4), (6, 9), (10, 11)],
              dtype='interval[int64, neither]')
```

一个等长度的区间序列由起点、终点、区间个数和区间长度决定，在其中 3 个量确定了的情况下，剩下一个量就确定了。interval_range()中的参数 start、end、periods 和 freq 就对应这 4 个量，我们能够通过指定其中的 3 个量来构造出相应的区间：

```
In [40]:  pd.interval_range(start=1,end=5,periods=8)
Out[40]:  IntervalIndex([(1.0, 1.5], (1.5, 2.0], (2.0, 2.5], (2.5, 3.0],
                         (3.0, 3.5], (3.5, 4.0], (4.0, 4.5], (4.5, 5.0]],
                         dtype='interval[float64, right]')
In [41]:  pd.interval_range(end=5,periods=8,freq=0.5)
Out[41]:  IntervalIndex([(1.0, 1.5], (1.5, 2.0], (2.0, 2.5], (2.5, 3.0],
                         (3.0, 3.5], (3.5, 4.0], (4.0, 4.5], (4.5, 5.0]],
                         dtype='interval[float64, right]')
```

此外，如果直接使用 pd.IntervalIndex([...], closed=...)，把 Interval 类型的列表组成传入其中并转换为区间索引，那么所有区间的开闭类型会被强制转换为指定的 closed 类型，这是因为 pd.IntervalIndex 只允许存放同一类型开闭区间的 Interval 对象。

```
In [42]:  my_interval, my_interval_2
Out[42]:  (Interval(0, 1, closed='right'), Interval(0.5, 1.5, closed='left'))
In [43]:  pd.IntervalIndex([my_interval, my_interval_2], closed='left')
Out[43]:  IntervalIndex([[0.0, 1.0), [0.5, 1.5)], dtype='interval[float64, left]')
```

9.3.3 区间的属性与方法

IntervalIndex 上定义了一些有用的属性和方法，我们可以通过这些属性和方法快速地获取离散化数值型变量的分箱信息。由于大多数情况下区间对象的生成都来自 cut() 和 qcut() 的返回值，我们需要先将这个返回值转换为 IntervalIndex。

```
In [44]:  id_interval = pd.IntervalIndex(pd.cut(s, 3))
```

与 Interval 对象的属性类似，IntervalIndex 有若干与其同名的常用属性：left、right、mid 和 length，它们分别表示左右端点、两端点均值和区间长度。

```
In [45]:  id_demo = id_interval[:5] # 选出前 5 个展示
          id_demo
Out[45]:  IntervalIndex([(33.945, 52.333], (52.333, 70.667], (70.667, 89.0],
                         (33.945, 52.333], (70.667, 89.0]],
                         dtype='interval[float64, right]', name='Weight')
In [46]:  id_demo.left
Out[46]:  Float64Index([33.945, 52.333, 70.667, 33.945, 70.667], dtype='float64')
In [47]:  id_demo.right
Out[47]:  Float64Index([52.333, 70.667, 89.0, 52.333, 89.0], dtype='float64')
In [48]:  id_demo.mid # 数值误差
Out[48]:  Float64Index([43.138999999999996, 61.5, 79.8335, 43.138999999999996,
                        79.8335], dtype='float64')
In [49]:  id_demo.length # 数值误差
Out[49]:  Float64Index([18.387999999999998, 18.334000000000003, 18.333,
                        18.387999999999998, 18.333], dtype='float64')
```

此外，IntervalIndex 上的常用方法还有 contains() 和 overlaps()，它们分别指逐个判断每个区间是否包含某元素，以及是否和一个 Interval 对象有交集。

```
In [50]:  id_demo.contains(4)
Out[50]:  array([False, False, False, False, False])
In [51]:  id_demo.overlaps(pd.Interval(40,60))
Out[51]:  array([ True,  True, False,  True, False])
```

9.4 习题

1. 统计未出现的类别

crosstab()函数是一种特殊的变形函数。在默认参数下，它能够对两个列中元素组合出现的频数进行统计：

```
In [52]:  df = pd.DataFrame({'A':['a','b','c','a'],
                             'B':['cat','cat','dog','cat']})
          pd.crosstab(df.A, df.B)
Out[52]:  B   cat   dog
          A
```

```
a     2     0
b     1     0
c     0     1
```

但事实上，有些列存储的是分类变量，列中并不一定包含所有类别，此时如果想要对这些未出现的类别在 crosstab() 结果中进行汇总，则可以指定参数 dropna 为 False：

```
In [53]:  df.B = df.B.astype('category').cat.add_categories('sheep')
          pd.crosstab(df.A, df.B, dropna=False)
```

```
Out[53]:  B    cat   dog   sheep
          A
          a     2     0      0
          b     1     0      0
          c     0     1      0
```

请写出一个带有参数 dropna 的 my_crosstab()函数来实现上面的功能。

2. 钻石数据的类别构造

现有一个关于钻石的数据集，其中 carat、cut、clarity 和 price 分别表示重量、切割质量、纯净度和价格：

```
In [54]:  df = pd.read_csv('data/ch9/diamonds.csv')
          df.head(3)
```

```
Out[54]:     carat        cut clarity  price
          0   0.23      Ideal     SI2    326
          1   0.21    Premium     SI1    326
          2   0.23       Good     VS1    327
```

（1）在 object 类型和 category 类型下分别对 df.cut 使用 nunique()函数，并比较它们的性能。

（2）在本数据集中，钻石的切割质量可以分为 5 个等级，由次到好依次是 Fair、Good、Very Good、Premium、Ideal，纯净度有 8 个等级，由次到好依次是 I1、SI2、SI1、VS2、VS1、VVS2、VVS1、IF，请根据切割质量按照由好到次的顺序对钻石排序，对于相同切割质量的钻石，按照纯净度进行由次到好的排序。

（3）分别采用两种不同的方法，把 cut 和 clarity 这两列按照由好到次的顺序，映射到 $0 \sim n-1$ 的整数序列，其中 n 表示类别的个数。

（4）对每克拉钻石的价格分别按照分位数（q=[0.2, 0.4, 0.6, 0.8]）与[1000, 3500, 5500, 18000]分割点进行分箱，得到 5 个类别（Very Low、Low、Mid、High、Very High），并把按这两种分箱方法得到的 category 序列依次添加到原表中。

（5）在第（4）问中按整数分箱得到的序列中是否出现了所有类别？如果存在没有出现的类别，请把该类别删除。

（6）对第（4）问中按分位数分箱得到的序列，求序列元素所在区间的左端点值和长度。

3. 有序逻辑斯蒂回归

逻辑斯蒂回归是经典的分类模型，它将无序的类别作为目标值来进行模型的参数训练。对于有序类别的目标值，虽然我们仍然可以将其作为无序类别来输入模型，但这样做显然会损失类别之间的顺序关系，而有序逻辑斯蒂回归（ordinal logistic regression，OLR）模型能够对此类问题进行处理。

设样本数据为 $\boldsymbol{X}=(x_1,\cdots,x_n), x_i\in\mathbf{R}^d(1\leqslant i\leqslant n)$，$d$ 是数据特征的维度，标签值为 $\boldsymbol{y}=(y_1,\cdots,y_n), y_i\in\{C_1,\cdots,C_k\}(1\leqslant i\leqslant n)$，$C_i$ 是有序类别，k 是有序类别的数量，记 $P(y\leqslant C_0\mid x_i)=0(1\leqslant i\leqslant n)$。设参数 $\boldsymbol{w}=(w_1,\cdots,w_d),\boldsymbol{\theta}=(\theta_0,\theta_1,\cdots,\theta_k)$，其中 $\theta_0=-\infty,\theta_k=\infty$，则 OLR 模型为：

$$P(y_i\leqslant C_j\mid x_i)=\frac{1}{1+\exp^{-(\theta_j-\boldsymbol{w}^{\mathrm{T}}x_i)}},1\leqslant i\leqslant n,1\leqslant j\leqslant k$$

由此可得，在已知 x_i 的情况下，y_i 取 C_j 的概率为：

$$P(y_i=C_j\mid x_i)=P(y_i\leqslant C_j\mid x_i)-P(y_i\leqslant C_{j-1}\mid x_i),1\leqslant j\leqslant k$$

从而对数似然方程为：

$$\log L(\boldsymbol{w},\boldsymbol{\theta}\mid \boldsymbol{X},\boldsymbol{y})=\sum_{i=1}^{n}\sum_{j=1}^{k}\mathbb{I}_{\{y_i=C_j\}}\log\left[\frac{1}{1+\exp^{-(\theta_j-\boldsymbol{w}^{\mathrm{T}}x_i)}}-\frac{1}{1+\exp^{-(\theta_{j-1}-\boldsymbol{w}^{\mathrm{T}}x_i)}}\right]^{①}$$

mord 包能够对上述 OLR 模型的参数 $\boldsymbol{w}$ 和参数 $\boldsymbol{\theta}$ 进行求解，可以使用 conda install -c conda-forge mord 命令下载 mord 包。

我们读取一个目标值为 4 个有序类别的数据集：

```
In [55]:  df = pd.read_csv("data/ch9/olr.csv")
          df.head()
```

```
Out[55]:          X1        X2        X3        X4           y
          0 -0.937269 -0.991073 -0.535304  2.004688        Fair
          1 -2.491539 -0.707034 -1.324849  0.782425         Bad
          2 -0.149041 -0.205646  0.101816  0.530163        Good
          3  0.275750  0.320831  0.699250  1.716456  Marvellous
          4  0.527534 -0.774606  0.614202 -1.236699        Fair
```

已知 y 中元素的大小关系为 Bad≤Fair≤Good≤Marvellous，此时先将 y 转换至有序类别编号：

```
In [56]:  df.y = df.y.astype("category").cat.reorder_categories(['Bad', 'Fair',
              'Good', 'Marvellous'], ordered=True).cat.codes
          df.y.head()
```

```
Out[56]:  0    1
          1    0
          2    2
          3    3
          4    1
          Name: y, dtype: int8
```

从 mord 包中导入 LogisticAT 进行参数训练：

```
In [57]:  from mord import LogisticAT
          clf = LogisticAT()
          X = df.iloc[:, :4]
          clf.fit(X, df.y)
```

① 本书中对数函数的底数均为 e。

此时，我们就能通过 clf.coef_和 clf.theta_分别访问 $\boldsymbol{w}$ 和 $\boldsymbol{\theta}$：

```
In [58]:  clf.coef_ # w1, w2, w3, w4
Out[58]:  array([1.73109827, 2.82370372, 3.09811977, 2.26793622])
In [59]:  clf.theta_ # 每一个类别的 theta_j
Out[59]:  array([-4.11366804, -0.15825334,   3.49922219])
```

从而就能通过 predict_proba()对每一个样本的特征值 x_i 计算 y_i 属于各个类别的概率，进行 argmax 运算后即得到输出的类别。

```
In [60]:  res = clf.predict_proba(X).argmax(1)[:5] # 取前 5 个
          res
Out[60]:  array([1, 0, 2, 3, 1], dtype=int64)
```

（1）现有一个新的样本 $\boldsymbol{x}_{\text{new}} = [-0.5, 0.3, 0.4, 0.1]$需要进行预测，请问它的 predict_proba() 概率预测结果是如何得到的？请写出计算过程。

```
In [61]:  x_new = np.array([[-0.5, 0.3, 0.4, 0.1]])
          clf.predict_proba(x_new)
Out[61]:  array([[0.00382917, 0.16333546, 0.71894644, 0.11388892]])
```

（2）数据集 data/ch9/car.csv 中，含有 6 个与汽车相关的变量：“buying”“maint”“doors”“persons”“lug_boot”“safety”分别指购买价格、保养价格、车门数量、车载人数、车身大小、安全等级，需要对汽车满意度指标“accept”进行建模。汽车满意度是有序类别型变量，由低到高可分为“unacc”“acc”“good”“vgood”4 个类别。请利用有序逻辑斯蒂回归，用 6 个相关变量来构建关于汽车满意度的分类模型。

```
In [62]:  df = pd.read_csv("data/ch9/car.csv")
          df.head()
Out[62]:
            buying maint doors persons lug_boot safety accept
          0  vhigh vhigh     2       2    small    low  unacc
          1  vhigh vhigh     2       2    small    med  unacc
          2  vhigh vhigh     2       2    small   high  unacc
          3  vhigh vhigh     2       2      med    low  unacc
          4  vhigh vhigh     2       2      med    med  unacc
```

第10章

时间序列数据

时间序列数据在各行各业中都有广泛应用，例如金融领域中的价格指数分析、工业生产中的质量控制图分析、电商根据历史用户购买数据进行时序建模来推测未来的用户行为等。事实上，日常生活中也充满了时序的概念。以某位同学到教室上课这一事件为例，假设他在2021年9月6日周一早上8点整到教室上课，并且这个课程会在当天早上10点结束，这其中包含了哪些时间概念？

（1）2021年9月6日早上8点是一个具体的时间点（Date Time），它代表了事件发生的时刻，这样的时刻又可被称为时间戳，在pandas中被称为Timestamp。一系列的时间戳，例如这位同学本周所有课程上课时间的有序列表，可以构成DatetimeIndex，而将它们置于Series中时，Series所代表的类型就是datetime64[ns]。当存在时区设置时，Series类型为datetime64[ns, tz]，其中tz是timezone的缩写。

（2）8点～10点的课程历时两小时，这个时间差（Time Delta）代表了两个时刻的差或者某一个持续性事件所耗费的时长，这个概念在pandas中用Timedelta表示。类似地，一系列的时间差组成了TimedeltaIndex，而在将它放到Series中后，Series的类型就变为timedelta64[ns]。

（3）从2021年9月6日早上8点开始持续两小时代表了一个时间段，即一个Time Span。一个时间段由起始点和终止点确定，或者可以等价地由一个时间戳与一个时间差确定。一个典型的例子如下：2021年的第三季度代表了2021年7月1日凌晨0点～2021年10月1日凌晨0点这一段时间。此概念在pandas中用Period来表示，一系列的时间段组成了PeriodIndex，而在将它放到Series中后，Series的类型就变为period[freq]，这里的freq指事件的持续类型。

（4）假设这位同学只知道在2021年9月的第一个周一上学，但是不知道具体的日期，此时就引出了日期偏置（Date Offset）的概念。又如我们想要知道2021年9月6日后的第30个工作日是哪一天，那么时间差就解决不了我们的问题。为了解决这类问题，pandas中的DateOffset类型就出现了。日期偏置本质上是一种不定绝对时长的时间差，我们将会在10.3节更具体地介绍。

通过这个简单的例子，我们能够简要地总结出表10.1所示的数据类型。此外，还需要补充说明两点：本章不考虑时区的处理问题，原因在于时区涉及夏令时的时间调节问题，这使得在某些情况下DateOffset对象和Timedelta对象关于同一问题的处理结果会存在偏差，处理的规则也较为复杂，官方文档的写法存在部分描述错误，并且难以做出统一修正，它们牵涉到Offset相关的很多组件；时间段对象Period和PeriodIndex在实际数据处理中的使用频率并不高，因此不单独介绍，本章只涉及时间戳序列、时间差序列和日期偏置的相关内容。

表 10.1 pandas 中的 4 种时间序列数据类型

概念	单元素类型	数组类型	pandas 数据类型
Date time	Timestamp	DatetimeIndex	datetime64[ns]
Time delta	Timedelta	TimedeltaIndex	timedelta64[ns]
Time span	Period	PeriodIndex	period[freq]
Date offset	DateOffset	None	None

10.1 时间戳

时间戳是应用很广泛的时间类型，也是日常数据处理与分析中很常见的时间类型。本节内容主要由两部分构成：第一部分是时间戳与时间戳序列，第二部分是 dt 对象。其中，第一部分将从构造方式、属性以及切片索引 3 个角度来进行介绍。

10.1.1 时间戳的构造与属性

在讨论时间戳序列之前，我们需要了解单个时间戳。单个时间戳的生成可以利用 pd.Timestamp() 实现，一般而言，常见日期格式都能被成功转换：

In [1]:
```
import pandas as pd
import numpy as np
ts = pd.Timestamp('2021/9/1')
ts
```
Out[1]:
```
Timestamp('2021-09-01 00:00:00')
```
In [2]:
```
ts = pd.Timestamp('2021-9-1 08:10:30')
ts
```
Out[2]:
```
Timestamp('2021-09-01 08:10:30')
```

练一练 Ex10-1

请尝试在 pd.Timestamp()中传入其他格式的时刻字符串，如“20210901”“2021-09-01”等，体会该构造方法的灵活性。

对一个时间戳而言，它可以由若干基本时间单位确定，这里的时间单位指年、月、日、小时、分、秒等。这些属性可以通过 year、month、day、hour、min、second 来获取：

In [3]:
```
"ts 的时刻是{y}年{m}月{d}日{h}点{min}分{s}秒".format(
    y=ts.year, m=ts.month, d=ts.day,
    h=ts.hour, min=ts.minute, s=ts.second)
```
Out[3]:
```
'ts 的时刻是 2021 年 9 月 1 日 8 点 10 分 30 秒'
```

在 pandas 中，时间戳的最小精度为纳秒（ns），由于使用了 64 位存储，时间戳可以表示的时间范围可以进行如下计算：

$$\text{Time Range} = \frac{2^{64}}{10^9 \times 60 \times 60 \times 24 \times 365} \approx 585\ (\text{years})$$

通过 pd.Timestamp.max 和 pd.Timestamp.min 可以获取时间戳表示的范围，可以看到表示的区间年数大小正如上述计算结果：

```
In [4]:  pd.Timestamp.max
Out[4]:  Timestamp('2262-04-11 23:47:16.854775807')
In [5]:  pd.Timestamp.min
Out[5]:  Timestamp('1677-09-21 00:12:43.145224193')
In [6]:  pd.Timestamp.max.year - pd.Timestamp.min.year
Out[6]:  585
```

10.1.2 时间戳序列的生成

在前面我们提到了一组时间戳可以组成时间戳序列，时间戳序列可以用 to_datetime()和date_range()来生成。其中，to_datetime()能够把一列时间戳格式的对象转换为 datetime64[ns]类型的时间戳序列：

```
In [7]:  pd.to_datetime(['2021-1-1', '2021-1-3', '2021-1-6'])
Out[7]:  DatetimeIndex(
             ['2021-01-01', '2021-01-03', '2021-01-06'],
             dtype='datetime64[ns]', freq=None)
```

从文件中读取数据时，可以直接通过参数 parse_dates 将指定的某一列或多列解析为 datetime64[ns]类型，下面我们读取 learn_pandas.csv 并以 Test_Date 列为时间戳序列：

```
In [8]:  df = pd.read_csv('data/learn_pandas.csv', parse_dates=["Test_Date"])
         s = df.Test_Date
         s.head()
Out[8]:  0  2019-10-05
         1  2019-09-04
         2  2019-09-12
         3  2020-01-03
         4  2019-11-06
         Name: Test_Date, dtype: datetime64[ns]
```

如果时间戳的格式不满足转换条件，例如下面的 bad_format 列表无法被正确识别，此时可以强制使用 format 进行匹配，字母 Y、m、d、H、M、S 分别代表年、月、日、小时、分、秒：

```
In [9]:  bad_format = ['2021\\1\\1 8 30 15','2021\\1\\3 9 30 55']
         temp = pd.to_datetime(
             bad_format,
             format='%Y\\%m\\%d %H %M %S')
         temp
Out[9]:  DatetimeIndex(
             ['2021-01-01 08:30:15', '2021-01-03 09:30:55'],
             dtype='datetime64[ns]', freq=None)
```

注意，上面代码中由于传入的是列表，而非 pandas 内部的 Series，因此返回的是 DatetimeIndex，如果想要转换为 datetime64[ns]的序列，需要显式地用 Series 转换：

```
In [10]:  pd.Series(temp).head()
```

```
Out[10]:  0   2021-01-01 08:30:15
          1   2021-01-03 09:30:55
          dtype: datetime64[ns]
```

练一练 Ex10-2

请分别将如下格式的时间戳列表转换为正确格式的时间序列 Series。

（1）["0901 2021","0902 2021","0903 2021"]。

（2）["2021-9-1 8-35-50","2021-9-2 9-25-45"]。

另外，还存在一种把表的多列时间属性拼接并将其转换为时间序列的 to_datetime()，此时的列名必须和规定的时间关键字列名（year、month、day、hour、minute、second）一致：

```
In [11]:  df_date_cols = pd.DataFrame({'year': [2021, 2021],
                                      'month': [9, 9],
                                      'day': [1, 2],
                                      'hour': [10, 20],
                                      'minute': [30, 50],
                                      'second': [20, 40]})
          pd.to_datetime(df_date_cols)
Out[11]:  0   2021-09-01 10:30:20
          1   2021-09-02 20:50:40
          dtype: datetime64[ns]
```

date_range()是一种生成连续间隔时间的函数，其重要的参数有 start、end、freq 和 periods，它们分别表示起始日期、终止日期、时间间隔和时间戳个数。其中，若 4 个参数中的 3 个参数确定了，那么剩下的一个参数也就随之确定了。这里要注意，如果起始日期或终止日期作为端点则会被包含在序列中：

```
In [12]:  pd.date_range('2021-9-1','2021-9-21', freq='10D') # 包含
Out[12]:  DatetimeIndex(
              ['2021-09-01', '2021-09-11', '2021-09-21'],
              dtype='datetime64[ns]', freq='10D')
In [13]:  pd.date_range('2021-9-1','2021-10-28', freq='10D') # 注意起始日期非端点
Out[13]:  DatetimeIndex(
              ['2021-09-01', '2021-09-11', '2021-09-21',
               '2021-10-01', '2021-10-11', '2021-10-21'],
               dtype='datetime64[ns]', freq='10D')
In [14]:  # 当未给出freq时，终止日期会被作为端点
          pd.date_range('2021-9-1', '2021-10-28', periods=6)
Out[14]:  DatetimeIndex(['2021-09-01 00:00:00', '2021-09-12 09:36:00',
                         '2021-09-23 19:12:00', '2021-10-05 04:48:00',
                         '2021-10-16 14:24:00', '2021-10-28 00:00:00'],
                        dtype='datetime64[ns]', freq=None)
```

这里的参数 freq 与 DateOffset 对象紧密相关，它指代一个时间差，又被称为采样频率，10.3 节将介绍其具体的用法。

注解

datetime64[ns]类型的 Series 本质上可以理解为一个 64 位整数 Series，使用 max()、min()和 mean()可以获得最大时间戳、最小时间戳和“平均”时间戳，此处“平均”时间戳对应的整数为序列中所有时间戳对应整数的平均值。

练一练 Ex10-3

在 Timestamp 对象上定义一个 value 属性，其返回的整数值代表从 1970 年 1 月 1 日 0 点到给定时间戳之间的纳秒数。同时，pd.Timestamp 也支持通过这个整数值来构造时间戳，即时间戳与相差时间一一对应。请利用这个特性设计一个随机生成给定日期区间内日期序列的函数。random_dates(time1, time2,n)，其中 time1、time2 和 n 分别指区间左边界、区间右边界和序列元素个数。

最后，介绍一种改变序列采样频率的函数 asfreq()，它能够根据给定的 freq 对序列进行类似于 reindex()的操作。使用 asfreq()时必须保证序列的时间序列索引单调且无重复值。我们构造一个具有时间序列类型索引的 Series：

```
In [15]:  s = pd.Series(
              [1,2,np.nan,4],
              index=pd.to_datetime(
                  ["20210901", "20210908", "20210910", "20210915"]
              )
          )
```

asfreq()中有两个重要参数，其一为必选参数 freq，它表示新序列索引的采样频率，其二为填充方法 method，它可被省略也可取 bfill 或 ffill。对序列使用 asfreq()时，方法内部会自动构造出一个索引作为结果序列的索引。该索引通过 pd.date_range()构造：以原序列的第一个值为起始值（start），以原序列的最后一个值为终止值（end），以给定的 freq 为采样频率。

当参数 method 被省略时，如果新序列的值对应的索引在原序列中出现则用原序列值填充，如果未在原序列中出现则设为缺失值。当 method 取 ffill 时，如果新序列的值对应的索引未在原序列中出现，则向前寻找距离该索引最近的值并以该值进行填充，如果找到的这个索引对应的值恰好为缺失值，就只能以缺失值进行填充。当 method 取 bfill 时情况类似，只不过把向前查找换为向后查找。请结合下面的代码和图 10.1 进行理解。

```
In [16]:  s.asfreq("3D")
Out[16]:  2021-09-01    1.0
          2021-09-04    NaN
          2021-09-07    NaN
          2021-09-10    NaN
          2021-09-13    NaN
          Freq: 3D, dtype: float64
In [17]:  s.asfreq("3D", method="ffill")
Out[17]:  2021-09-01    1.0
          2021-09-04    1.0
          2021-09-07    1.0
```

```
2021-09-10    NaN
2021-09-13    NaN
Freq: 3D, dtype: float64
```

```
In [18]: s.asfreq("3D", method="bfill")
```

```
Out[18]: 2021-09-01    1.0
         2021-09-04    2.0
         2021-09-07    2.0
         2021-09-10    NaN
         2021-09-13    4.0
         Freq: 3D, dtype: float64
```

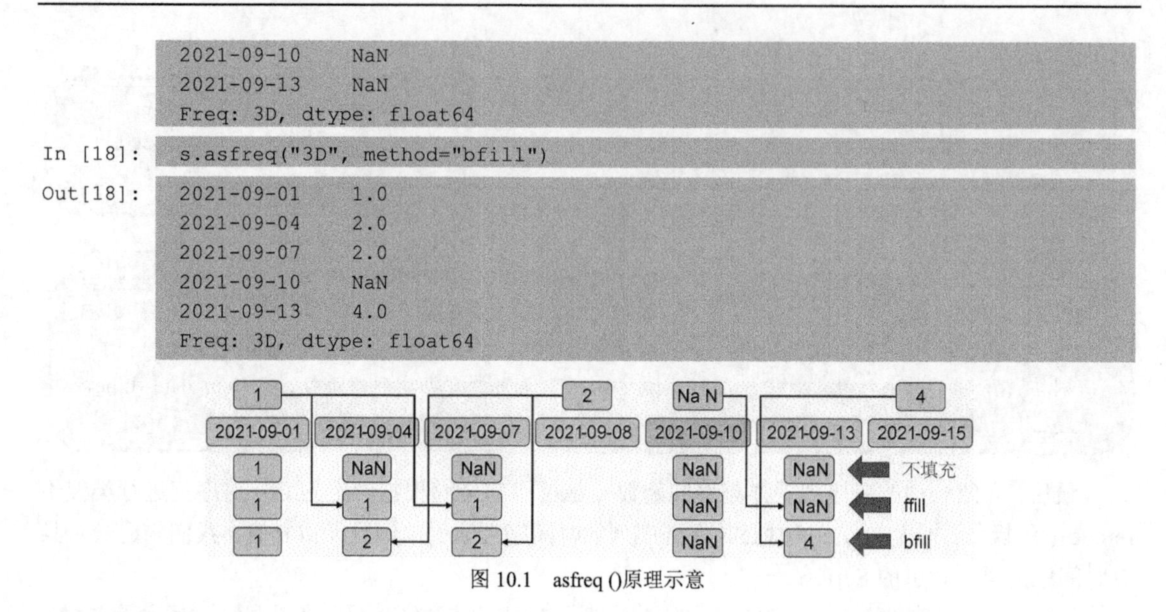

图 10.1 asfreq ()原理示意

10.1.3 dt 对象

在第 8 章和第 9 章中我们学习了如何通过在 string 类型和 category 类型的序列上定义的 str 对象和 cat 对象来完成文本数据和分类数据的操作，与之类似，pandas 在时间序列上定义了 dt 对象以完成许多时间序列的相关操作。对 datetime64[ns]类型而言，对时间序列的操作可以大致分为 3 类：取出与时间相关的属性、判断时间戳是否满足条件、取整操作。

第一类操作的常用属性有：date、time、year、month、day、hour、minute、second、microsecond、nanosecond、dayofweek、dayofyear、daysinmonth 和 quarter，其中 daysinmonth 和 quarter 分别表示该时间戳所在月的天数和季度。这里需要注意，daysinmonth 很容易被误解为表示时间戳位于本月的第几天，事实上这是 day 属性的含义。

```
In [19]: s = pd.Series(pd.date_range('2021-1-1','2021-1-3', freq='D'))
         s.dt.date
```

```
Out[19]: 0    2021-01-01
         1    2021-01-02
         2    2021-01-03
         dtype: object
```

```
In [20]: s.dt.time
```

```
Out[20]: 0    00:00:00
         1    00:00:00
         2    00:00:00
         dtype: object
```

```
In [21]: s.dt.day
```

```
Out[21]: 0    1
         1    2
         2    3
         dtype: int64
```

```
In [22]: s.dt.daysinmonth
Out[22]: 0    31
         1    31
         2    31
         dtype: int64
```

这些属性中，经常使用的是 dayofweek，它返回日期中的星期情况，周一为 0、周二为 1，依次类推：

```
In [23]: s.dt.dayofweek
Out[23]: 0    4
         1    5
         2    6
         dtype: int64
```

此外，可以通过 month_name()和 day_name()返回英文形式的月名和星期名，注意它们是方法而不是属性：

```
In [24]: s.dt.month_name()
Out[24]: 0    January
         1    January
         2    January
         dtype: object
In [25]: s.dt.day_name()
Out[25]: 0      Friday
         1    Saturday
         2      Sunday
         dtype: object
```

第二类操作主要用于测试时间戳是否为年、季、月的第一天或者最后一天，其用法如下：

```
In [26]: s.dt.is_year_start # 还可选 is_quarter_start 或 is_month_start
Out[26]: 0     True
         1    False
         2    False
         dtype: bool
In [27]: s.dt.is_year_end # 还可选 is_quarter_end 或 is_month_end
Out[27]: 0    False
         1    False
         2    False
         dtype: bool
```

第三类操作是取整，使用 round()、ceil() 和 floor()实现，它们的公共参数为 freq，常用的采样频率包括 H（小时）、min（分）、S（秒）等。有关特殊采样频率的内容可参见 10.3 节。

```
In [28]: s = pd.Series(pd.date_range('2021-1-1 20:35:00',
                                      '2021-1-1 22:35:00',
                                      freq='45min'))
         s
Out[28]: 0   2021-01-01 20:35:00
         1   2021-01-01 21:20:00
         2   2021-01-01 22:05:00
         dtype: datetime64[ns]
```

In [29]:
```
s.dt.round('1H')
```

Out[29]:
```
0   2021-01-01 21:00:00
1   2021-01-01 21:00:00
2   2021-01-01 22:00:00
dtype: datetime64[ns]
```

In [30]:
```
s.dt.ceil('1H')
```

Out[30]:
```
0   2021-01-01 21:00:00
1   2021-01-01 22:00:00
2   2021-01-01 23:00:00
dtype: datetime64[ns]
```

In [31]:
```
s.dt.floor('1H')
```

Out[31]:
```
0   2021-01-01 20:00:00
1   2021-01-01 21:00:00
2   2021-01-01 22:00:00
dtype: datetime64[ns]
```

10.1.4　时间戳序列的索引与切片

现实生活中的时间序列问题一般指研究某一个或多个变量关于时间的变化情况，因此时间戳序列常作为索引使用。如果想要选出某个时间戳子序列，第一类方法是联合使用 dt 对象和布尔条件，第二类方法是利用切片，后者常用于连续时间戳。下面举一些例子说明。

In [32]:
```
s = pd.Series(
    np.random.randint(2,size=365),
    index=pd.date_range('2021-01-01','2021-12-31'))
idx = pd.Series(s.index).dt
s.head()
```

Out[32]:
```
2021-01-01    0
2021-01-02    1
2021-01-03    0
2021-01-04    1
2021-01-05    0
Freq: D, dtype: int32
```

首先演示第一类方法：在第一个例子中取出每月的第一天和最后一天，在第二个例子中取出所有的双休日，它们都是通过构造布尔条件来实现的。

In [33]:
```
s[(idx.is_month_start|idx.is_month_end).values].head()
```

Out[33]:
```
2021-01-01   0
2021-01-31   1
2021-02-01   0
2021-02-28   0
2021-03-01   0
dtype: int32
```

In [34]:
```
s[idx.dayofweek.isin([5,6]).values].head()
```

Out[34]:
```
2021-01-02   1
2021-01-03   0
```

```
2021-01-09    1
2021-01-10    0
2021-01-16    1
dtype: int32
```

练一练 Ex10-4

在上述构造的 Series 中，按如下要求选出子序列：

- 选出每月前 10 天中的工作日；
- 选出每月的 1 日、11 日和 21 日以及每月的最后 5 天。

接着演示第二类方法，第一个例子通过单个元素进行索引，可以发现 pandas 在进行时间序列元素索引时，允许传入不完全匹配的标准时间格式，只要它能够被本节中的构造方法正确转换即可。

```
In [35]: s['2021-01-01']
Out[35]: 0
In [36]: s['20210101'] # 自动转换为标准格式
Out[36]: 0
```

第二个和第三个例子体现了时间序列索引的灵活性，它允许元素的模糊匹配，例如"2021-05""2021-07"就能够分别匹配 2021 年 5 月和 2021 年 7 月的所有日期。

```
In [37]: s['2021-07'].head()
Out[37]: 2021-07-01    0
         2021-07-02    1
         2021-07-03    0
         2021-07-04    1
         2021-07-05    1
         Freq: D, dtype: int32
In [38]: s['2021-05':'20210715'].head()
Out[38]: 2021-05-01    0
         2021-05-02    0
         2021-05-03    1
         2021-05-04    1
         2021-05-05    1
         Freq: D, dtype: int32
```

10.2 时间差

时间差，顾名思义，为两个时刻之差。在日常生活中，时间差是一种被广泛研究的对象，例如用户点击广告后的存留时间、学生的长跑体测成绩、电子产品的预期寿命，它们都是时间差。本节将讨论时间差对象的生成与计算。

10.2.1 时间差序列的生成

根据定义，单个时间差对象能够通过两个时间戳作差得到：

```
In [39]: pd.Timestamp('20210102 08:00:00')-pd.Timestamp('20210101 07:35:00')
Out[39]: Timedelta('1 days 00:25:00')
```

同时，也可以根据 pd.Timedelta()来直接构造，常用的构造方法有制定时间单位参数值以及直接传入合法的时间差字符串，这里的时间单位参数有 weeks、days、hours、minutes、seconds、milliseconds、microseconds 和 nanoseconds。

```
In [40]: pd.Timedelta(days=1, minutes=25) # 需要注意加 s
Out[40]: Timedelta('1 days 00:25:00')
In [41]: pd.Timedelta('1 days 25 minutes') # 字符串生成
Out[41]: Timedelta('1 days 00:25:00')
```

生成时间差序列的主要方式是 pd.to_timedelta()，其类型为 timedelta64[ns]。此处我们读取 learn_pandas.csv 中的 Time_Record 列：

```
In [42]: s = pd.to_timedelta(df.Time_Record)
         s.head()
Out[42]: 0   0 days 00:04:34
         1   0 days 00:04:20
         2   0 days 00:05:22
         3   0 days 00:04:08
         4   0 days 00:05:22
         Name: Time_Record, dtype: timedelta64[ns]
```

与 date_range()一样，时间差序列也可以用 timedelta_range() 来生成，二者具有一致的参数和相似的用法：

```
In [43]: pd.timedelta_range('0s', '1000s', freq='6min')
Out[43]: TimedeltaIndex(
             ['0 days 00:00:00', '0 days 00:06:00', '0 days 00:12:00'],
             dtype='timedelta64[ns]', freq='6T')
In [44]: pd.timedelta_range('0s', '1000s', periods=3)
Out[44]: TimedeltaIndex(
             ['0 days 00:00:00', '0 days 00:08:20', '0 days 00:16:40'],
             dtype='timedelta64[ns]', freq=None)
```

对于 Timedelta 序列，同样定义了 dt 对象，dt 对象上定义的属性有 days、seconds、microseconds 和 nanoseconds，它们分别返回对应的时间差特征。需要注意的是，这里的 seconds 不是本身的秒数，而是对天数取余后剩余的秒数。具体地说，假设时间差为 1 分 6 秒，seconds 属性返回的是 66 秒而不是 6 秒。

```
In [45]: s.dt.seconds.head()
Out[45]: 0    274
         1    260
         2    322
         3    248
         4    322
         Name: Time_Record, dtype: int64
```

如果想直接获得对应秒数（例如从 3 分 50 秒中获取 50 秒），可以使用 total_seconds()得到总秒数后对 60 取余：

```
In [46]: (s.dt.total_seconds()%60).head()
Out[46]: 0    34.0
         1    20.0
         2    22.0
         3     8.0
         4    22.0
         Name: Time_Record, dtype: float64
```

与时间戳序列类似，取整函数也是可以在 dt 对象上使用的：

```
In [47]: s.dt.round('min').head()
Out[47]: 0   0 days 00:05:00
         1   0 days 00:04:00
         2   0 days 00:05:00
         3   0 days 00:04:00
         4   0 days 00:05:00
         Name: Time_Record, dtype: timedelta64[ns]
```

10.2.2 时间差序列的运算

时间差对象支持的常用运算有 3 类：与标量的乘法运算、与时间戳的加减法运算、与时间差的加减法和除法运算：

```
In [48]: td1 = pd.Timedelta(days=1)
         td2 = pd.Timedelta(days=3)
         ts = pd.Timestamp('20210101')
In [49]: td1 * 2
Out[49]: Timedelta('2 days 00:00:00')
In [50]: td2 / td1
Out[50]: 3.0
In [51]: td2 - td1
Out[51]: Timedelta('2 days 00:00:00')
In [52]: ts + td1
Out[52]: Timestamp('2021-01-02 00:00:00')
In [53]: ts - td1
Out[53]: Timestamp('2020-12-31 00:00:00')
```

这些运算都可以移植到时间差序列上：

```
In [54]: td1 = pd.timedelta_range(start='1 days', periods=5)
         td2 = pd.timedelta_range(start='12 hours', freq='2H', periods=5)
         ts = pd.date_range('20210101', '20210105')
In [55]: td1 * 5
Out[55]: TimedeltaIndex(
             ['5 days', '10 days', '15 days', '20 days',
              '25 days'], dtype='timedelta64[ns]', freq='5D')
In [56]: td1 * pd.Series(list(range(5))) # 逐个相乘
```

```
Out[56]: 0     0 days
         1     2 days
         2     6 days
         3    12 days
         4    20 days
         dtype: timedelta64[ns]
```

```
In [57]: td1 - td2
```

```
Out[57]: TimedeltaIndex(['0 days 12:00:00', '1 days 10:00:00',
                         '2 days 08:00:00', '3 days 06:00:00',
                         '4 days 04:00:00'],
                         dtype='timedelta64[ns]', freq=None)
```

```
In [58]: td1 / td2
```

```
Out[58]: Float64Index(
              [2.0, 3.4285714285714284, 4.5,
              5.333333333333333, 6.0], dtype='float64')
```

```
In [59]: td1 + pd.Timestamp('20210101')
```

```
Out[59]: DatetimeIndex(['2021-01-02', '2021-01-03',
                        '2021-01-04', '2021-01-05', '2021-01-06'],
                        dtype='datetime64[ns]', freq='D')
```

```
In [60]: td1 + ts # 逐个相加
```

```
Out[60]: DatetimeIndex(['2021-01-02', '2021-01-04', '2021-01-06',
                        '2021-01-08', '2021-01-10'],
                        dtype='datetime64[ns]', freq=None)
```

练一练 Ex10-5

与时间戳序列类似，时间差序列也可以使用 max()、min()和 mean()来得到最大时间差、最小时间差以及平均时间差，请基于 learn_pandas.csv 数据集中的 Time_Record 列（学生的跑步体测成绩）解决如下问题。

- 最慢学生花费的秒数是最快学生的几倍？
- 在跑步时间超过及格线（4 分 30 秒）的学生（即不及格的学生）中，每 10 秒做一次划分（区间左闭右开），请计算每一个区间（4 分 30 秒～4 分 40 秒、4 分 40 秒～4 分 50 秒、……）的学生人数。

10.3 日期偏置

日期偏置是一种和日历相关的特殊时间差，本节将介绍 Offset 对象的使用方法、采样频率与日期偏置的关系。

10.3.1 Offset 对象

在本章的引言中曾提到这样两个问题：如何求 2021 年 9 月第一个周一的日期，以及如何求 2021 年 9 月 6 日后的第 30 个工作日是哪一天。下面我们给出使用 Offset 对象的解决方案。

```
In [61]: pd.Timestamp('20210831') + pd.offsets.WeekOfMonth(week=0,weekday=0)
```

```
Out[61]: Timestamp('2021-09-06 00:00:00')
```

```
In [62]: pd.Timestamp('20210906') + pd.offsets.BDay(30)
Out[62]: Timestamp('2021-10-18 00:00:00')
```

使用加号表示获取最近的下一个偏置日期，使用减号表示获取最近的上一个偏置日期，第一个问题的求解代码还可以表示如下：

```
In [63]: pd.Timestamp('20211001') - pd.offsets.WeekOfMonth(week=0,weekday=0)
Out[63]: Timestamp('2021-09-06 00:00:00')
```

从上面的例子中可以看到，Offset 对象在 pd.offsets 中被定义。WeekOfMonth(week=0,weekday=0)的偏置表示每月的第一个周一，因此使用 8 月 31 日的时间戳与之相加，得到了该时间戳后的第一个符合条件的偏置日期，使用 10 月 1 日的时间戳与之相减，得到了该时间戳前的第一个符合条件的偏置日期。如果我们使用 10 月 2 日的时间戳与之相减，会得到同样的结果，即 2021 年 9 月 6 日，这体现了日期偏置对象的时间差的动态性，即被偏置作用的日期与结果得到的日期之间的绝对时间差并不固定。我们同样可以分析 BDay(30)的动态性，它表示 30 个工作日的日期偏置，如果对两个不同的时间戳加上一个日期偏置，再各自扣除自身原先的时间戳，得到的时间差可能不一致，但这种现象在使用不包含时区运算的时间差对象时是不会发生的。例如下面的情况：

```
In [64]: pd.Timestamp('20210906') + pd.offsets.BDay(30) - pd.Timestamp('20210906')
Out[64]: Timedelta('42 days 00:00:00')
In [65]: pd.Timestamp('20210905') + pd.offsets.BDay(30) - pd.Timestamp('20210905')
Out[65]: Timedelta('40 days 00:00:00')
```

练一练 Ex10-6

将上述的 pd.offsets.BDay(30)改为 pd_offsets.BDay(12)，请问 2021-09-06 和 2021-09-05 经过如上操作后的结果仍然不一致吗？请说明理由。

表 10.2 罗列了常用的日期偏置类型及其含义：

表 10.2 常用的日期偏置类型及其含义

偏置类型（B 表示工作日）	含义
BDay	工作日
CDay	自定义日
Week	星期或周
WeekOfMonth	每月第 x 周的第 y 天
LastWeekOfMonth	每月最后一周的第 y 天
(B)MonthBegin/(B)MonthEnd	月初/月末
(B)QuarterBegin/(B)QuarterEnd	季初/季末
(B)YearBegin/(B)YearEnd	年初/年末

这些日期偏置有一个公共参数 n，它表示偏置增加的数量，BDay(30)中的 30 即实际指代 n=30。例如增加两个年初日期偏置等价于从当前时间戳先增加 1 到下一年的年初，再增加 1 到再下一年的年初。

```
In [66]: pd.Timestamp('20210906') + pd.offsets.YearBegin(2)
Out[66]: Timestamp('2023-01-01 00:00:00')
In [67]: pd.Timestamp('20210906') + pd.offsets.YearBegin(1) + pd.offsets.YearBegin(1)
Out[67]: Timestamp('2023-01-01 00:00:00')
```

LastWeekOfMonth 偏置的用法与 WeekOfMonth 偏置的用法类似，它含有参数 weekday：

```
In [68]: pd.Timestamp('20210906') + pd.offsets.LastWeekOfMonth(n=2, weekday=0)
Out[68]: Timestamp('2021-10-25 00:00:00')
```

Week 偏置也含有参数 weekday。当该参数缺失时，增加一次 Week 偏置可获得当前时间戳 7 天后的时刻。当参数 weekday 为星期数字（0～6）时，增加一次 Week 偏置可获得距离当前时间戳最近的指定星期时间戳。

```
In [69]: pd.Timestamp('20210906') + pd.offsets.Week()
Out[69]: Timestamp('2021-09-13 00:00:00')
In [70]: pd.Timestamp('20210906') + pd.offsets.Week(weekday=3) # 周四
Out[70]: Timestamp('2021-09-09 00:00:00')
```

最后，我们介绍一个特殊的 Offset 对象——CDay，它的参数 holidays 和 weekmask 能够分别对自定义的日期和星期进行过滤，前者传入的是需要过滤的日期列表，后者传入的是由 3 个字母的星期缩写所构成的星期字符串，其作用是只保留字符串中出现的星期：

```
In [71]: my_filter = pd.offsets.CDay(
             n=1, weekmask='Wed Thu Fri',
             holidays=['2020-01-09'])
         dr = pd.date_range('20200108', '20200111')
         dr.to_series().dt.dayofweek
Out[71]: 2020-01-08    2
         2020-01-09    3
         2020-01-10    4
         2020-01-11    5
         Freq: D, dtype: int64
In [72]: [i + my_filter for i in dr]
Out[72]: [Timestamp('2020-01-10 00:00:00'),
          Timestamp('2020-01-10 00:00:00'),
          Timestamp('2020-01-15 00:00:00'),
          Timestamp('2020-01-15 00:00:00')]
```

上面的例子中，dr 中的第一天为 2020-01-08，但由于下一天 2020-01-09 被排除了，并且 2020-01-10 是合法的周五，因此转换为 2020-01-10，其他后面日期的处理类似。其操作示意如图 10.2 所示。

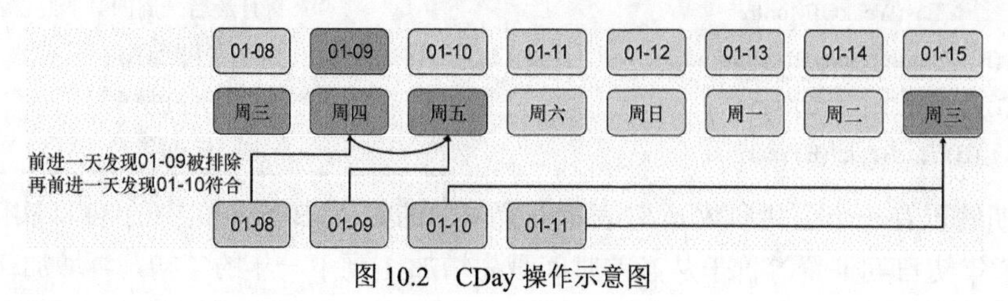

图 10.2 CDay 操作示意图

对于带有定制星期和节假日的时间戳序列的生成，pandas 提供 bdate_range()函数来进行相应操作，此时应选择参数 freq 为“C”，它指代 CDay 这个 Offset 对象，默认 weekmask="Mon Tue Wed Thu Fri"。例如，现在需要生成 2021 年 9 月 20 日～2021 年 10 月 15 日且不包含国庆 7 天节假日的周三～周六的序列：

```
In [73]:  # 由于 holidays 中的日期字符串并不通过 pandas 解析，而是用
          # numpy.busdaycalendar 解析，因此需要采用“year-month-day”的格式
          pd.bdate_range(
              start='2021-09-20', end='20211015', freq="C",
              weekmask="Wed Thu Fri Sat",
              holidays=["2021-10-0%d"%i for i in range(1, 8)])
```

```
Out[73]:  DatetimeIndex(['2021-09-22', '2021-09-23', '2021-09-24', '2021-09-25',
                         '2021-09-29', '2021-09-30', '2021-10-08', '2021-10-09',
                         '2021-10-13', '2021-10-14', '2021-10-15'],
                        dtype='datetime64[ns]', freq='C')
```

练一练 Ex10-7

请利用 10.1.4 节介绍的索引方法，构造与上述 bdate_range()结果一致的 DatetimeIndex。（练习的重点在于使用 dt 对象和布尔序列的组合来模拟 weekmask 和 holidays 的筛选过程。）

注意

在 1.3.4 版本下由于一些 bug，不要使用 Day 级别以下的 Offset 对象（如 pd.offsets.Hour、pd.offsets.Second 等），而使用对应的 Timedelta 对象来代替。推荐的做法是只有在遇到与日历日期明确相关的非固定时间差运算时才选择使用 Offset 对象。

10.3.2 采样频率

采样频率和偏置对象本质上指代的是同一个概念，即在 10.1 节中就已提到的 freq。我们如果重新审视 pd.date_range()的原理，就不难发现其生成时间序列的过程基本等价于从起始时间戳开始不断增加一个固定的 freq，从而不断得到新的时间戳来作为下一个元素。从代码的角度可以简要写出 pd.date_range(start,end,freq=f)生成时间戳序列的过程：

```
result = []
# 将采样频率转换为日期偏置，例如将"3D"转换为 pd.Offset.Day(3)
offset = parse_freq_to_offset(f)
if start + offset - offset != start:
    # 如果不相等说明 start 不合法，例如 8 月 31 日不是某个月的第一个周一
    start = start + offset
current_stamp = start
while (current_stamp <= end):
    result.append(current_stamp)
    current_stamp += offset # 增加一个日期偏置，即进行一次采样
```

几乎每一个偏置对象都对应一个采样频率的 freq 字符串，pandas 在内部通过一个类似于 parse_freq_to_offset()的函数或过程，将输入的字符串解析为日期偏置对象。表 10.3 将表 10.2 中的

偏置类型与 freq 字符串进行了对应。

表 10.3 常用日期偏置类型与 freq 字符串对应表

偏置类型	freq 字符串
BDay	B
CDay	C
Week	W（一周）/ W-MON（周一）
WeekOfMonth	WOM-1MON（第一周的周一）
LastWeekOfMonth	pandas 1.4.0 尚未实现
(B)MonthBegin/(B)MonthEnd	(B)MS/(B)M
(B)QuarterBegin/(B)QuarterEnd	(B)QS/(B)Q
(B)YearBegin/(B)YearEnd	(B)AS/(B)A

为了更好地说明这些对应关系，我们来举一些例子：

```
In [74]: pd.date_range('20210101','20210331', freq='MS') # 月初
Out[74]: DatetimeIndex(
             ['2021-01-01', '2021-02-01', '2021-03-01'],
             dtype='datetime64[ns]', freq='MS')
In [75]: pd.date_range('20210101','20210331', freq='M') # 月末
Out[75]: DatetimeIndex(
             ['2021-01-31', '2021-02-28', '2021-03-31'],
             dtype='datetime64[ns]', freq='M')
In [76]: pd.date_range('20210101','20210110', freq='B') # 工作日
Out[76]: DatetimeIndex(
             ['2021-01-01', '2021-01-04', '2021-01-05',
              '2021-01-06', '2021-01-07', '2021-01-08'],
             type='datetime64[ns]', freq='B')
In [77]: pd.date_range('20210101','20210201', freq='W-MON') # 周一
Out[77]: DatetimeIndex(
             ['2021-01-04', '2021-01-11', '2021-01-18',
              '2021-01-25', '2021-02-01'],
             dtype='datetime64[ns]', freq='W-MON')
In [78]: pd.date_range('20210101','20210201', freq='WOM-1MON') # 每月第一个周一
Out[78]: DatetimeIndex(
             ['2021-01-04', '2021-02-01'],
             dtype='datetime64[ns]', freq='WOM-1MON')
```

上面各段代码中的这些字符串，分别等价于使用如下代码中的 Offset 对象：

```
In [79]: pd.date_range('20210101', '20210331', freq=pd.offsets.MonthBegin())
Out[79]: DatetimeIndex(
             ['2021-01-01', '2021-02-01', '2021-03-01'],
             dtype='datetime64[ns]', freq='MS')
```

```
In [80]: pd.date_range('20210101', '20210331', freq=pd.offsets.MonthEnd())
Out[80]: DatetimeIndex(
             ['2021-01-31', '2021-02-28', '2021-03-31'],
             dtype='datetime64[ns]', freq='M')
In [81]: pd.date_range('20210101','20210110', freq=pd.offsets.BDay())
Out[81]: DatetimeIndex(
             ['2021-01-01', '2021-01-04', '2021-01-05',
              '2021-01-06', '2021-01-07', '2021-01-08'],
              type='datetime64[ns]', freq='B')
In [82]: pd.date_range(
             '20210101','20210201', freq=pd.offsets.CDay(weekmask='Mon'))
Out[82]: DatetimeIndex(
             ['2021-01-04', '2021-01-11', '2021-01-18',
              '2021-01-25', '2021-02-01'],
              dtype='datetime64[ns]', freq='W-MON')
In [83]: pd.date_range('20210101','20210201',
             freq=pd.offsets.WeekOfMonth(week=0,weekday=0))
Out[83]: DatetimeIndex(
             ['2021-01-04', '2021-02-01'],
             dtype='datetime64[ns]', freq='WOM-1MON')
```

10.4 时间序列操作

由于时间序列数据的特殊性，pandas 为其设计了一些特殊行为，例如在 10.1 节中提到的模糊匹配以及 asfreq()方法，它们都是一般数据操作（索引与 reindex()）在时间序列数据上的推广。本节将进一步介绍为时间序列数据所设计的这些特殊行为，包括采样频率滑窗、重采样和特殊连接，它们分别是一般数据操作中滑窗、分组和连接操作在时间序列数据上的扩展。

10.4.1 采样频率滑窗

第 2 章介绍了滑动窗口的使用方法，但它们都无法解决如下的时间序列问题，现有一个有序但非连续的时间序列索引的 Series，其中的值记录的是当天商品的交易数量，现需要统计每个索引对应的近 7 日交易总量。我们模拟出这个序列：

```
In [84]: np.random.seed(999)
         s = pd.Series(np.random.randint(0, 10, 365),
                       index=pd.date_range("20210101","20211231"))
         s = s.sample(250, random_state=999).sort_index()
         s.head(8)
Out[84]: 2021-01-01    0
         2021-01-02    5
         2021-01-04    8
         2021-01-05    1
         2021-01-07    3
         2021-01-08    0
```

```
2021-01-09    5
2021-01-11    8
dtype: int32
```

原先我们只能指定 rolling 的参数 window 为整数，事实上我们可以直接传入 freq 字符串，针对这个问题可以传入“7D”：

In [85]:
```
s.rolling("7D").sum().head(8)
```

Out[85]:
```
2021-01-01     0.0
2021-01-02     5.0
2021-01-04    13.0
2021-01-05    14.0
2021-01-07    17.0
2021-01-08    17.0
2021-01-09    17.0
2021-01-11    17.0
dtype: float64
```

这里需要注意的是，pandas 并没有实现非固定采样频率的时间序列滑窗，即我们无法通过传入 freq 字符串来得到滑窗结果，例如统计近 7 个工作日的累计交易总额。但此时我们仍然可以通过多个函数的组合来实现这个功能，首先选出所有工作日，接着利用普通滑窗进行 7 个值的滑动加和，最后使用 reindex() 恢复索引，对于双休日的值使用前一个工作日的结果进行填充。

In [86]:
```
select_bday = s[~s.index.to_series().dt.dayofweek.isin([5,6])]
bday_sum = select_bday.rolling(7, min_periods=1).sum()
result = bday_sum.reindex(s.index).ffill()
result.head(8)
```

Out[86]:
```
2021-01-01     0.0
2021-01-02     0.0
2021-01-04     8.0
2021-01-05     9.0
2021-01-07    12.0
2021-01-08    12.0
2021-01-09    12.0
2021-01-11    20.0
dtype: float64
```

练一练 Ex10-8

在日期偏置中我们介绍了 CDay，它能够对节假日和部分星期进行筛选。假设现在需要对所有周二以及每月的第一个周末进行过滤，从而进行 7 个 Custom Day 的滑窗操作，请仿照上面的例子给出解决方案。

除了 rolling 能够指定 freq 字符串，第 2 章介绍的 shift() 函数也支持通过传入参数 freq 来对时间范围进行平移：

In [87]:
```
s.shift(freq='50D').head()
```

Out[87]:
```
2021-02-20    0
2021-02-21    5
2021-02-23    8
2021-02-24    1
2021-02-26    3
dtype: int32
```

diff()虽然也属于特殊的滑窗函数，但它不支持参数 freq。事实上，在时间序列数据的分析中，diff()更大的一个作用在于观察时间戳记录的时间间隔。例如某种传感器的数据采样频率应当保持在 5 分钟一次，但由于某些原因，传感器会间歇性地停止工作，这就需要定位出这些未工作时间的起始时间戳和恢复正常工作的终止时间戳，此时可以结合 diff()函数来实现。从 data/ch10/monitor.csv 中读取数据，从处理结果上可以看出明显的长时间间隔：

```
In [88]:  s = pd.read_csv("data/ch10/monitor.csv",
                          parse_dates=["Record"]).iloc[:, 0]
          s.head()

Out[88]:  0    2021-09-01 08:00:00
          1    2021-09-01 08:05:14
          2    2021-09-01 08:10:17
          3    2021-09-01 08:15:14
          4    2021-09-01 08:19:51
          Name: 0, dtype: object

In [89]:  diff_result = s.diff(1).dt.total_seconds().sort_values(ascending=False)
          diff_result.head()

Out[89]:  134     5520.0
          447     2940.0
          504     2460.0
          402      360.0
          1491     360.0
          Name: Record, dtype: float64
```

此时，可以通过索引来对起始时间和终止时间进行定位：

```
In [90]:  error = diff_result.iloc[:3]
          s[error.index - 1]

Out[90]:  133   2021-09-01 19:03:00
          446   2021-09-02 22:35:00
          503   2021-09-03 04:04:00
          Name: Record, dtype: datetime64[ns]

In [91]:  s[error.index]

Out[91]:  134   2021-09-01 20:35:00
          447   2021-09-02 23:24:00
          504   2021-09-03 04:45:00
          Name: Record, dtype: datetime64[ns]
```

10.4.2 重采样

重采样是一种特殊的分组。假设想要对如下数据按照每天 0 点～8 点、8 点～16 点、16 点～24 点进行分组求和：

```
In [92]:  np.random.seed(0)
          idx = pd.date_range("20210901", "20210902 23:59:59", freq="90min")
          s = pd.Series(np.random.rand(idx.shape[0]), index=idx)
          s.head()

Out[92]:  2021-09-01 00:00:00    0.548814
          2021-09-01 01:30:00    0.715189
          2021-09-01 03:00:00    0.602763
```

```
2021-09-01 04:30:00    0.544883
2021-09-01 06:00:00    0.423655
Freq: 90T, dtype: float64
```

用重采样的方法可以表示如下：

```
In [93]: s.resample("8H").sum()
```

```
Out[93]: 2021-09-01 00:00:00    3.481198
         2021-09-01 08:00:00    3.468190
         2021-09-01 16:00:00    2.180701
         2021-09-02 00:00:00    4.278784
         2021-09-02 08:00:00    2.143557
         2021-09-02 16:00:00    2.919968
         Freq: 8H, dtype: float64
```

resample 对象和 groupby 对象类似，其内部实现了许多聚合方法，绝大部分 groupby 对象的聚合函数在 resample 对象中都可以使用。上述的分组求和也可以使用 apply() 函数等价地写出：

```
In [94]: s.resample("8H").apply(lambda x: x.sum())
```

```
Out[94]: 2021-09-01 00:00:00    3.481198
         2021-09-01 08:00:00    3.468190
         2021-09-01 16:00:00    2.180701
         2021-09-02 00:00:00    4.278784
         2021-09-02 08:00:00    2.143557
         2021-09-02 16:00:00    2.919968
         Freq: 8H, dtype: float64
```

练一练 Ex10-9

对上述数据按照每天 0 点～12 点、12 点～24 点进行分组极差计算。

既然 resample()是一种时间序列的分组函数，那么其内部究竟是如何对时间范围进行组边界分割的呢？它返回 Series 的索引与组的左右边界又是什么关系呢？为了解决这些问题，我们需要讨论 resample 中的 origin、closed 和 label 这 3 个参数。构造一个时间序列 Series：

```
In [95]: start, end = '2021-09-01 23:30:00', '2021-09-02 00:30:00'
         idx = pd.date_range(start, end, freq='7min')
         ts = pd.Series(range(idx.shape[0]), index=idx)
         ts
```

```
Out[95]: 2021-09-01 23:30:00    0
         2021-09-01 23:37:00    1
         2021-09-01 23:44:00    2
         2021-09-01 23:51:00    3
         2021-09-01 23:58:00    4
         2021-09-02 00:05:00    5
         2021-09-02 00:12:00    6
         2021-09-02 00:19:00    7
         2021-09-02 00:26:00    8
         Freq: 7T, dtype: int64
```

在 resample 的默认参数下，即 origin 取“start_day”、label 和 closed 都取“left”，使用 17 分钟一次的采样频率进行重采样的结果如下：

```
In [96]:  ts.resample(
              '17min', origin="start_day",
              label="left", closed="left").sum()
Out[96]:  2021-09-01 23:14:00     0
          2021-09-01 23:31:00     3
          2021-09-01 23:48:00     7
          2021-09-02 00:05:00    18
          2021-09-02 00:22:00     8
          Freq: 17T, dtype: int64
```

“start_day”表示从序列最小时间戳所在日期的 0 点开始切分，每 17 分钟做一次边界分割，每个组默认为“左闭右开”（根据参数 closed 决定），以最小时间戳所在的组为第一组，以把序列最大时间戳包含在内的组为最后一组，图 10.3 具体地展示了这个过程。

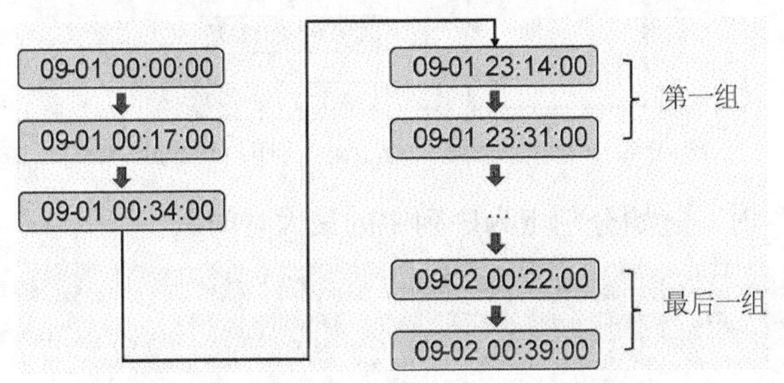

图 10.3 默认参数下的 resample 分组示意图

由于默认 label 为“left”，因此输出的结果中每一组的聚合结果对应的索引是组的左端点，我们也可以将其改为右端点：

```
In [97]:  ts.resample('17min', label="right").sum()
Out[97]:  2021-09-01 23:31:00     0
          2021-09-01 23:48:00     3
          2021-09-02 00:05:00     7
          2021-09-02 00:22:00    18
          2021-09-02 00:39:00     8
          Freq: 17T, dtype: int64
```

当 origin 为“start”时，它表示将起始分割点更换为序列中的最小时间戳，即 2021-09-01 23:30:00，其结果如下：

```
In [98]:  ts.resample("17min", origin="start").sum()
Out[98]:  2021-09-01 23:30:00     3
          2021-09-01 23:47:00     7
          2021-09-02 00:04:00    18
          2021-09-02 00:21:00     8
          Freq: 17T, dtype: int64
```

在 pandas 进入 1.3.0 的版本之后，origin 增加了“end”和“end_day”选项，它们是一种逆向采样。当选择为“end_day”时，从序列最大时间戳所在日期的下一个 0 点开始分割（如果该时间戳本身为 0 点就从该时间戳开始分割），每 17 分钟向前做一次边界分割，每个组默认为“左开右闭”。同样地，以最小时间戳所在的组为第一组，以把序列最大时间戳包含在内的组为最后一组，

图10.4具体地展示了这个过程。

```
In [99]:  ts.resample('17min', origin="end_day").sum()
```

```
Out[99]:  2021-09-01 23:38:00     1
          2021-09-01 23:55:00     5
          2021-09-02 00:12:00    15
          2021-09-02 00:29:00    15
          Freq: 17T, dtype: int64
```

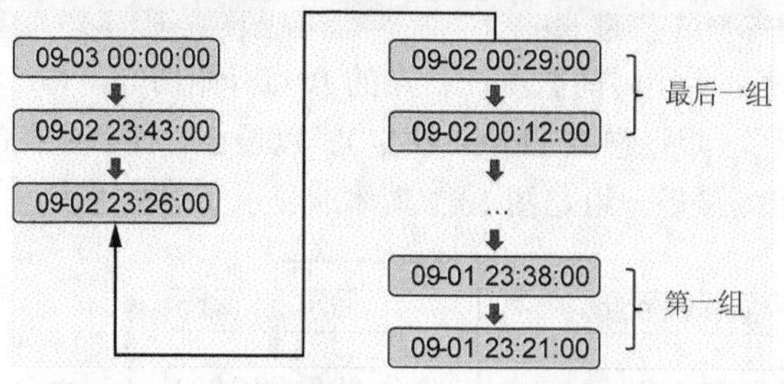

图10.4 origin 设置为“end_day”时的resample过程

当origin为“end”时，起始分割点为序列中的最大时间戳：

```
In [100]:  ts.resample('17min', origin="end").sum()
```

```
Out[100]:  2021-09-01 23:35:00     0
           2021-09-01 23:52:00     6
           2021-09-02 00:09:00     9
           2021-09-02 00:26:00    21
           Freq: 17T, dtype: int64
```

需要注意，当origin为“end”或“end_day”时，label和closed的参数默认值都为“right”。其原因在于当使用逆向的重采样时，我们往往认为最后一个节点的时间戳标签是有意义的，故此时label被设为右端点。另外，如果区间为左闭右开，那么最后一个端点在origin取“end”时会被单独分为一组，这与常规的聚合思路相悖，而将closed设为“right”就能保证计算意义上的合理性。如果想要对这种规则做出修改，只需对参数label或closed进行调整。

此外，当resample使用“M”“A”“Q”“BM”“BA”“BQ”“W”这7个freq字符串时，参数label和closed也都以“right”为默认值。现以“M”为例分析其原因，“M”以月末最后一天为分割点，如果采用左闭右开，此时每月的最后一天都会参与下一个月除最后一天之外的聚合，这是不合乎逻辑的。下面的这个简单例子就体现了这一点：

```
In [101]:  idx = pd.to_datetime(["20210930", "20211001", "20211031"])
           s = pd.Series([1]*3, index=idx)
           s
```

```
Out[101]:  2021-09-30    1
           2021-10-01    1
           2021-10-31    1
           dtype: int64
```

```
In [102]:  s.resample("M").sum()
```

```
Out[102]:  2021-09-30    1
           2021-10-31    2
           Freq: M, dtype: int64
```

```
In [103]: s.resample("M", closed="left", label="left").sum()
Out[103]: 2021-09-30    2
          2021-10-31    1
          Freq: M, dtype: int64
```

10.4.3 特殊连接

merge_ordered()和 merge_asof()常用于以有序变量为键的合并，其参数中的 on、left_on、right_on、suffix 和第 6 章中 merge()的参数的含义完全一致。但这两个函数的侧重点不同：merge_ordered()以将连接、插值和分组进行打包为特色，而 merge_asof()以模糊连接为特色。

我们首先来说明 merge_ordered()的用法。下面构造了两个表，想要按照表 1 的 group 进行分组，以 time 列为键对表 2 进行外连接，同时对连接结果按照键排序，如果组内连接出现缺失值则用前面的元素填充。

```
In [104]: df1 = pd.DataFrame({
              "time": pd.to_datetime([
                  "20200101", "20200102", "20200102", "20200104", "20200101", "20200103",
              ]),
              "left_val": range(6),
              "group": list("aabbcc")
          })
          df1
Out[104]:         time  left_val  group
          0 2020-01-01         0      a
          1 2020-01-02         1      a
          2 2020-01-02         2      b
          3 2020-01-04         3      b
          4 2020-01-01         4      c
          5 2020-01-03         5      c
In [105]: df2 = pd.DataFrame({
              "time": pd.date_range("20200101", "20200104"),
              "right_val": list("ABCD")
          })
          df2
Out[105]:         time  right_val
          0 2020-01-01          A
          1 2020-01-02          B
          2 2020-01-03          C
          3 2020-01-04          D
```

我们可以如下写出对应的分组策略：

```
In [106]: res = df1.groupby("group").apply(
              lambda x: x.merge(df2, on="time", how="outer").sort_values("time").ffill())
          res.group = res.index.get_level_values("group")
          res = res.reset_index(drop=True)
          res
Out[106]:         time  left_val  group  right_val
          0 2020-01-01       0.0      a          A
          1 2020-01-02       1.0      a          B
          2 2020-01-03       1.0      a          C
```

```
3 2020-01-04      1.0      a        D
4 2020-01-01      NaN      b        A
5 2020-01-02      2.0      b        B
6 2020-01-03      2.0      b        C
7 2020-01-04      3.0      b        D
8 2020-01-01      4.0      c        A
9 2020-01-02      4.0      c        B
10 2020-01-03     5.0      c        C
11 2020-01-04     5.0      c        D
```

使用 merge_ordered()则能简洁地完成同样的操作：

In [107]:
```
pd.merge_ordered(df1, df2, on="time", left_by="group", how="outer",
fill_method="ffill")
```

Out[107]:
```
         time  left_val  group  right_val
0  2020-01-01       0.0      a          A
1  2020-01-02       1.0      a          B
2  2020-01-03       1.0      a          C
3  2020-01-04       1.0      a          D
4  2020-01-01       NaN      b          A
5  2020-01-02       2.0      b          B
6  2020-01-03       2.0      b          C
7  2020-01-04       3.0      b          D
8  2020-01-01       4.0      c          A
9  2020-01-02       4.0      c          B
10 2020-01-03       5.0      c          C
11 2020-01-04       5.0      c          D
```

下面我们来介绍 merge_asof()，它是一个左连接函数，其功能为键的模糊匹配。假设现在有一个整点时间序列记录表，一个任意时间戳的时间序列记录表：

In [108]:
```
df1 = pd.DataFrame(
    {"Time": pd.to_datetime(
        ["20210901 0%d:00:00"%(i+1) for i in range(5)])})
df1
```

Out[108]:
```
                 Time
0 2021-09-01 01:00:00
1 2021-09-01 02:00:00
2 2021-09-01 03:00:00
3 2021-09-01 04:00:00
4 2021-09-01 05:00:00
```

In [109]:
```
df2 = pd.DataFrame({
    "Time": pd.to_datetime(
      ["20210901 00:55:00", "20210901 01:23:00",
       "20210901 02:59:00", "20210901 03:00:00",
       "20210901 04:35:00"]),"Value": [1,2,3,4,5]})
df2
```

Out[109]:
```
                 Time  Value
0 2021-09-01 00:55:00      1
1 2021-09-01 01:23:00      2
2 2021-09-01 02:59:00      3
3 2021-09-01 03:00:00      4
4 2021-09-01 04:35:00      5
```

现在想要对左右表进行匹配，如果使用 merge() 函数就只能匹配到完全一致的时间：

```
In [110]: df1.merge(df2, how="left", on="Time")
Out[110]:                  Time  Value
          0 2021-09-01 01:00:00    NaN
          1 2021-09-01 02:00:00    NaN
          2 2021-09-01 03:00:00    4.0
          3 2021-09-01 04:00:00    NaN
          4 2021-09-01 05:00:00    NaN
```

我们来使用 merge_asof()，并指定 direction 为“backward”，以表示对表 1 中某一个时间戳的数值用表 2 中不超过该时间戳的最大时间戳对应的数值填充。例如表 1 中 01:00:00 的值在表 2 中用 00:55:00 的值填充，表 1 中 03:00:00 的值在表 2 中用 03:00:00 的值填充。

```
In [111]: pd.merge_asof(df1, df2, on="Time", direction="backward")
Out[111]:                  Time  Value
          0 2021-09-01 01:00:00      1
          1 2021-09-01 02:00:00      2
          2 2021-09-01 03:00:00      4
          3 2021-09-01 04:00:00      4
          4 2021-09-01 05:00:00      5
```

如果对完全匹配的时间戳不进行连接，即对表 1 中某一个时间戳的数值用表 2 中严格小于该时间戳的最大时间戳对应的数值填充，可以指定 allow_exact_matches 为 False：

```
In [112]: pd.merge_asof(df1, df2, on="Time", direction="backward",
                        allow_exact_matches=False)
Out[112]:                  Time  Value
          0 2021-09-01 01:00:00      1
          1 2021-09-01 02:00:00      2
          2 2021-09-01 03:00:00      3
          3 2021-09-01 04:00:00      4
          4 2021-09-01 05:00:00      5
```

参数 direction 还可以选择“forward”或“nearest”，分别代表使用不小于待填充时间戳的时间戳的对应数值填充以及使用距待填充时间戳最近的时间戳的对应数值填充，这里不再演示。

如果想要控制两个匹配时间戳之间的时间差，即对相差太大的时间戳不进行连接，可以使用参数 tolerance。例如对前后时间差不超过 30 分钟的最近记录进行合并：

```
In [113]: pd.merge_asof(df1, df2, on="Time",
              tolerance=pd.Timedelta("30min"), direction="nearest")
Out[113]:                  Time  Value
          0 2021-09-01 01:00:00    1.0
          1 2021-09-01 02:00:00    NaN
          2 2021-09-01 03:00:00    4.0
          3 2021-09-01 04:00:00    NaN
          4 2021-09-01 05:00:00    5.0
```

练一练 Ex10-10

对 merge_asof()而言，只需要保证键是有序且可比较的，因此整数和浮点数的模糊匹配也是可以进行的。请举出一个非时序的例子来说明参数选择对合并结果的影响。

10.5 习题

1. 太阳辐射数据的时间序列分析

现有一个关于太阳辐射的数据集：

```
In [114]: df = pd.read_csv('data/ch10/solar.csv',
                           usecols=['Date','Time','Radiation','Temperature'])
          df.head(2)
Out[114]:                     Date      Time  Radiation  Temperature
          0 9/29/2016 12:00:00 AM  23:55:26       1.21           48
          1 9/29/2016 12:00:00 AM  23:50:23       1.21           48
```

（1）将 Date 和 Time 列合并为一个时间列 Datetime，同时把它作为索引后排序。

（2）每条记录的时间间隔显然并不一致，请解决如下问题。

- 找出间隔时间的前 3 个最大值所对应的 3 组时间戳。
- 是否存在一个大致的范围，使得绝大多数的间隔时间都落在这个区间内？如果存在，请根据此范围内样本的间隔秒数画出直方图，设置 bins=50（直方图的画法可参考 11.1.1 节）。

（3）求如下指标对应的 Series。

- 温度与辐射量的 6 小时滑动相关系数。
- 该观测所在时间区间的温度均值序列（以 3 点、9 点、15 点、21 点为分割点）。
- 每条观测记录 6 小时前的辐射量（一般而言不会恰好取到，此时取最近时间戳对应的辐射量）。

2. 水果销量分析

现有一个 2019 年每日水果销量记录表：

```
In [115]: df = pd.read_csv('data/ch10/fruit.csv')
          df.head(2)
Out[115]:         Date  Fruit  Sale
          0 2019-04-18  Peach    15
          1 2019-12-29  Peach    15
```

（1）统计如下指标。

- 每月上半月（15 日及之前）与下半月葡萄销量的比值。
- 每月最后一天的生梨销量总和。
- 每月最后一个工作日的生梨销量总和。
- 每月最后 5 天的苹果销量均值。

（2）按月计算周一～周日各品种水果的平均记录条数（例如苹果在 1 月的 4 个周一记录条数分别为 13、10、12 和 11，则其平均记录条数为 11.5），行索引外层为水果名称，内层为月份，列索引为星期。

（3）按天计算向前 10 个工作日窗口的苹果销量均值序列，非工作日的值用上一个工作日的结果填充。

3. 使用 Prophet 进行时序预测

Prophet 是一个用于时间序列数据预测的工具包，它对周期性或趋势性的时间序列数据具有良好的拟合预测能力，通过如下 pip 命令可进行安装：

```
$ pip install prophet
```

Prophet 模型假设目标变量 $y(t)$ 可以被分解为 3 个部分：

$$y(t) = g(t) + s(t) + h(t) + \epsilon$$

其中，$g(t)$ 为趋势函数，$s(t)$ 为周期函数，$h(t)$ 为节假日效应函数，ϵ 为随机误差。Prophet 默认使用分段线性函数（自动检测分段点）来表示 $g(t)$ 部分，使用有限项傅里叶级数来表示 $s(t)$ 部分。$h(t)$ 有关节假日相关的操作请读者自行在官方文档查询相关操作。

data/ch10/prophet_ts1.csv 中存放了一条时间序列的相关特征，使用 matplotlib（第 11 章将详细介绍）进行可视化后可以发现图 10.5 的趋势可被分为 3 段，每段都以年为周期变化：

```
In [116]:  import matplotlib.pyplot as plt
           df = pd.read_csv("data/ch10/prophet_ts1.csv", parse_dates=["ds"])
           plt.scatter(df.ds, df.y, s=0.1)
```

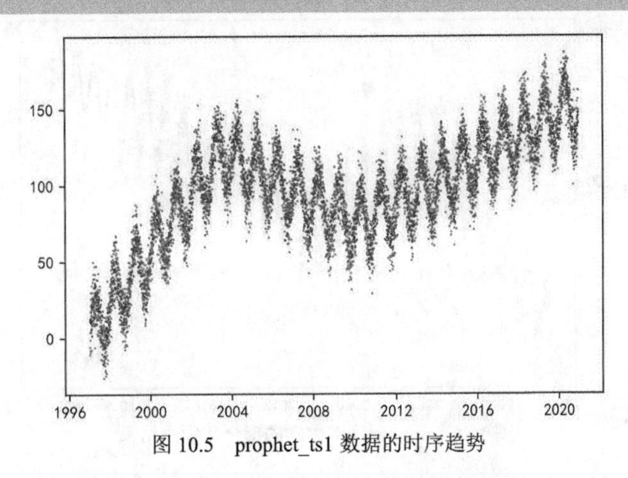

图 10.5 prophet_ts1 数据的时序趋势

此时，可以用 Prophet 进行以年（365 天）为周期的模型拟合：

```
In [117]:  from prophet import Prophet
           # 关闭所有预设的周期
           model = Prophet(
               weekly_seasonality=False,
               yearly_seasonality=False,
               daily_seasonality=False,
               # 模型可以自动检测分段点，也可以手动添加
               # changepoints=['2003-07-29', "2010-02-22"],
           )
           # 人工添加 365 天的年周期，fourier_order 表示傅里叶级数的阶数，参数可调节
           # 此外，可以添加多种周期性，例如先添加 365 的年周期，再添加 7 的周周期
           # 此时 s(t) = s_{year}(t) + s_{week}(t)
           model.add_seasonality(name='year_change', period=365, fourier_order=3)
           model.fit(df)
```

接着，使用模型对后续 4 年的情况进行预测：

```
In [118]:  future = model.make_future_dataframe(periods=365*4)
           res = model.predict(future)[['ds', 'yhat']]
```

用红色表示对过去的拟合曲线，用蓝色表示对未来的预测曲线，绘制结果，如图 10.6 所示（见彩插 6）。

```
In [119]:  plt.scatter(df.ds, df.y, s=0.1)
           plt.plot(res.ds[:df.shape[0]], res.yhat[:df.shape[0]], c="Red")
           plt.plot(res.ds[df.shape[0]:], res.yhat[df.shape[0]:], c="Blue")
```

但有些时候数据特征的周期振幅会随着时间变化，例如在 data/ch10/prophet_ts2.csv 中，越靠后的年份波动性越强，可视化情况如图 10.7 所示。

```
In [120]:  df = pd.read_csv("data/ch10/prophet_ts2.csv", parse_dates=["ds"])
           plt.scatter(df.ds, df.y, s=0.1)
```

默认情况下 Prophet 使用加法模型，即参数 seasonality_mode 为 additive，此时可以将其更改为 multiplicative，表示乘法模型，即：

$$y(t) = g(t) + g(t) \times s(t) + h(t) + \epsilon$$

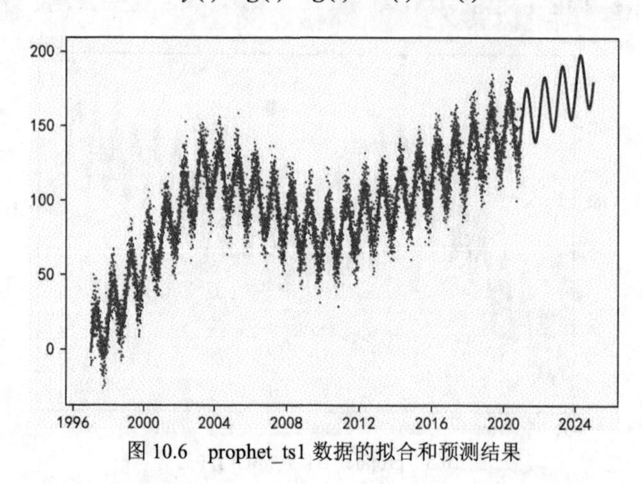

图 10.6　prophet_ts1 数据的拟合和预测结果

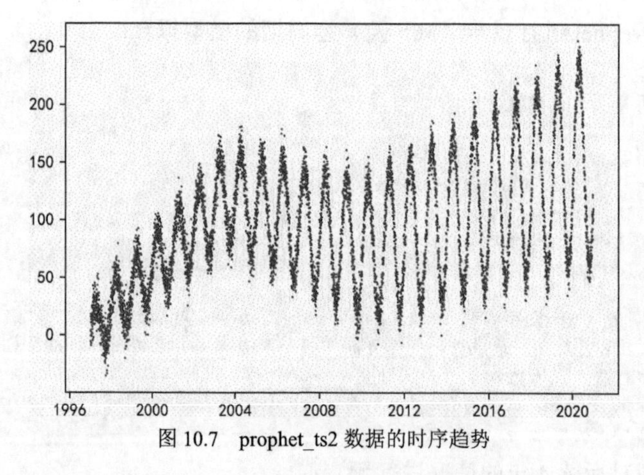

图 10.7　prophet_ts2 数据的时序趋势

此时，仿照上述过程进行拟合，仍然用蓝色和红色来对结果区分未来预测和历史拟合，可视化效果如图 10.8 所示（见彩插 7）。

In [121]:
```
model = Prophet(
    weekly_seasonality=False,
    yearly_seasonality=False,
    daily_seasonality=False,
    seasonality_mode="multiplicative"
)
model.add_seasonality(name='year_change', period=365, fourier_order=3)
model.fit(df)
future = model.make_future_dataframe(periods=365*4)
res = model.predict(future)[['ds', 'yhat']]
plt.scatter(df.ds, df.y, s=0.1)
plt.plot(res.ds[:df.shape[0]], res.yhat[:df.shape[0]], c="Red")
plt.plot(res.ds[df.shape[0]:], res.yhat[df.shape[0]:], c="Blue")
```

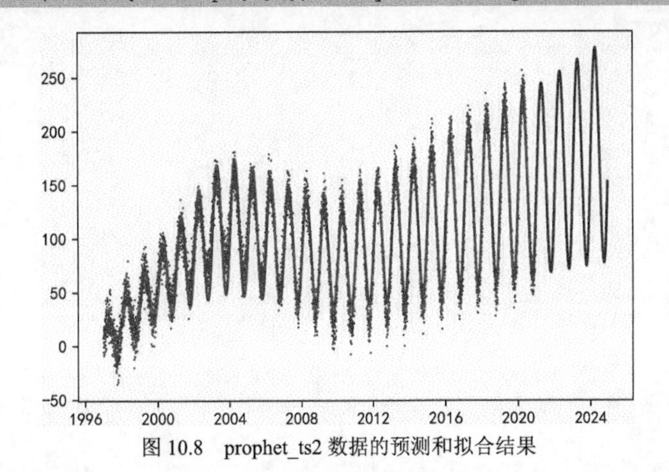

图 10.8　prophet_ts2 数据的预测和拟合结果

data/ch10/prophet_data.csv 中存放了 8 组 1985 年 1 月～2017 年 12 月的时序特征，请完成以下任务。

（1）以 1985 年 1 月～2014 年 12 月的数据为训练集，以 2015 年 1 月～2017 年 12 月的数据为验证集，以均方误差（MSE）为评价指标，分别对 8 组时序特征选择对应的模型最优参数，可调节的参数包括但不限于分割点 changepoints、模型形式 seasonality_mode 以及通过 add_seasonality 添加的潜在周期模式。

（2）分别对 8 组时序特征进行预测，预测范围为 2018 年 1 月～2021 年 12 月。

第四部分

进阶实战

第 11 章

数据观测

前 10 章系统地介绍了利用 pandas 处理各类数据任务的方法，采用的介绍模式为抛出一个具体的数据处理问题，再编写相应代码来解决这个问题。但事实上，在现实环境的数据分析中，这些问题并不会事先就存在。因此，需要一套高效且能够广泛应用于绝大多数结构化数据的认知方法。

我们常说数据和特征决定了机器学习的上限，而模型和算法只能逼近这个上限。对应到现实的利用机器学习的实践流程中，一些第三方库已经为我们封装了部分模型，但我们对数据的认知与处理过程往往会占最多的工作量，在其上所耗费的时间甚至可能远超过搭建模型的时间。

清晰的数据分析思路有利于我们快速建立对数据集的宏观认识，同时为构造有效且多样的数据特征打下了基础。在数据特征较多时，“看什么”和“怎么看”是两个棘手的问题，我们很难一下子抓住整个数据集的核心，过于详细或过于粗略且无目的地浏览数据并不是一个高效的选择，这样做往往会使我们迷失在无尽的数据中。

进行数据观测的目的是帮助我们快速建立对未知数据模式的有效观察，更好地在数据分析中抓住要点，同时也为实现将在第 12 章中介绍的特征工程打下基础。本章首先介绍常规的可视化方法，再从数据的类型、统计量和分布这 3 个角度来阐述数据观测的策略，最后介绍 pandas-profiling 包的使用方法。

11.1 可视化方法

相较于通过数字和符号记录的数据，人们常常会对可视化后的数据留有更为深刻的印象，这种印象可能主要来自数据中的某些内含趋势（如带有回归线的散点图）、通过颜色或大小反映出的数据分布差异（如热力图或气泡图）、不同组之间的可视化对比结果（如分组折线图）等。本节将从基本绘图、常用元素控制以及子图绘制方法这 3 个角度来阐述基本的可视化方法。

11.1.1 基本绘图

matplotlib 是 Python 数据科学生态中负责可视化的第三方库之一，其中的 pyplot 模块封装了许多与绘图相关的方法，它能够帮助我们快速地绘制单张图片。导入相应的包：

```
In [1]:  import numpy as np
         import pandas as pd
         import matplotlib.pyplot as plt
         np.random.seed(0)
```

为了支持中文显示，需要进行一些参数配置：

```
In [2]:  plt.rcParams['font.sans-serif'] = ['SimHei']    # 用来正常显示中文标签
         plt.rcParams['axes.unicode_minus'] = False      # 用来正常显示负号
```

在绘图之前，首先应明确需要绘制的数据的类型和维度。此处，我们主要以数值型变量和类别型变量来区分数据类型，并且按照数据的维度来介绍对应的绘图方法。

1. 一维数据

对于数值型的一维数据，我们可以使用直方图、箱线图来展示数据的分布。直方图结果如图 11.1 所示。

```
In [3]:  data = np.random.randn(100)
         _ = plt.hist(data)
```

练一练 Ex11-1

事实上，hist()函数是有返回值的，只不过在大多数情况下用户并不关心。Python 常把不需要的返回值赋给“_”变量，此处也正是这样做的。请观察 hist()的返回值，并尝试说明其含义。

直方图的常用参数有 align（left 表示柱子中心位于箱子的左边缘、mid 表示位于中间、right 表示位于右边缘）、rwidth（柱子的宽度占 bins 宽度的比例）、bins（分箱的个数）、density（是否进行频率归一化处理）、color（箱子颜色）、edgecolor（外框颜色）、alpha（透明度）。在 matplotlib 中可用颜色的设定可以在 matplotlib 官网的 Tutorials 页面中查到。下面是一个直方图的参数设置代码，结果如图 11.2 所示。

```
In [4]:  _ = plt.hist(data,align='mid',rwidth=0.8,bins=10,density=True,
                      color="cornsilk",edgecolor="black",alpha=0.8)
```

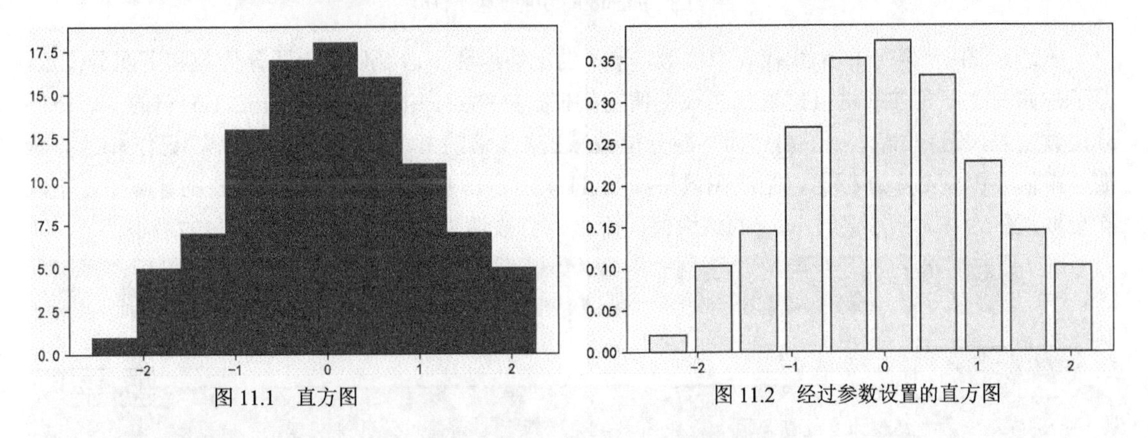

图 11.1 直方图　　图 11.2 经过参数设置的直方图

在 matplotlib 中，表示颜色的字符串可参考图 11.3（见彩插 8）。

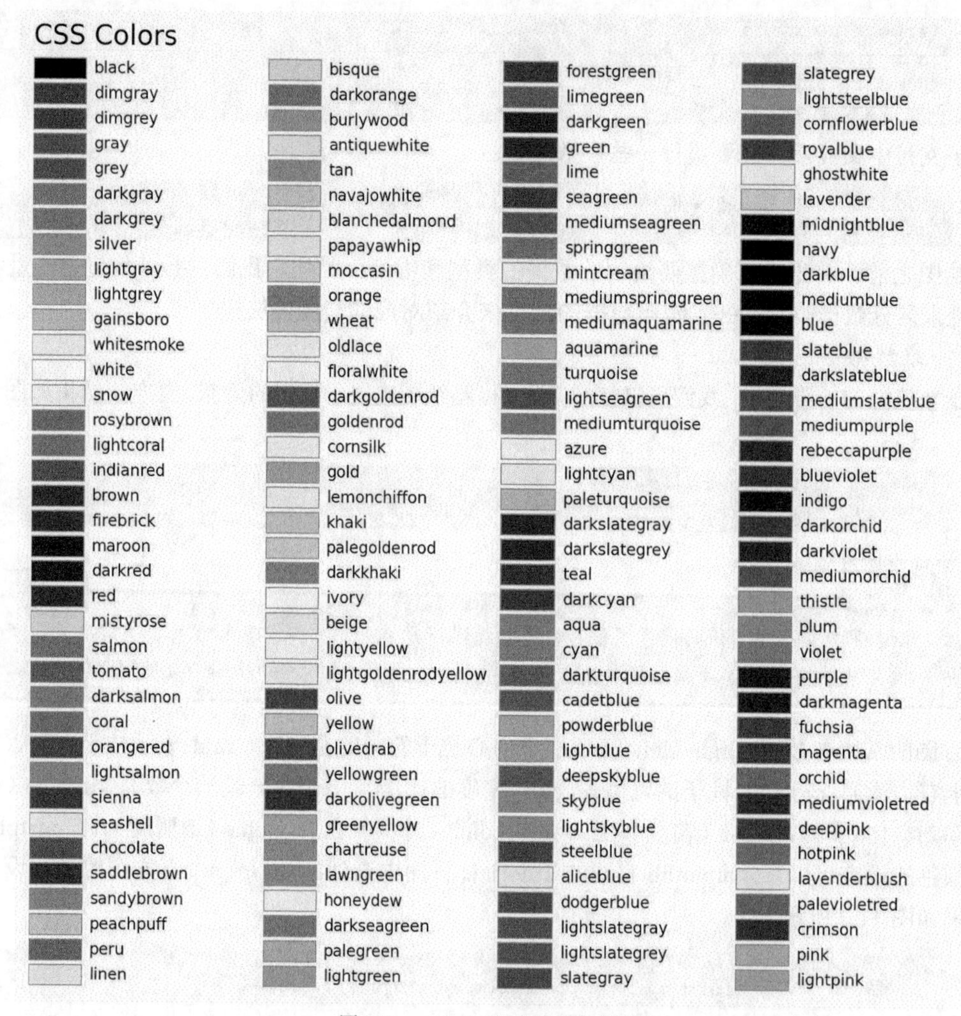

图 11.3 matplotlib 中的颜色字符串

在箱线图中，箱子的中线代表中位数，箱子的上边缘和下边缘代表上四分位数和下四分位数，箱子外侧的上下延伸线端点位置代表极端值的阈值，上端点为上四分位数加上 1.5 倍的上、下四分位数之差，记作 w_{high}，下端点为下四分位数减去 1.5 倍的上、下四分位数之差，记作 w_{low}，极端异常值会用空心小球标记。箱线图效果如图 11.4 所示，并且在实际 matplotlib 的计算中，上端点会被调整为样本中不超过 w_{high} 的最大值，下端点会被调整为样本中不低于 w_{low} 的最小值。

In [5]:
```
data = data.tolist() + [2,3,4] # 引入一些较大的值
_ = plt.boxplot(data)
```

练一练 Ex11-2

在图 11.4 中，数据值为 2 的新增样本点没有被判定为异常，请通过计算说明理由。

若数值型数据是有序排列的，例如时间序列数据，那么我们可以使用图 11.5 所示的折线图来体现数据的变化趋势：

In [6]:
```
idx = pd.date_range("20210101", "20211231", freq="W")
data = pd.Series(np.random.randint(-1,2,idx.shape[0]).cumsum(), idx)
plt.plot(data)
```

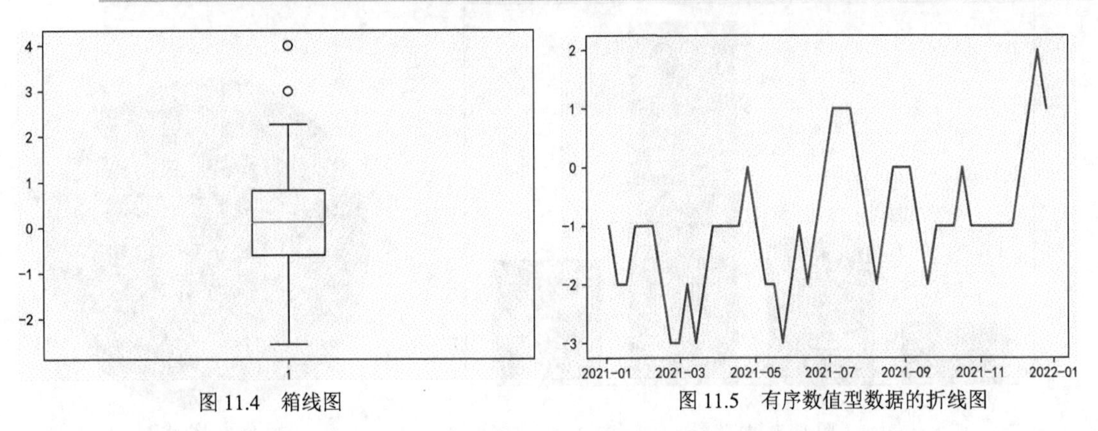

图 11.4　箱线图　　　　图 11.5　有序数值型数据的折线图

plt.plot()函数的一些常用参数有 linewidth（线的粗细）、linestyle（折线的类型，包括实线“-”和虚线“--”）、color（线的颜色）、marker（每个数据点使用的标记符号，如点记号“.”和菱形记号“D”），这些参数的可选项可以在 matplotlib 官网中通过搜索“pyplot.plot”找到。plt.plot()的绘图示例如图 11.6 所示。

In [7]:
```
_ = plt.plot(data, linewidth=2.0, color="black", marker="D", linestyle="--")
```

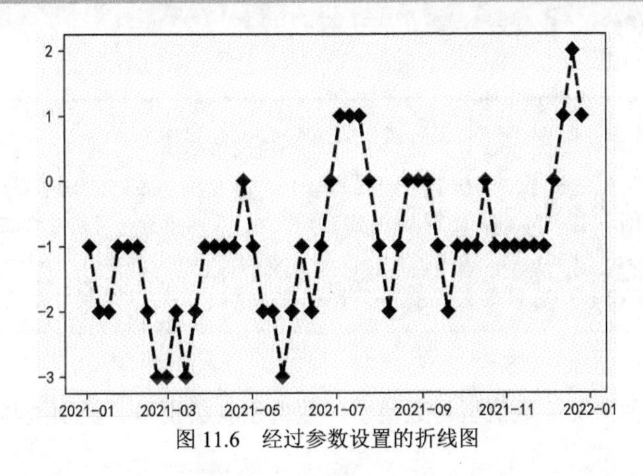

图 11.6　经过参数设置的折线图

练一练　Ex11-3

请尝试不同参数的组合，观察 plt.plot()的绘图结果。

对于类别型的一维数据，我们可以使用图 11.7 所示的柱状图和图 11.8 所示的饼状图来展示数据的分布：

```
In [8]:  s = pd.Series(np.random.choice(list("ABCD"), size=100, p=[0.1,0.2,0.5,0.2]))
         data = s.value_counts().sort_index()
         _ = plt.bar(data.index, data.values)
```

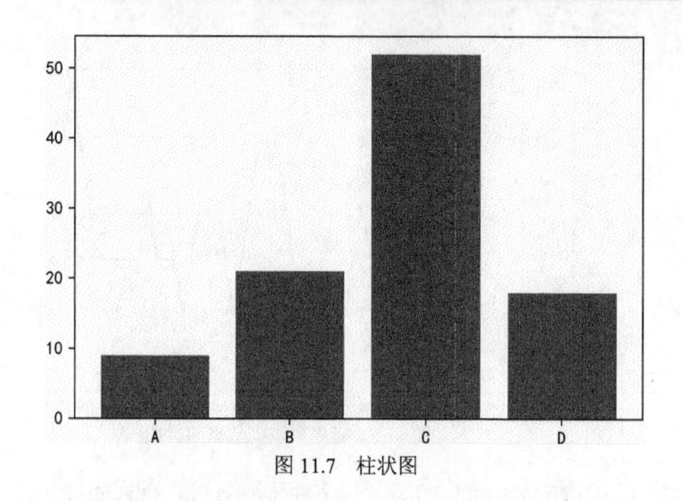

图 11.7　柱状图

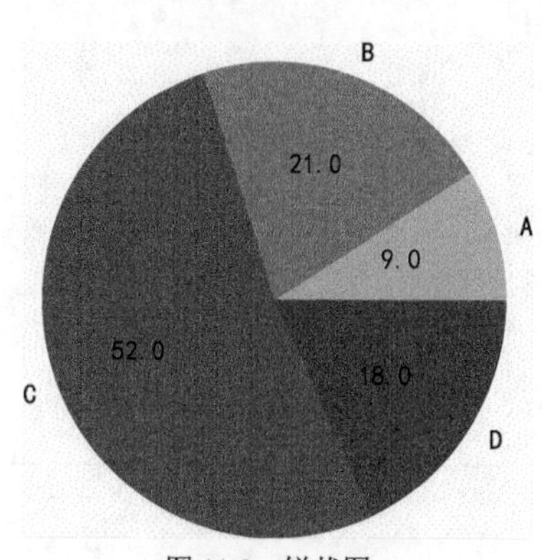

图 11.8　饼状图

练一练　Ex11-4

请对比柱状图和直方图，总结它们之间的区别和联系。

```
In [9]:  _ = plt.pie(data.values,labels=data.index)
```

练一练　Ex11-5

在 pie()函数中，可以将参数 autopct 设定为一个有单个输入值的函数，其输入值含义是每个类别的占比乘以 100，其输出值为字符串。若想在饼状图的每一个部分添加占比的数字描述，可以令该参数为 lambda p: "%.1f%%"%p，其中%.1f 将 p 保留一位小数，%%表示百分号（%自身在 Python 格式化字符中需要通过两个%转义）。如果现在想要把描述改为“占比(个数)”的格式（例如当前类别占比 5%，共计样本 10 个，保留 2 位小数，那么就应当显示为“5.00% (10)”），请利用参数 autopct 实现。

2. 二维数据

二维数据内含 3 种情况：数值型与数值型、数值型与类别型、类别型与类别型。在可视化时应当运用不同的策略。

对于数值型与数值型的二维数据，我们可以使用图 11.9 所示的散点图和图 11.10（见彩插 9）所示的密度图（需要安装 seaborn）：

```
In [10]:  data = np.random.randn(30, 2)
          _ = plt.scatter(data[:,0], data[:,1])
In [11]:  import seaborn as sns
          df = pd.DataFrame(data, columns=["x", "y"])
```

```
# shade=True 表示在密度曲线下方的区域中增加阴影
sns.kdeplot(data=df, x="x", y="y", cmap="Reds", shade=True)
```

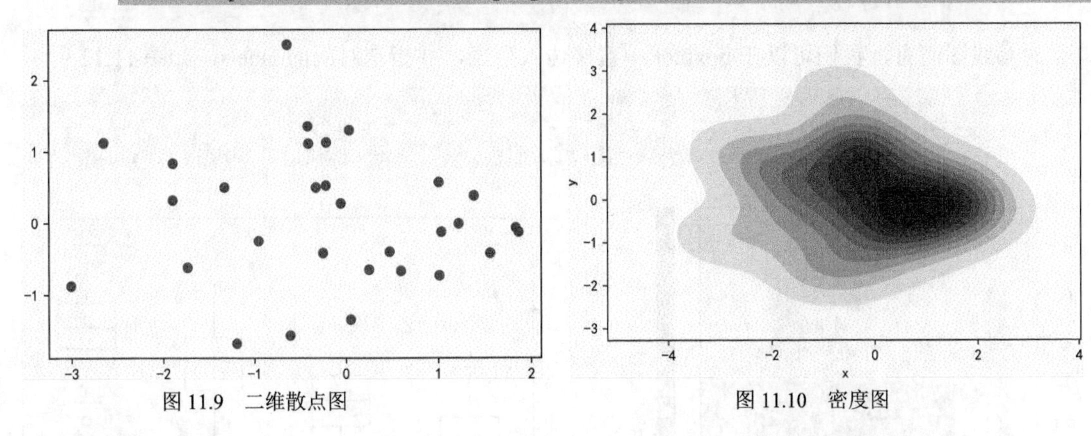

图 11.9 二维散点图

图 11.10 密度图

注解

cmap 指颜色映射，其选项可参见 matplotlib 网站的 Tutorials 页面中有关 Colormaps 的内容。

对于类别型与类别型的二维数据，我们一般会统计类别组合的频数，将其用图 11.11（见彩插 10）所示的热力图来表示：

```
In [12]:  p = [0.1,0.2,0.5,0.2]
          s1 = pd.Series(np.random.choice(list("ABCD"), size=100, p=p),name="s1")
          s2 = pd.Series(np.random.choice(list("wxyz"), size=100, p=p),name="s2")
          df = s1.to_frame().assign(s2=s2).assign(s3=0)
          df.head()
```

```
Out[12]:    s1 s2 s3
          0  D  x  0
          1  C  x  0
          2  C  x  0
          3  C  x  0
          4  C  y  0
```

```
In [13]:  res = df.pivot_table(index="s1", columns="s2", values="s3", aggfunc="count")
          res
```

```
Out[13]:  s2   w    x     y    z
          s1
          A   3.0  4.0   8.0 2.0
          B   3.0  3.0  10.0 4.0
          C   4.0 12.0  25.0 8.0
          D   NaN  4.0   7.0 3.0
```

```
In [14]:  plt.imshow(res, cmap="Reds")
          plt.colorbar()
```

对于数值型与类别型的二维数据，我们主要通过（根据类别型变量的）分组绘图来进行表示。

```
In [15]:  df = pd.concat([
              pd.DataFrame({"num":np.random.randn(100)-1.5, "cat":"A"}),
              pd.DataFrame({"num":np.random.randn(100)-0.5, "cat":"B"}),
```

```
    pd.DataFrame({"num":np.random.randn(100)+0.5, "cat":"C"}),
    pd.DataFrame({"num":np.random.randn(100)+1.5, "cat":"D"})
])
```

对箱线图而言，我们可以在 boxplot 中直接传入列表，并指定对应的 labels，如图 11.12 所示。

```
In [16]:  labels = df.cat.unique()
          _ = plt.boxplot(
              [df.loc[df.cat==i, "num"].tolist() for i in labels], labels=labels)
```

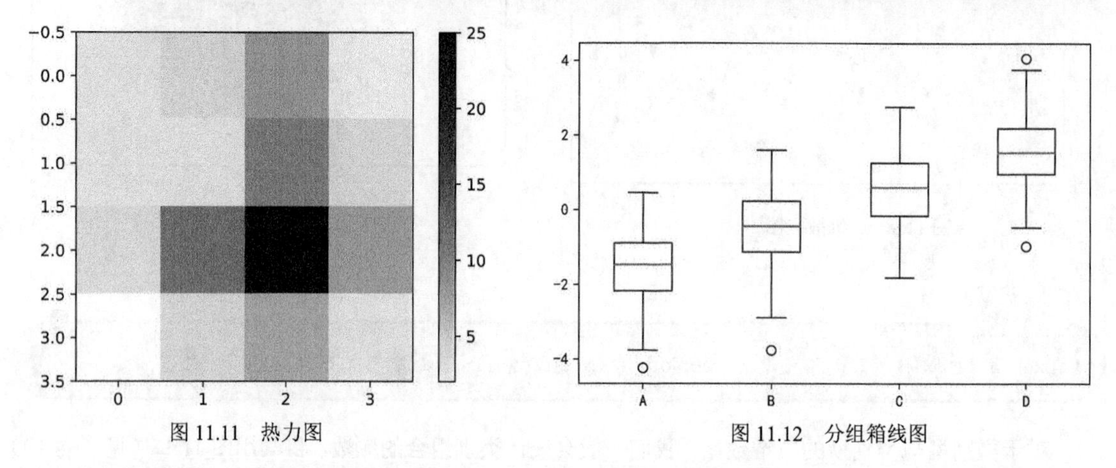

图 11.11 热力图

图 11.12 分组箱线图

对直方图而言，我们可以多次调用 hist()方法，用颜色来区分不同的组。绘制效果如图 11.13 所示（见彩插 11）。

```
In [17]:  c = ["red", "blue", "yellow", "green"]
          for i, color in zip(df.cat.unique(), c):
              temp = df.query("cat==@i")
              plt.hist(temp.num, color=color, alpha=0.5, rwidth=0.9)
```

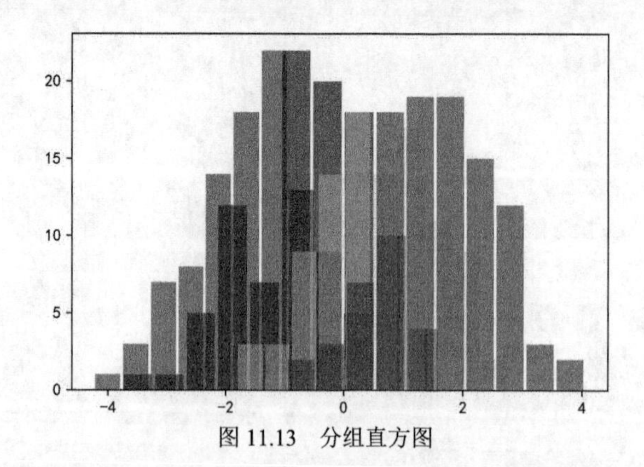

图 11.13 分组直方图

3. 高维数据

我们生活在三维空间中，实现高维数据的可视化是困难的，一个可行的策略是进行数据降维，但这会不可避免地损失原始数据中的部分信息。然而，我们仍然有一些可以利用二维平面来表示高维数据的方法。

注解

matplotlib 和其他部分第三方库（如 seaborn 和 plotly）都提供了关于三维数据的绘图功能，但由于数据分析中较少用到三维数据的可视化，在绝大多数情况下我们绘制的仍然是平面图形，因此不对其进行介绍，有兴趣的读者可以自行阅读相关文档。

虽然我们不能在空间上增加维度，但是我们可以通过形状、颜色、标记点大小、线条的类型以及图形的区域划分等其他维度的变化来反映高维数据。

例如对散点图而言，我们可以通过横纵坐标、颜色和散点大小的组合来进行四维数据的绘制。下面的代码中，s 表示散点半径的相对大小，c 和 cmap 的联合使用表示将 c 中的数据映射到颜色带上。图 11.14 给出了一个具体的例子（见彩插 12）。

```
In [18]:  data = pd.DataFrame(np.random.randn(30,4))
          plt.scatter(data.values[:,0], data.values[:,1],
                      s=data.values[:,2]*1000, alpha=0.8,
                      c=data.values[:,3]+1, cmap="Reds")
```

练一练　Ex11-6

如果上述 data 是五维的，我们还能通过何种策略来体现第五个维度的数据取值？

再如对折线图而言，如图 11.15 所示，可通过控制线条颜色和线类型来进行区分（见彩插 13）。

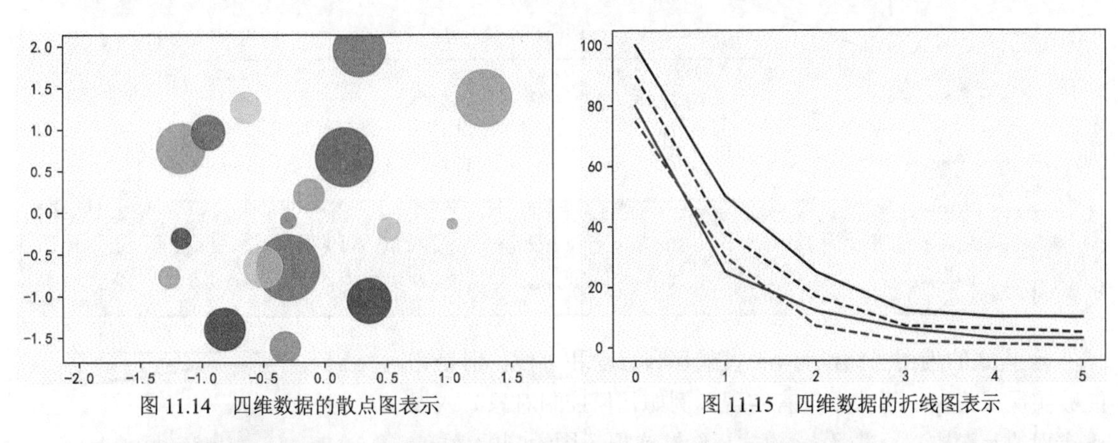

图 11.14　四维数据的散点图表示　　图 11.15　四维数据的折线图表示

```
In [19]:  feature1 = np.array([0,1,2,3,4,5]).repeat(4).reshape(6,-1).T
          feature2 = [[100,50,25,12,10,10],[80,25,12,6,3,3],[90,38,17,7,6,5],[75,30,7,
          2,1,0.5]]
          feature3 = ["-","-","--","--"]
          feature4 = ["Blue","Red","Blue","Red"]
          for i in range(4):
              plt.plot(feature1[i], feature2[i], linestyle=feature3[i], c=feature4[i])
```

总之，我们可以通过控制绘图上的一些相关参数来进行高维数据的低维展示。

练一练 Ex11-7

在高维数据中，类别型数据和数值型数据的展示方式是不同的。请分别总结一些相应的展示策略，构造相应的例子并进行绘图。

11.1.2 元素控制

除了基本的绘图功能，我们还希望实现对图像元素细节的控制。本节将介绍 3 类控制对象，它们分别是几何控制对象、注解控制对象以及标签控制对象。在此之前，我们首先要介绍除 plt 模式之外的另一种作图方法，它被称为 ax 模式。图 11.16 通过 plt.subplots() 创建了一个 8×6 的画布对象 fig 和作图对象 ax，虽然函数名称 subplots 是子图的意思，但是由于默认使用的是 1×1 的子图，故等价于创建了一个完整的大图。简单来说，可以理解为一张画布（fig）可以包含多个绘图区（ax）。

```
In [20]:  fig, ax = plt.subplots(figsize=(8,6))     # figsize 指图片尺寸
          ax.plot([1,2,3], [1,2,3])
```

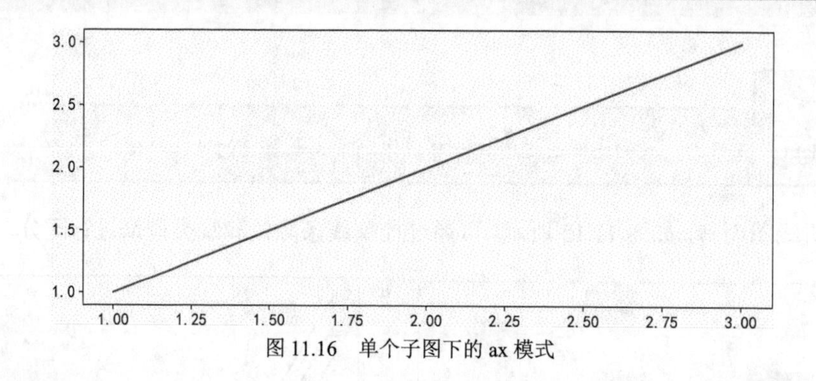

图 11.16 单个子图下的 ax 模式

练一练 Ex11-8

与 plt.hist()类似，用户也能通过 ax.hist()来进行绘图。先前介绍的基本绘图类型（boxplot、pie、bar 等）是否都能在 ax 对象上实现？请查阅 matplotlib.axes 模式对应的 API 文档，并给出例子说明。

ax 模式的使用虽然没有 plt 模式那么直观和方便，但是它能够实现某些 plt 模式下没有实现（例如几何控制对象）或很难实现的元素控制，并且 ax 模式还能够实现子图绘制的功能，这将在 11.1.3 节介绍。ax 对象上的作图方法和作图参数与 plt 对象上的是类似的，但是在元素控制上有所不同，下面我们将结合 3 类控制对象来介绍 ax 对象的用法。

几何控制对象使我们能够在图片上添加几何图形，图 11.17（见彩插 14）演示了多边形对象、矩形对象和圆形对象的使用，它们都是 matplotlib.patches 模块下的对象。

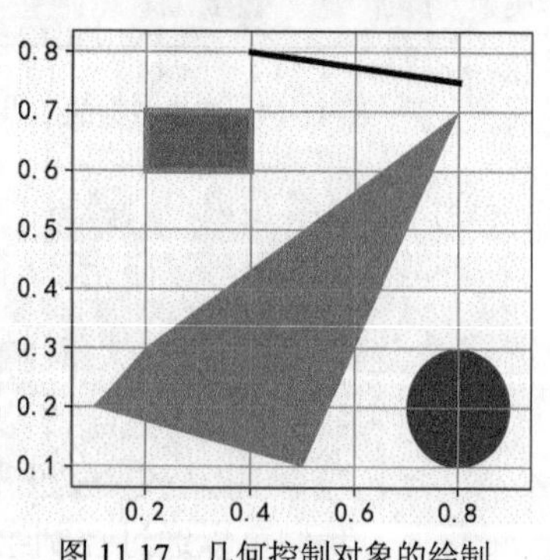

图 11.17 几何控制对象的绘制

In [21]:
```
from matplotlib.patches import Polygon, Rectangle, Circle
fig, ax = plt.subplots(figsize=(4,4))
patches = [
    # 多边形的输入是点的列表
    Polygon([[0.2,0.3],[0.8,0.7],[0.5,0.1],[0.1,0.2]],facecolor='r',alpha=0.5),
    # 矩形的输入是左下角坐标和矩形的宽和长
    Rectangle((0.2,0.6),0.2,0.1,facecolor='blue',alpha=0.5,edgecolor="red",
              linewidth=3),
    # 圆形给定中心和半径
    Circle((0.8,0.2), 0.1)
]
for patch in patches:
    ax.add_patch(patch)
ax.grid(True) # 增加网格线
plt.plot([0.4,0.8], [0.8,0.75], color="black", linewidth=3)
```

注解

我们注意到上面代码的最后一行仍然使用了 plt.plot()函数来绘制线段，并且正确地显示在了目标图上，这是因为当前 plt 默认的绘图对象和 ax 代表的区域是同一个。因此，我们可以同时利用两种模式作图。我们在 11.1.1 节直接使用 plt 作图时，matplotlib 其实已经在内部自动生成了对应的 fig 和 ax，不需要我们显式指定，但在 11.1.3 节进行子图绘制时，显式地写出 ax 对象就是必要的了。

在上面的案例中，我们多次循环调用 add_patch()，当 patch 较多时会存在性能问题。用户在某些情况下更希望把 patches 列表打包为一个图形的集合，统一绘制到画布区域上，此时可以通过 matplotlib.collections 模块中的 PatchCollection 对象来解决。图 11.18 给出了一个使用 PatchCollection 对象的例子。

In [22]:
```
from matplotlib.collections import PatchCollection
fig, ax = plt.subplots(figsize=(4,4))
patches = []
for i in range(21):
    patches.append(
        Circle((1-i**2/400, 1-i**2/400), 0.05, facecolor="black", alpha=i/20))
    patches.append(
        Rectangle((1-i/20, 1-i/20), i/20, i/20, alpha=1-i/20, facecolor="grey"))
collected_patches = PatchCollection(patches, match_original=True)
ax.add_collection(collected_patches)
```

在实际的绘图操作中，我们经常遇到绘制一系列多边形的需求，虽然仍然可以使用 add_collection 来避免 add_patch 的多次循环使用，但是仍然不可避免地需要提前把对应的 patches 先通过循环构造出来，在多边形较多时，这样的操作也是非常耗时的。此时，用户可以使用 collections 模块中的 PolyCollection 对象，其常用的构造参数为 verts、array 和 cmap，分别代表多边形列表，每个多边形对应的数值以及该数值对应的颜色映射。其中，多边形列表本身可以是 NumPy 数组，也可以是 Python 的列表（用于顶点数量不完全相同的一组多边形），其中每个多边形使用 $M\times2$ 的数组来表示，M 代表顶点个数，2 代表 x 轴和 y 轴位置。图 11.19（见彩插 15）给出了一个批量绘制 16 个正方形的例子，每个正方形占据一个 0.8×0.8 的网格，verts 对应的多边形数组大小为 16×4×2：

```
In [23]:  from numpy import expand_dims as ed
          # 构造16个正方形
          x = ed(np.array([.1,.1,.9,.9]), [0, 1])
          x = x + ed(np.repeat(np.arange(4), 4), [1, 2]) # 广播
          y = ed(np.array([.1,.9,.9,.1]), [0, 1])
          y = y + ed(np.repeat(np.arange(4), 4).reshape(4, -1).T.reshape(-1), [1, 2]) # 广播
          verts = np.swapaxes(np.concatenate([x, y], 1), -1, -2) # 交换最后两个维度
          from matplotlib.collections import PolyCollection
          fig, ax = plt.subplots(figsize=(4,4))
          # array取值越大越接近红色，越小越接近蓝色
          poly_collections = PolyCollection(verts, array=range(16), cmap="coolwarm",
          edgecolors='none')
          ax.add_collection(poly_collections)
          plt.colorbar(poly_collections, ax=ax)
          ax.set_xlim(0,4)
          ax.set_ylim(0,4)
```

此外，对于一个给定的多边形，要想判断一些点是否在其内部，可以使用 Path 对象和 contains_points()方法，如图 11.20 所示：

```
In [24]:  from matplotlib.path import Path
          points = np.array([[1,2], [2.5,2.5], [2,1], [1,1]])
          p = [[0,0], [0,3], [1,3], [3,1], [3,0]]
          fig, ax = plt.subplots(figsize=(4,4))
          ax.add_patch(Polygon(p, facecolor="none", edgecolor="black"))
          ax.scatter(points[:,0], points[:,1], c="black")
          ax.set_xlim(-.5,3.5)
          ax.set_ylim(-.5,3.5)
In [25]:  path_p = Path(p)
          path_p.contains_points(points)
Out[25]:  array([ True, False, True, True])
```

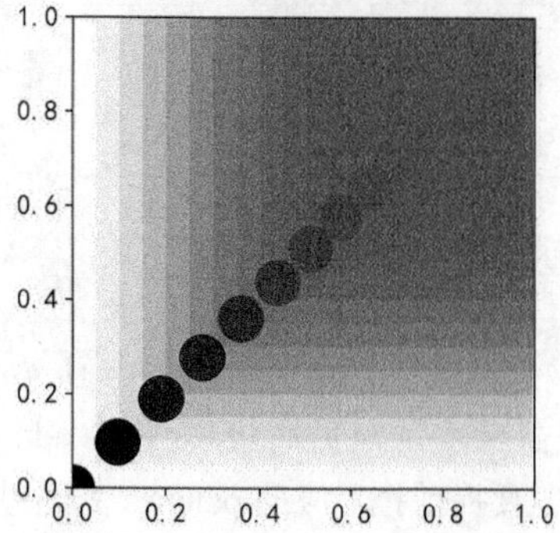

图 11.18 PatchCollection 对象的使用案例

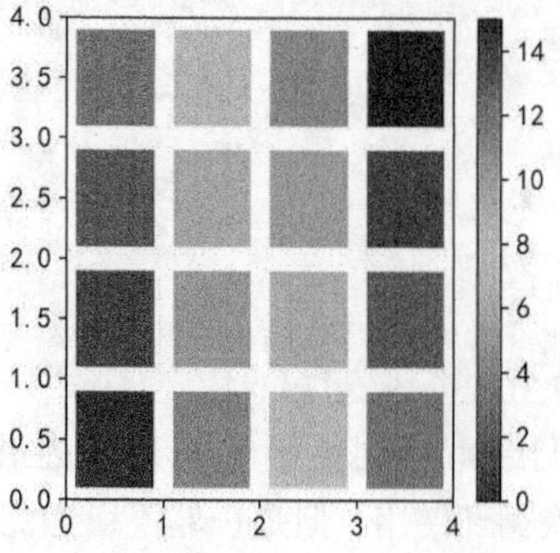

图 11.19 PolyCollection 对象的使用案例

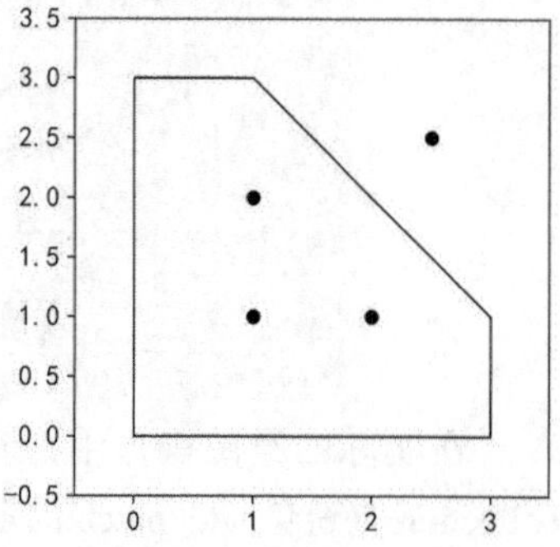

图 11.20 待判断样本的散点图与多边形边界

对直线绘制而言，ax 上有 axhline()、axvline()和 axline()方法。图 11.21 给出了相应的使用效果（见彩插 16）。

```
In [26]:  fig, ax = plt.subplots(figsize=(8.6))
          ax.axhline(0.4,0.2,0.8,c="red",linewidth=2)        # y值、x最小值、x最大值
```

```
ax.axvline(0.6,0.2,0.8,c="blue",linewidth=3)           # x值、y最小值、y最大值
ax.axline([0.3,0.3],[0.7,0.7],c="green",linewidth=4); # 绘制的直线经过给定的两点
```

注解控制对象包括文本对象、注释对象和箭头对象，它们分别可以由 ax 对象上的 text、annotate 和 arrow 实现。图 11.22（见彩插 17）展示了注解控制对象的使用效果。

```
In [27]:  fig, ax = plt.subplots(figsize(8,6)) # 下面的ax和plt可以替换
          ax.arrow(0, 0, 1, 1, # 起点和终点的横纵坐标
                   # 箭头顶部的宽和长
                   head_width=0.03, head_length=0.05,
                   facecolor='red', edgecolor='blue')
          ax.text(x=0, y=0,s='这是一段文字',
                  fontsize=16, rotation=70, color='green')
          ax.annotate('这是中点', xy=(0.5, 0.5), xytext=(0.8, 0.2),
                      # xy为箭头指向位置，xytext为文字位置
                      arrowprops=dict(facecolor='yellow', edgecolor='black'),
                      fontsize=16);
```

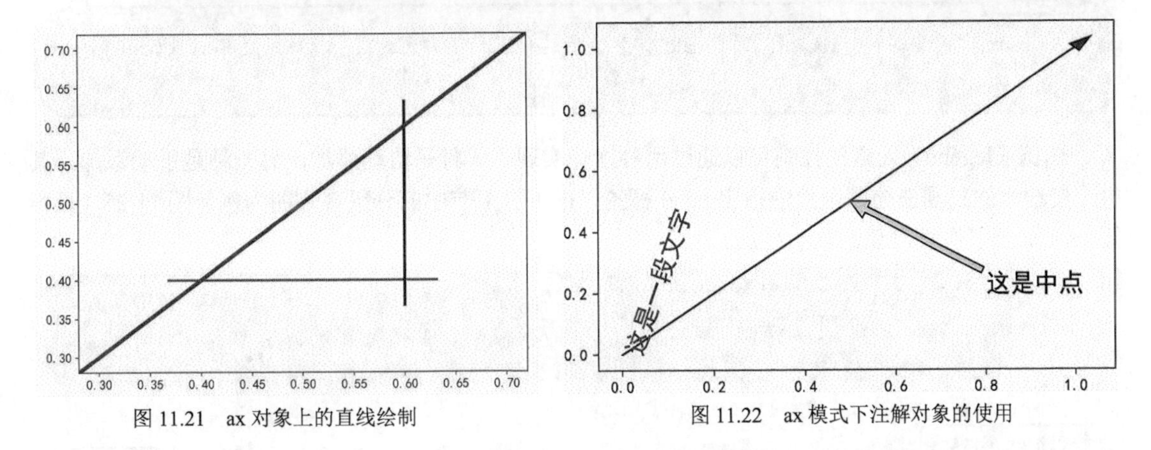

图 11.21 ax 对象上的直线绘制

图 11.22 ax 模式下注解对象的使用

标签控制对象包含标题元素控制、刻度控制和图例控制 3 个方面。标题元素包含如下元素：画布的总标题（在子图绘制时使用）、子图的总标题、*x* 轴标题、*y* 轴标题。图 11.23 展示了标签控制对象的控制效果。

```
In [28]:  fig, ax = plt.subplots()
          # plt是对某一个子图而言的，因此不可能有画布总标题
          fig.suptitle("这是画布总标题")
          ax.set_title("这是标题") # plt.title(...)
          ax.set_xlabel("这是x轴") # plt.xlabel(...)
          ax.set_ylabel("这是y轴") # plt.ylabel(...)
```

对刻度元素而言，如图 11.24 所示，我们可以控制它的刻度坐标类型（例如使用对数坐标）、刻度范围以及刻度标签：

```
In [29]:  fig, ax = plt.subplots()
          ax.plot(["a", "b", "c", "d"], [1e0, 1e1, 1e2, 1e3])
          ax.set_yscale('log') # plt.yscale(...)
          ax.set_ylim(0.5, 1500) # plt.ylim(...)
          ax.set_yticks([1e1, 1e2]) # plt.yticks(...)
```

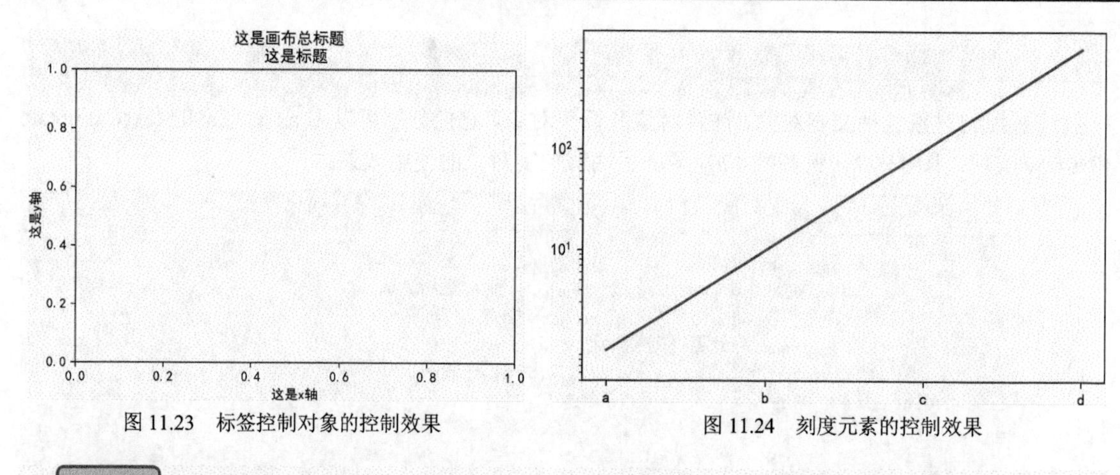

图 11.23 标签控制对象的控制效果

图 11.24 刻度元素的控制效果

注解

使用 ax.axis("off")或 plt.axis("off")时，matplotlib 会对边框上的所有元素进行清除。使用 ax.set_xticks([])或 plt.xticks([])、ax.set_yticks([])或 plt.yticks([])能够移除刻度及其标签。

图例（legend）元素的控制可以通过两种途径实现，一种是自动添加，另一种是手动添加。其中，自动添加只需在绘图函数中指定 label 标签，以 11.1.1 节中的分组直方图为例，图 11.25（见彩插 18）展示了图例对象的自动添加。

```
In [30]:  for i, color in zip(df.cat.unique(), c):
              temp = df.query("cat==@i")
              plt.hist(temp.num, color=color, alpha=0.5, rwidth=0.9, label="I'm %s!"%color)
          plt.legend()
```

练一练 Ex11-9

请多次使用 plt.plot()作图并添加图例标签。

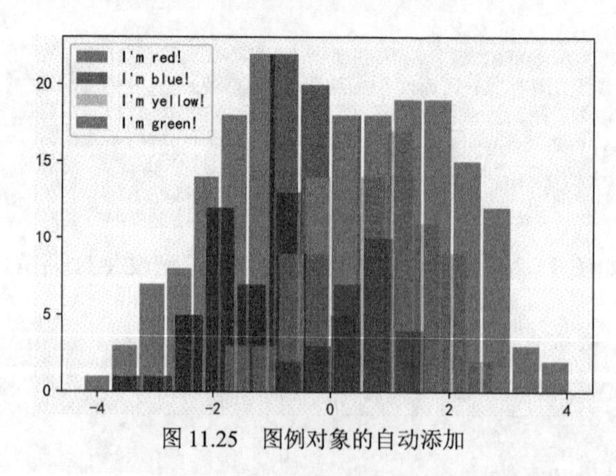

图 11.25 图例对象的自动添加

手动添加图例时，我们可以在 plt.legend() 函数中传入参数 handles，它可以是一个由 lines 模块中的 Line2D 对象或者 patches 模块中的 Patch 对象构成的列表。图 11.26 给出了一个手动添加图例的例子。

```
In [31]:  from matplotlib.patches import Patch
          from matplotlib.lines import Line2D
          handles = [
              Patch(edgecolor="black", facecolor="red", alpha=0.5, label="I'm a red patch!"),
              Line2D([], [], color='blue', marker='*', linestyle='None', markersize=10,
              label="I'm a blue star!"
              Line2D([], [], color='green', marker='o', linestyle='--', markersize=6,
              label="I'm a green circle!"
          ]
          plt.legend(handles=handles)
```

注解

Line2D 的 marker 选项可参考 11.1.1 节中介绍 plt.plot() 时提到的网页。

练一练 Ex11-10

请用手动添加图例的方法来实现有关 plt.hist() 的例子中自动添加图例的效果。

plt.legend()中的参数 loc 可以指定图例位置，0～10 的数字分别代表：最佳位置、右上、左上、左下、右下、右侧、左中、右中、下中、上中和正中。图 11.27（见彩插 19）为图例对象的位置控制，展示了 loc 设为 2 时的效果。

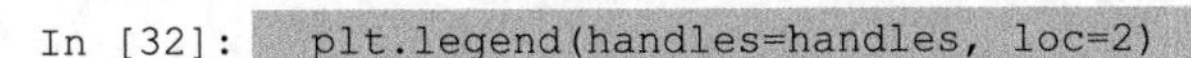

```
In [32]:  plt.legend(handles=handles, loc=2)
```

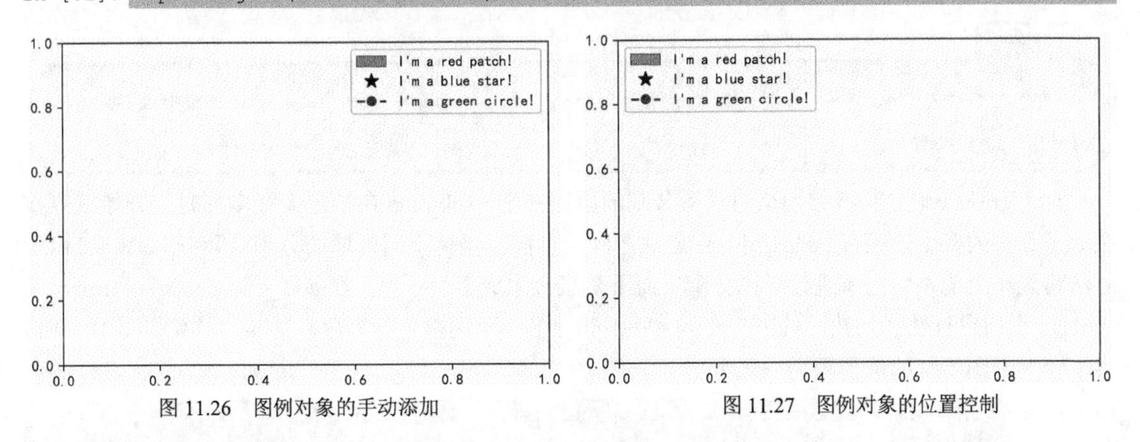

图 11.26 图例对象的手动添加　　图 11.27 图例对象的位置控制

11.1.3 子图绘制

matplotlib 提供了方便的子图绘制功能。子图绘制有两种实现方法，分别是基于 subplots 分割的绝对子图和基于 add_gridspec()分割的相对子图。对 subplots 分割而言，我们可以传入需要的子图行数和列数，指定 sharex 为 True 或 sharey 为 True 表示子图共享横坐标或纵坐标。此时，返回的 fig

仍然是画布，而 axs 是一个可用下标访问的作图区域数组，访问 axs[i][j]表示当前在第 *i* 行第 *j* 列的子图上作图。基于 subplots 的子图绘制如图 11.28 所示。

```
In [33]:  fig, axs = plt.subplots(2, 5, figsize=(10, 4), sharex=True, sharey=True)
          # 生成多个子图
          fig.suptitle('subplots 子图绘制', size=20)
          for i in range(2):
              for j in range(5):
                  axs[i][j].scatter(np.random.randn(10), np.random.randn(10))
                  axs[i][j].set_title('第%d 行，第%d 列'%(i+1,j+1))
                  axs[i][j].set_xlim(-5,5)
                  plt.axes(axs[i][j]) # 切换 plt 的子图
                  plt.ylim(-5, 5)
                  if i==1: axs[i][j].set_xlabel('横坐标')
                  if j==0: axs[i][j].set_ylabel('纵坐标')
          fig.tight_layout()        # 调整子图的相对大小使字符不会重叠
```

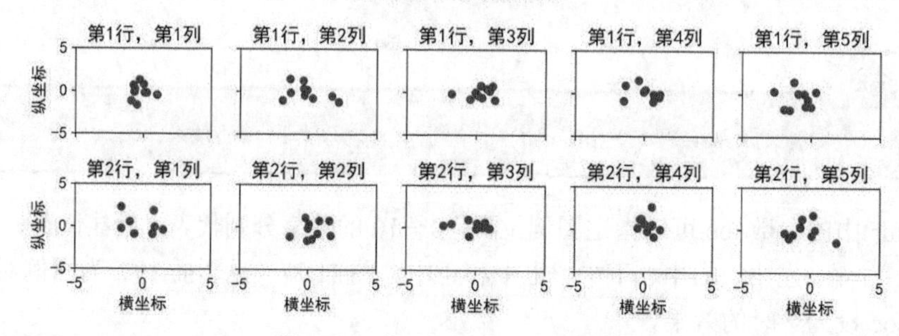

图 11.28 基于 subplots 的子图绘制

注解

如果想在某个 ax 上使用 plt 作图，就需要像上面的代码中一样，首先使用 plt.axes(ax)切换到目标子图，再进行 plt 的操作。

add_gridspec()分割被称为相对子图分割的原因在于，subplots 在指定多行多列时一开始就直接生成了真实的多个子图，但 add_gridspec()是在同一个图上进行不同区域的分割，再利用 add_subplot()方法将画布上的不同区域进行子图分配，而不是直接生成多个子图。在 add_gridspec()中，nrows 和 ncols 分别指定行数和列数，width_ratios 和 height_ratios 分别指定行列分割的相对比例。图 11.29 给出了一个子图绘制的例子。

```
In [34]:  fig, ax = plt.subplots(figsize=(10, 4)) # 只生成一个子图
          plt.axis("off")
          spec = fig.add_gridspec(nrows=2, ncols=5, width_ratios=[1,2,3,4,5],
                  height_ratios=[1,3])
          fig.suptitle('add_gridspec 子图绘制', size=20)
          for i in range(2):
              for j in range(5):
                  ax = fig.add_subplot(spec[i, j]) # 子图分配
                  ax.scatter(np.random.randn(10), np.random.randn(10))
```

```
        ax.set_title('第%d行，第%d列'%(i+1,j+1))
        if i==1: ax.set_xlabel('横坐标')
        if j==0: ax.set_ylabel('纵坐标')
fig.tight_layout()
```

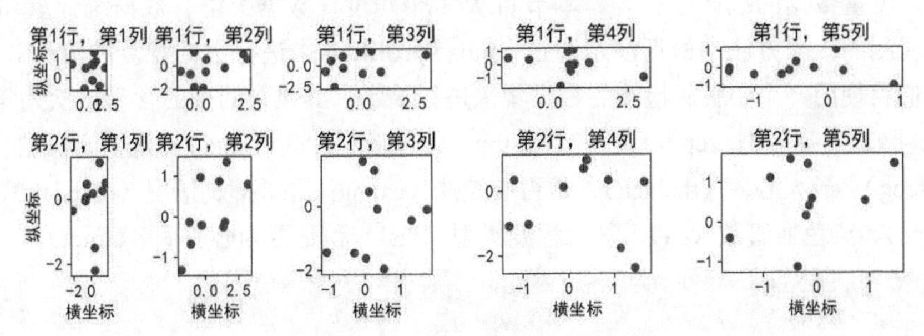

图 11.29 基于 add_gridspec 的子图绘制

练一练 Ex11-11

如果把上述代码中的 plt.axis("off")去除会发生什么？请解释原因。

在上面的例子中出现了 spec[i, j]的用法，该用法表示取出画布中的第 *i* 行第 *j* 列的 spec。事实上，我们可以通过切片来实现子图的合并，从而实现图 11.30 所示的跨图分割。

```
In [35]:  fig = plt.figure(figsize=(10, 4))
          plt.axis("off")
          spec = fig.add_gridspec(nrows=2, ncols=6, width_ratios=[2,2.5,3,1,1.5,2],
                                  height_ratios=[1, 2])
          fig.suptitle('add_gridspec的跨图分割', size=20)
          for area in [spec[0, :3], spec[0, 3:5], spec[:, 5], spec[1, 0], spec[1, 1:5]]:
              ax_spec = fig.add_subplot(area)
              ax_spec.scatter(np.random.randn(10), np.random.randn(10))
          fig.tight_layout()
```

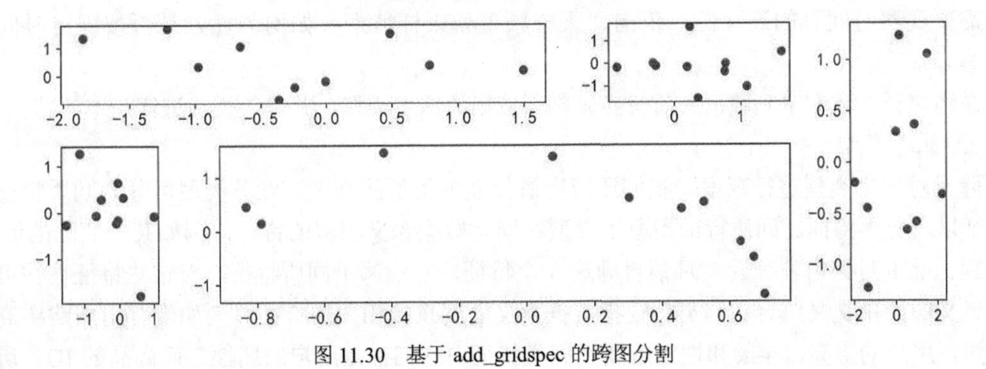

图 11.30 基于 add_gridspec 的跨图分割

11.2 数据观测方法

“观测”二字包含了两层含义：“观”即观察，它是一种定性分析方法，11.1 节中介绍的可视化方法就是一种重要的辅助观察方法；“测”即度量，它是一种定量分析方法，如计算数据中的各类统计指标、度量数据的统计分布等。本节将从 3 个角度（数据类型、数据统计量和数据分布）来介绍数据观测的一般方法，最后演示通过 pandas-profiling 来进行数据观测的流程。

此处我们将使用一个心脏病检测的数据集来进行演示，其包含的列的含义依次为年龄（age）、性别（sex）、胸部疼痛类型（cp）、血压（trestbps）、血清胆汁酸（chol）、是否高血糖（fbs）、心电图类型（restecg）、最大心率（thalach）、是否心绞痛（exang）、ST 抑制情况（oldpeak）、最高 ST 斜率类别（slope）、染色血管数（ca）、贫血程度类型（thal）和是否为心脏病（target）。

In [36]:
```
df = pd.read_csv("data/ch11/heart.csv")
df.columns
```

Out[36]:
```
Index(['age', 'sex', 'cp', 'trestbps', 'chol', 'fbs', 'restecg', 'thalach',
       'exang', 'oldpeak', 'slope', 'ca', 'thal', 'target'],
      dtype='object')
```

11.2.1 数据类型

现实生活中的数据类型多种多样，我们能够通过某些先验的划分将数据集的特征分为多种，这是后续数据处理的基础。数据类型可以分为两类：第一类为原生类型，它表示数据本身的类型，与数据含义无关；第二类为业务类型，它由数据特征代表的含义与特征所属的业务类别决定。

1. 原生类型

常见的类型有数值类型、缺失类型、文本类型、分类类型以及时间序列类型，所谓与数据含义无关就是我们在此并不关心数据的业务场景。例如一个数据集中出现了两个字符串特征，分别代表城市名与人员的身份编码，但我们只需统一将其视作字符串特征而不考虑其含义。

数据的原生类型决定了对该数据的初步处理方式。对于缺失数据，我们可以计算缺失值所占的比例和数量。对于文本类型，可以利用预训练的语言模型进行向量嵌入，或者根据给定文本的特点来提取一些特征模式（如重复性、唯一性、某些模式的存在性等）。对于分类类型，我们可以观察类别的均衡度、种数、比例、高频项与低频项的分布特点等。对于时间序列类型，我们需要观察时间戳的连续性、范围、采样频率和采样特点（如均匀性、是否按固定时间模式采样等）。

总体来说，我们拿到数据集后应当先判断数据的原生类型，并基于类别进行基本的特征观察。

2. 业务类型

除了对原生类型进行观察，我们还应当进行业务类型的判别。业务类型可分为同质特征、同类特征以及异类特征。同质特征指原生类型相同且数据含义相似的特征，例如某个商品的近 1 周销售额、近 1 月销售额、近 3 月销售额这 3 个特征，它们属于同质特征，对这些特征往往可以进行有意义的简单交叉组合。同类特征指数据含义之间直接相关的特征，例如现有用户购买商品的数据集，用户的身高、年龄和性别就属于同类特征，它们都是用户的属性，而商品的 ID、历史销量和价格也属于同类特征，它们都是商品的属性。相对地，异类特征为数据含义之间并不直接相关的特征，例如商品 ID 和用户性别。对业务类型的判断有利于我们快速建立对特征含义的宏观认识，这是我们后续构造有效特征的基础。

对心脏病检测的数据集而言，由于不存在时间序列类型和文本类型，因此我们首先需要划分数值类型和分类类型并分别观察它们的缺失情况：

```
In [37]:  df.columns[df.isna().mean()>0] # 数据质量较好，没有缺失值
Out[37]:  Index([], dtype='object')
In [38]:  num = ["age", "trestbps", "chol", "thalach", "oldpeak"]
          cat = ["sex", "cp", "fbs", "restecg", "exang", "slope", "ca", "thal", "target"]
```

在分类变量中，我们又可以将数据分为无序类别和有序类别：

```
In [39]:  unordered_cat = ["sex", "cp", "fbs", "restecg", "exang", "target"]
          ordered_cat = ["slope", "ca", "thal"]
```

注解

某些人体指标之间可能是有关联的，这样的关联判断属于业务类型的划分，但由于笔者并不具备相关的医学知识，故在此只进行原生类型的判断，在实际数据分析中读者可结合自身所处领域的经验来操作。

11.2.2　数据统计量

在数理统计中，统计量指只依赖样本且不含总体分布未知参数的变量。在机器学习任务的语境下，可以认为统计量就是通过样本数据计算得到的指标。一般而言，所有特征的构造问题最终都将转化为特定统计量的计算问题。表 11.1 给出了一些常用数据统计量的构造方法，它们可以分为 3 种类型：范围型、频率型、矩特征型。

表 11.1　常用数据统计量的构造方法

统计量类型	名称	pandas 方法
范围型	极差	s.max()-s.min()
	极值	s.max()/s.min()/s.idxmax()/s.idxmin()
	分位数	s.quantile(0.95)/s.median()
	排名	s.rank()
频率型	频数或频率	s.value_counts()
	唯一值	s.unique()/s.nunique()
	符合条件的样本数	s[condition].shape[0]
矩特征型	均值	s.mean()
	方差	s.var()
	偏度	s.skew()
	峰度	s.kurt()

我们只需要在进行特征观测时把握住上述表格中的这些指标，就能够说对所观测的特征具备较为全面的认识。需要注意，“符合条件的样本数”其实包含了许多内容，这里的条件可以指是否为缺失值、是否超过了某一个给定阈值、是否属于某一个类别或区间、是否有周期性的数据模式出现等。

练一练 Ex11-12

请在心脏病检测的数据集中选取若干特征并按照上述统计量进行定量分析。

给定全体样本的某个特征 $(x_1,\cdots,x_n)$，设 $\mu=\frac{1}{n}\sum_{i=1}^{n}x_i$，则偏度和峰度被分别定义为 $\frac{\frac{1}{n}\sum_i(x_i-\mu)^3}{\left[\frac{1}{n}\sum_i(x_i-\mu)^2\right]^{3/2}}$ 和 $\frac{\frac{1}{n}\sum_i(x_i-\mu)^4}{\left[\frac{1}{n}\sum_i(x_i-\mu)^2\right]^{2}}-3$，但这两个定义是总体偏度和总体峰度的计算方法。pandas 中 skew()和 kurt()采用的是总体偏度和总体峰度的无偏估计，它们在某些条件下具有较好的统计性质，其值分别为

$$\frac{n^2}{(n-1)(n-2)}\frac{\frac{1}{n}\sum_i(x_i-\mu)^3}{\left[\frac{1}{n-1}\sum_i(x_i-\mu)^2\right]^{3/2}}$$

和

$$\frac{(n+1)n(n-1)}{(n-2)(n-3)}\frac{\sum_i(x_i-\mu)^4}{\left[\sum_i(x_i-\mu)^2\right]^2}-\frac{3(n-1)^2}{(n-2)(n-3)}$$

练一练 Ex11-13

请用上述公式，核对使用 pandas 中 skew()和 kurt()的计算结果。

当偏度大于 0 时，称分布右偏或正偏。当偏度小于 0 时，称分布左偏或负偏。在心脏病检测的数据集中，oldpeak 和 thalach 分别是正偏分布和负偏分布，两个变量的直方图如图 11.31 所示。

```
In [40]:  fig, axes = plt.subplots(1,2)
          df.oldpeak.hist(ax=axes[0]) # 指定画布作图
          axes[0].set_title("正偏偏度:%.6f"%df.oldpeak.skew())
          df.thalach.hist(ax=axes[1])
          axes[1].set_title("负偏偏度:%.6f"%df.thalach.skew())
```

当峰度小于 0 时，称分布为低峰态（platykurtic），反之称分布为高峰态（leptokurtic），标准正态分布的峰度为 0。相较于偏度系数的直观性，关于峰度系数的解释众说纷纭，详情可参见维基百科中的相关解释。

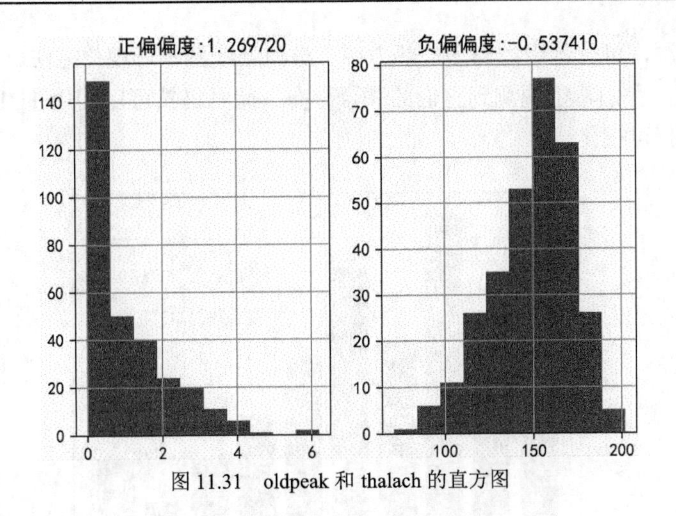

图 11.31 oldpeak 和 thalach 的直方图

11.2.3 数据分布

我们在 11.1.1 节谈到了如何对数值型变量和类别型变量进行可视化，这种可视化本质上是一种对数据分布的观测。对于单变量分布，我们可能会遇到非常不均衡的数据分布（例如全世界的建筑物高度、艺术品的拍卖价格等），下面构造一个符合这种条件的分布，如图 11.32 所示。

```
In [41]:  data = pd.Series((np.random.randn(100)*5+5).tolist() + [50,100,1000])
          data.hist()
```

图 11.29 中可视化的效果非常糟糕，我们难以观察较小值区域的分布情况。此时，可以使用图 11.33 所示的利用分位数截断的方式或图 11.34 所示的利用 clip()截断的方式表示。

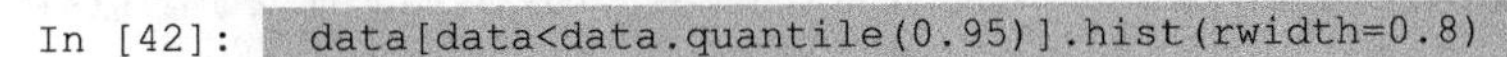

```
In [42]:  data[data<data.quantile(0.95)].hist(rwidth=0.8)
```

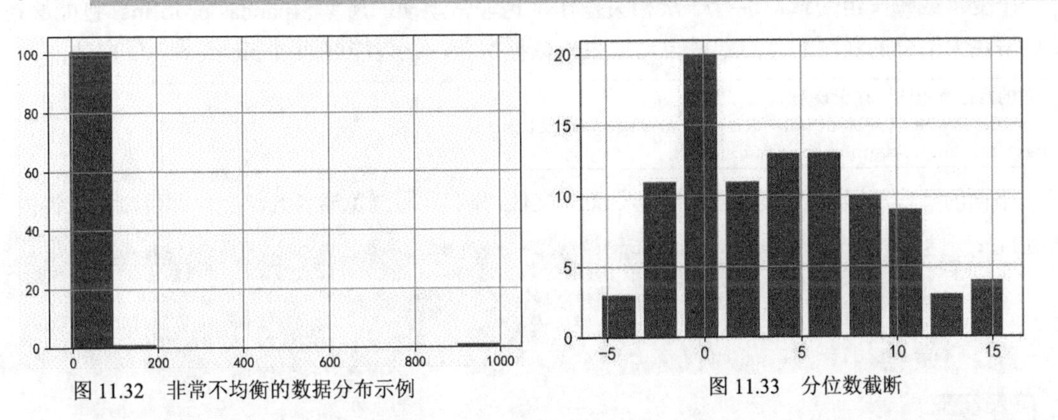

图 11.32 非常不均衡的数据分布示例

图 11.33 分位数截断

```
In [43]:  data.clip(-np.infty, 20).hist(rwidth=0.8)
```

在执行数据预测的任务时，无论是数值型预测目标还是类别型预测目标，模型的有效性都依赖训练集和测试集上特征的同分布假设。这个特点在时间序列数据上体现得尤其明显，例如去年 3 月的用户特征可能对今年 3 月的用户特征没有效果。因此，我们要进行单变量在测试集和训练集上分布的对比观测，可以运用散点图、热力图、分组箱线图等可视化方法。

对多变量而言，我们希望观测到它们的联合分布，此时仍然可以利用 11.1.1 节中介绍的二维变量绘图方法来进行可视化。

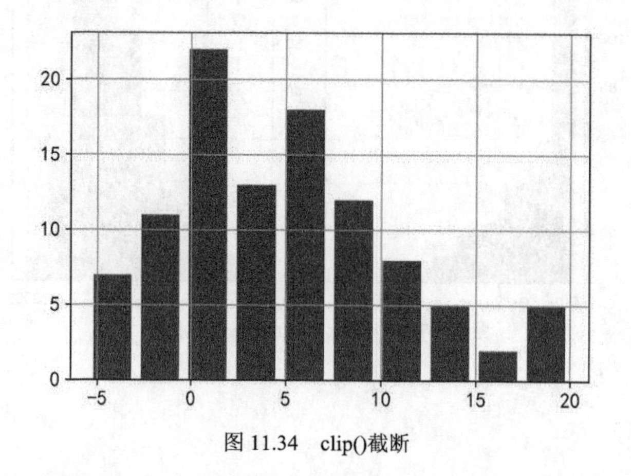

图 11.34 clip()截断

练一练 Ex11-14

请在心脏病检测的数据集中分别选取数值型与数值型、数值型与类别型、类别型与类别型 3 种组合的二维数据，利用不同的可视化方法进行观测。

11.2.4 基于数据报告的观测

11.2.1 节～11.2.3 节描述了在获得的数据集上可以采取的常用观测思路，但如果需要手动地对每一个变量或每一组变量都进行一次相关操作，这非常烦琐。所幸，pandas-profiling 包能够帮助我们解决大部分的观测汇总问题，自动地生成数据报告，该包能够通过 pip 或 conda 安装：

```
#下面的两行命令选一种安装
$ conda install -c conda-forge pandas-profiling
$ pip install pandas-profiling
```

下面的操作能够将数据观测报告写入 html 文件，我们利用浏览器打开该文件即可浏览报告内容。

```
In [44]: from pandas_profiling import ProfileReport
         # 当数据集较大时，我们可以指定 ProfileReport
         # 的参数 minimal 为 True，即使用精简模式来生成简报
         profile = ProfileReport(df, title="heart disease report",minimal=False)
         profile.to_file("my_report.html")
```

注解

由于 pandas-profiling 3.1.x 版本下的 ProfileReport 对象与 pandas 1.4.0 版本不兼容，因此会产生报错，读者可以安装低版本的 pandas 来运行。这个 bug 与 pandas 中的 Nullable Type 有关，有望在 pandas-pofiling 的下一个版本中修复。

报告中的每一个变量都有图 11.35 所示的汇总情况，它包含了在右上位置的数据分布图、在中上位置的主要统计量、在左下位置的分位数统计量以及在右下位置的其他描述性统计量。同时，在左上位置显示了数据类型、数据相关性或分布的提示信息，若缺失值较多则会弹出缺失值警告。

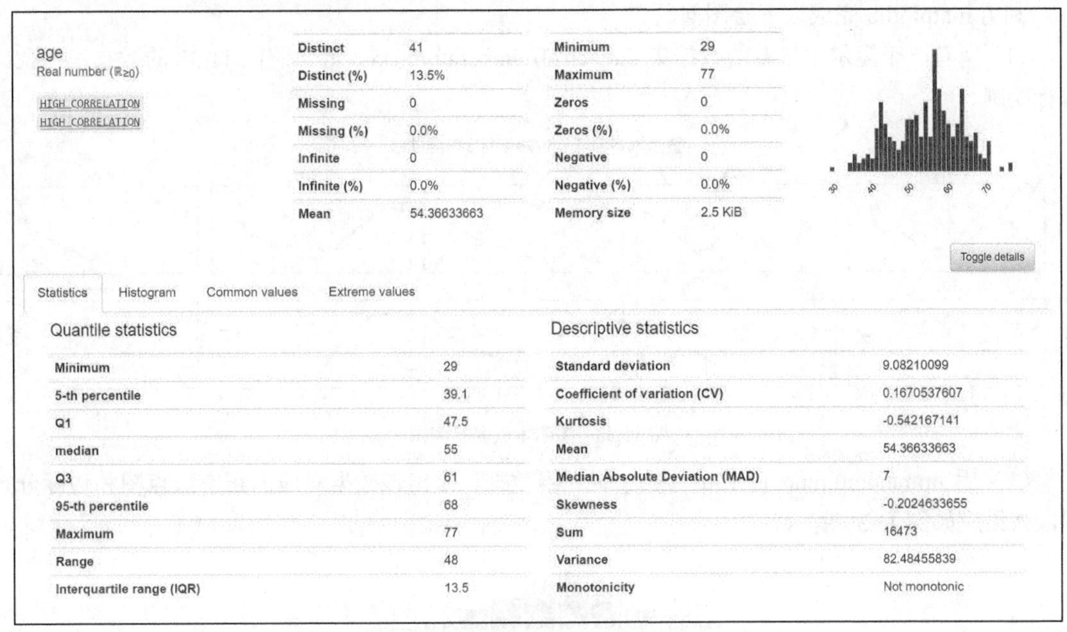

图 11.35　报告中的变量汇总情况

在报告中的 Interactions 和 Correlations 部分，图 11.36 和图 11.37（见彩插 20）分别展示了任意两个数值型变量的散点图分布以及类别型数据的相关系数矩阵：

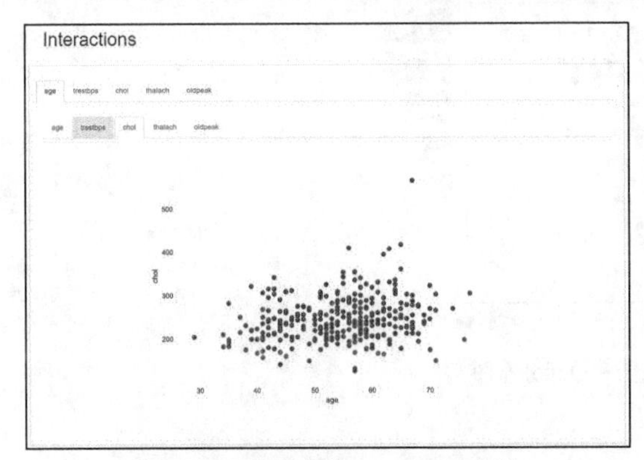

图 11.36　报告中的 Interactions 部分

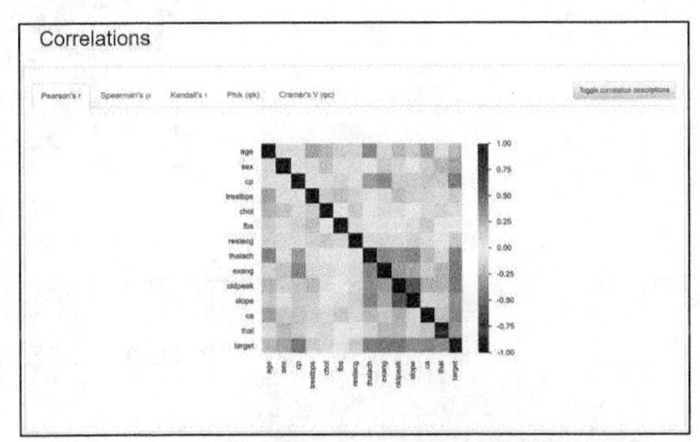

图 11.37　报告中的 Correlations 部分

练一练　Ex11-15

利用 pandas-profiling 能够方便地汇总数据信息，但它仍然是不够全面的。请问本章提到的数据观测流程中，哪些环节或方法是 pandas-profiling 包没有涉及的？

11.3 习题

1. 图片绘制

利用 matplotlib 完成以下绘图问题。

（1）现有一个墨尔本气温的数据集 data/ch11/temperature.csv，请仿照图 11.38 的效果编写代码进行绘制。

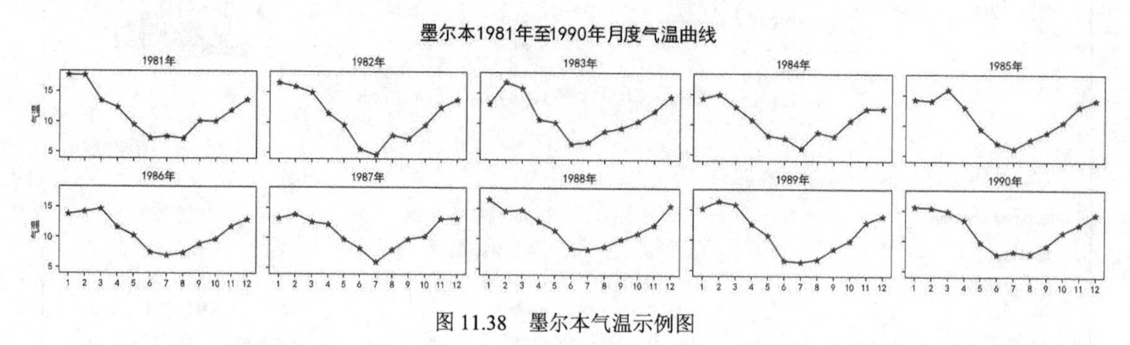

图 11.38 墨尔本气温示例图

（2）用 np.random.randn(2,150)生成一组二维数据，做出该数据对应的正态散点图和边际分布图，效果应如图 11.39 所示。

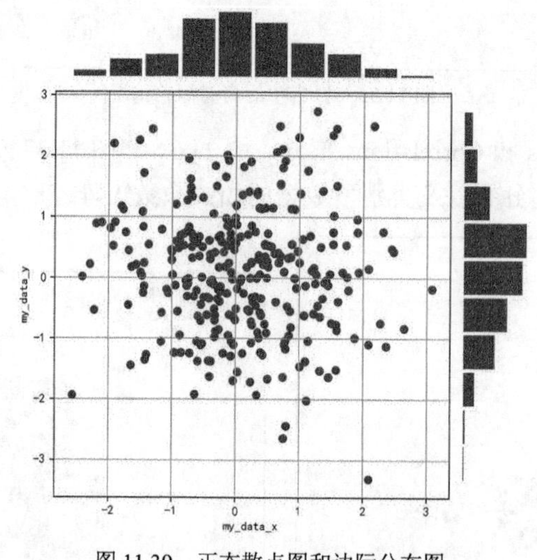

图 11.39 正态散点图和边际分布图

注解

图 11.39 中最上方的边际分布图指第一行数据的直方图，最右侧的边际分布图指第二行数据的直方图。

（3）蒙德里安（Piet Cornelies Mondrian）是几何抽象画派的代表人物，图 11.40 是他的某一件作品的局部展示图（见彩插 21），请利用 matplotlib 绘制。

图 11.40 蒙德里安的某一件作品的局部展示图

（4）某西瓜基地共有 10 个大棚，工作人员想要对每个大棚的西瓜总产量进行可视化，最终效果如图 11.41 所示。每个大棚的地理轮廓信息（每行记录为轮廓对应多边形的顶点坐标序列 $x1, y1, x2, y2, ...$）保存在 data/ch11/field.txt 中，相应西瓜的生产记录表（包含产地坐标以及当次记录的产量 output）保存在 data/ch11/watermelon.csv 中。请结合本章知识和给定的数据，模仿图 11.41（见彩插 22）进行绘制。

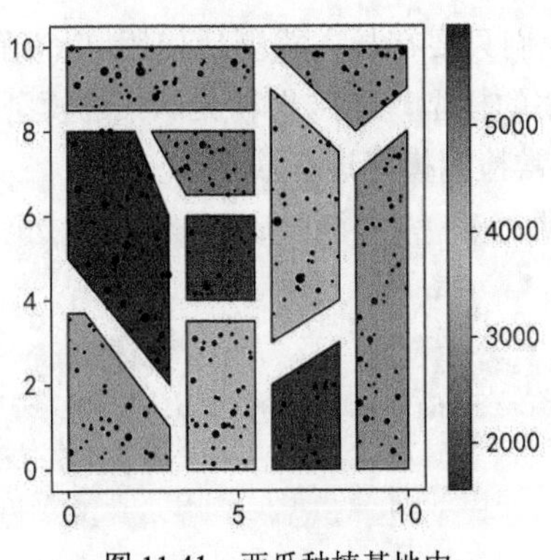

图 11.41 西瓜种植基地中
各大棚西瓜总产量可视化结果

2. 数据观测实战

请用本章所学的各种数据观测方法，对如下两个数据集进行观测分析。

（1）空气污染数据集：data/ch11/pollution.csv。

（2）地震记录数据集：data/ch11/earthquake.csv。

3. 基于 PyOD 库的异常检测

异常检测是一种特殊的数据分布度量，它是数据科学领域的重要研究课题之一。PyOD 是一个专注于异常检测的 Python 工具箱，目前其中已经内置实现了 30 多种异常检测算法，我们可以通过 pip 安装：pip install pyod。我们使用 PyOD 的内置数据生成器来生成一组含有异常的数据，如以下代码生成的图 11.42 所示：

```
In [45]:  from pyod.utils.data import generate_data
          # contamination表示异常比例
          # behavior设为new表示返回的顺序为先X后y
          X_train, X_test, y_train, y_test = generate_data(
              n_train=200, n_test=100, n_features=2,
              contamination=0.1, behaviour="new", random_state=42)
          plt.scatter(X_train[:,0], X_train[:,1])
```

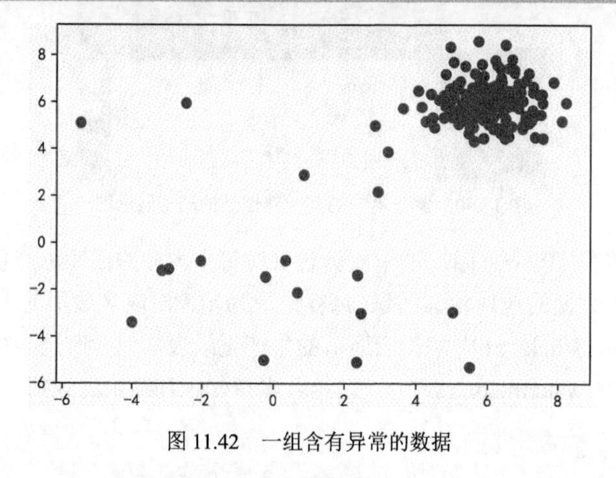

图 11.42 一组含有异常的数据

PyOD 的使用非常便利，我们只要在导入模型后使用 fit()函数进行训练，利用 clf.labels_和 predict()函数就能分别得到训练集的模型判断结果和测试集的模型判断结果，若为 1 则结果异常。此处，我们使用基于 k 近邻的异常检测模型进行演示：

```
In [46]:  from pyod.models.knn import KNN
          clf = KNN()
          clf.fit(X_train)
          y_train_pred = clf.labels_          # 训练集预测标签
          y_test_pred = clf.predict(X_test)   # 测试集预测标签
          y_test_pred.mean()                  # 测试集中预测为异常的约占12%
Out[47]:  0.12
```

注解

利用 clf.decision_scores_、clf.decision_function(X_test)和 clf.predict_proba(X_test)能够分别得到训练集的样本异常得分、测试集的样本异常得分以及训练集的样本异常概率。

PyOD 官网的示例中给出了图 11.43 所示的模型结果（见彩插 23），它也是基于上述的 k 近邻异常检测模型得到的，并且所使用数据集的构造方式与我们的完全一致。图 11.37 的构成如下：左上角为训练集中真实的异常值和非异常值，右上角为训练集中预测的异常值和非异常值，左下角为测试集中真实的异常值和非异常值，右下角为测试集中预测的异常值和非异常值。请利用 PyOD

中的 COPOD 模型，仿照图 11.43 的布局绘出类似的实验结果图。

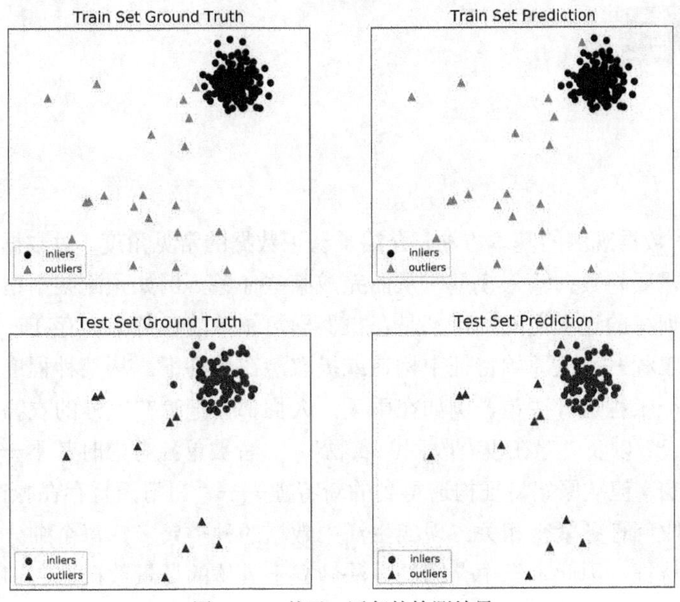

图 11.43　基于 k 近邻的检测结果

第 12 章

特征工程

第 11 章介绍了数据观测的基本方法，介绍了认识数据的常见角度。对数据情况有了宏观性的掌握后，我们往往需要将数据输入模型，从而完成某些任务，例如预测某个指标的值或类别。而在数据观测到模型训练的过程之间，特别是在机器学习领域的任务中，存在一个同样极其关键的步骤，它就是特征工程——从原始特征中构造或提取潜在的特征。从某种程度上可以认为人脑无时无刻不在利用特征工程进行决策，例如在雨天，人们都会把晾在室外的衣物收回室内，这里的原始特征即“在雨天”以及“存在没有收回的衣物”，二者被单独考虑时都不一定会对将衣物收回室内的决策产生影响，但从原始特征构造得到的新特征——“在雨天且存在晾在外面的衣物”，显然与最终是否执行收回任务紧密相关。现实生活中数据的种类繁多，每个细分的行业类别中很可能存在自身的业务特征，因此本章中介绍的方法独立于具体的场景数据，它们是能够被广泛应用于绝大多数数据特征处理中的一般方法。

12.1 单特征构造

理解单特征的常用构造方法是使用多特征构造方法的基础，对于单列的原始特征，我们能够构造出哪些潜在的有效特征呢？本节将详细地阐述单列特征的各种构造思路，内容包含特征变换、文本数据特征、时间序列数据特征以及一般的单列特征构造方法，它们都是基于先前章节中的知识的高级应用和技术拓展，掌握这些方法能够使我们在日常处理结构化数据的特征工程时事半功倍。

12.1.1 特征变换

本书从线性与非线性的角度将特征变换分为两大类别。我们常常使用线性变换中的归一化变换和标准化变换来消除特征的量纲，使用非线性变换来改变特征的分布，特别是异常的或不符合模型假设的偏态分布。

1. 线性变换

z-score 变换是一种使用广泛的线性变换，它将数据映射到一组均值为 0 且标准差为 1 的新数据中。设特征 $x=(x_1,\cdots,x_n)$，均值和方差分别为 $\mu=\frac{\sum_i x_i}{n}$ 和 $\sigma^2=\frac{\sum_i (x_i-\mu)^2}{n}$，变换后每个元素 x_i' 的计算方式为：

$$x_i' = \frac{x_i - \mu}{\sqrt{\sigma^2}}$$

利用 NumPy 可以表示如下：

```
In [1]:  import numpy as np
         import pandas as pd
         np_data = np.array([1,4,15,20,24])
         z_data = (np_data - np_data.mean()) / np_data.std()
         z_data
```

```
Out[1]:  array([-1.32126349, -0.98534904,  0.24633726,  0.80619467,  1.2540806 ])
```

我们用 pandas 写出相同的代码会发现，二者的标准化结果并不相同：

```
In [2]:  data = pd.Series(np_data)
         z_data = (data - data.mean()) / data.std()
         z_data
```

```
Out[2]:  0   -1.181774
         1   -0.881323
         2    0.220331
         3    0.721082
         4    1.121684
         dtype: float64
```

这是因为在默认参数设置下，pandas 中 var()（或者 std()）的 ddof 值为 1，它计算的值为样本方差 $\frac{1}{n-1}\sum_i (x_i - \overline{x})^2$。参数 ddof 的全称为“Delta Degrees of Freedom”，即统计学中的自由度。当 ddof 为 k 时，计算公式中的分母为 $n-k$。NumPy 中默认 ddof 为 0，它计算的值为总体方差 $\frac{1}{n}\sum_i (x_i - \overline{x})^2$。当 Series 上 var()（或者 std()）的参数 ddof 被设置为 0 时二者才等价。绝大多数标准化操作的实现过程中采用的是总体方差的计算方法。从统计学角度来看，样本方差是总体方差的无偏估计。我们设置 ddof 为 0 后能够得到和 NumPy 中一致的结果：

```
In [3]:  z_data = (data - data.mean()) / data.std(ddof=0)
         z_data
```

```
Out[3]:  0   -1.321263
         1   -0.985349
         2    0.246337
         3    0.806195
         4    1.254081
         dtype: float64
```

归一化变换是另一种实用的线性变换，常见的归一化变换有归一化至[0, 1]和归一化至[-1, 1]，它们可以分别按照如下代码实现：

```
In [4]:  # 归一化至[0,1]
         new_data = (data - data.min()) / (data.max() - data.min())
         new_data
```

```
Out[4]:  0    0.000000
         1    0.130435
         2    0.608696
         3    0.826087
         4    1.000000
         dtype: float64
```

```
In [5]:  # 归一化至[-1,1]
         new_data = data - data.mean()
         new_data = new_data / new_data.abs().max()
         new_data
```

```
Out[5]:  0   -1.000000
         1   -0.745763
         2    0.186441
         3    0.610169
         4    0.949153
         dtype: float64
```

但由于某些分布中会出现极端值数据，归一化操作会使绝大多数样本值压缩至一个较小的区间，例如：

```
In [6]:  data = data.tolist() + [100]
         data = pd.Series(data)
         new_data = (data - data.min()) / (data.max() - data.min())
         new_data
```

```
Out[6]:  0    0.000000
         1    0.030303
         2    0.141414
         3    0.191919
         4    0.232323
         5    1.000000
         dtype: float64
```

一般而言，我们仍然希望变换后的数据能够较为均匀地分布在归一化区间上。此时，可以用一些非极端的较大值（如第 k 大的元素或分位数值）替换分母的 data.max()来进行变换：

```
In [7]:  new_max = data.nlargest(2).iloc[-1] # 第二大的值
         new_data2 = (data - data.min()) / (new_max - data.min())
         new_data2
```

```
Out[7]:  0    0.000000
         1    0.130435
         2    0.608696
         3    0.826087
         4    1.000000
         5    4.304348
         dtype: float64
```

```
In [8]:  new_max = data.quantile(0.8)
         new_data3 = (data - data.min()) / (new_max - data.min())
         new_data3
```

```
Out[8]:  0    0.000000
         1    0.130435
         2    0.608696
         3    0.826087
         4    1.000000
         5    4.304348
         dtype: float64
```

图 12.1 可以更清晰地展现出这二者与原始方法之间的区别：

In [9]:
```
all_new_data = pd.DataFrame({"Use Max": new_data,
    "Use TopK": new_data2, "Use Quantile": new_data3})
all_new_data.boxplot()
```

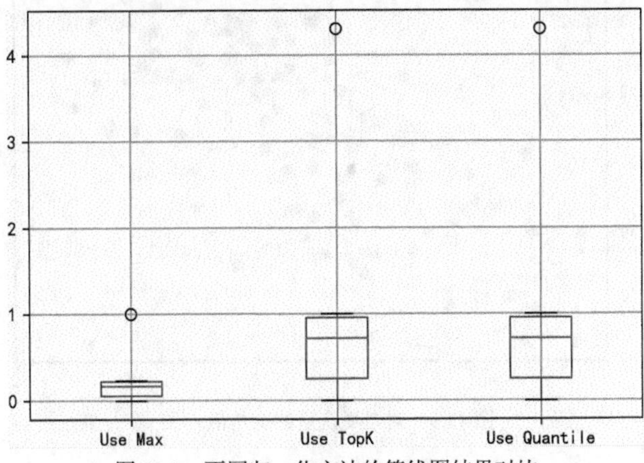

图 12.1 不同归一化方法的箱线图结果对比

练一练 Ex12-1

在阅读完归一化方法的内容后，思考以下问题。

（1）上述示例中只在单侧添加了极端值，对于双侧都含有极端值的分布，如何将其合理变换至[0,1]？

（2）如何修改上文中归一化至[−1,1]的方法，使归一化不易受极端值影响？

2. 非线性变换

非线性变换的作用包括但不限于呈现数据中的潜在模式以及使数据分布更符合模型假设。首先以具体案例来说明非线性变换的第一个作用：呈现数据中的潜在模式。现有一份有关城市人口与土地面积的数据集，我们想要探索城市面积和人口数量之间的关系。从图 12.2 中可以看出，数据分布的规律并不明显，由于大型城市的存在，离群值似乎使整体的数据分布更加难以把握了。

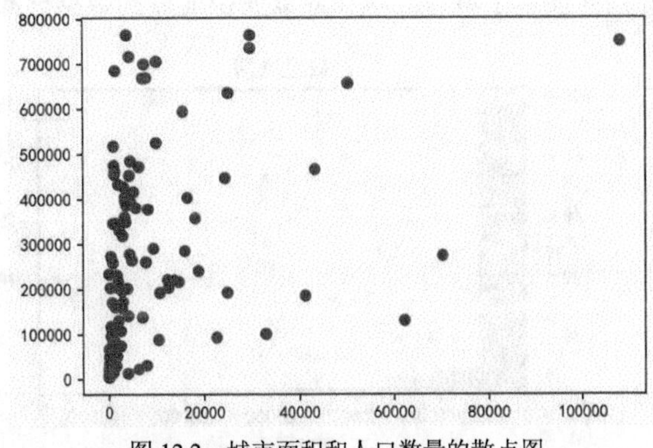

图 12.2 城市面积和人口数量的散点图

In [10]:
```
df = pd.read_csv("data/ch12/area-pop.csv")
plt.scatter(df.LandArea.values, df.Population.values)
```

但是，如果我们对城市面积和人口数量分别进行对数变换（如图 12.3 所示），就能清晰地看到变换后两个变量之间的线性关系：

```
In [11]:    new_area = np.log(df.LandArea)
            new_pop = np.log(df.Population)
            plt.scatter(new_area, new_pop)
```

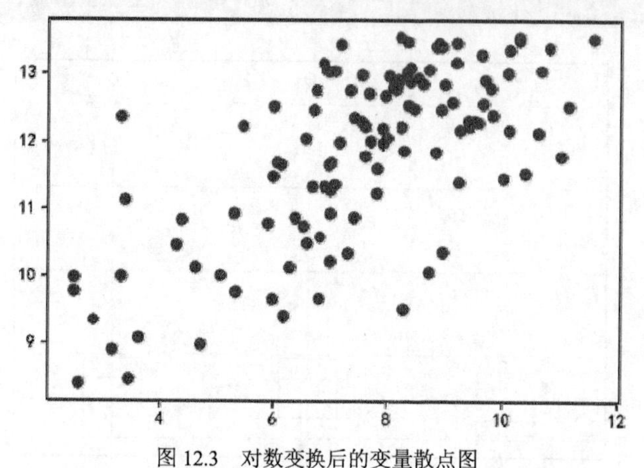

图 12.3　对数变换后的变量散点图

这样取对数变换的合理性正是在于城市面积和人口数量都符合极度正偏的分布，即大量的值囤积在数轴的左侧，极少数的值分布在数轴右侧，而上凸变换（变换函数的二阶导数恒为负）能够减小正偏分布的偏度。我们不妨计算城市面积的原始偏度和对数变换后的偏度：

```
In [12]:    df.LandArea.skew()
Out[12]:    3.8332273300555952
In [13]:    pd.Series(new_area).skew()
Out[13]:    -0.6434053697021065
```

上述代码输出结果显示：原本严重正偏的分布，经过数变换后改变了偏向，即偏度小于 0。图 12.4 展示了城市面积在对数变换前后的数据分布。

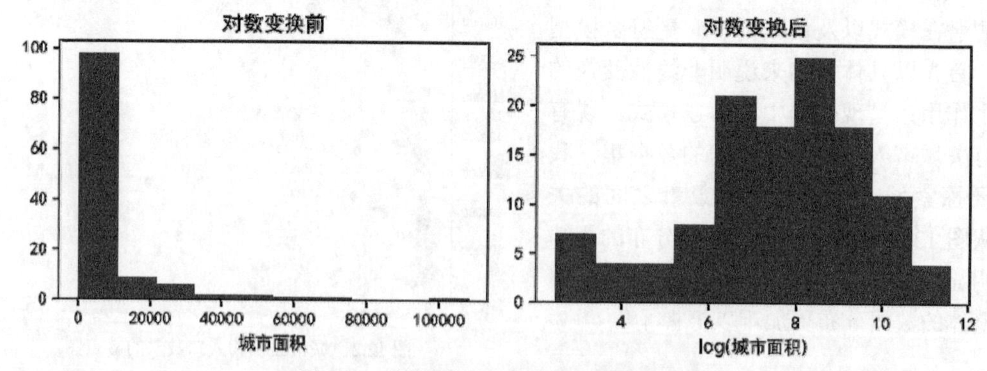

图 12.4　对数变换前后的城市面积数据分布

与对数变换类似，幂变换 $x \to x^\lambda (0<\lambda<1)$也是一种上凸变换。图 12.5 展示了 λ 取不同值时，对人口数量进行幂变换后的偏度系数。曲线最右侧的端点代表不进行变换（λ=1）时的偏度值，随着 λ 不断降低，偏度也不断降低。

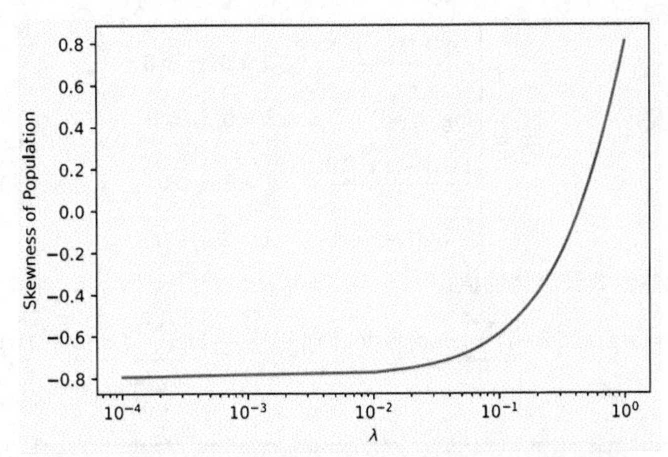

图 12.5 λ 值与经过幂变换的人口数量的数据分布偏度的关系

练一练 Ex12-2

阅读上述关于上凸变换的内容，完成以下任务。

- 请模仿图 12.5 对城市面积绘制类似的关系图。
- 当对数变换的底数变化时，新数据的偏度会变化吗？为什么？
- 请构造一个上凸变换并将其应用于人口数量的特征列，使其偏度尽可能接近 0。
- 幂变换 $x \to x^\lambda$ 在 λ 取何值时为下凸变换（二阶导数恒大于 0）？它仍然是单调变换吗？
- 鉴于上凸变换能够减小右偏分布的偏度，也就不难想到下凸变换能够增大左偏分布的偏度，请构造一个相应的例子来说明。（偏态分布可以从 scipy.stats.skewnorm.rvs 中生成。）

接着，我们说明非线性变换的第二个重要作用：使数据分布更符合模型假设。很多传统的统计模型以及部分机器学习模型可能会假设数据服从正态分布，Box-Cox 变换和 Yeo-Johnson 变换能够使偏态的分布尽可能接近正态分布，前者要求数据特征为正数，后者则可以处理任意范围的数据特征。

设原始数据为 $x=(x_1,\cdots,x_n)$，Box-Cox 变换为：

$$x_i' = \begin{cases} \dfrac{x_i^\lambda - 1}{\lambda} & \lambda \neq 0 \\ \log x_i & \lambda = 0 \end{cases}$$

其中，λ 取使下述似然函数最小化的值：

$$\lambda = \arg\min_{\lambda}(\lambda-1)\sum_i(\log x_i) - \frac{n}{2}\log\Big(\sum_i(x_i' - \overline{x'})^2/n\Big)$$

Yeo-Johnson 变换为：

$$x_i' = \begin{cases} \dfrac{(x_i+1)^\lambda - 1}{\lambda} & \lambda \neq 0, x_i \geqslant 0 \\ \log(x_i+1) & \lambda = 0, x_i \geqslant 0 \\ \dfrac{1-(1-x_i)^{2-\lambda}}{2-\lambda} & \lambda \neq 2, x_i < 0 \\ -\log(1-x_i) & \lambda = 2, x_i < 0 \end{cases}$$

其中，λ 取使下述似然函数最小化的值：

$$\lambda = \arg\min_{\lambda}(\lambda-1)\sum_i \text{sign}(x_i)\log(|x_i|+1) - \frac{N}{2}\log(\sum_i (x_i' - \overline{x'})^2 / n)$$

注解

上述两种变换对应的似然函数都与正态分布函数有关，有兴趣深入了解的读者可以学习 Box 与 Cox 于 1964 年发表的原始论文 *An analysis of transformations* 以及 Yeo 和 Johnson 于 2000 年发表的原始论文 *A New Family of Power Transformations to Improve Normality or Symmetry*。

SciPy 为我们实现了上述 λ 求解与数据变换的功能，使用 stats 模块中的 boxcox()函数和 yeojohnson()函数就能得到相应的变换结果，它们的偏度均接近于 0，比对数变换后的数据分布更接近正态分布。城市面积经过 Box-Cox 变换和 Yeo-Johnson 变换后的数据分布分别如图 12.6 和图 12.7 所示。

In [14]:
```
from scipy.stats import boxcox
area_boxcox, Lambda = boxcox(df.LandArea)
new_skew = pd.Series(area_boxcox).skew()
print("变换后偏度为%.6f，lambda 值为%.6f"%(new_skew, Lambda))
plt.hist(area_boxcox)
```

Out[14]:
```
变换后偏度为-0.025238，lambda 值为0.117098
```

In [15]:
```
from scipy.stats import yeojohnson
area_yeojohnson, Lambda = yeojohnson(df.LandArea)
new_skew = pd.Series(area_yeojohnson).skew()
print("变换后偏度为%.6f，lambda 值为%.6f"%(new_skew, Lambda))
plt.hist(area_yeojohnson)
```

Out[15]:
```
变换后偏度为-0.025195，lambda 值为0.115077
```

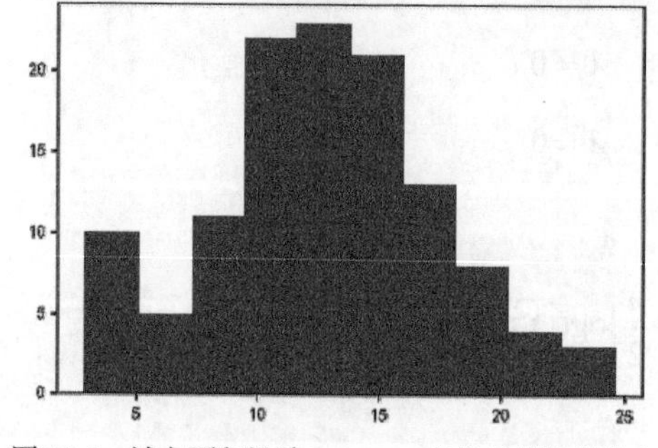

图 12.6 城市面积经过 Box-Cox 变换后的数据分布

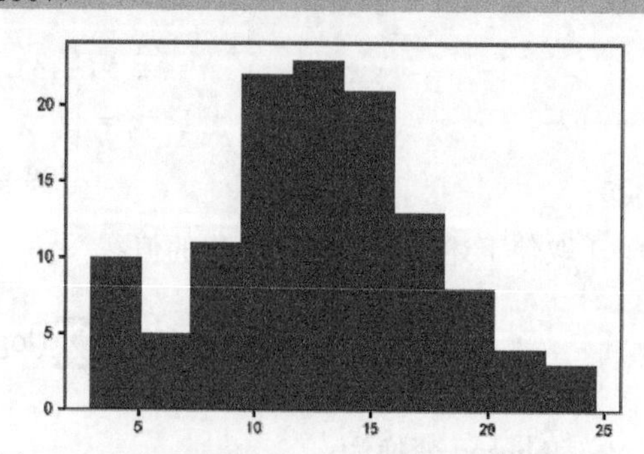

图 12.7 城市面积经过 Yeo－Johnson 变换后的数据分布

练一练 Ex12-3

SciPy 的 stats 模块封装了许多与数据分布有关的生成函数。通过 from scipy import stats 导入 stats 模块后，stats.loggamma.rvs(c,size=500)能够对不同的 c 值产生不同偏态的对数伽马分布。请利用这个函数构造一些实数区间上的偏态分布，分别进行 Box-Cox 变换和 Yeo-Johnson 变换（处理含负值的数据），并观察变换前后的数据分布变化和偏度变化情况。

12.1.2 文本数据特征

本节将介绍结构化数据中文本内容的两种特征生成方式，它们分别是频度特征构造法和类别特征构造法。

1. 频度特征构造法

频度特征构造法主要指对文本中蕴含的显式模式进行提取，包括但不限于句子中出现的特殊标点、关键词的词频、句子中的字符数量。

```
In [16]: text = pd.Series([
           "I am a boy."
           "What a shame!",
           "His score is higher than me."
           "Why you are so nervous?"
         ])
         text.str.count('\?|!') # 特殊标点，正则问号需转义
Out[16]: 0    0
         1    1
         2    0
         3    1
         dtype: int64
In [17]: # 关键词（每个任务的关键词可以有多个，自行决定即可）
         text.str.count('nervous')
Out[17]: 0    0
         1    0
         2    0
         3    1
         dtype: int64
In [18]: text.str.len()
Out[18]: 0    11
         1    13
         2    28
         3    23
         dtype: int64
```

tf-idf 是一种构造文本频度特征的有效工具，用于处理段落文本的关键词提取。tf-idf 的全称是 "Term Frequency-Inverse Document Frequency"，即"词频-逆文档频率"，其核心思想在于，对某个词而言，如果出现的频率较高，则它可能是重要的，也可能是这个词在任意一篇文档里出现的频率都比较高，例如 last、today、feel 等。但如果一个词在某一篇文档中出现的频率较高，在其他文档中出现的频率很低，那么它很可能是可以概括这篇文档的关键词，例如 earthquake、metabolism、crocodile 等。

记一篇文档中某个词出现的频率为 TF，在其他文档中包含该词的文档的数量为 D_{contain}，文档的总数为 D_{num}，则 IDF 为 $\log(D_{\text{num}}/(D_{\text{contain}}+1))$，从而可以计算得到该词的 tf-idf 值为 TF×IDF，对该篇文档的所有词进行 tf-idf 值排序，取分值较高的词即可对文档完成关键词提取。

现有 20 篇各个话题的文档，希望对每个文档提取特征词从而进行特征构造，sklearn 中的文本特征提取模块能够帮助我们快速地处理这个任务。TfidfVectorizer 的功能是通过文本生成词频矩阵，TfidfTransformer 的功能是计算每篇文档中所有词的 tf-idf 值，在计算完成后可以看到其输出结果为 20×1634 矩阵，20 为文档数量，1634 为文档中出现过的单词种类。

In [19]:
```
from sklearn.feature_extraction.text import (
    TfidfVectorizer, TfidfTransformer)
passages = []
for i in range(1,21):
    with open("data/ch12/passage/%d.txt"%i, encoding="utf8") as f:
        passage = " ".join(f.readlines())
        passages.append(passage)
vectorizer = TfidfVectorizer() # 可以指定参数 max_features，表示最多提取多少词
count = vectorizer.fit_transform(passages)
transformer = TfidfTransformer()
result = transformer.fit_transform(count)
result.shape
```

Out[19]:
```
(20, 1634)
```

将结果转换为数组后，可以得到每篇文档中 tf-idf 值最高对应的词，可以看到许多词都是非常具有特色的，如 rembrandt、endotherms、encyclopedias 等，同时文档的确也以这些词为关键词。

In [20]:
```
np.array(vectorizer.get_feature_names_out())[result.toarray().argmax(1)]
```

Out[20]:
```
array(['employees', 'group', 'rembrandt', 'endotherms', 'chaco',
       'encyclopedias', 'certification', 'chevalier', 'fuel', 'sea', '
       literature', 'austen', 'fossils', 'logging', 'cane',
       'archaeology', 'birds', 'torreya', 'buzzing', 'park'],
       dtype=object
```

注解

在很多时候，我们会直接把上述的 result（或指定前 k 列结果）作为任务中各样本的文本特征，上述代码中的样本指各篇文档，任务可能是文本分类、主题提取等。

上述策略并不能直接应用于中文文档，其原因在于英语中的词被天然分割，而中文中的词很可能由多个独立的字构成，按字来分割会破坏语义。此时我们需要一些用于中文的分词工具。jieba 是一个著名的开源中文分词库，我们可以利用它使每个句子按照如下的模式进行转换，从而生成新的分词结果文档即可。

In [21]:
```
# 通过 pip install jieba 即可安装，安装缓慢时可以选择清华源
import jieba
doc = "这是一篇文档，我们需要把它切割，从而获得符合格式的文档"
seg_list = jieba.cut(doc)
new_doc = " ".join(seg_list)
new_doc
```

Out[21]:
```
'这是 一篇 文档 ， 我们 需要 把 它 切割 ， 从而 获得 符合 格式 的 文档'
```

练一练 Ex12-4

data/ch12/passage_ch 文件夹中包含一些中文文档，请结合 jieba 分词工具和 sklearn 中的 tf-idf 计算模块，提取每篇文档的主题特征。（提示：在 TfidfVectorizer 构造器中指定参数 tokenizer 为 jieba.cut。）

2. 类别特征构造法

文本中的类别特征构造法包括但不限于结构化类别提取、模型分类以及命名实体识别这 3 种方式。文本中的结构化类别指商品编码、车牌、学号、身份证号等信息，它们通过某种规则进行拼接，从而在文本顺序上具备某种结构。如果我们具有一定的先验知识，那么可以尝试对文本进行基于结构化的切割，从而生成新的类别特征。以我国的公民身份号码为例：前 6 位数字是地址码，表示编码对象常住户口所在县（市、旗、区）的行政区划代码；第 7～14 位数字是出生日期码，表示编码对象出生的年、月、日；第 15～17 位数字是顺序码，表示在同一地址码所标识的区域范围内，对同年、同月、同日出生的人编定的顺序号，顺序码的奇数分配给男性，偶数分配给女性；第 18 位数字为校验码。下面演示通过结构化提取新特征的过程：

In [22]:
```
s = pd.Series(["310106199001010002", "310106200001010010"])
new_feature = pd.DataFrame({"Birthday":pd.to_datetime(s.str[6:14]),
    "Gender":s.str[-2].replace({0:"Female", 1:"Male"})})
new_feature
```

Out[22]:
```
    Birthday Gender
0 1990-01-01      0
1 2000-01-01      1
```

注解

对于未知的编码，当发现某种可能的编码规律时，就可以采用切割提取的方式将其转换为分类变量，因为它们有可能是潜在的重要特征。

模型分类方法可用于有明确语义的文本特征。例如，我们可以对商品用户评论的特征进行情感分析（Sentiment Analysis），其表示用户对所购商品的满意程度。情感计算是自然语言处理领域中的重要分支方向之一，目前 Hugging Face 的 transformers 库中集成了大量用于自然语言处理的预训练模型，其使用方法非常简单。由于 transformers 库依赖 tensorflow 和 pytorch，我们先对二者进行安装，这里选择安装 cpu 版本。

```
# 下载速度慢时可选用清华镜像
$ pip install torch
$ pip install tensorflow-cpu
$ pip install transformers
```

Hugging Face 网站中陈列了各类自然语言处理任务的预训练模型，我们这里选择情感计算模型中的“cardiffnlp/twitter-roberta-base-sentiment”。从结果中可以看到，样例数据的情感极性分类结果与预想结果相吻合，第一条为正面评价，第二条为负面评价。

In [23]:
```
from transformers import pipeline
s = pd.Series([
    "This is awesome. I want to buy one more!",
```

```
    "I'm angry!"
])
classifier = pipeline('sentiment-analysis',
    model="cardiffnlp/twitter-roberta-base-sentiment")
for sentense in s:
    # Labels: 0→负面; 1→中性; 2→正面; score 为概率
    print(classifier(sentense)[0])
```

Out[23]:
```
{'label': 'Label_2', 'score': 0.9911285638809204}
{'label': 'Label_0', 'score': 0.9517611861228943}
```

命名实体识别（Named Entity Recognition）能够提取句子中的某些实体成分。例如，我们想要从句子中提取人名和地名，可以选择 transformers 库中的“dslim/bert-base-NER”模型：

In [24]:
```
s = pd.Series([
    "Shanghai is a beautiful city. Have you been there, Alice?",
    "Harry told you he went to China last month."
])
NER = pipeline("ner", model="dslim/bert-base-NER")
for sentense in s:
    result = NER(sentense)
    for entity in result:
        if entity["entity"]=="B-LOC": # 位置信息
            print("地点: " + entity["word"])
        elif entity["entity"]=="B-PER": # 人名信息
            print("人名: " + entity["word"])
```

Out[24]:
```
地点: Shanghai
人名: Alice
人名: Harry
地点: China
```

注解

Hugging Face 的 transformers 库中还有许多其他的语言模型，并且除了利用上述的 pipeline 方式加载模型，transformers 库为数据预处理、模型构建、模型训练等过程提供了各类实现方式或选项，有兴趣的读者可以自行阅读官方文档。

12.1.3 时间序列数据特征

第 10 章详细介绍了有关时间序列的内容，本节将利用这些知识来构造关于时间序列的特征。时间序列特征的构造可分为 4 类：时间戳特征、时间差特征、重采样特征和滑窗特征。此处，时间序列变量主要指以时间戳序列为类型的 Series 或者以时间戳列表为索引的非时间序列类型 Series，由于我们最终一般处理的是 Series 上的值（values），故也将它们视作单变量特征。

1. 时间戳特征和时间差特征

时间戳特征指时间戳序列对象上通过 dt 对象访问到的属性，或通过这些属性组合得到的特征。一些常见的时间戳特征包括是否为双休日、是否处于节假日、是否处于月初或月末、是否处于白天或夜晚、是否处于特定时间段（如早上 8 点～10 点或每月第一周的周末）、样本所处月的工作天数、样本所处日期（年、月、日、小时、分钟、星期）、k 分钟（小时或天）前时间戳对应的元素值和当前时间戳对应的元素值之差。时间差特征指时间差序列对象上通过 dt 对象访问到的属性，或通过这些属性组合得到的特征。常用的时间差特征包括天数、分钟数、总秒数、对天数取余的秒数。事实上，时间差序列在很多时候并非由原始数据给出，而是通过对（单调）时间戳序列的处理得到的，处理的主要方式包括对相邻两个样本的时间戳作差、对当前时间戳和上一个满足某些条件的时间戳作差。例如，获取上一个取值为 0 的时间戳与当前时间戳的时间差：

```
In [25]:  ts = pd.Series(
              [0, 1, 1, 1, 0, 1, 0, 0, 1, 1],
              index=pd.date_range("20200101", "20200110")
          )
          temp = ts.mask(ts.values.astype("bool")).shift(1)
          temp[temp.notna()] = temp.index.shift(-1)
          temp = temp.astype("datetime64[ns]").fillna(method="ffill")
          res = temp.index - temp
          res # 第一个元素的前面的情况没办法知道，因此填缺失值
```

```
Out[25]:  2020-01-01     NaT
          2020-01-02 1 days
          2020-01-03 2 days
          2020-01-04 3 days
          2020-01-05 4 days
          2020-01-06 1 days
          2020-01-07 2 days
          2020-01-08 1 days
          2020-01-09 1 days
          2020-01-10 2 days
          Freq: D, dtype: timedelta64[ns]
```

练一练 Ex12-5

请模拟生成一个时间序列 Series，对上文提及的所有时间戳特征和时间差特征进行构造。

2. 重采样特征和滑窗特征

重采样（resample）特征和滑窗（rolling）特征是时间序列特征构造方法中最核心的两个操作，图 12.8 展示了二者最本质的区别在于 resample()是按块滑动的，块之间不重合，而 rolling()是逐个元素滑动的。

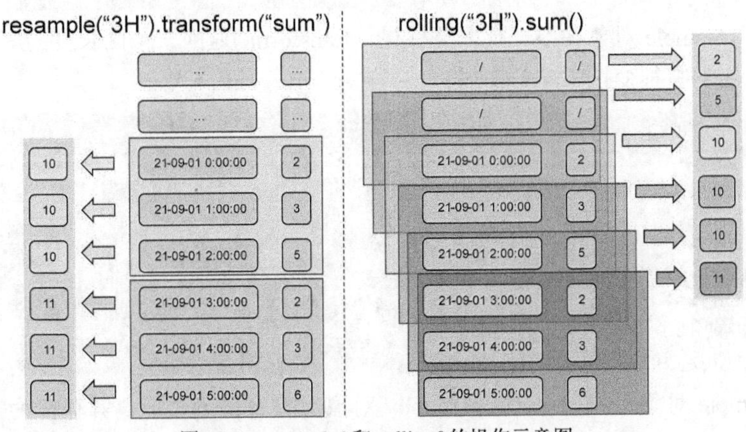

图 12.8 resample()和 rolling()的操作示意图

我们先来演示 resample()方法在特征构造中的一些典型用法。

```
In [26]:  ts = pd.Series(
              [2,3,5,2,3,6],
              pd.date_range("20200101", "20200101 05:00:00", freq="1H"))
```

resample 对象上定义的内置函数都以标量为输出，因此在转换特征的时候为了使该标量能被组内的值共享，需要一个与 groupby 对象上的 transform() 函数类似的函数。resample 对象上具备该功能的函数的名称正是 transform，它的用法和第 4 章中介绍的 groupby.transform()几乎完全一致，支持自定义函数和聚合字符串。

```
In [27]:  ts.resample("3H").transform("sum")
Out[27]:  2020-01-01 00:00:00   10
          2020-01-01 01:00:00   10
          2020-01-01 02:00:00   10
          2020-01-01 03:00:00   11
          2020-01-01 04:00:00   11
          2020-01-01 05:00:00   11
          Freq: H, dtype: int64
In [28]:  ts.resample("3H").transform(lambda x: x.max()-x.min()) # 极差
Out[28]:  2020-01-01 00:00:00    3
          2020-01-01 01:00:00    3
          2020-01-01 02:00:00    3
          2020-01-01 03:00:00    4
          2020-01-01 04:00:00    4
          2020-01-01 05:00:00    4
          Freq: H, dtype: int64
In [29]:  ts.resample("3H").transform(lambda x: (x>4).mean()) # 超过 4 的比例
Out[29]:  2020-01-01 00:00:00    0.333333
          2020-01-01 01:00:00    0.333333
          2020-01-01 02:00:00    0.333333
          2020-01-01 03:00:00    0.333333
          2020-01-01 04:00:00    0.333333
          2020-01-01 05:00:00    0.333333
          Freq: H, dtype: float64
```

与此同时，resample 对象并不一定需要标量，transform()返回一个同长度的序列也是可以的，这在按时间段分组的特征变换中非常实用：

```
In [30]:  # 分组标准化
          ts.resample("3H").transform(lambda x: (x-x.mean())/x.std(ddof=0))
Out[30]:  2020-01-01 00:00:00   -1.069045
          2020-01-01 01:00:00   -0.267261
          2020-01-01 02:00:00    1.336306
          2020-01-01 03:00:00   -0.980581
          2020-01-01 04:00:00   -0.392232
          2020-01-01 05:00:00    1.372813
          Freq: H, dtype: float64
```

此外，resample 对象上的 apply()与 groupby 对象上的 apply()类似，其存在为多列聚合的特征构造提供了可能。对以时间序列为索引的数据特征 DataFrame 而言，我们可以计算任意特征交叉的指标，进行高自由度的特征组合。例如计算某两个特征列在 resample 组内的相关系数：

```
In [31]:  ts_df = pd.DataFrame(
              {"f1":[2,3,5,2,3,6], "f2":[2,5,6,5,3,4]},
              index=pd.date_range("20200101", "20200101 05:00:00", freq="1H"))
          ts_df
Out[31]:                        f1  f2
          2020-01-01 00:00:00    2   2
          2020-01-01 01:00:00    3   5
          2020-01-01 02:00:00    5   6
          2020-01-01 03:00:00    2   5
          2020-01-01 04:00:00    3   3
          2020-01-01 05:00:00    6   4
In [32]:  ts_df.resample("3H").apply(lambda x: np.corrcoef(x.f1, x.f2)[0,1])
Out[32]:  2020-01-01 00:00:00  0.891042
          2020-01-01 03:00:00 -0.240192
          Freq: 3H, dtype: float64
```

rolling 对象能够对窗口内的所有样本进行特征聚合，我们能够方便地通过各类聚合函数（如 sum()、max()、min()、median()、mean()、std()、var()、quantile()、skew() 和 kurt()）来获取该函数在给定滑动窗口中的聚合结果。

```
In [33]:  ts.rolling("3H").sum()
Out[33]:  2020-01-01 00:00:00     2.0
          2020-01-01 01:00:00     5.0
          2020-01-01 02:00:00    10.0
          2020-01-01 03:00:00    10.0
          2020-01-01 04:00:00    10.0
          2020-01-01 05:00:00    11.0
          Freq: H, dtype: float64
```

与 resample 对象类似，rolling 中功能最强大的函数是支持自定义方法的 apply()，我们可以在窗口内进行各类聚合指标的计算。

```
In [34]:  ts.rolling("3H").apply(lambda x: x.max()-x.min()) # 极差
Out[34]:  2020-01-01 00:00:00    0.0
          2020-01-01 01:00:00    1.0
          2020-01-01 02:00:00    3.0
          2020-01-01 03:00:00    3.0
          2020-01-01 04:00:00    3.0
          2020-01-01 05:00:00    4.0
          Freq: H, dtype: float64
In [35]:  ts.rolling("3H").apply(lambda x: (x>4).mean()) # 超过 4 的比例
Out[35]:  2020-01-01 00:00:00    0.000000
          2020-01-01 01:00:00    0.000000
          2020-01-01 02:00:00    0.333333
          2020-01-01 03:00:00    0.333333
          2020-01-01 04:00:00    0.333333
          2020-01-01 05:00:00    0.333333
          Freq: H, dtype: float64
In [36]:  ts.rolling("3H").apply(lambda x: x[-1]-x[0]) # 首尾元素差
```

```
Out[36]:  2020-01-01 00:00:00    0.0
          2020-01-01 01:00:00    1.0
          2020-01-01 02:00:00    3.0
          2020-01-01 03:00:00   -1.0
          2020-01-01 04:00:00   -2.0
          2020-01-01 05:00:00    4.0
          Freq: H, dtype: float64
```

```
In [37]:  # 每间隔一个元素切片后计算均值
          ts.rolling("3H").apply(lambda x: x[-1::-2].mean())
```

```
Out[37]:  2020-01-01 00:00:00    2.0
          2020-01-01 01:00:00    3.0
          2020-01-01 02:00:00    3.5
          2020-01-01 03:00:00    2.5
          2020-01-01 04:00:00    4.0
          2020-01-01 05:00:00    4.0
          Freq: H, dtype: float64
```

注解

resample 和 rolling 都是实现特征构造的强大工具，读者在进行特征聚合和变换的时候应有开阔的思路，本章中介绍的所有特征构造方法都能够在 transform()和 apply()中使用。

12.1.4 单特征构造的一般方法

12.1.2 节和 12.1.3 节提到了两种特殊数据的特征构造，而现实环境中还有另外 3 类广泛存在的数据，它们是数值型数据、类别型数据以及缺失型数据。我们在第 7 章和第 9 章分别详述了缺失数据和分类数据的基本操作，本节将基于这 3 类数据梳理一些思路和拓展方法。

1. 数值型特征

分箱是数值型特征构造的重要方法，其功能有二：一是合并相近的值以增强模型的鲁棒性，二是将连续的数值型特征转换为有序类别型特征，后者在 12.2.1 节提到的分组技术中有重要作用。我们在第 9 章中详细阐述了 cut()和 qcut()的使用方法，数值型变量构造的新特征可以是分箱的左右边界值、中点值、qcut() 的区间宽度，它们都是无监督的分箱方法，即与样本的标签无关。本节将介绍两种有监督的分箱方法，即 best-ks 分箱和节点分箱。实际使用时可以将无监督和有监督的分箱方法混合使用。事实上，还有一种称为卡方分箱的有监督分箱方法，它将在本章的习题中给出。

best-ks 分箱起源于 Kolmogorov-Smirnov 检验，该检验方法用于比较两个样本集合是否服从相近分布或者单个样本集合是否服从某个给定分布。Kolmogorov-Smirnov 检验的原理如下：对一个样本集合而言，其经验分布函数为 $F(t)=\frac{1}{n}\sum_i \mathbb{I}_{\{x_i\leqslant t\}}$，记 $F_{1,n}(x)$ 和 $F_{2,m}(x)$ 分别是样本集合 1 和样本集合 2 的经验分布函数（单样本检验时将样本集合 2 的经验分布函数替换为给定分布的累计密度函数），其中 n 和 m 分别是这两个集合的样本个数。又记 $D_{n,m}=\sup_x\left|F_{1,n}(x)-F_{2,m}(x)\right|$，若两个分布近似，那

么其经验分布函数的最大差距 $D_{n,m}$ 不会太大。对于给定的置信水平 α，当 $D_{n,m} > \sqrt{-\ln\left(\frac{\alpha}{2}\right)\frac{m+n}{2mn}}$ 时，认为两个样本集合服从相异的分布（单样本检验时表示该样本不服从给定分布）。举一个两样本检验的例子，构造数据并利用 ecdfplot 观察经验分布函数，结果如图 12.9 所示。

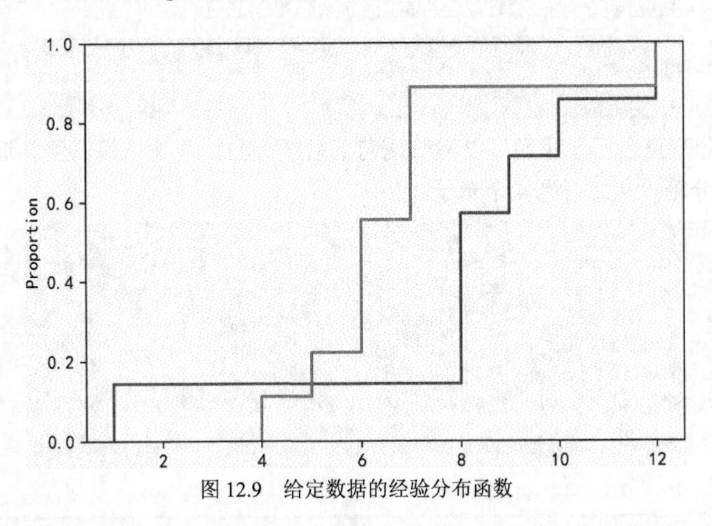

图 12.9　给定数据的经验分布函数

```
In [38]:  import seaborn as sns
          s1 = pd.Series([1,8,8,8,9,10,12])
          s2 = pd.Series([4,5,6,6,6,7,7,7,12])
          sns.ecdfplot(s1)
          sns.ecdfplot(s2)
```

从图 12.9 中可以看到在 7～8 的范围里，二者相差很大，这个差距就是两个经验分布函数差距的上确界。接着，我们计算 $D_{n,m}$，发现它的值超过了给定 $\alpha = 0.05$ 时的临界值，因此认为这两个样本集合服从不同的分布。

```
In [39]:  from statsmodels.distributions.empirical_distribution import ECDF
          union_x = np.r_[s1,s2]
          # ECDF函数就是经验分布函数，它通过ECDF(s)来拟合
          D1 = max(np.abs(ECDF(s1)(union_x)-ECDF(s2)(union_x)))
          m, n, alpha = s1.shape[0], s2.shape[0], 0.05
          D2 = np.sqrt(-np.log(alpha/2)*(m+n)/(2*m*n)) # 临界值
          D1 > D2
Out[39]:  True
```

利用这个思想来进行 best-ks 分箱：把排序样本中 $y=1$ 占所有样本中 $y=1$ 的累计比例作为第一个经验分布函数，把排序样本中 $y=0$ 占所有样本中 $y=0$ 的累计比例作为第二个经验分布函数，分别计算所有样本值对应的两个经验分布函数差值的绝对值（即 KS 值），取最大 KS 值对应的样本分割点作为分箱边界，它代表最能够区分正负样本分布的临界点，这也是 best-ks 的名字的由来。仍然举一个具体的计算例子来说明。

首先，利用数据对 y 排序：

```
In [40]:  s = pd.Series([6.9,8.9,9.1,10.2,12.5,1.5,1.9,2.5,2.9,3.3])
          y = pd.Series([1,1,1,0,1,0,0,0,1,0])
          data_sorted = pd.DataFrame({"s":s, "y":y}).sort_values("s")
```

接着，分别计算 $y=0$ 和 $y=1$ 样本所占比例的累计分布，从而得到分割点：

```
In [41]:  y_0 = (data_sorted.y==0).cumsum()/(data_sorted.y==0).sum()
          y_1 = (data_sorted.y==1).cumsum()/(data_sorted.y==1).sum()
          cut_point = data_sorted.iloc[(y_1 - y_0).abs().argmax()]["s"]
          cut_point
Out[41]:  3.3
```

得到第一个分割点之后，我们可以递归地向下继续分割，对递归点右侧和递归点左侧的数据再次进行 best-ks 分箱，从而得到 4 个箱子。

```
In [42]:  def cut(s, y):
              df_sort = pd.DataFrame({"s":s, "y":y}).sort_values("s")
              y_0 = (df_sort.y==0).cumsum()/(df_sort.y==0).sum()
              y_1 = (df_sort.y==1).cumsum()/(df_sort.y==1).sum()
              cut_point = df_sort.iloc[(y_1 - y_0).abs().argmax()]["s"]
              return cut_point
          cut(s[s<=cut_point], y[s<=cut_point]), cut(s[s>cut_point], y[s>cut_point])
Out[42]:  (2.5, 9.1)
```

练一练 Ex12-6

请封装一个 best_ks()函数，其输入参数为需要分箱的 Series、目标变量的 Series、分箱的个数，输出结果为 best-ks 分箱的结果 Series，每个元素值为原序列对应元素所属的箱子（Interval）。此处规定，当箱子中只有一个类别或只有一个元素时则不进行分箱，因此最终箱子的个数可能与给定的分箱个数不同。

节点分箱方法中的“节点”指的是树模型的节点。树模型中包含天然的分支结构，在样本集合中通过对特征数值进行切分，能够递归地产生左右子树，树的同一分裂节点分配给左右两棵子树的样本会尽可能使得标签 y 具有较大的差异。树的层级越深则分割次数越多，从而得到的箱子越多，下面的例子通过拟合一棵深度为 2 的分类树得到了 3 个分箱区间。

```
In [43]:  from sklearn.tree import DecisionTreeClassifier
          model = DecisionTreeClassifier(max_depth=2)
          model.fit(s.values.reshape(-1,1), y)
          cut_edge = pd.Series(model.tree_.threshold).drop_duplicates().sort_values()
          cut_edge
Out[43]:  1   -2.0
          0    2.7
          2    5.1
          dtype: float64
```

注解

对于回归问题，我们可以用回归树（sklearn 中为 sklearn.tree.DecisionTreeRegressor）进行分箱。

对于数值型变量，除了分箱技术，我们还能设置阈值作为判断条件，从而得到某一数值列的元素超过或者低于这个给定阈值的布尔序列。

```
In [44]:  np.random.seed(0)
          s = pd.Series(np.random.rand(100)) # 假设 s 为特征
          (s>0.5).head()                     # 直接给出阈值
Out[44]:  0    True
          1    True
          2    True
          3    True
          4    False
          dtype: bool
In [45]:  (s>s.quantile(0.8)).head() # 利用分位数得到阈值
Out[45]:  0    False
          1    False
          2    False
          3    False
          4    False
          dtype: bool
```

2. 类别型特征

原始的类别型数据在很多时候是（基于短语的）文本特征，例如“一年级”“上海市”“30～40 岁人群”。由于绝大多数模型都必须以数值型变量作为输入，故类别型特征处理的核心问题是如何将类别嵌入数值中。容易想到的编码方式有两种，一种是直接编码，另一种是独热编码，但它们都有缺点。前者在处理无序类别的时候加入了并不应该存在的相对大小关系，后者在类别很多的时候容易引起维数过大的问题以及模型参数估计的多重共线性问题。

```
In [46]:  s = pd.Series(list("abbcccdddd"))
          s.astype("category").cat.codes.head()
Out[46]:  0    0
          1    1
          2    1
          3    2
          4    2
          dtype: int8
In [47]:  pd.get_dummies(s).head()
Out[47]:     a  b  c  d
          0  1  0  0  0
          1  0  1  0  0
          2  0  1  0  0
          3  0  0  1  0
          4  0  0  1  0
```

尽管独热编码在类别较多时不太适合使用，但它在类别较少的时候仍然是有效的。当类别较多时，很多时候会出现若干频次远高于其余类别的高频类别，此时可以选择只对这几个高频类别进行独热编码，而将剩余的低频类别单独视作一类。例如将 s 序列中频次不超过 2 的类别视作低频项：

```
In [48]:  s[s.isin(s[s.replace(s.value_counts()) <= 2])] = "#"
          pd.get_dummies(s).head()
```

```
Out[48]:     #  c  d
          0  1  0  0
          1  1  0  0
          2  1  0  0
          3  0  1  0
          4  0  1  0
```

对于同一个元素可以拆分为多个类别的序列，我们可以考虑使用多热编码（multi-hot encoding）。例如天气预报中的风向有东风和东南风，对于东南风的类别，可以把东风和南风都设为 1，其余设为 0，而对东风则进行常规的独热编码。

```
In [49]:  wind = pd.Series(["东南风", "北风", "西风", "西北风", "东北风"])
          multi_encoding = pd.concat([
              wind.str.contains(i) for i in list("东南西北")],
              axis=1).astype("int")
          multi_encoding = multi_encoding.rename(
              dict(zip(multi_encoding.columns, list("东南西北"))), axis=1)
          multi_encoding
```

```
Out[49]:     东  南  西  北
          0  1  1  0  0
          1  0  0  0  1
          2  0  0  1  0
          3  0  0  1  1
          4  1  0  0  1
```

下面介绍其他 3 种编码方式，它们分别是频次编码、目标编码以及 WoE 编码。

频次编码的做法很简单，但十分有效，它统计了各个类别的出现频次，并将此频次结果作为类别对应的特征。

```
In [50]:  s=pd.Series(list("abbcccdddd"))
          res = s.replace(s.value_counts())
          res.head()
```

```
Out[50]:  0    1
          1    2
          2    2
          3    3
          4    3
          dtype: int64
```

目标编码将数据标签 y 的信息纳入考量，作为二分类问题时，每个类别对应的目标编码是该类别下的正样本比例，作为回归问题时，每个类别对应的目标编码是该类别下 y 的均值，或者 y 超过某一给定阈值的比例。

```
In [51]:  y_cls = pd.Series([1,0,0,0,1,0,1,0,0,1]) # 二分类问题
          y_cls.groupby(s).transform("mean").round(2).head()
```

```
Out[51]:  0    1.00
          1    0.00
          2    0.00
          3    0.33
          4    0.33
          dtype: float64
```

```
In [52]:  y_reg = pd.Series(np.arange(10))                        # 回归问题
          y_reg.groupby(s).transform("mean").round(2).head() # 恰好写法一致
```

```
Out[52]:  0    0.0
          1    1.5
          2    1.5
          3    4.0
          4    4.0
          dtype: float64
```

```
In [53]:  # 以y>3的比例作为标签
          (y_reg>3).groupby(s).transform("mean").round(2).head()
```

```
Out[53]:  0    0.00
          1    0.00
          2    0.00
          3    0.67
          4    0.67
          dtype: float64
```

注解

对类别型特征编码时一定要注意训练集、验证集和测试集上的映射一致性，即对于相同的类别，只能映射到同一个实数上。此外，在使用目标编码时，需要把在测试集（以及线下验证时的验证集）中出现且未在训练集中出现的类别设为缺失值或对其进行插补。

WoE 编码的全称是 Weight of Evidence 编码，它是用于处理分类问题的类别编码。对于每一个类别 i，记 N^i 和 P^i 分别是该类别中的负样本（$y=0$）个数和正样本（$y=1$）个数，再规定 N^T 和 P^T 分别是总体样本中的负样本个数和正样本个数，则其 WoE_i 计算如下：

$$\text{WoE}_i = \log\left[\frac{P^i / N^i}{P^T / N^T}\right]$$

其含义代表了这个变量对 y 的辨识能力，即是否能作为证据（evidence）来将 y 区分开来。WoE 的值越接近 0，说明 P^i/N^i 越接近 P^T/N^T，即该类别不能决定或区分 y。对于 WoE 特别高或特别低的类别，可以考虑单独进行独热编码。

```
In [54]:  np.random.seed(0)
          s = pd.Series(np.random.choice(["a", "b", "c", "d"], size=100))
          y_cls = pd.Series(np.random.randint(0,2,100))
          f = lambda x: ((x==1).mean()/(x==0).mean())
          WoE = np.log(y_cls.groupby(s).transform(f)/f(y_cls))
          WoE.head()
```

```
Out[54]:  0   -0.040491
          1    0.200671
          2   -0.310155
          3   -0.040491
          4    0.200671
          dtype: float64
```

注解

事实上，类别型变量编码是一个被广泛研究的问题，有兴趣的读者可以从 GitHub 的 scikit-learn-contrib/category_encoders 这个项目中了解到更多分类变量的编码方式。该项目已经将诸多算法封装入 category_encoders 包，通过 pip install category_encoders 即可下载。

练一练 Ex12-7

阅读上述 WoE 的材料，完成以下问题。

（1）在 WoE 的计算中，某个组内没有负样本会导致分母为 0，而没有正样本会导致 log()函数的输入值非法，请设计一种方案来处理这两类情况。

（2）请构造一个序列及其标签 y，分别使用 best-ks 分箱和节点分箱两种策略得到序列的 WoE 特征。

（3）对不同的分箱策略而言，我们可以通过计算信息值（information value）$\text{IV}=\sum_i \left(\frac{P^i}{P^T}-\frac{N^i}{N^T}\right)\times \text{WoE}_i$ 来比较分箱方案的优劣，请对问题（2）中的分箱结果进行比较。一般而言，当 IV 值超过 0.1 时，可认为分箱策略是有意义的，当超过 0.3 时表示分箱效果较好，得分越高则效果越显著。

3. 缺失型特征

在第 7 章中，我们讨论了缺失型特征的基本统计方法，缺失类型本质上属于一种特殊的分类类别，最常用的处理方法是对缺失与否的情况进行独热编码或者单列编码：

```
In [55]:  # 独热编码
          s = pd.Series([1,np.nan,3])
          pd.get_dummies(s.isna()).rename(columns={True:"IsNan", False:"NotNaN"})
Out[55]:    NotNaN  IsNan
          0      1      0
          1      0      1
          2      1      0
In [56]:  s.isna().astype("int") # 单列编码
Out[56]:  0    0
          1    1
          2    0
          dtype: int32
```

12.2 多特征构造

多特征构造指通过多个特征列的组合来产生新的特征，它的构造方式种类较多，这里选取了最常用的两种进行讲解，它们分别是分组技术和特征降维。

12.2.1 分组技术

分组技术是多特征构造中非常核心、重要且使用很广泛的方法之一，它的原理与时间序列特征构造中的 resample 对象基本一致，只不过此时组的生成不限于时间范围的分组。分组技术的强大之处在于，我们只需要一个类别型变量和任意一种数据类型的特征就能够进行特征交叉，并且这个类别型变量可以直接取自原数据的特征，也可以从原始数据特征变换而来。图 12.10 描述了分组技术的基本框架。

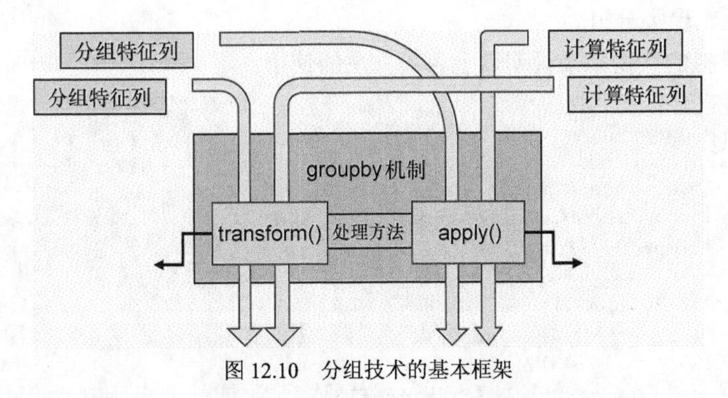

图 12.10 分组技术的基本框架

对应图 12.10 中的 transform()方法和 apply()方法，我们来分别举两个简单的例子。第一个例子：现有一个受教育情况和月收入情况的表格，需要以受教育情况分组，构造样本所在组的月收入均值特征。

```
In [57]:  df = pd.DataFrame({
              "Education":["High School", "High School", "Graduates", "Graduates"],
              "Salary":[11000, 12000, 15000, 20000],
              "Bonus":[5000, 3000, 3000, 4000]}),
          df
Out[57]:      Education  Salary  Bonus
          0 High School   11000   5000
          1 High School   12000   3000
          2   Graduates   15000   3000
          3   Graduates   20000   4000
In [58]:  df["Transform"] = df.groupby("Education")["Salary"].transform("mean")
          df
Out[58]:      Education  Salary  Bonus  Transform
          0 High School   11000   5000      11500
          1 High School   12000   3000      11500
          2   Graduates   15000   3000      17500
          3   Graduates   20000   4000      17500
```

第二个例子：在上述表格中，计算每个样本工资奖金之和距离本组工资奖金之和最小值的差。

```
In [59]:  # apply()能够多列聚合，transform()只能逐列处理
          # 此处构造 DataFrame 的原因见第 4 章中关于 apply 返回对象的叙述
          df["Apply"] = df.groupby("Education")[["Salary", "Bonus"]].apply
              lambda x:((x.Salary + x.Bonus)-(x.Salary + x.Bonus).min()).to_frame()
          df
Out[59]:      Education  Salary  Bonus  Transform  Apply
          0 High School   11000   5000    11500.0   1000
          1 High School   12000   3000    11500.0      0
          2   Graduates   15000   3000    17500.0      0
          3   Graduates   20000   4000    17500.0   6000
```

图 12.10 中左侧的分组特征列和右侧的计算特征列的构造自由度很高。先来看分组特征列，构造分组特征列的方法总结如下：单分类序列分组（上面例子中的情况）、多分类序列分组、单个

数值序列分箱分组、多个数值序列分箱分组、分类序列和数值分箱序列的混合分组、布尔序列分组、特征变换分组、聚类分组。

现构造一个虚拟的数据集来说明以上各类方法的使用：

```
In [60]:  np.random.seed(0)
          df = pd.DataFrame({
              "f1":np.random.rand(100),
              "f2":np.random.rand(100),
              "f3":np.random.choice([1,2,3,4,np.nan], 100), # 此处数值代表类别
              "f4":np.random.choice(list("abcd"), 100),
              "f5":pd.date_range("20210101", periods=100)})
          df.head()
```

```
Out[60]:          f1        f2   f3 f4         f5
          0  0.548814  0.677817  3.0  a 2021-01-01
          1  0.715189  0.270008  NaN  c 2021-01-02
          2  0.602763  0.735194  4.0  b 2021-01-03
          3  0.544883  0.962189  4.0  d 2021-01-04
          4  0.423655  0.248753  2.0  a 2021-01-05
```

单分类序列分组：

```
In [61]:  # 按照是否缺失聚合
          res = df.groupby(df.f3.isna())["f1"].transform("mean")
```

多分类序列分组：

```
In [62]:  grouper = ["f3", "f4"]
          res = df.groupby(grouper)["f1"].transform("mean")
```

单个数值序列分箱分组：

```
In [63]:  grouper = pd.cut(df.f1, bins=5).cat.codes
          res = df.groupby(grouper)["f1"].transform("mean")
```

多个数值序列分箱分组：

```
In [64]:  grouper = pd.concat([
              pd.cut(df.f1, bins=5).cat.codes,
              pd.cut(df.f2, bins=5).cat.codes],
              axis=1)
          res = df.groupby([grouper.iloc[:, 0],
              grouper.iloc[:, 1]])["f1"].transform("mean")
```

分类序列和数值分箱序列的混合分组：

```
In [65]:  grouper = pd.concat([
              pd.cut(df.f1, bins=5).cat.codes,
              df.f3], axis=1)
          res = df.groupby([grouper.iloc[:, 0],
              grouper.iloc[:, 1]])["f1"].transform("mean")
```

布尔序列分组：

```
In [66]:  grouper = (df.f1>0.5) & df.f5.dt.dayofweek.isin([5,6])
          res = df.groupby(grouper)["f1"].transform("mean")
```

特征变换分组：

```
In [67]:  grouper = pd.cut((df.f1 - df.f2), bins=5)
          res = df.groupby(grouper)["f1"].transform("mean")
```

注解

特征变换分组指通过现有特征来构造新特征以进行分组，因此布尔序列分组是一种特殊的特征变换分组。

聚类分组是一种基于模型的分组，它把模型的聚类结果作为类别，这里使用 k 均值聚类算法进行聚类，在 sklearn 中还有许多其他的聚类算法，读者可自行了解学习。

```
In [68]:  from sklearn.cluster import KMeans
          X = pd.concat([df.f1,pd.get_dummies(df.f4),df.f5.dt.month],axis=1).values
          kmeans = KMeans(n_clusters=5, random_state=0).fit(X)
          grouper = kmeans.labels_ # 聚类结果的类别标签
          res = df.groupby(grouper)["f1"].transform("mean")
```

上面讨论了分组特征列的各种构造方法，计算特征列的构造思想较为简单，其要义可以总结为 transform()用于组内共享同一元素的单个计算特征列的聚合，apply() 用于组内单列或多列的特征变换，或用于组内共享元素的多个特征列聚合。我们先前展示了 transform() 利用聚合字符串来进行聚合计算的例子，这自然也可以推广到自定义函数上，我们在第 4 章中已经对这部分内容进行了阐述，这里仅做复习。

```
In [69]:  res = df.groupby("f4")["f1"].transform(lambda x: x.max()-x.min()) # 极差
```

本节开头给出了 apply() 分组的例子，此外基于新的模拟数据集再构造一个例子：

```
In [70]:  # apply()用于多列变换（对 f1 和 f2 的差进行标准化）
          def apply_feature_trans(x):
              temp = x.f1 - x.f2
              temp = (temp - temp.mean()) / temp.std(ddof=0)
              res = pd.DataFrame(temp.values, index=x.index, columns=["col"])
              return res
          res = df.groupby("f4")[["f1", "f2"]].apply(apply_feature_trans).col
          res.head()
Out[70]:  0   -0.430698
          1    1.385633
          2   -0.022659
          3   -0.594255
          4    0.391143
          Name: col, dtype: float64
```

分组技术的核心包括分组特征列的构造、计算特征列的构造以及处理函数的设计，读者可以在日常数据处理或数据竞赛中使用本节介绍的方法，它们都是特征交叉中重要且有效的手段。

12.2.2 特征降维

降维表示将高维数据通过某种方法映射到低维空间中，并且使低维空间中的信息能够尽可能多地代表原始数据总信息的过程。经典机器学习中的降维算法种类繁多，本节分别介绍基于矩阵分解降维和基于流形学习降维这两种代表性方法，它们都是重要的降维方法，但由于算法的严格推导超出了本书的范围，有兴趣的读者可自行阅读相关材料进行学习。此外，我们还需要注意到特征选择也是一种特殊的降维，它直接将无用的特征列丢弃，只保留有价值的变量，这等价于一种特殊的低维嵌入方法，我们将在 12.3 节中专门论述有关特征选择的内容。

1. 主成分分析

在所有基于矩阵分解的降维算法中，主成分分析是为人熟知的，它在 1901 年由 Karl Pearson（即皮尔逊相关系数中的“Pearson”）发明，后由 Harold Hotelling（霍特林 T 平方分布中的“Hotelling”）于 1930 年进行发展并正式命名为主成分分析（principal component analysis，PCA）。主成分分析的核心思想是将原始数据用一个高维椭圆模型进行拟合，数据根据椭圆半轴的长度，按照由大到小的顺序依次朝半轴方向进行投影。因为椭圆的轴彼此正交，从而将数据在此正交坐标系中的坐标值作为变换后的特征维度，我们只要选取前 k 长的半轴对应的新特征就能得到降维后的 k 个特征。由于在算法中需要对数据的协方差矩阵进行特征值分解，因此 PCA 属于矩阵分解算法。同时，由于原始数据能够通过一个线性变换映射到新的正交坐标系中，因此 PCA 也是线性降维方法的一种。我们来看一个直观的例子，如图 12.11 所示。

图 12.12 展现了经过标准化的数据点首先向椭圆的长轴方向投影得到第一主成分，再向椭圆的短轴方向投影得到第二主成分，原样本点在新正交坐标系下的坐标就是对应的新特征。当只需要保留一个主成分维度时，我们取长轴方向对应的特征即可。在 sklearn 中，可调用 PCA 对象上的 fit_transform()方法来实现特征降维：

```
In [71]:  from sklearn.decomposition import PCA
          data = pd.read_csv("data/ch12/pca-demo.csv").values
          pca = PCA(n_components=1) # 取第一主成分
          new_feature = pca.fit_transform(data)
          new_feature.shape          # 降维特征的维度
Out[71]:  (100, 1)
```

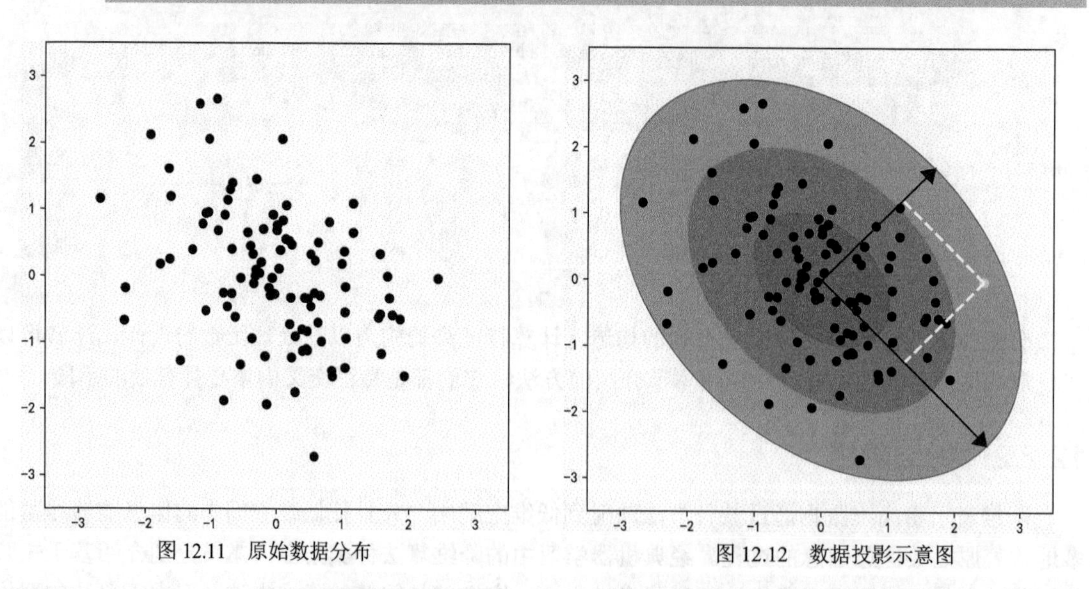

图 12.11 原始数据分布　　图 12.12 数据投影示意图

从图 12.12 中我们还可以看到，在新坐标下，对应半轴长度越长的投影维度方差越大，即数据点投影到长轴上的方差会大于投影到短轴上的方差，在高维情况下类似。

```
In [72]: pca = PCA(n_components=2)
         new_feature = pca.fit_transform(data)
         pca.explained_variance_ratio_ # 各主成分的方差占比
Out[72]: array([0.68547327, 0.31452673])
```

练一练 Ex12-8

请对城市面积和人口数据集（即 data/ch12/area-pop.csv）中的两个特征进行对数变换和标准化变换后降维，选取第一个主成分。

注解

对于需要降维的特征，应当先进行标准化操作，否则方差较大的特征会占据优势。

对于高维的数据集，我们应该如何选取合适的 k 呢？从经验上而言，k 可以选取递减排序后各主成分累计方差占比超过85%的最小主成分个数。假设主成分模型输出的explained_variance_ratio_为[0.5,0.2,0.18,0.1,0.02]，由于前两个元素的主成分方差占比之和为 70%，前 3 个元素的主成分方差占比之和为 88%，此时可以选取 k=3。此外，PCA 还有很多推广算法，常见的有稀疏 PCA、核 PCA、截断 PCA 以及增量 PCA，这些方法在 sklearn 中都已被实现。

2. 流形学习

流形学习（manifold learning）是一种非线性的降维方法，其观点认为高维数据的本质是低维流形在高维空间的嵌入，而流形学习的目的正是在高维空间中提取或捕获这种低维结构以达到降维效果。流形指局部具备欧几里得空间性质的空间，下面我们将使用流形学习中的等距算子[①]（isometric mapping，Isomap）算法和局部线性嵌入（locally linear embedding，LLE）算法，它们都利用了流形的局部欧式性质以保证相近的元素在映射后仍然位置相近。数据集 data/ch12/manifold-demo.csv 中存放了数据点的特征 x、y、z。为了实现可视化，我们对它进行了 RGB 颜色赋值，作出散点图后的效果如图 12.13 所示（见彩插 24）。

```
In [73]: data = pd.read_csv("data/ch12/manifold-demo.csv")
         color = data[["R", "G", "B"]].values
         fig = plt.figure()
         ax = fig.add_subplot(111, projection='3d') # 使用 3d 投影
         ax.scatter(data.x, data.y, data.z, c=color, s=10)
         ax.view_init(elev=7., azim=100)           # 调整角度
```

从图 12.13 可以看出样本特征的分布有明显的结构，我们分别使用 Isomap 和 LLE 算法将其投影到一维和二维空间上，结果如图 12.14 所示（见彩插 25），从颜色分布上可以清晰地看到原本在三维空间中相近的点在低维空间中也保持了邻近关系，这标志着两个算法确实捕获到了高维空间中的低维嵌入结构。

```
In [74]: from sklearn.manifold import Isomap, LocallyLinearEmbedding
         # 投影到一维空间中并且只考虑邻近的 10 个样本点
```

① 在机器学习领域，一般称为“等度量映射”。

```
model1 = Isomap(n_neighbors=10, n_components=1)
model2 = LocallyLinearEmbedding(n_neighbors=10, n_components=1)
model3 = Isomap(n_neighbors=10, n_components=2)
model4 = LocallyLinearEmbedding(n_neighbors=10, n_components=2)
models = [model1, model2, model3, model4]
plot_title = ['Isomap (k=1)', "LLE (k=1)", "Isomap (k=2)", "LLE (k=2)"]
for i in range(1, 5):
    plt.subplot(2,2,i)
    transformed = models[i-1].fit_transform(data.iloc[:,:3])
    y = [1]*data.shape[0] if i <= 2 else transformed[:, 1]
    plt.scatter(transformed[:, 0], y, c=color)
    plt.title(plot_title[i-1])
plt.tight_layout()
```

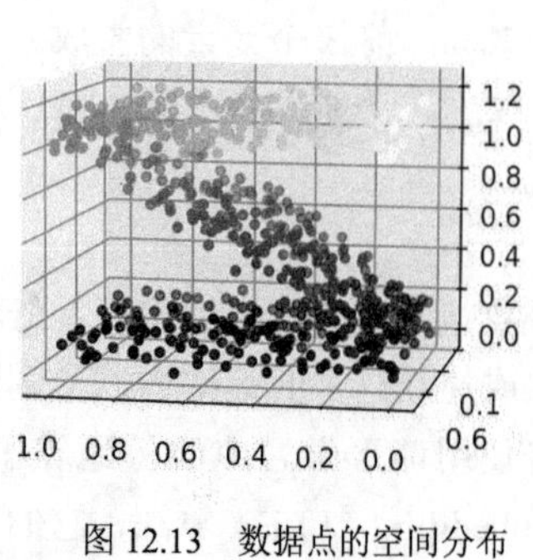

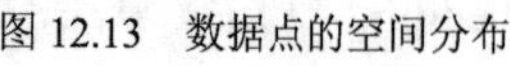
图 12.13 数据点的空间分布

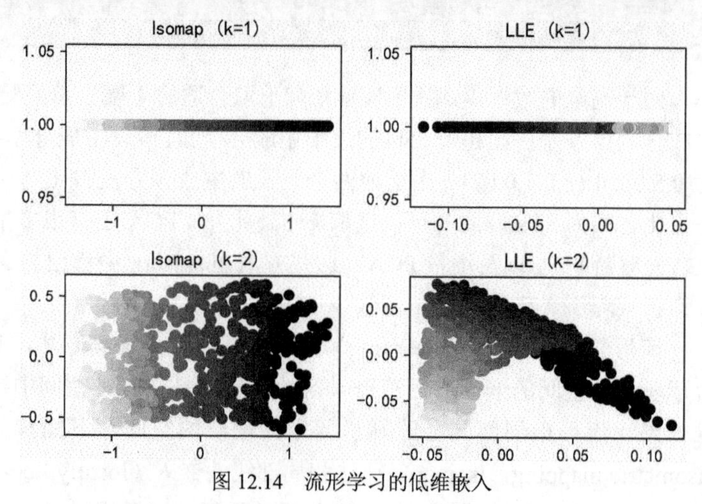

图 12.14 流形学习的低维嵌入

12.3 特征选择

特征选择又被称为变量选择，它在统计机器学习领域中是一个重要的研究方向。进行特征选择的优势包括但不限于提高模型训练速度、加强模型结果的可解释性、使模型的参数估计结果更为合理。本节将从基于统计量的选择和基于模型的选择这两个角度来介绍特征选择的方法。

12.3.1 基于统计量的选择

在第 11 章中我们介绍了许多统计量，它们基本上都是单个变量的统计指标，本节中考虑由两个变量计算得到的统计量，它们分别是相关系数、卡方统计量、F 统计量以及互信息，这些统计量都能够在某种程度上反映特征 $X_i(i=1,\cdots,n)$与目标变量 y 之间的相关关系。在介绍方法之前，我们首先要构造一个二分类问题的数据集与一个回归问题的数据集，sklearn 中的 make_classification()和 make_regression()能够实现这一目的，这里指定的两个数据集都含有 10000 个样本、10 个特征以及 3 个有效特征。

```
In [75]: from sklearn.datasets import make_classification, make_regression
         cls_X, cls_y = make_classification(n_samples=10000, n_features=10,
             n_informative=3, n_classes=2, random_state=1)
         df_cls = pd.DataFrame(np.c_[cls_X, cls_y],
             columns=["f%d"%i for i in range(1, 11)]+["y"])
         reg_X, reg_y = make_regression(n_samples=10000, n_features=10,
             n_informative=3, n_targets=1, random_state=1)
         df_reg = pd.DataFrame(np.c_[reg_X, reg_y],
             columns=["f%d"%i for i in range(1, 11)]+["y"])
```

1. 基于相关系数的选择

相关系数是应用最为广泛的相关性度量之一，常用的相关系数有3种，分别是皮尔逊（Pearson）相关系数、斯皮尔曼（Spearman）相关系数以及肯德尔（Kendall）相关系数，它们的取值范围都是[−1,1]，系数的绝对值越大表明相关性越强。设 x 和 y 是待计算相关系数的特征和目标变量，它们的长度是样本量大小，记 m_x 和 m_y 分别为 x 和 y 的均值。此时，Pearson 相关系数的计算公式如下：

$$R_{\text{Pearson}}=\frac{\sum_{i=1}^{n}(x_i-m_x)(y_i-m_y)}{\sqrt{\sum_{i=1}^{n}(x_i-m_x)^2\sum_{i=1}^{n}(y_i-m_y)^2}}$$

利用 NumPy 可以如下计算：

```
In [76]: x, y = df_reg.f1.values, df_reg.y.values
         r = ((x-x.mean())*(y-y.mean())).sum()
         r = r/np.sqrt(((x-x.mean())**2).sum()*((y-y.mean())**2).sum())
         round(r, 10)
Out[76]: 0.0160909373
```

调用 SciPy 中的 pearsonr 可知计算结果一致：

```
In [77]: from scipy.stats import pearsonr
         r, p = pearsonr(x, y) # p 指 p 值，计算方法较为复杂，此处不展开
         round(r, 10)
Out[77]: 0.0160909373
```

Pearson 相关系数只能度量线性的趋势关系，而 Spearman 相关系数是一种根据排名来计算的相关性度量。设 $\boldsymbol{r}_i^x$ 和 $\boldsymbol{r}_i^y$ 分别是特征和目标变量的排名向量，则 Spearman 相关系数的计算如下：

$$R_{\text{Spearman}}=1-\frac{6\sum_{i=1}^{n}(\boldsymbol{r}_i^x-\boldsymbol{r}_i^y)^2}{n(n^2-1)}$$

```
In [78]: x_r, y_r = pd.Series(x).rank(), pd.Series(y).rank()
         r = 1 - 6*((x_r-y_r)**2).sum()/x_r.shape[0]/(x_r.shape[0]**2-1)
         round(r, 10)
Out[78]: 0.0222532051
```

调用 SciPy 中的 spearmanr() 可知计算结果一致：

In [79]:
```
from scipy.stats import spearmanr
r, p = spearmanr(x, y)
round(r, 10)
```
Out[79]:
```
0.0222532051
```

从公式上而言，Spearman 相关系数的计算方式有些让人摸不着头脑，但我们换一个角度来考虑这个问题：如何根据两个排名向量进行相关的计算？统计量 $D=\sum_{i=1}^{n}(r_i^x-r_i^y)^2$ 显然在两个向量的元素对应排名完全一致时取得最小值 0，即两个序列完全相关，对于一个拥有更大特征 x 的样本，它势必会具有更大的目标变量 y。而这个统计量最大值在两个向量的元素排名完全相反的时候取得，即对于一个拥有更小特征 x 的样本，它会具有更大的目标变量 y。那么此时统计量 D 的值为多少呢？为了便于计算，我们不妨设样本量 n 是偶数：

$$
\begin{aligned}
D &= \sum_{i=1}^{n}(r_i^x-r_i^y)^2 \\
&= (n-1)^2+[(n-1)-2]^2+\cdots+1^2+1^2+\cdots+(n-1)^2 \\
&= 2\sum_{i=1}^{n/2}(2k-1)^2 \\
&= \frac{n}{3}(n^2-1)
\end{aligned}
$$

从而在构造 Spearman 相关系数时，只需根据这个结果来使 D 被归一化至[−1,1]区间。

Kendall 相关系数也是一种根据排名来计算的相关系数，但其采用了不一样的思路。它认为对于两个样本(x_i,y_i)和(x_j,y_j)，若 x_i-x_j 与 y_i-y_j 同号则表明两个样本为正相关关系，若异号则表明两个样本为负相关关系。那么此时对所有样本的组合计算它们平均意义上的正负相关性，即 Kendall 相关系数，它的具体计算公式如下。

$$
R_{\text{Kendall}}=\frac{2}{n(n-1)}\sum_{i<j}\text{sign}(x_i-x_j)\,\text{sign}(y_i-y_j)
$$

其中，sign()为符号函数，当输入为正数时返回 1，输入为负数时返回−1，否则返回 0。需要注意，这里的 $\frac{2}{n(n-1)}$ 是归一化系数，原因在于对于一个 n 维向量，满足 $1\leqslant i<j\leqslant n$ 的(i,j)共有 C_n^2 对。根据定义，可以写出如下代码进行 Kendall 相关系数的计算：

In [80]:
```
# 此处由于计算速度较慢，只取前 100 个样本进行计算
r, n = 0, 100
for i in range(n):
    for j in range(n):
        if i < j:
            r += np.sign(x[i]-x[j])*np.sign(y[i]-y[j])
r *= 2/n/(n-1)
round(r, 10)
```
Out[80]:
```
-0.0775757576
```

调用 SciPy 中的 kendalltau() 可知计算结果一致：

```
In [81]: from scipy.stats import kendalltau
         r, p = kendalltau(x[:100], y[:100])
         round(r, 10)
Out[81]: -0.0775757576
```

注解

事实上在 SciPy 内部，Kendall 相关系数并非直接根据上述定义来计算，而是使用 tied-pair 算法计算的。tied-pair 算法有 3 种 Kendall 相关系数的计算方法，得到的结果并不相同，分别被称为 tau-a、tau-b、tau-c 版本的 Kendall 相关系数，默认状态下 SciPy 计算的是 tau-b 版本的 Kendall 相关系数。

2. 基于卡方检验的选择

卡方检验的目的是确定两个类别型变量之间是否无关。现有一个数据集记录了某次调查中有关用户出行状态与天气的情况，想要研究天气的特征是否与用户出行状态相关。

```
In [82]: df = pd.read_csv("data/ch12/rain-or-sun.csv")
         df.head()
Out[82]:  Weather State
         0  Rainy  Home
         1  Rainy  Home
         2  Sunny   Out
         3  Rainy   Out
         4  Sunny  Home
```

利用变形函数来汇总这两个类别型变量交叉的个数统计情况：

```
In [83]: res = pd.crosstab(df.Weather, df.State)
         res
Out[83]: State   Home   Out
         Weather
         Rainy    423    34
         Sunny     17   256
```

卡方检验的思想为，当两个变量无关时，一个变量关于另一个变量的条件分布是相同的。以上面的数据集为例，如果假设两个变量无关，那么用户出行状态的分布在下雨和不下雨两种情况下是类似的。在此假设下，下雨且在家的理论记录条数应当等于总体记录中在家的占比乘以下雨的记录条数：

```
In [84]: estimate_home_rainy = res.Home.sum()/res.values.sum()*res.loc["Rainy"].sum()
         estimate_home_rainy
Out[84]: 275.4520547945205
```

同理，我们还可以得到下雨外出、晴天在家、晴天外出的理论记录条数：

```
In [85]: estimate_out_rainy = res.Out.sum()/res.values.sum()*res.loc["Rainy"].sum()
         estimate_home_sunny = res.Home.sum()/res.values.sum()*res.loc["Sunny"].sum()
         estimate_out_sunny = res.Out.sum()/res.values.sum()*res.loc["Sunny"].sum()
```

记真实值为 E_{ij}、理论值为 F_{ij}，把 $\sum_i\sum_j\frac{(E_{ij}-F_{ij})^2}{F_{ij}}$ 的结果称为卡方统计量 χ_0^2，此处 i 和 j 都是类别编号。当两个变量无关时，这个值会尽可能小。

In [86]:
```
chi_square =\
(res.loc["Rainy","Home"]-estimate_home_rainy)**2/estimate_home_rainy +\
(res.loc["Sunny","Home"]-estimate_home_sunny)**2/estimate_home_sunny +\
(res.loc["Rainy","Out"]-estimate_out_rainy)**2/estimate_out_rainy +\
(res.loc["Sunny","Out"]-estimate_out_sunny)**2/estimate_out_sunny
chi_square
```

Out[86]:
```
531.9923538947535
```

数理统计可以证明在样本数较多时，卡方统计量近似服从自由度为 $(r-1)\times(c-1)$ 的卡方分布，其中 r 和 c 分别是特征类别和目标变量类别。在本例中，统计量近似服从自由度为 1 的卡方分布，从而我们可以计算出 $\chi^2(1)>\chi_0^2$ 的概率，这个概率被称为 p 值。当卡方统计量较大时，p 值较小，即两个变量无关的概率很小。这里的 χ_0^2 即先前计算得到的 chi_square 的值。

In [87]:
```
from scipy.stats import chi2
# sf()表示残存函数，即 1-CDF，其中 CDF 是累计分布函数
# df 为自由度(degree of freedom)
p = chi2.sf(chi_square, df=1)
p
```

Out[87]:
```
1.0411251966780391e-117
```

我们可以用 SciPy 检验，此时的计算结果是正确的：

In [88]:
```
from scipy.stats import chi2_contingency
chi2_contingency(res, correction=False)[:2] # correction 表示 Yates 修正
```

Out[88]:
```
(531.9923538947533, 1.0411251966781585e-117)
```

注解

在 sklearn.feature_selection 中有 chi2 方法，但这个方法并非统计学中常用的卡方检验，其输出的卡方统计量和 p 值也不是常规卡方检验的卡方统计量和 p 值。当想要进行目标变量和特征的相关性检验时，应当使用 SciPy 中的 chi2_contingency()。

练一练 Ex12-9

请根据上述的检验思想和代码解决以下问题。

（1）将 2×2 的卡方检验推广至 $r\times c$。同时，给出特征重要性选择函数 chi2_choose()的构造，它接收的参数为二维的离散特征数组 X 和一维的目标数组 y，输出值为这些特征的 p 值排名。统计量的计算可参考第 1 章的习题 2，也可直接使用 chi2_contingency()。

（2）虽然连续型的特征和目标变量无法直接进行卡方检验，但是可以将特征和目标进行分箱从而转化为类别，请利用这个思路对 df_reg 的特征 f_1 进行关于 y 的卡方检验。

3. 基于 F 检验的选择

与卡方检验类似，所谓 F 检验即通过样本构造一个服从或近似服从 F 分布的统计量，从而进行统计检验。我们先来讨论分类问题的 F 检验，再讨论回归问题的 F 检验。

分类问题的 F 检验就是经典统计学中的方差分析。由于目标变量是分类变量，因此若某个特征

与目标有关，则其在不同类别下的数据分布应当有所差异。考虑图 12.15 所示的简单情况，如果每个类别只有 4 个样本，从直觉上来说特征 A 在不同目标类别的差异小于特征 B，而特征 B 的差异小于特征 C。由此我们可以总结出：组内差异越小，组间差异越大，则该特征对目标的影响越显著。

样本距离均值的平方和是一个能够刻画分布离散程度的统计量。假设组数为 p，第 $j(1\leqslant j\leqslant p)$ 组的样本数为 n_j，组内均值为 $\bar{x}_j$，所有样本的均值为 $\bar{x}$ 。组内差异可以用 $E=\sum_{j=1}^{p}\sum_{i=1}^{n_j}(x_{ij}-\bar{x}_j)^2$ 来度量，它表示各组样本距离组均值平方和的和；组间差异可以用各组均值的方差 $W=\sum_{j=1}^{p}n_j(\bar{x}_j-\bar{x})^2$ 来度量，它表示各组样本均值距离总样本均值的加权平方和。设样本总数为 $n=\sum_j n_j$ ，数理统计证明了在某些假设下统计量 $F=\dfrac{W/(p-1)}{E/(n-p)}$ 服从 $F(p-1,n-p)$ 分布，该统计量较大时说明组内差异 E 较小、组间差异 W 较大，不同组之间的特征取值存在显著差异。

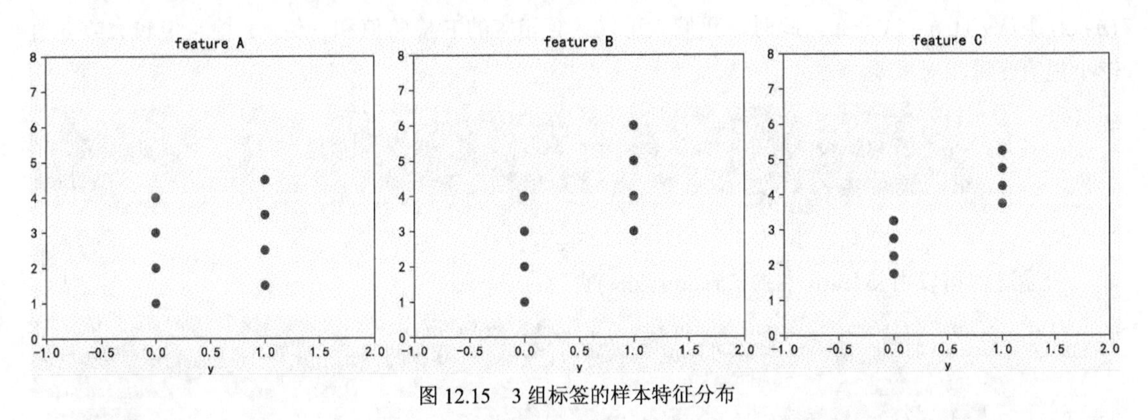

图 12.15 3 组标签的样本特征分布

注解

此处所说的“某些假设”指可加性假设、正态性假设和方差齐性假设，想要进一步了解的读者可以阅读相关数理统计或线性模型中有关方差分析的资料。

以本节最初构造的 df_cls 数据集为例，我们可以计算相应的 F 统计量：

```
In [89]:  group = df_cls[["f1", "y"]].groupby("y")
          W = ((group.mean() - df_cls["f1"].mean())**2 * group.count()).sum()["f1"]
          E = (group.var() * (group.count()-1) ).sum()["f1"]
          F = (W/(2-1)) / (E/(df_cls.shape[0]-2))
          F
Out[89]:  0.030884441335684104
```

由此我们可以得到 $F(1,98) > F_0$ 的概率，这个概率就是方差分析中的 p 值，p 值较小（如 <0.05）表示相关关系显著。

```
In [90]:  from scipy.stats import f as f_distribution
          f_distribution.sf(F, 1, df_cls.shape[0]-2)
```

```
Out[90]:  0.8605020054592982
```

上述的方差分析过程可以由 sklearn 中的 f_classif()实现，我们先前的计算结果与它完全一致。

```
In [91]:  from sklearn.feature_selection import f_classif
          F, p = f_classif(df_cls.values[:, [0]], df_cls.y)
          F, p
Out[91]:  (array([0.03088444]), array([0.86050201]))
```

练一练 Ex12-10

请构造一个三分类的数据集（在 make_classification() 中指定 n_classes 为 3），选取其中的一个变量进行 F 检验，再调用 f_classif ()核对是否与其输出结果一致。

对连续目标变量而言，设 x 和 y 的 Pearson 相关系数为 $r=R_{\text{Pearson}}(x,y)$，可以证明 $F=\frac{r^2}{1-r^2}\times(n-2)$ 服从 $F(1,n-2)$ 分布。此时，我们就可以计算相应的 F 检验值和 p 值，F 检验值较大或 p 值较小说明变量相对重要。

```
In [92]:  r, p = pearsonr(df_reg.f1, df_reg.y)
          F = r**2/(1-r**2) * (df_reg.shape[0]-2)
          p = f_distribution.sf(F, 1, df_reg.shape[0]-2)
          F, p
Out[92]:  (2.5893352365578592, 0.10761705342049194)
```

上述过程可以由 sklearn 中的 f_regression()实现：

```
In [93]:  from sklearn.feature_selection import f_regression
          F, p = f_regression(df_reg.values[:, [0]], df_reg.y)
          F, p
Out[93]:  (array([2.58933524]), array([0.10761705]))
```

4. 基于互信息的选择

在信息论中，随机变量 Y 的不确定性记为 $\text{H}(Y)$，在给定随机变量 X 时 Y 的不确定性记为 $\text{H}(Y|X)$，此时 X 和 Y 的互信息为 Y 的不确定性减去给定 X 的条件不确定性，记作 $\text{I}(X,Y)=\text{H}(Y)-\text{H}(Y|X)$。较小的 $\text{H}(Y|X)$ 意味着 Y 很大程度上能被 X 所决定，即相关，这同时会导致 $\text{I}(X,Y)$ 较大。在实际计算时，互信息具有多种算法，sklearn 中使用了基于最近邻模型的互信息估计，本书限于篇幅不在此阐述，有兴趣的读者可参见 sklearn 官方文档中相关函数介绍页面的参考文献。mutual_info_regression()和 mutual_info_classif()可以分别用于处理连续目标和离散目标的互信息估计：

```
In [94]:  from sklearn.feature_selection import mutual_info_regression
          mutual_info_regression(df_reg.iloc[:, :-1], df_reg.y)
Out[94]:  array([0.00275622, 0.01421511, 0.00335948, 0.        , 0.40247288,
                 0.00755237, 0.17362468, 0.07681393, 0.        , 0.01175472])
In [95]:  from sklearn.feature_selection import mutual_info_classif
          mutual_info_classif(df_cls.iloc[:, :-1], df_cls.y)
Out[95]:  array([0.        , 0.41787886, 0.00564587, 0.07024212, 0.14711177,
                 0.00212686, 0.02256352, 0.        , 0.00492705, 0.15479979])
```

12.3.2 基于模型的选择

基于模型的选择方法会对每一个特征赋予通过模型训练得到的相应重要性权重。本节将介绍 3 种方法，它们分别是随机排序法、L_1 正则法与集成法。L_1 正则法中线性模型的参数估计方法和集成模型的打分方法超出了本书的范畴，读者应当将学习重点置于如何调用相关的模型库以进行变量选择上，想要学习模型原理的读者可以参考机器学习相关方面的教材或资料。

1. 随机排序法

模型一般会通过学习样本特征与目标变量之间的关系来进行训练，如果某个特征 x 与预测目标无关，那么很可能意味着改变其值的大小并不会影响模型的输出。因此不妨对某一个变量多次随机重排其元素的值，固定其他特征变量，观察既有模型预测结果指标（如正确率或均方误差等）的平均升降情况，并将模型原始得分减去重排下的平均得分的值作为变量重要性。

以回归问题为例：我们先进行了训练集和测试集的划分，接着拟合了一个线性回归模型来作为既有模型。在 permutation_importance()函数中，未打乱的 X_val 和 y_val 会进行一次打分以作为模型的原始得分，随后每个特征都将会重排 n_repeats 次以得到相应的分数集合，由于此时需要处理的是回归问题，故 scoring 可选择为均方误差。

```
In [96]:  from sklearn.inspection import permutation_importance
          from sklearn.model_selection import train_test_split
          from sklearn.linear_model import LinearRegression
          X_train, X_val, y_train, y_val = train_test_split(df_reg.iloc[:, :-1],
              df_reg.y, test_size=0.25, random_state=0)
          model = LinearRegression().fit(X_train, y_train)
          r = permutation_importance(model, X_val, y_val,
              scoring="neg_mean_squared_error", n_repeats=30, random_state=0)
```

importances_mean 代表变量重要性，从图 12.16 展示的结果中可以看到有 3 个有效变量被成功筛选出来。

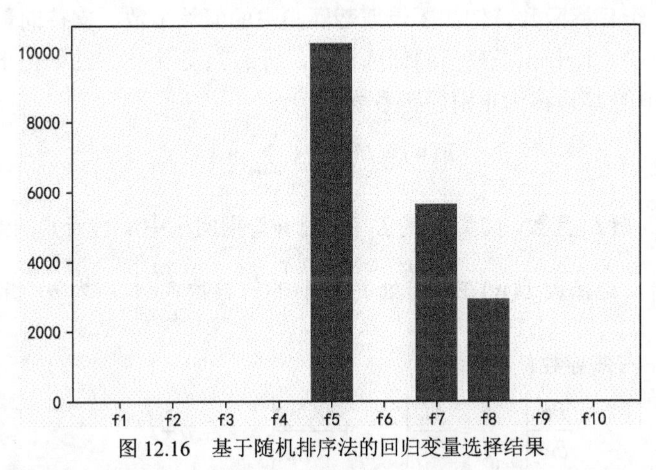

图 12.16 基于随机排序法的回归变量选择结果

```
In [97]:  plt.bar(["f%d"%i for i in range(1,11)], r.importances_mean)
```

分类问题与回归问题的处理方法类似，只不过需要选择分类的模型和指标：

```
In [98]:  from sklearn.linear_model import LogisticRegression
          X_train, X_val, y_train, y_val = train_test_split(df_cls.iloc[:, :-1],
              df_cls.y, test_size=0.25, random_state=0)
          model = LogisticRegression().fit(X_train, y_train)
          r = permutation_importance(model, X_val, y_val, scoring="accuracy",
              n_repeats=30, random_state=0)
```

从可视化结果（图 12.17）可以看到，3 个有效变量依然可以被成功筛选出来。

```
In [99]:  plt.bar(["f%d"%i for i in range(1,11)], r.importances_mean)
```

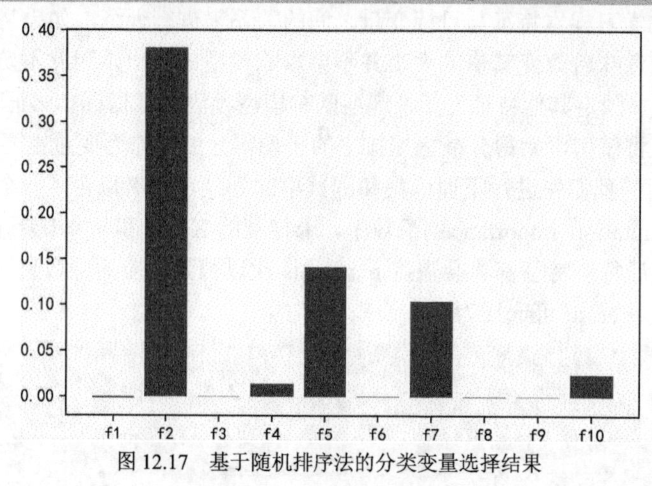

图 12.17　基于随机排序法的分类变量选择结果

2. L_1 正则法

对线性模型而言，模型中某个变量对应的系数为 0 时，可以认为这个变量无关紧要，相对地就能够更容易地选出那些非零系数的变量。当模型的系数估计出现较多的 0 时，称该模型获得了一个稀疏解，而 L_1 正则法是一种获取模型稀疏解的有效方法。下面来解释其有效性。统计机器学习中常常需要优化一个目标函数，例如逻辑斯蒂回归中的似然函数、支持向量机中的对偶损失函数等，设该函数为 $L(w)$，其中 w 是模型的训练参数。所谓 L_1 正则化方法即把下式作为待优化的函数，记作 $F(w)$，式中的 C 被称为正则惩罚系数。

$$F(w)=L(w)+C\sum_i |w_i|$$

L_1 正则法中的 L_1 指 L_1 范数，向量 $\boldsymbol{w}$ 的 L_1 范数 $\|\boldsymbol{w}\|_1$ 指向量中所有元素的绝对值之和，也就是上式中添加的 $\sum_i |w_i|$，记函数 $L(w)$ 在零点处关于 w_i 的偏导数 $\left.\frac{\partial L}{\partial w_i}\right|_{w=0}$ 为 p，此时可以计算出 $F(w)$ 在零点处关于 w_i 的左右偏导数：

$$\left.\frac{\partial F}{\partial w_i}\right|_{w=0^+}=\left.\frac{\partial L}{\partial w_i}\right|_{w=0^+}+\left.\frac{\partial C w_i}{\partial w_i}\right|_{w=0^+}=p+C$$

$$\left.\frac{\partial F}{\partial w_i}\right|_{w=0^-}=\left.\frac{\partial L}{\partial w_i}\right|_{w=0^-}+\left.\frac{\partial C\left(-w_i\right)}{\partial w_i}\right|_{w=0^-}=p-C$$

原先未增加 L_1 正则项时，由于连续函数取得极小值的解一定是偏导数为 0 的参数点或不可导的参数点，而函数 $L(w)$在零点处关于 w_i 的偏导数 p 很可能并不满足这两个条件，最终优化结束后参数不容易取到零点，因此解不是稀疏的。在增加正则项之后，惩罚系数只需满足 $p+C>0$ 且 $p-C<0$ 就能使损失函数在原点处出现一个极小值点，在优化时能够较容易地取得 0 值，因此 L_1 正则解具有稀疏性。

下面我们给出一个单变量函数的例子，其解析式如下：

$$L(w)=0.2w^4-0.35w^3-0.3w^2+0.7w-0.2$$

图 12.18 展示了不同惩罚系数 C 下函数 $F(w)=L(w)+C\|w\|_1$ 的图像，右上角的虚线是函数 $L(w)$ 的图像，即 $C=0$。下层的左侧图像和上层的中间图像分别展示了左导数和右导数恰好为 0 的情况，这与我们之前公式的分析相吻合。由于上层左侧图像的惩罚系数为负，原点出现了局部极大值点，这在优化目标为最小化损失函数的前提下没有任何意义，故惩罚系数的选取一般为正数。惩罚系数过大并不是好事，显然在 C 趋近于∞时，w 中所有参数估计都会收敛到 0，失去了变量选择的意义。

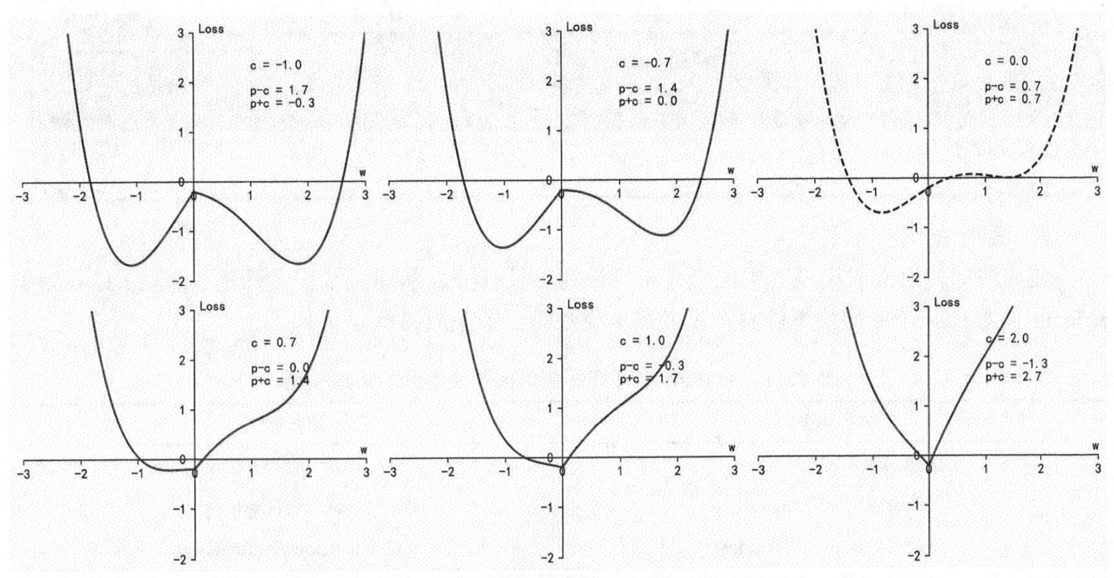

图 12.18 正则惩罚系数对函数极值点变化的影响

sklearn 包为我们提供了一些具备 L_1 正则化选项的模型，对回归问题的变量选择可以使用 Lasso，对分类问题的变量选择可以使用 LogisticRegression。Lasso 中的 alpha 为正则参数，过大的参数 alpha 会导致没有任何特征被筛选出来；LogisticRegression 中的 C 为惩罚强度的倒数，C 越大则惩罚强度越弱，当选择 penalty 为 l1 时，求解器可以使用 liblinear 或者 saga。从筛选结果来看，df_reg 和 df_cls 各自的 3 个重要特征都被成功筛选出来。

```
In [100]:  from sklearn.linear_model import Lasso
           from sklearn.feature_selection import SelectFromModel
           model_reg = Lasso(alpha=1).fit(df_reg.iloc[:,:-1], df_reg.y)
           model = SelectFromModel(model_reg, prefit=True)
```

```
X_reg_new = model.transform(df_reg.iloc[:,:-1])
X_reg_new.shape
```

Out[100]:
```
(10000, 3)
```

In [101]:
```
from sklearn.linear_model import LogisticRegression
model_cls = LogisticRegression(penalty="l1", C=0.01, solver="liblinear")
model_cls = model_cls.fit(df_cls.iloc[:,:-1], df_cls.y)
model = SelectFromModel(model_cls, prefit=True)
X_cls_new = model.transform(df_cls.iloc[:,:-1])
X_cls_new.shape
```

Out[101]:
```
(10000, 3)
```

注解

LogisticRegression 和 Lasso 中的参数 C 和参数 alpha 只是方向相反，并不意味着能够依照 $C=\frac{1}{\text{alpha}}$ 的比例来调参，因为二者损失函数前的权重系数不同。

练一练 Ex12-11

sklearn 中 svm 模块下的分类模型 LinearSVC 也支持使用 L_1 正则化来训练模型，请阅读相应的官方文档页面并仿照上述 Lasso 或逻辑斯蒂回归的例子，对 df_cls 数据集进行变量选择。（提示：参考文档并尝试调节 SelectFromModel 的参数 threshold。）

3. 集成法

集成法即使用集成模型产生的变量重要性为特征打分，从而进行变量筛选。表 12.1 罗列了 sklearn 包的 ensemble 模块下能够产生变量重要性得分的集成模型。

表 12.1　sklearn 中可产生变量重要性得分的集成模型

分类模型	回归模型
AdaBoostClassifier	AdaBoostRegressor
ExtraTreesClassifier	ExtraTreesRegressor
GradientBoostingClassifier	GradientBoostingRegressor
RandomForestClassifier	RandomForestRegressor

以梯度提升（Gradient Boosting）模型为例，我们仍然可以通过 SelectFromModel 来进行变量的过滤：

In [102]:
```
from sklearn.ensemble import GradientBoostingRegressor
model_reg = GradientBoostingRegressor(
    n_estimators=50, max_depth=5, random_state=0)
model_reg = model_reg.fit(df_reg.iloc[:,:-1], df_reg.y)
model = SelectFromModel(model_reg, prefit=True)
X_reg_new = model.transform(df_reg.iloc[:,:-1].values)
X_reg_new.shape
```

Out[102]:
```
(10000, 3)
```

In [103]:
```
from sklearn.ensemble import GradientBoostingClassifier
model_cls = GradientBoostingClassifier(
    n_estimators=50, max_depth=5, random_state=0)
model_cls = model_cls.fit(df_cls.iloc[:,:-1], df_cls.y)
model = SelectFromModel(model_cls, prefit=True)
X_cls_new = model.transform(df_cls.iloc[:,:-1].values)
X_cls_new.shape
```

Out[103]:
```
(10000, 3)
```

要想直接查看各列的重要性得分，可以直接访问 feature_importances_属性。

In [104]:
```
model_reg.feature_importances_
```

Out[104]:
```
array([0.00001075, 0.00000906, 0.00000263, 0.00000659, 0.55288465,
       0.00000373, 0.29882956, 0.14823371, 0.00001632, 0.00000298])
```

In [105]:
```
model_cls.feature_importances_
```

Out[105]:
```
array([0.0012098 , 0.74861497, 0.00106366, 0.00744647, 0.12362109,
       0.0012214 , 0.11232936, 0.00118808, 0.00104709, 0.00225808])
```

注解

除了上述列出的集成模型，还有其他一些常用的集成模型或集成模型框架。

（1）sklearn.ensemble 中还存在一个无监督的集成学习模型 RandomTreesEmbedding，它也能对特征进行重要性打分。

（2）XGBoost、LigthGBM、CatBoost 是目前较为热门的 3 个集成学习算法，它们都提供了特征重要性打分的功能，并且都具备类似于 sklearn 的函数接口，读者可阅读相应的官方文档进行学习。

Boruta 算法是一种结合了集成模型重要性得分和随机排序法的特征选择方法，它的基本思想是：任何一个随机排序的特征重要性理论上不应当超过原始特征中的重要特征。下面的代码详细描述了 Boruta 算法的实现，算法的输入为假设检验的显著性水平 alpha、最大迭代次数以及一个待使用的集成模型，算法的输出为重要特征、需要被删除的特征以及无法决定是否保留的特征。

In [106]:
```
from scipy.stats import binom
# 算法输入
alpha, max_iter = 0.1, 10
model = GradientBoostingRegressor(
    n_estimators=50, max_depth=5, random_state=0)
# 初始化状态
# status 记录特征的去留
# hit 记录超过 F_max 的次数
status = np.zeros(df_reg.shape[1]-1)
hit = np.zeros(df_reg.shape[1]-1)
cur_iter = 1
while (status==0).any() and cur_iter <= max_iter:
    # 打乱每一列中的元素
    df_shuffled = df_reg.iloc[:,:-1].apply(np.random.permutation)
    df_shuffled.columns = ["sf_f%d"%m for m in range(1,11)]
    # 拼接两个 DataFrame
    df_concat = pd.concat([df_reg.iloc[:,:-1], df_shuffled], axis=1)
```

```
    # 分别取得原始特征和打乱特征的重要性
    model.fit(df_concat, df_reg.iloc[:, -1])
    fi = model.feature_importances_
    original_importance = fi[:df_reg.shape[1]-1]
    shuffled_importance = fi[df_reg.shape[1]-1:]
    F_max = shuffled_importance.max() # 获得打乱特征的最大重要性
    for i in range(df_reg.shape[1]-1): # 对特征循环
        if original_importance[i] > F_max: # 如果原始特征重要性超过 F_max
            hit[i] += 1 # hit 记录加 1
        if status[i] != 0:
            continue
        # 按二项分布分别计算接收情况和拒绝情况的 p 值
        # binom.cdf(k, n, t)的含义是：若设每次试验的成功概率为 t，则
        # 在 n 次试验中成功 k 次的可能性大小为 binom.cdf(k, n, t)
        # 由于无效特征在随机排列后也是无效的，因此它的特征重要性超过
        # F_max 的频率期望应为 0.5。此时如果 cdf 的输出较低，有两种可能：
        # 当 hit 值很小时，说明随机排列的特征总是比真实特征好，故应丢弃
        # 这个特征；当 hit 值很大时，即 cur_iter-hit 较小，说明真实特征
        # 总是优于随机特征，故应当接受此特征为重要特征
        p_accept = binom.cdf(cur_iter - hit[i], cur_iter, 0.5)
        p_reject = binom.cdf(hit[i], cur_iter, 0.5)
        # 对显著性水平进行 Bonferroni 矫正，其原理为对 n 个特征同时进
        # 行假设检验的显著性水平应当修正为原给定显著性水平 alpha 的 1/n
        threshold = alpha / (df_reg.shape[1]-1)
        if p_accept <= threshold:
            status[i] = 1 # 设为重要特征
        elif p_reject <= threshold:
            status[i] = -1 # 设为无用特征
    cur_iter += 1
```

算法首先用 0 初始化了两个列表，status 记录了特征的去留情况，hit 记录了原始特征重要性超过随机特征最大重要性的次数。每一轮迭代中，原始特征表会和对每一列经过打乱的新特征表进行拼接，通过模型训练得到原始特征和打乱特征的重要性，记所有打乱特征中重要性的最大值为 F_max。接着依次检查原始特征中列的特征重要性是否超过了 F_max，如果超过，则在 hit 列表中的相应位置增加 1。然后对当前轮特征的 hit 值进行假设检验，在 k 轮迭代中的 hit 值越接近 k，则越容易被选为重要特征，越接近 0，则越容易被剔除，二项分布假设检验的具体原理可参见代码注释。通过与经过 Bonferroni 矫正的显著性水平对比，我们就能够决定特征的去留，从而更新 status 列表。

从如下汇总结果可以发现，重要特征的选择结果和我们之前利用各种特征选择方法得到的结论一致，并且 Boruta 算法还给出了其他需要删除的特征以及无法决定是否删除的特征。

In [107]:
```
# 算法输出
print("重要特征为：%s\n 需要删除的特征为：%s\n 无法决定的特征为：%s"%(
    df_reg.columns[:-1][status==1].tolist(),
    df_reg.columns[:-1][status==-1].tolist(),
    df_reg.columns[:-1][status==0].tolist()))
```

Out[107]:
```
重要特征为：['f5', 'f7', 'f8']
需要删除的特征为：['f3', 'f4', 'f6', 'f10']
无法决定的特征为：['f1', 'f2', 'f9']
```

注解

Boruta 库实现了 Boruta 算法的一个改进版本，它使用 Bonferroni 与 FDR 的二阶段矫正来代替单纯的 Bonferroni 一阶段矫正，同时提供了基于学习器数量的自动选择以及特征重要性的排序功能。在 GitHub 网站的 scikit-learn-contrib/boruta_py 项目中，详述了其安装方式、使用方法和具体示例。

练一练 Ex12-12

如何修改上述代码，以合理估计未被剔除列的特征重要性排名（需要考虑 hit 值相同时特征重要性的比较）？

12.4 习题

1. 卡方分箱

卡方分箱是一种利用卡方统计量来分箱的方法。其核心思想是：对于两个相邻的箱子（实际表示为两个相邻区间），如果目标 y 和箱子所属编号（按照属于左边的箱子还是右边的箱子划分类别）之间的卡方统计量较小，说明这两个箱子的边界划分无法有效区分目标 y 的情况，因此需要对这两个箱子进行合并。其分箱流程为：事先指定最大分箱数量 Bin_{max}、最小分箱数量 Bin_{min} 和阈值 χ_0^2，首先对数据按照最大分箱数量进行 qcut()操作得到 Bin_{max} 个箱子，接着每一轮计算所有两个相邻箱子（特征需要排序）的卡方统计量，合并这一轮中卡方统计量最小的一组相邻箱子。算法终止条件为某一轮剩余的箱子个数达到了最小分箱数量 Bin_{min} 或者所有相邻箱子的卡方统计量都高于给定的阈值 χ_0^2。sklearn 内置的鸢尾花数据集是一个三分类任务的数据集，请根据上述卡方分箱的原理对“sepal length(cm)”列进行分箱。

In [108]:
```
from sklearn.datasets import load_iris
data = load_iris()
df = pd.DataFrame(data.data, columns=data.feature_names)
df['target'] = data.target
df.iloc[:,[0,-1]].head()
```

Out[108]:
```
   sepal length(cm)  target
0               5.1       0
1               4.9       0
2               4.7       0
3               4.6       0
4               5.0       0
```

2. 基于标签的特征构造

本章中介绍的大多数特征构造方法都是无监督方法，即不利用任何 y 中的信息来构造特征，而本章中介绍的分箱方法都是有监督方法，它们利用 y 的信息来进行分箱的节点切割。事实上，还有很多其他利用标签的特征构造方法，请读者阅读如下两种构造思路并完成相应任务。

（1）伪标签方法是一种半监督学习方法，它将一部分可信的标签作为真实样本参与模型训练。例如对于二分类问题，许多模型都可以输出 $y=1$ 或 $y=0$ 的概率，当某一些测试样本输出的预测概率很高时，说明模型很有把握将其归为某一个类别，此时我们可以直接将这些样本赋予伪标签，即当 $y=1$ 的概率为 0.9998 时，直接将其视为 $y=1$，重新训练模型。请利用习题 1 中提到的鸢尾花数据集，使用 LogisticRegression 模型进行基于伪标签方法的预测。sklearn 中 LogisticRegression 的使用方法在下面的代码中给出。

```
In [109]: from sklearn.linear_model import LogisticRegression
          X, y = load_iris(return_X_y=True)
          model = LogisticRegression(max_iter=150, random_state=0).fit(X, y)
          model.predict(X[:2, :]) # 前两个样本的预测类别
Out[109]: array([0, 0])
In [110]: model.predict_proba(X[:2, :]) # 前两个样本属于每个类别的概率
Out[110]: array([[9.81589449e-01, 1.84105370e-02, 1.44719389e-08],
                 [9.71352524e-01, 2.86474459e-02, 3.01330892e-08]])
```

（2）在回归问题中，模型预测值与真实标签值的残差有时也能作为重要特征，例如某些模型在不同的特征集合上会对真实值存在高估、低估或基于某种模式的有偏估计，此时可以加入残差特征来获得这种模式的信息。事实上，虽然在训练集上能够获得残差，但是在测试集上由于标签未知，我们无法知道真实的残差值，此时可以使用二阶段的方式进行模型训练。在第一阶段中，在训练集上使用模型 A 来拟合特征 X 和真实标签 y，把模型 A 的样本预测结果记作 $\hat{y}$，将残差记作 $e=y-\hat{y}$。在第二阶段中，在训练集上使用模型 B 来拟合特征 X 和残差 e。在测试集上，我们把特征 x_{test} 输入模型 A 得到 $\hat{y}_{\text{test}}$，再把特征 x_{test} 输入模型 B 得到 $\hat{e}_{\text{test}}$，最后把 $\hat{y}_{\text{test}}$ 和 $\hat{e}_{\text{test}}$ 相加得到正式的预测输出。由于两个模型的输入部分只用了特征本身而不涉及真实标签，因此整个流程是可训练的，并且利用了残差的信息。请使用 sklearn 中的 make_regression()函数构造一个回归数据集，选择任意一个回归模型按照上述流程进行二阶段预测。

3. 信用卡诈骗数据的特征工程

信用卡消费已经成为当今重要消费方式之一，但利用信用卡交易进行诈骗的非法事件时有发生，这增加了用户、银行以及金融机构的风险，因此通过交易订单的特征来预测其是否为诈骗交易是金融风控中的重要任务。现有一个信用卡诈骗交易情况的数据集（data/ch12/creditcard. csv），其中包含 28 个匿名特征（V1～V28）、一个时间特征（Time 列中的数字代表自 2013 年 9 月 1 日 0 点以来的秒数）、一个交易金额特征（Amount）以及一个目标特征（Class 为 1 代表诈骗交易）。请按照下面问题的思路，结合本章所学知识逐步完成特征工程。

```
In [111]: df = pd.read_csv("data/ch12/creditcard.csv")
          df.iloc[:,[0,1,2,-3,-2,-1]].head()
Out[111]:   Time        V1        V2       V28  Amount  Class
          0  0.0 -1.359807 -0.072781 -0.021053  149.62      0
          1  0.0  1.191857  0.266151  0.014724    2.69      0
          2  1.0 -1.358354 -1.340163 -0.059752  378.66      0
          3  1.0 -0.966272 -0.185226  0.061458  123.50      0
          4  2.0 -1.158233  0.877737  0.215153   69.99      0
```

（1）将 Time 列还原至时间戳序列。

（2）基于分箱技术对特征进行变换。

（3）通过 Time 列构造尽可能丰富的时间序列特征。

（4）利用分组技术构造尽可能丰富的交叉特征。

（5）对所有变量进行特征降维。

（6）使用本章介绍的各类特征选择方法进行特征选择。

第13章

性能优化

前面的章节介绍了数据处理与分析的常见工具，任何一个能够正确使用这些工具的人总是希望其所执行的任务能够被又好又快地完成。本章将介绍 pandas 性能优化的常用技术，包含了 pandas 代码编写的注意事项、多进程加速、Cython 加速以及 Numba 加速。

13.1 pandasic 代码要义

pandasic 是一个人造词，其意义是“具有 pandas 代码风格的”，编写 pandasic 代码即指用 pandas 中的各类工具使数据处理任务能够被准确且高效地完成。那么，我们如何才能写出好的 pandas 代码呢？下面就以一个具体的例子来说明：

对于一个企业的产业收入多样性，可以仿照信息熵的概念来定义收入熵指标：

$$I=-\sum_i p(x_i)\log[p(x_i)]$$

其中，$p(x_i)$是某公司某年某产业收入额占该年所有产业总收入额的比例。在 data/ch13/company. csv 中存有需要计算的公司和年份，在 data/ch13/company-data.csv 中存有公司、各类收入额和收入年份的信息。现在想利用后一个表中的数据，在前一个表中增加一列表示某公司某年份的收入熵指标 *I*。

```
In [1]:  import pandas as pd
         import numpy as np
         df1 = pd.read_csv('data/ch13/company.csv')
         df1.head()
Out[1]:     Company  Date
         0  #000007  2014
         1  #000403  2015
         2  #000408  2016
         3  #000408  2017
         4  #000426  2015
In [2]:  df2 = pd.read_csv('data/ch13/company-data.csv')
         df2.head()
Out[2]:    Company        Date  IncomeType        Amount
         0       1  2008/12/31           1  1.084218e+10
         1       1  2008/12/31           2  1.259789e+10
         2       1  2008/12/31           3  1.451312e+10
         3       1  2008/12/31           4  1.063843e+09
         4       1  2008/12/31           5  8.513880e+08
```

我们来模拟一遍初学者可能的思考过程：由于结果是返回 df1 对应的收入熵，那么不妨在 df1

中新增一列记为收入熵 IncomeEntropy，初始值设为缺失值。为了能够进行计算，我们需要在 df2 中找到对应公司和对应年份的收入记录。此时，发现 df2 中的公司和日期格式与 df1 中的不一致，因此需要先将它们按照 df1 的格式进行统一。随后，对 df1 中的每一行循环，取 df2 对应的 Amount，计算得到收入熵后填入 IncomeEntropy。故可以写出如下的代码：

```
In [3]: # 此处增加计时相关的代码
        import time

        df1["IncomeEntropy"] = np.nan
        df2.Company = df2.Company.astype("string")

        start_time = time.time()
        for i in range(df2.shape[0]):
            df2.at[i, "Date"] = df2.at[i, "Date"][:4]
            com = df2.at[i, "Company"]
            df2.at[i, "Company"] = "#" + "0"*(6 - len(com)) + com
        print("第一个循环用时%.2f 秒"%(time.time()-start_time))

        start_time = time.time()
        for i in range(df1.shape[0]):
            com, date = df1.at[i, "Company"], str(df1.at[i, "Date"])
            temp = df2.Amount[(df2.Company==com)&(df2.Date==date)].values
            # 处理 df1 公司和日期组合未在 df2 中出现出现的情况
            if temp.shape[0] == 0:
                continue
            p = temp / np.nansum(temp)
            p = p[p > 0]
            entropy = np.nansum(p*np.log(p))
            df1.at[i, "IncomeEntropy"] = - entropy
        print("第二个循环用时%.2f 秒"%(time.time()-start_time))
        original_res = df1.copy() # 为了后续检查优化后是否结果一致
```

```
Out[3]: 第一个循环用时 35.89 秒
        第二个循环用时 135.69 秒
```

上述代码在笔者的笔记本电脑上需要大约 2 分 50 秒来运行，但作为性能优化章节的第一个例子，我们必然不能满足于只是实现这个需求。在这段代码中出现了两个 for 循环，而显式循环在 pandas 代码中是要尽可能避免的，特别是对表的行进行循环。

良好的 pandas 代码需要体现出向量化思维，我们应当尽量使用内置的 pandas 对象或函数来进行数据处理。在第一个循环中，我们发现对公司和日期的两个操作都是字符串操作，因此就要思考哪些 str 对象上的方法能够帮我们处理此类问题。查阅第 8 章的内容可以发现，这其实就是 str 对象的序列化索引和其他字符串函数中的格式型函数，由此可将第一个循环改为如下写法：

```
In [4]: # 注意需要重新读取 df2 再运行 astype("string")，此处省略
        start_time = time.time()
        df2.Date = df2.Date.str[:4]
        df2.Company = "#" + df2.Company.str.rjust(6, "0")
        print("用时%.2f 秒"%(time.time()-start_time))
```

```
Out[4]: 用时 0.67 秒
```

此时，第一个循环改进后的代码大约需要 0.6 秒就能将数据处理完毕。若我们此时考虑继续优化，就要从 pandas 的内部原理入手。在对 Date 列进行操作的时候，其实大部分的操作对象是相

同的，从 df2.Date.nunique() 的结果可知，这个列上只有 9 个唯一值，因此如果我们把这一列转换为 category 类型，用有限的内存空间来存储整个列，再利用 rename_categories() 来进行类别修改，那么根据 rename_categories() 的特性，其内部只要修改了这 9 个值，序列上的值就会随着类别而变化，此时就能获得进一步优化。由此可对上述代码进行如下修改，且原本第一个循环的时间被进一步缩到 0.46 秒左右：

```
In [5]:  # 注意需要重新读取 df2 再运行 astype("string")，此处省略
         start_time = time.time()
         temp = df2.Date.astype("category")
         df2.Date = temp.cat.rename_categories(
             dict(zip(temp.cat.categories, [i for i in range(2008,2017)])))
         df2.Company = "#" + df2.Company.str.rjust(6, "0")
         print("用时%.2f 秒"%(time.time()-start_time))
Out[5]:  用时 0.46 秒
```

练一练 Ex13-1

请单独对 df2.Date 的优化步骤进行计时比较，即剔除 df2.Company 处理的消耗时间，并比较 astype 操作和 rename_categories 操作的耗时量。

接着来观察第二个循环中的内容：我们注意到，每一个 df1 中的公司和年份的组合都会作为 df2 的一个布尔索引，在得到数据后输出一个标量值（收入熵），这个过程正是第 4 章中分组的本质；而判断 df1 的组合是否在 df2 中出现这一行为，等价于第 6 章中左连接的过程。因此，我们用一个 groupby 对象和一个 merge() 函数就能实现上述循环中的功能。

```
In [6]:  def income_entropy(x):
             p = x / np.nansum(x)
             p = p[p > 0]
             entropy = np.nansum(p*np.log(p))
             return - entropy
In [7]:  start_time = time.time()
         res = df2.groupby(
             ['Company', 'Date'])['Amount'].agg(income_entropy).reset_index()
         res = df1.merge(res, how='left', on=['Company', 'Date'])
         print("用时%.2f 秒"%(time.time()-start_time))
Out[7]:  用时 9.23 秒
```

事实上，由于 df2 中的聚合只需要对 df1 存在的公司执行，而现在对许多 df2 中存在但 df1 中不存在的公司也进行了聚合，这是冗余的。因此，我们可以在 groupby 操作前插入 isin() 判断来筛选出 df2 中需要参与计算的行：

```
In [8]:  start_time = time.time()
         df2 = df2[df2['Company'].isin(df1['Company'])]
         res = df2.groupby(
             ['Company', 'Date'])['Amount'].agg(income_entropy).reset_index()
         res = df1.merge(res, how='left', on=['Company', 'Date'])
         print("用时%.2f 秒"%(time.time()-start_time))
         res.head()
```

Out[8]:
```
用时 0.80 秒
```

最后，我们来检验得到的结果是否和原始版本一致：

In [9]:
```
# 下面的步骤负责对输出结果进行格式调整，几乎不消耗时间
res = res.loc[:, ["Company", "Date", "Amount"]
    ].rename(columns={'Amount': 'IncomeEntropy'})
res.Date = res.Date.astype("int64")
original_res.equals(res)
```

Out[9]:
```
True
```

我们从最初的第一版代码进行逐行改进，将两段运行时间共计 170 秒左右的循环代码优化至 1.26 秒，性能大约是最初的 135 倍。

回到本节的主题，我们应该如何编写 pandasic 代码？其要义包括但不限于如下几个方面。

（1）对要解决的问题应先进行细致的思考分析，而非草率地直接上手编写代码。

（2）用向量化思维代替 for 循环思维，优先选用内置函数而非自定义函数。

（3）熟练掌握本书第 1 章～第 10 章各模块的内容，做到思想内化且灵活运用。

（4）了解 pandas 常用的性能优化方法，包括空间优化和时间优化这两个方面。

（5）对于反复使用的项目代码，应当做好性能的基准测试（benchmark）以进行持续性的优化。

（6）在必要时应注重需求的精确描述、问题的合理转化以及任务难度的经验评估。

这些目标的实现绝不是一蹴而就的，我们需要在实践中不断总结数据处理与分析的方法和技巧，再通过这些经验来指导实践，它们是循序渐进、相辅相成的。

那么对性能优化而言，假设 pandas 代码本身已经被足够优化了，但是由于数据量过于庞大或者不可避免地使用了用 Python 编写的自定义计算函数而导致总的数据处理速度仍然不能达到预期时，就不得不引入 pandas 之外的工具来进行辅助。本章将介绍 3 种常用的性能优化工具，它们分别是多进程、Cython 和 Numba。

13.2　多进程加速

多核 CPU 的计算机已经普及，但在运行 Python 代码时，常常会发生“一核有难，多核围观”的问题，即多核 CPU 工作时只有一个核满载，其他核的使用率很低。如果能够在代码中充分调用计算机的多核计算能力，自然就能够提高任务的处理速度。本节将介绍 Python 中多进程的使用方法和加速数据处理任务的常见方案。

13.2.1　多进程和多线程

在讨论多线程和多进程之前，首先需要提到线程和进程的概念。若单纯地照搬教科书式的定义，这两个专有名词就显得晦涩难懂——进程是资源分配的基本单位，线程是运行调度的最小单位。我们以把大象装进冰箱的例子来具体地说明它们之间的关系。众所周知，把大象装进冰箱分为以下 3 步。

（1）打开冰箱门。

（2）把大象装进冰箱。

（3）关闭冰箱门。

现有一家具备“把大象装进冰箱”业务能力的公司，当前需要把两头大象装进冰箱，于是公司派来一个业务员来完成该任务。在此场境下，这家公司即 CPU，派来一个业务员即启动一个进程，该业务员先后把两头大象依次按照 3 个标准步骤装进冰箱即一个线程。

那么什么是多线程？什么又是多进程呢？现在，该业务员一边装大象一边听音乐，这就是多线程。若公司增派了一个业务员来装大象，两人同时分别装两头大象，这就是多进程。现在回到一开始的定义，对于某一个进程，可以包含多个线程，而进程携带了执行各类线程任务的资源，例如业务员的手可以完成装大象的操作，耳朵可以听音乐，这些线程任务即被分配了进程内的资源。同时，公司还可以派遣更多的业务员来协助作业，但其能够分配的劳动力总量是有限的，反映到现实资源上即 CPU 多核运算能力的总量是固定的，更多的 CPU 核数或更强的单核性能意味着更强大的任务执行能力。

但遗憾的是，在实现 Python 的各类解释器中，使用最广泛的 CPython 解释器内含有一把“大锁”，它将 Python 中的多线程操作限制为伪多线程操作。具体地说，由于 Python 代码的运行依赖 Python 虚拟机，并且对该虚拟机的访问在 CPython 解释器中由全局解释器锁（global interpreter lock）来控制，也正因如此 CPython 解释器在进行多线程任务时，实际只有一个线程在运行。以业务员为例，即该业务员在同一时刻只能选择把大象装进冰箱或听音乐两种操作中的一种。两种操作不能同时进行，这极大地限制了单个业务员的多任务处理能力，公司只能选择派遣更多的业务员来进行多进程操作，即在使用以 CPython 为解释器的 Python 来进行计算密集型的任务时，绝大多数情况下会以多进程操作而不是多线程操作来获得性能提升。

在 Python 中，多进程的相关操作由 multiprocessing 标准库提供。一般而言，创建进程的代价比创建线程的代价大得多，操作系统需要为每一个进程分配资源，过多的进程数量会导致 CPU 的调度出现问题。multiprocessing 的 Pool 进程池对象能够帮助用户管理多个进程，当进程池未满时，创建新进程执行剩余任务，若进程池已满则等待。通常来说，进程池中的最大进程个数可设置为机器的 CPU 核数的 1 倍～2 倍，这是因为并不是所有进程都能够使 CPU 核心满载。

In [10]:
```
import multiprocessing as mp
core = mp.cpu_count()
print("当前机器的CPU核数为{}".format(core))
```

Out [10]:
```
当前机器的CPU核数为8
```

进程池对象按如下方式即可创建：

In [11]:
```
p = mp.Pool(core)
```

我们回到“把大象装进冰箱”的例子。写出其中涉及的 3 个步骤，这里为了模拟多进程的任务执行，使用了 time.sleep(n)方法来代替具体操作，其中 *n* 为该任务需要花费的秒数：

In [12]:
```
import random, time
def put_into_refrigerator(elephant):
    time.sleep(random.random())
    print("打开冰箱门，准备把"+"%s"%elephant+"装到冰箱")
    time.sleep(random.random())
    print("把"+"%s"%elephant+"装进冰箱")
    time.sleep(random.random())
```

```
    print("关闭%s 的冰箱门"%elephant)
    return elephant
```

注解

在使用 Windows 操作系统时，若在 Jupyter 内使用 multiprocessing，需要把操作函数（如上述代码中的 put_into_refrigerator()）和相应模块的导入语句（如上述代码中的 import random，time）保存到独立的.py 文件中，再使用“from...import...”的方式导入，否则可能会导致 Jupyter 的内核终止运行。

假设现在需要把两头大象装进冰箱，elephants 中存放了需要处理的大象，container 中存放了已经装进冰箱的大象。使用 Pool 对象上的 map()方法就能够进行多线程操作，其中第一个参数为函数，第二个参数为可迭代对象，当进程池尚有余位且该可迭代对象仍然有元素未处理时，进程池会创建新的进程来进行处理操作。

In [13]:
```
elephants = ["1 号大象", "2 号大象"]
container = p.map(put_into_refrigerator, elephants)
container
```

```
打开冰箱门，准备把 1 号大象装到冰箱
打开冰箱门，准备把 2 号大象装到冰箱
把 2 号大象装进冰箱
把 1 号大象装进冰箱
关闭 2 号大象的冰箱门
关闭 1 号大象的冰箱门
```

Out[13]:
```
['1 号大象', '2 号大象']
```

注解

当使用 Windows 操作系统时，如果发现没有打印任何内容，请将代码保存至.py 文件中从命令行运行，注意进程对象创建的操作需要写至 if __name__ == "__main__":下方（注意左右都是两个下划线）或者放到某个函数中。下面的两种形式都是合法的，假设文件名为 example.py，函数 put_into_refrigerator 保存到 utils.py，此时在命令行中运行 python example.py 即可：

```
from multiprocessing import Pool
from utils import put_into_refrigerator
if __name__ == "__main__":
    p = Pool(8)
    elephants = ["1 号大象", "2 号大象"]
    container = p.map(put_into_refrigerator, elephants)
    print(container)
```

```
from multiprocessing import Pool
from utils import put_into_refrigerator
def run():
    p = Pool(8)
    elephants = ["1 号大象", "2 号大象"]
    container = p.map(put_into_refrigerator, elephants)
    print(container)
if __name__ == "__main__":
    run()
```

从输出的内容可以看到，在1号大象被装进冰箱之前，装2号大象的冰箱门就已经打开，这印证了确实是有多个进程在同时进行操作。同时需要指出的是，container中的结果与elephants中相应的位置顺序一致，这并不是巧合，而是map()的特性。

练一练 Ex13-2

思考"把大象装进冰箱"示例的输出，完成以下任务。

（1）反复运行上述代码中map()处理的所在行，其输出内容的顺序是否会变化？请解释原因。

（2）修改put_into_refrigerator()，使得打开装2号大象的冰箱门的时间早于打开装1号大象的冰箱门的时间，并且关闭装2号大象的冰箱门的时间晚于关闭装1号大象的冰箱门的时间。

13.2.2 多进程的陷阱

在13.2.1节的例子中，阐述了如何使用多进程模块把大象装进冰箱。既然多进程如此强大，那么是不是所有任务都能通过多进程来获得效率提升呢？答案是否定的。虽然调用函数的操作的确被子进程所执行，但是具体数据或子任务的分配仍然是由主进程来完成的，例如在最大子进程个数为8时，有一百万头大象需要被装进冰箱，每个子进程在完成当前装载大象的任务后，需要和主进程通信来获取新的装载任务，这个步骤被称为通信开销（communication overhead）。由于通信的过程发生在主进程和子进程间，因此它是不可被并行化的，其时间的耗费量会与总任务的个数呈线性关系。当数据处理或函数运行本身的时间耗费较少时，通信总开销的时间较多，此时的多进程方案很可能不会带来性能的提升，这是使用多进程操作的一个"陷阱"。

为了更直观地说明此类陷阱可能造成的后果，这里对原来的操作函数略作改动，我们希望在函数内部做一些操作，并且操作所耗费的时间与参数N有关，N越大则耗时越多。

In [14]:
```
def put_into_refrigerator_new(elephant, N):
    # 做一些操作
    temp =  0
    for i in range(N):
        temp += i
    return elephant
```

注解

这里不使用sleep()函数的原因在于，调用sleep()函数本身具有一定的时间开销，由于此处希望"装进冰箱"的操作时间在参数N较小时是可控的，在使用sleep(N)时，若N较小则不能保证真实耗费的时间恰好为N个时间单位，这些额外的开销会干扰实验。

对于具有多个输入参数的多进程操作函数，可以使用starmap()来方便地传入多个参数：

In [15]:
```
elephants = ["1号大象", "2号大象"]    # 参数一：大象的列表
N_list = [5]*len(elephants)           # 参数二：N=5的列表
input_para = zip(elephants, N_list) # 进行组合
container = p.starmap(put_into_refrigerator_new, input_para)
container
```

```
Out[15]: ['1 号大象', '2 号大象']
```

假设现在有 10 头大象需要被装进冰箱，且此时给定的 N 为 5，当不使用多进程时，其耗费的总时间为：

```
In [16]: elephants = ["{}号大象".format(i) for i in range(1, 11)]
         N_list = [5]*len(elephants)
         # map是Python的内置函数，第一个参数为调用的参数，后面的参数为被调用函数各参数的输入序列
         %timeit -n 10000 container = list(map(put_into_refrigerator_new, elephants, N_list))

         5.39 µs ± 908 ns per loop (7 runs, 10000 loops each)
```

当使用多进程时，其耗费的总时间为：

```
In [17]: input_para = zip(elephants, N_list)
         %timeit -n 10000 container = p.starmap(put_into_refrigerator_new, input_para)

          99.2 µs ± 10.2µs per loop (7 runs, 10000 loops each)
```

从结果上看，多进程的效率反而比单进程的更糟糕，这正是运行开销相较于通信开销所耗费的时间过少导致的。现在，我们调节 N 的大小，其候选值由 N_iter 给出，通过改变 N 来改变函数对应的运行时间，以观察多进程相较于单进程耗费时间的变化情况。结果如图 13.1 所示（见彩插 26）。

```
In [18]: import matplotlib.pyplot as plt
         import time
         N_iter, L1, L2 = [10, 50, 100, 500, 1000, 2000], [], []
         for N in N_iter:
             N_list = [N]*len(elephants)
             temp =  0
             for i in range(10000):
                 start = time.time()
                 container = list(
                     map(put_into_refrigerator_new, elephants, N_list)
                 )
                 end = time.time()
                 temp += end - start
             L1.append(temp/10000)
             input_para = zip(elephants, N_list)
             temp = 0
             for i in range(10000):
                 start = time.time()
                 container = p.starmap(put_into_refrigerator_new, input_para)
                 end = time.time()
                 temp += end - start
             L2.append(temp/10000)
         plt.plot(N_iter, L1, c="red", label="no multiprocessing")
         plt.plot(N_iter, L2, c="blue", label="with multiprocessing")
         plt.xlabel = ("N")
         plt.ylabel = ("t")
         plt.legend()
```

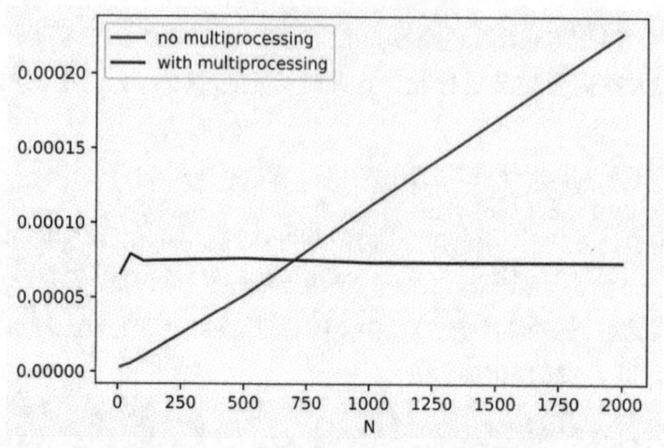

图 13.1 多进程和单进程的时间耗费情况

练一练 Ex13-3

观察图 13.1，回答以下问题。

（1）上述代码生成的图 13.1 中，红色线和蓝色线的交叉点有什么含义？

（2）随着 N 的增加，蓝色线会一直保持水平吗？请用实验说明。

因此在使用多进程时，应当考察传入可迭代对象中的单个元素通过函数所耗费的时间。当该时间过少时，可以选择对迭代对象进行迭代元素的重新划分，以使单次处理的时间落在对多进程操作有利的区间内。上述说法有一些抽象，此处举一个简单的例子来说明。

蒙特卡洛方法是一种利用概率论进行数值计算的统计模拟方法，它能够通过随机模拟来解决问题。下面说明如何通过蒙特卡洛方法来估计 π 的大小。假设在 $U[-1,1]\times U[-1,1]$的均匀分布上进行随机抽样，把抽样样本 x_i（i=1,...,n）落入以原点(0, 0)为圆心、1 为半径的圆这一事件用指示函数表示，即 $y_i=\mathbb{I}_{\{x_i\in 单位圆\}}$。由于原样本服从的分布在空间上的密度函数是一个 2×2 的正方形，单位圆是其内切圆，故样本落入单位圆中的概率为 $P(y_i=1)=\frac{\pi\times 1^2}{2\times 2}=\frac{\pi}{4}$。此时，由数学期望的定义可知：

$$\mathrm{E}[y_i]=P(y_i=0)\times 0+P(y_i=1)\times 1=\frac{\pi}{4}$$

这意味着 $\pi=4\mathrm{E}[y_i]$，由期望的线性性质和样本的独立同分布性质可知：

$$\pi=\frac{4}{n}\mathrm{E}[\sum_{i=1}^{n}y_i]$$

由此，可以得到一个 π 的估计：

$$\begin{aligned}\hat{\pi}&=\frac{4}{n}\sum_{i=1}^{n}y_i\\&=\frac{4}{n}\sum_{i=1}^{n}\mathbb{I}_{\{x_i\in 单位圆\}}\end{aligned}$$

下面来实现单进程的版本，首先通过 10^6 次模拟得到服从上述均匀分布的样本：

```
In [19]: import numpy as np
         np.random.seed(99)
         N = int(1e6)
         array = np.random.uniform([-1, -1], [1, 1], [N, 2])
```

接着，定义生成 y 的函数并运行该函数以记录时间：

```
In [20]: def generate_y(a, b): # Windows操作系统上不要忘记在多进程调用时放到独立的模块下
             return 1 if a ** 2 + b ** 2 < 1 else 0
```

```
In [21]: start = time.time()
         result = 0
         for a, b in array:
             result += generate_y(a, b)
         end = time.time()
         pi_hat = np.sum(result) / N * 4
         print("消耗时间为%.6f秒，pi的估计值为%f"%(end - start, pi_hat))

         消耗时间为2.708951秒，pi的估计值为3.141136
```

下面实现多进程的版本。倘若将原来的 array 直接作为迭代对象，那么根据之前的实验，这很可能会导致效率降低。

```
In [22]: start = time.time()
         result = p.starmap(generate_y, array)
         end = time.time()
         pi_hat = np.sum(result) / N * 4
         print("消耗时间为%.6f秒，pi的估计值为%f"%(end - start, pi_hat))

         消耗时间为5.742623秒，pi的估计值为3.141136
```

考虑把原数组变形（reshape）为最外层维数为 8 的 array_new，即在依次迭代时同时处理 8 个样本，而不是一个。相应地，需要把显式的批样本处理循环写入原来被调用的函数中：

```
In [23]: def generate_block_y(a_b):
             record = 0
             for a, b in a_b:
                 record += generate_y(a, b)
             return record
```

此时，我们用外层大小为 8 的新数组来进行迭代，从结果上可以看到，在调整了分块后，消耗的总时间比单进程版本的耗时更短：

```
In [24]: block_num = 8
         array_new = array.reshape(block_num, -1, 2)
         start = time.time()
         result = p.map(generate_block_y, array_new)
         end = time.time()
         pi_hat = np.sum(result) / N * 4  # 这里只是对8个结果进行汇总，时间几乎可忽略不计
         print("消耗时间为%.6f秒，pi的估计值为%f"%(end - start, pi_hat))

         消耗时间为1.182034秒，pi的估计值为3.141136
```

相较于原来的单进程，使用多进程大约获得了 2.3 倍的性能收益。此处可能有若干因素限制

了多进程的速度：数组参数拷贝到进程内需要时间，数组越大则时间越长；单个进程内代码的 CPU 利用率较低。

练一练 Ex13-4

绘制多进程版本蒙特卡洛估计耗费时间关于选取不同分块数量 block_num 的折线图，并在图上添加单进程耗时的水平基准线。

13.2.3 异步进程

什么是异步进程？我们仍然使用“大象”的例子，假设现在有雄性大象和雌性大象各两头大象需要被装进冰箱，使用 for 循环可以表示如下：

```
In [25]:  container = []
          for gender in ["雄性", "雌性"]:
              ele = ["%d 号%s 大象"%(number+1, gender)for number in range(2)]
              container.append(p.map(put_into_refrigerator, ele))
          container
```

```
打开冰箱门，准备把 1 号雄性大象装到冰箱
打开冰箱门，准备把 2 号雄性大象装到冰箱
把 2 号雄性大象装进冰箱
把 1 号雄性大象装进冰箱
关闭 1 号雄性大象的冰箱门
关闭 2 号雄性大象的冰箱门
打开冰箱门，准备把 1 号雌性大象装到冰箱
把 1 号雌性大象装进冰箱
打开冰箱门，准备把 2 号雌性大象装到冰箱
把 2 号雌性大象装进冰箱
关闭 1 号雌性大象的冰箱门
关闭 2 号雌性大象的冰箱门
```

```
Out[25]:  [['1 号雄性大象', '2 号雄性大象'], ['1 号雌性大象', '2 号雌性大象']]
```

从结果可以看到，在所有雄性大象装进冰箱之前，任何一头雌性大象都没有被执行操作。因此 map()是一个阻塞方法，在当前的 map() 运行完毕前，不会继续运行后续代码，即本例中的把雌性大象装进冰箱。

这样的策略显然是不够理想的，由于当前的进程池资源是足够的，我们希望能够同时处理雄性大象和雌性大象两 种“情况”，即异步地运行代码，在 multiprocessing 中提供了 map_async()来实现。map_async() 的使用方法与 map() 几乎完全一致，对应 starmap()的是 starmap_async()。下面我们来观察使用异步进程的结果：

```
In [26]:  container = []
          for gender in ["雄性", "雌性"]:
              ele = ["%d 号%s 大象"%(number+1, gender)for number in range(2)]
              container.append(p.map_async(put_into_refrigerator, ele))
          p.close()
          p.join()
          container = [i.get() for i in container]
          container
```

```
打开冰箱门，准备把 1 号雌性大象装到冰箱
打开冰箱门，准备把 1 号雄性大象装到冰箱
打开冰箱门，准备把 2 号雄性大象装到冰箱
打开冰箱门，准备把 2 号雌性大象装到冰箱
把 2 号雌性大象装进冰箱
把 2 号雄性大象装进冰箱
把 1 号雌性大象装进冰箱
把 1 号雄性大象装进冰箱
关闭 1 号雌性大象的冰箱门
关闭 2 号雌性大象的冰箱门
关闭 2 号雄性大象的冰箱门
关闭 1 号雄性大象的冰箱门
```

Out[26]:
```
[['1 号雄性大象', '2 号雄性大象'], ['1 号雌性大象', '2 号雌性大象']]
```

的确如之前所述，此时的雌性大象和雄性大象是同时被执行操作的，例如装 2 号雄性大象的冰箱门的打开发生于装 1 号雌性大象与 2 号雌性大象的冰箱门打开之间，这种使用多个进程同时执行原本应该按先后顺序执行的操作即异步进程。

这里出现了 3 个新的函数，它们分别是 close()、join() 和 get()。close() 表示线程池停止开启新的进程，join()表示主进程阻塞，等待子进程同步，get() 表示从异步进程返回的 MapResult 对象中获取结果。关于此处主进程和子进程处理的过程，我们将引入一个 op()的例子来说明，其中的 os.getpid()能够获取当前运行代码的进程号：

In [27]:
```
import os
def op(t):
    time.sleep(t)
    print("子进程号：%d"%(os.getpid()))
```

我们首先来查看主进程号，也就是当前运行 Python 代码的进程号：

In [28]:
```
os.getpid()
```

Out[28]:
```
8372
```

接着开启一个最大进程数为 2 的进程池，观察如下代码的输出结果：

In [29]:
```
p = mp.Pool(2)
p.map_async(op, [1]*4)
print("主进程号：%d"%(os.getpid()))
print("主进程阻塞！")
p.close()
p.join()
print("主进程继续执行！")
```

Out[29]:
```
主进程号：8372
主进程阻塞！
子进程号：10228
子进程号：10252
子进程号：10228
子进程号：10252
主进程继续执行！
```

从结果上来看，由于异步执行，主进程分配完子进程后迅速运行至 join()处，等待剩余的两个子进程完成任务，在子进程输出全部信息后，主进程停止阻塞，继续执行后续操作。另外有一点

需要明确的是，close()表示 Pool 对象不能发起新的进程，但不意味着已经存在的进程会立即停止任务，而是不得获取可迭代对象中新的元素，此处关闭进程池中的进程创建是为了在下一步利用 join() 来同步所有进程的结果。

练一练 Ex13-5

上述示例中，主进程虽然被 join() 阻塞，但事实上仍然可以在异步函数的下方执行主进程自己的计算任务，而不是单纯地等待。当主进程计算任务较密集时，可以设置分配子进程的最大进程数为 CPU 核数减 1，这样能够为主进程的计算保留资源。请结合该场景，构造一个主进程和子进程同步计算的例子。

异步进程在什么场景能够发挥作用呢？一般而言，可在进程池未被充分利用时采用异步进程。在把大象装进冰箱的例子中，由于我们在最开始设置的最大进程数为 8，对操作两头雄性大象而言只需要两个进程，那么剩下的 6 个进程就会处于等待状态，直到当前的 map() 操作执行完毕，才创建新进程处理雌性大象。在数据处理过程中，遇到的更多情况是，任务刚刚开启时的确发起了全部的进程，但是由于某一个或几个子进程执行的速度过慢，而导致其他进程都在等待其执行完毕。在上文中，我们讨论的几乎都是时间耗费均匀的可迭代对象，即对象中的每个元素通过函数的时间基本一致。那么什么情况下会出现这种个别进程“拖后腿”的情况呢？下面对 op()略做修改，引入一个 op_new()来作为例子，它能接受以参数 t 来表示某些操作所需耗费的时间，t 越大耗时越长。

In [30]:

```
def op_new(t):
    time.sleep(t)
```

我们这里对比使用同步的 map() 和异步的 map_async() 所耗费的时间：

In [31]:

```
container = []
t = [0.01]*7 + [3]
########################
#  map_async()操作
########################
p = mp.Pool(8) # 前面 p 已经关闭，此处需要新建
start_async = time.time()
for _ in range(2):
    p.map_async(op_new, t)
p.close()
p.join()
end_async = time.time()
########################
#  map()操作
########################
p = mp.Pool(8)
start_map = time.time()
for _ in range(2):
    p.map(op_new, t)
end_map = time.time()
print("map 消耗的时间为：%.6f 秒，map_async 消耗的时间为：%.6f 秒"%(
        end_map-start_map,
        end_async-start_async))
```

Out[31]:
```
map 消耗的时间为：6.063033 秒，map_async 消耗的时间为：3.613033 秒
```

此处在循环里的多进程迭代了一个列表，这个列表中的元素传递给 op_new() 后，会运行 sleep()。其中，存在一个元素的大小显著地大于其他元素，这导致运行函数的时间存在显著差异。当使用 map() 时，只有等待该元素处理完之后才能进入下一层循环，而 map_async() 不需要等待，直接进入新的循环分配进程资源。在实际数据的处理中，如计算不同区域的若干土地指标（绿化覆盖率、楼屋数量、建筑面积等），若使用同步多进程依次处理各指标，相关数据量较大的区域可能会阻碍整体的处理效率，此时可考虑使用异步多进程。

13.2.4 进程中的数据共享

在多进程环境中，每个进程都有自己的独立进程环境。在前面涉及的各类示例中，进程间的环境资源互不干涉。但事实上在有些时候会存在多个进程间协作的场景，例如两个进程数据的收发、多个进程读写一个公共列表、多个进程访问同一块内存等。在数据处理与分析的场景中，几乎不会涉及进程数据的收发，因此此处不介绍相关知识，有兴趣的读者可参考 multiprocessing 中 Pipe 和 Queue 对象的使用方法。本节将介绍如何使用 Manager 对象来同步进程数据状态以及数据的内存共享方法。

Manager 支持各类对象的同步，这里介绍 list、dict、Value、Array、Namespace 这 5 种对象。首先演示一个简单的示例，用多个进程修改列表不同位置的元素（将 0 改为 1）。

下面先来构造 Manager 的共享 list 对象：

In [32]:
```
from multiprocessing import Manager
mgr = Manager()
mgr_list = mgr.list([0]*4)
```

写出操作的函数，其输入参数分别为传入的共享 list 以及修改的索引：

In [33]:
```
def change_list_elements(lst, idx):
    lst[idx] = 1
```

此处介绍一个名为偏函数（partial function）的工具，其作用是将某一个或多个参数为不变值的函数固定。此处，由于每次传入的共享对象参数 lst 的输入值都是固定的 mgr_list，因此可以使用偏函数来固定该参数的值，从而得到一个新函数，该函数只以 idx 为参数：

In [34]:
```
from functools import partial
partial_change_list_elements = partial(change_list_elements, mgr_list)
```

接着，开启进程执行任务：

In [35]:
```
p = mp.Pool(4)
p.map(partial_change_list_elements, [3, 0, 2, 1])
```

此时查看 mgr 中的值，发现它们都已经被更改为 1：

In [36]:
```
# mgr_list 是一个代理对象，需要通过 list 构造方法来转换为列表
list(mgr_list)
```

Out[36]:
```
[1, 1, 1, 1]
```

共享 dict 的使用方法与普通 dict 的使用方法基本没有区别，例如想要记录在一个字母列表

char_list 中字母 a、b、c 是否分别出现，可以用一个键为 a、b、c，值为 0 或 1 的字典记录，如果出现了这 3 个字符则相应位置置 1，否则置 0。

In [37]:
```
def record_char(dct, ch):
    if ch in dct.keys():
        dct[ch] = 1
```

In [38]:
```
char_list = ["a", "c", "e", "f", "g", "a"]
mgr_dict = mgr.dict(zip(list("abc"), [0]*3))
partial_record_char = partial(record_char, mgr_dict)
p.map(partial_record_char, char_list)
dict(mgr_dict)
```

Out[38]:
```
{'a': 1, 'b': 0, 'c': 1}
```

对多进程的写入操作而言，使用共享对象是有隐患的。以上面的字典为例，现在想要把字典的值设为给定字符列表中的 a、b、c 这 3 个字符的个数，若使用一般思路的写法则可能产生错误的结果：

In [39]:
```
def record_char_num(dct, ch):
    if ch in dct.keys():
        dct[ch] += 1
```

In [40]:
```
char_list = ["a"] * 1000 + ["b"] *2000 + ["c"] * 3000 + ["d"] * 4000
mgr_dict = mgr.dict(zip(list("abc"), [0]*3))
partial_record_char_num = partial(record_char_num, mgr_dict)
p.map(partial_record_char_num, char_list)
dict(mgr_dict)
```

Out[40]:
```
{'a': 756, 'b': 1404, 'c': 1792}
```

其原因在于，写入操作并非进程安全的。具体地说，若多个进程同时访问同一个对象，当某一个进程开始读取但还未进行写入时，很可能当前对象的值在此期间已经被其他进程所更改。例如，在图 13.2 中，虽然+=操作进行了 3 次，但变量实际值只增加了 1。具体过程如下：假设变量原来的值为 1，进程 1 首先获取到这个为 1 的值，接着进程 2 也获取到同样为 1 的值，此后进程 2 立即完成加法运算并将 2 写入该变量，此时变量值更新为 2，进程 2 结束写入操作后，进程 3 开始读取当前值为 2 的变量，在完成加法运算后将 3 写入该变量并结束操作，这时进程 1 刚刚进行完加法操作（对读取到的 1 增加 1），将 2 写入该变量，因此原本期望为 4（即 1+1+1+1）的结果，现在实际为 2。

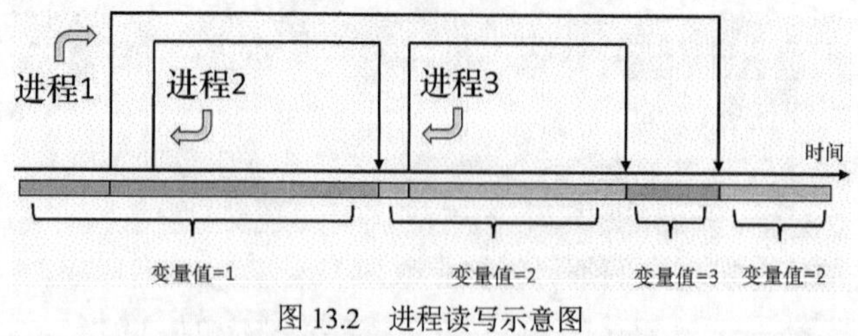

图 13.2 进程读写示意图

为了解决进程安全的问题，可以使用锁对象：

In [41]:
```
mgr_lock = mgr.Lock()
```

对于写入操作，使用 with lock_name 来限制资源访问，此时函数需要增加锁参数：

```
In [42]:  def record_char_num_with_lock(dct, lock, ch):
              if ch in dct.keys():
                  with lock:
                      dct[ch] += 1
```

此时重新进行多进程操作，可以发现结果与预期一致：

```
In [43]:  mgr_dict = mgr.dict(zip(list("abc"), [0]*3))
          # 注意此处同时固定了两个偏参数
          partial_record_char_num_with_lock = partial(
              record_char_num_with_lock, mgr_dict, mgr_lock
          )
          p.map(partial_record_char_num_with_lock, char_list)
          dict(mgr_dict)
Out[43]:  {'a': 1000, 'b': 2000, 'c': 3000}
```

Manager 中的 Value 和 Array 分别用于处理单个变量和相同类型的数组，它们在进行实例化时的第一个参数都是 typecode_or_type，其含义为变量的类型，常用可选值为 i、d、L、c，它们分别表示整型、双精度浮点型、长整型以及字符型。下面我们用 Array 来实现类似于 change_list_elements() 的功能，构造相应的 change_array_elements()：

```
In [44]:  def change_array_elements(arr, idx):
              arr[idx] = 1
```

```
In [45]:  mgr_arr = mgr.Array('i', [0, 0, 0, 0]) # 整型 Array
          partial_change_array_elements = partial(change_array_elements, mgr_arr)
          p.map(partial_change_array_elements, [3, 0 ,2, 1])
          print(mgr_arr)
Out[45]:  array('i', [1, 1, 1, 1])
```

练一练 Ex13-6

与 Manager 中的 Array 类似，Value 能够进行单个变量的状态共享，例如 mgr_val=mgr.Value('d',0.0)定义了一个初始值为 0.0 的双精度浮点型变量，通过 mgr_val.value 可以访问并修改它的值。现有一个由 np.random.rand(1000)生成的浮点型数组，请利用多进程来调用函数并将数组内的值累加到共享变量 mgr_val 中且保证进程安全。

最后，我们来讨论 Namespace 的用法。用户借助 Namespace 几乎可以共享任意类型的数据，除了先前提到的字典、列表、单个变量外，还可以共享 NumPy 数组、pandas 的 DataFrame 等。下面给出一个使用 Namespace 的例子。

实例化 Namespace 后，能够通过命名的方式绑定各类对象：

```
In [46]:  ns = mgr.Namespace() # 实例化
          ns.my_int = 100
          ns.my_string = "apple"
          ns.my_list = [0, 1, "apple", 3.14]
          ns.np_arr = np.array([1, 2, 3, 4])
          ns.my_df = pd.DataFrame({"A":[1,2], "B":[3,4]})
```

下面定义函数来尝试改变 ns 中的值：

```
In [47]:  def change_ns(
              my_lock,
              ns,
              change_int,
              change_str,
              change_list_idx,
              change_np_idx,
              change_df_iloc
          ):
              with my_lock:
                  ns.my_int += change_int
                  ns.my_string += change_str
                  ns.my_list[change_list_idx] = 1
                  ns.np_arr[change_np_idx] = 0
                  ns.my_df.iloc[change_df_iloc[0], change_df_iloc[1]] = 0
```

构造传入的数据后，启动进程：

```
In [48]:  data = zip(
              [1] * 4,
              [" banana", " orange", " pear", " pineapple"],
              [0, 1, 2, 3],
              [0, 1, 2, 3],
              [[0,0], [0,1], [1,0], [1,1]]
          )
          partial_change_ns = partial(change_ns, mgr_lock, ns)
          p.starmap(partial_change_ns, data)
```

获取 ns 中的变量值：

```
In [49]:  ns.my_int
Out[49]:  104
In [50]:  ns.my_string
Out[50]:  'apple banana orange pineapple pear'
In [51]:  ns.my_list
Out[51]:  [0, 1, 'apple', 3.14]
In [52]:  ns.np_arr
Out[52]:  array([1, 2, 3, 4])
In [53]:  ns.my_df
Out[53]:     A  B
          0  1  3
          1  2  4
```

此时我们发现 my_int 和 my_string 的值如期望般被修改，但后 3 个变量仍然是原来的值。其原因在于，在函数内被修改的变量地址并不是 ns 中的地址，而 Manager 中的 Namespace 只能监控命名空间内对象的地址，却不负责管理对象内元素或属性的地址。更具体地说，在列表的例子中 id(ns.my_list)和 id(ns.my_list[0])并不相等，Namespace 只能对前者进行监控，但无法得知列表元素的变化情况。因此，在利用 Namespace 进行写入操作时，只能生成新的对象来直接覆盖原来的值。

以 list 为例，首先，定义修改列表的辅助函数 change_list()：

In [54]:
```
def change_list(lst, idx):
    temp = lst
    temp[idx] = 1
    return temp
```

在多进程操作中直接对列表进行覆盖：

In [55]:
```
def change_ns_list(my_lock, ns, change_list_idx):
    with my_lock:
        ns.my_list = change_list(ns.my_list, change_list_idx)
```

再次启动进程：

In [56]:
```
partial_change_ns_list = partial(change_ns_list, mgr_lock, ns)
p.map(partial_change_ns_list, [0, 1, 2, 3])
```

重新获取 ns.my_list 后，可以发现所有值已经变为 1：

In [57]:
```
ns.my_list
```

Out[57]:
```
[1, 1, 1, 1]
```

练一练 Ex13-7

阅读并理解在多进程中修改 ns.my_list 的例子，回答以下问题。

（1）change_ns_list()函数中的锁能否去除？请解释原因。

（2）仿照 ns.list 的示例，修改 ns.np_arr 和 ns.my_df 的相应操作。

Manager 对象的灵活性为进程间的数据同步带来了便利，但由于其使用了服务进程来协调各进程间的状态，同时各进程需要通过代理对象与服务进程通信，因此操作 Manager 对象并不是时间与空间友好的。此处举一个具体的例子来说明。

此处使用一个较大的 NumPy 数组来进行实验，分别对比将其直接作为参数传入与使用 Manager 进行管理的内存与时间消耗。为了便于观测实验结果，构造的数组内含有 1.25×10^8 个双精度浮点数，由于一个双精度浮点数占 8 字节（8 Bytes），故内存占用量恰好为 1GB≈1000MB。此处的监控工具使用 Windows 内置的性能监视器，在系统的开始菜单栏输入“性能监视器”后点击相应图标即可打开，其基本使用方法如图 13.3 所示。首先在图中⑤所在的区域点击鼠标右键，选择“删除所有计数器”，把所有当前的监控变量删除，接着按照图中从①到⑦的顺序逐步操作：点击①打开增加计数器的窗口，在②的菜单中查找“Memory”下的“Committed Bytes”，随后依次点击③和④进行添加，在⑤的位置双击鼠标修改比例为 0.000001，最后点击⑥的位置打开属性菜单，在⑦的界面修改监控图的纵坐标范围，此时纵坐标表示内存占用情况，单位为 MB（通过修改⑤处的比例可以等价进行单位变换，此时纵坐标范围需要重新对应设置）。

考虑直接传入参数的情况（即不共享内存），把下面的代码保存到 no_share.py 文件后在命令行使用“python no_share.py”运行，注意激活虚拟环境。

```
# 此处省略导入相关库的代码，请读者自行补充
def f(arr, n):
```

```
    arr
    time.sleep(n)
    arr.sum()
    time.sleep(n)
if __name__ == "__main__":
    p = Pool(4)
    arr = np.random.rand(int(1.25e8))
    f_ = partial(f, arr)
    p.map(f_, [10,10,10,10])
```

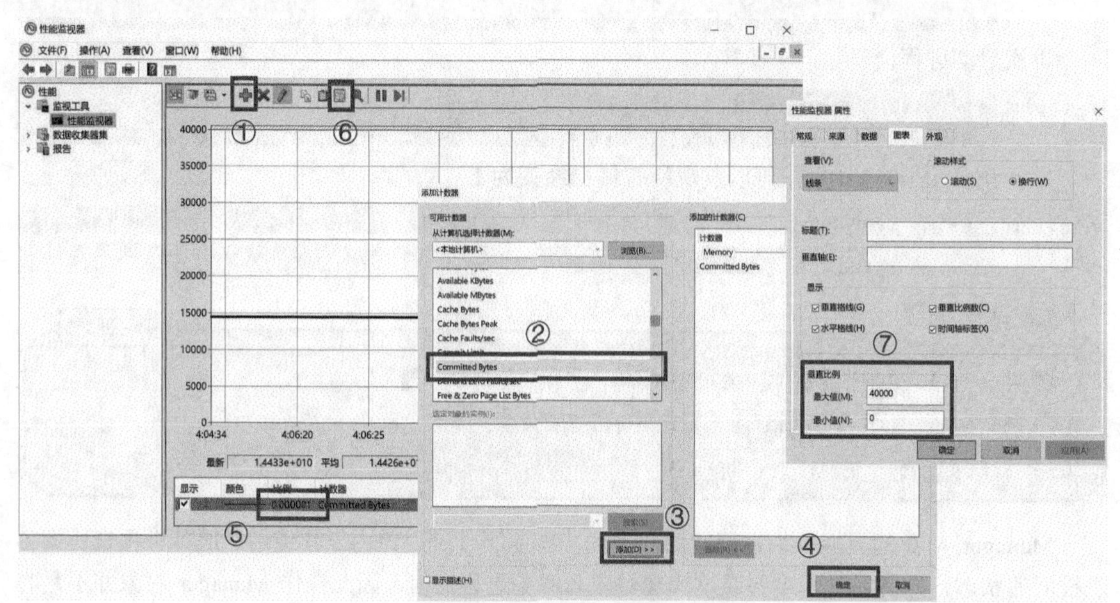

图 13.3 性能监视器的使用方法

在运行过程中，我们可以观察到图 13.4 所示的内存消耗变化。

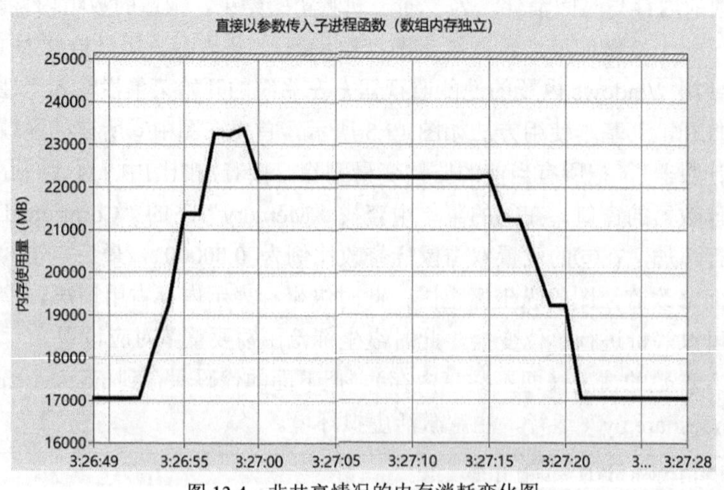

图 13.4 非共享情况的内存消耗变化图

接着考虑 Namespace 共享的情况，将如下使用 Namespace 的相关代码保存在 namespace_share.py 中。

```
# 此处省略导入相关库的代码
def f(ns, n):
    ns.arr
    time.sleep(n)
    ns.arr.sum()
    time.sleep(n)
if __name__ == "__main__":
    p = Pool(4)
    m = Manager()
    nsp = m.Namespace()
    nsp.arr = np.random.rand(int(1.25e8))
    f_ = partial(f, nsp)
    p.map(f_, [10,10,10,10])
```

使用“python namespace_share.py”运行后，可以在监视器内观察到图 13.5 所示的内存消耗情况。

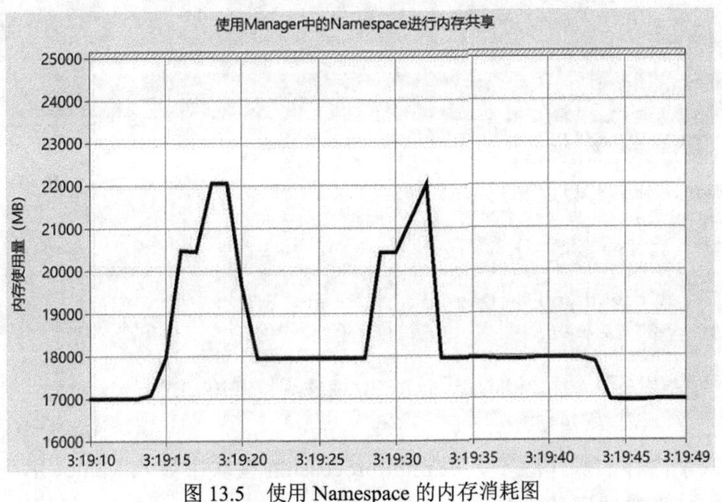

图 13.5　使用 Namespace 的内存消耗图

比对二者的结果可以发现，二者的内存变化曲线迥异，但内存增量的峰值都大约为 5 个原始数组的大小（5000MB），即从初始状态的 17000MB 增加到 22000MB。对于非共享的策略，Python 首先花费了一定的时间来准备子进程的数组拷贝，这一过程是较为耗时的，而在完成拷贝后，每个子进程都有一个数组，主进程自身还有一个数组，因此共计 5 个数组，占空间大小约 5GB。对于 Namespace 共享的策略，图 13.5 中出现了两处峰值，第一处是主进程分配服务进程与子进程导致的内存增加，第二处是进行数组求和时，服务进程在各子进程内通讯带来的内存消耗波动，事实上只要对共享对象进行操作，服务进程就需要花费时间代价和空间代价进行变量监控，因此总体来说这种共享的方式是不够友好的，特别是对于大型对象的共享操作。那么是否存在一种既能进行变量共享，又能不使用服务进程监控，通讯代价小且内存消耗低的进程共享方式呢？幸运的是，multiprocessing 库提供了基于内存共享的同步策略，它在性能和空间利用率上都优于 Manager 对象。

首先来介绍 Value 和 Array 对象，此处需注意不要和 Manager 中的 Value 和 Array 混淆，尽管它们的用法基本一致。此处我们使用一个统计整数数组中奇数和偶数个数的例子来体现它们在性能上的差距。在本例中，用两个整型共享变量分别存储数组中的奇数个数和偶数个数，用含有两个整数的整型数组，在其第一个位置存储数组中的奇数个数，第二个位置存储数组中的偶数个数。首先构造需要统计的整数数组：

```
In [58]:  int_arr = np.random.randint(0, 3, int(1e4))
          print("偶数有%d个"%((int_arr%2==0).sum()))
Out[58]:  偶数有6643个
```

下面来写 Manager 版本的操作：

```
In [59]:  def manager_odd_and_even(lock, even, odd, arr, int_arr):
              for i in int_arr:
                  with lock:
                      if i%2 == 0:
                          even.value += 1
                          arr[1] += 1
                      else:
                          odd.value += 1
                          arr[0] += 1
In [60]:  mgr = Manager()
          mgr_even, mgr_odd, mgr_arr = (
              mgr.Value('i', 0),
              mgr.Value('i', 0),
              mgr.Array('i', [0, 0]),
          )
          mgr_lock = mgr.Lock()
          p = mp.Pool(4)
          partial_manager_odd_and_even = partial(
              manager_odd_and_even, mgr_lock, mgr_even, mgr_odd, mgr_arr)
          p.map(partial_manager_odd_and_even, [int_arr[2500*i:2500*(i+1)] for i in range(4)])
          mgr_odd.value, mgr_even.value, mgr_arr[0], mgr_arr[1]
Out[60]:  3357 6643 3357 6643
```

接着来实现共享内存的操作版本。从 multiprocessing 模块中导入 Value、Array 和 Lock（锁），锁的用法与 Manager 中锁的用法一致：

```
In [61]:  from multiprocessing import Value, Array, Lock
```

由于 Value 和 Array 以及 multiprocessing 库中对应的锁对象无法直接像传入普通参数那样传入 map()函数，此处可以在 Pool 进程池构造时将其设置为全局变量：

```
In [62]:  # Jupyter下，两个函数都放在外部py文件中再导入
          def shared_odd_and_even(int_arr):
              for i in int_arr:
                  with lock:
                      if i%2 == 0:
                          even.value += 1
                          arr[1] += 1
                      else:
                          odd.value += 1
                          arr[0] += 1
```

```
def init_shared(l, e, o, a):
    global lock, even, odd, arr
    lock, even, odd, arr = l, e, o, a
```

```
In [63]:  lock = Lock()
          even, odd, arr = (
              Value('i', 0),
              Value('i', 0),
              Array('i', [0, 0]),
          )
          p = mp.Pool(4, initializer=init_shared, initargs=[lock, even, odd, arr])
          p.map(shared_odd_and_even, [int_arr[2500*i:2500*(i+1)] for i in range(4)])
          odd.value, even.value, arr[0], arr[1]
Out[63]:  3357 6643 3357 6643
```

我们通过对比这两种方案的性能可以发现，共享内存的方法确实在性能上优于 Manager 方法：

```
In [64]:  %timeit p.map(partial_manager_odd_and_even, [int_arr[2500*i:2500*(i+1)] for
         i in range(4)])
Out[64]:  3.51 s ± 200 ms per loop (mean ± std. dev. of 7 runs, 1 loop each)
In [65]:  %timeit p.map(shared_odd_and_even, [int_arr[2500*i:2500*(i+1)] for i in range(4)])
Out[65]:  148 ms ± 6.07 ms per loop (mean ± std. dev. of 7 runs, 1 loop each)
```

虽然 Value 和 Array 能够解决一部分性能问题，但是多进程中 Numpy 数组的共享问题仍然没有得到解决，而此需求在数据处理中十分普遍。所幸在 Python 3.8 及以上的版本中，multiprocessing 提供了 shared_memory 模块来较为简洁地满足这种需求，本节的剩余部分将讨论如何使用 shared_momery 工具来实现大型数据对象的内存共享。

在说明具体的用法之前，为监控内存的占用情况，此处仍然选择先前共享浮点 Numpy 数组的例子。在 memory_sharing.py 中保存如下代码：

```
from multiprocessing import shared_memory
# 此处省略导入其余相关库
def f(shape, dtype, name, n):
    my_sm = shared_memory.SharedMemory(name=name)
    arr = np.ndarray(shape=shape, dtype=dtype, buffer=my_sm.buf)
    time.sleep(n)
    arr.sum()
    time.sleep(n)
if __name__ == "__main__":
    p = mp.Pool(4)
    arr = np.random.rand(int(1.25e8))
    shm = shared_memory.SharedMemory(create=True, size=arr.nbytes)
    shm_arr = np.ndarray(shape=arr.shape, dtype=arr.dtype, buffer=shm.buf)
    shm_arr[:] = arr[:]
    time.sleep(5)
    del arr
    f_ = partial(f, shm_arr.shape, shm_arr.dtype, shm.name)
    p.map(f_, [10, 10, 10, 10])
```

从结果中可以看到，总内存最终的稳定占用量就是主进程中共享数组的大小（约 1000MB），且由于并不包含大型对象的拷贝操作，子进程准备的时间很快，空间上也不存在明显的抖动。同时，在数组进行求和运算时，子进程直接使用了共享数组进行计算，因此当中部分几乎也不存在明显抖动。下面就对上述的代码进行详细解释。

在主进程中，使用 shared_memory.SharedMemory 开辟了一块大小为 arr.nbytes 的内存空间作为共享区：

```
shm = shared_memory.SharedMemory(create=True, size=arr.nbytes)
```

接着，用 arr 数组对共享区进行实际的数据填充，即将 shm_arr 作为数据实体置于共享区的新数组，与此同时删除 arr 数组释放内存。从图 13.6 可以明显发现，最初的内存占用量约为两个数组大小，它们分别对应开辟的共享区内存以及原来 arr 数组的内存，在进行 del 操作后，arr 数组对应的内存释放，总占用量回落到约为一个数组的大小。

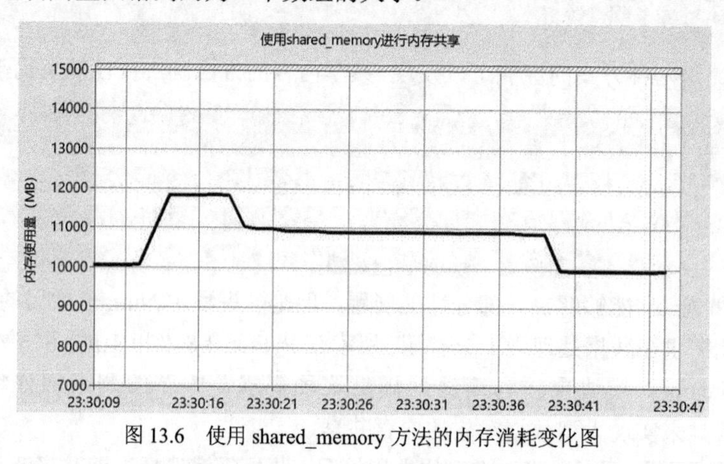

图 13.6 使用 shared_memory 方法的内存消耗变化图

```
shm_arr = np.ndarray(shape=arr.shape, dtype=arr.dtype, buffer=shm.buf)
shm_arr[:] = arr[:]
del arr
```

在子进程的操作函数中，my_sm 通过 shm 共享区的名字 shm.name，绑定到对应区域：

```
my_sm = shared_memory.SharedMemory(name=name)
```

随后，np.ndarray 通过给定的数组大小、类型以及共享区数据，在子进程中恢复数组：

```
arr = np.ndarray(size, dtype=dtype, buffer=my_sm.buf)
```

上面的例子只叙述了进程访问数组的部分，还需要说明多个进程如何对数组进行写入。事实上使用 Lock 对象就容易做到，此处仍然以统计奇偶数的例子来说明，即把 multiprocessing 中的 Array 换成共享的 Numpy 数组：

```
In [66]:  from multiprocessing import shared_memory
          # Windows 下使用 Jupyter 时，需同时放在外部 py 文件下
          def numpy_shared_odd_and_even(shape, dtype, name, int_arr):
              my_sm = shared_memory.SharedMemory(name=name)
              arr = np.ndarray(shape=shape, dtype=dtype, buffer=my_sm.buf)
              with lock:
                  arr[0] += (int_arr%2 == 1).sum()
                  arr[1] += (int_arr%2 == 0).sum()
          def init_shared_numpy(l):
```

```
    global lock
    lock = 1
```

In [67]:
```
lock = Lock()
p = mp.Pool(4, initializer=init_shared_numpy, initargs=[lock])
arr = np.array([0, 0])
shm = shared_memory.SharedMemory(create=True, size=arr.nbytes)
shm_arr = np.ndarray(shape=arr.shape, dtype=arr.dtype, buffer=shm.buf)
shm_arr[:] = arr[:]
partial_numpy_shared_odd_and_even = partial(
    numpy_shared_odd_and_even, shm_arr.shape, shm_arr.dtype, shm.name)
p.map(partial_numpy_shared_odd_and_even, [int_arr[2500*i:2500*(i+1)] for i in
    range(4)])
shm_arr
```

Out[67]:
```
3357 6643
```

练一练 Ex13-8

在对大型共享数组进行写入时，期间占用的内存量会如何变化？请设计实验说明。

上文讲解了共享 NumPy 数组的方法，如果想要共享多个类型不同的 NumPy 数组（类似于共享 DataFrame 的不同列），则可以用多类型数组 np.recarray 进行存储。其中，recarray 是 record array 的简写。假设现在需要共享 DataFrame 的所有列对应的 NumPy 数组，此时可以在 DataFrame 上使用 to_record()方法转换成 np.recarray，同时需要注意的是，当表中存在字符串的列时，需要在方法中指定参数 column_dtypes 将其转化为 NumPy 中的字符串类型，当每个字符串元素不超过 5 个字符时，可记其类型为"<U5"，超过此范围的字符会被自动截断。

In [68]:
```
df = pd.DataFrame(
    {
        "A": [1, 2, 3, 4, 5],
        "B": [1, 2, 3, 4, 5.5],
        "C": ["abc", "abcdefghi", "ab", "abe", "a"]
    }
)
```

In [69]:
```
rec = df.to_records(column_dtypes={'C': '<U5'})
# 此处假设需要 5 个字符，实际截断根据数据处理需求而定
rec
```

Out[69]:
```
rec.array([(0, 1, 1. , 'abc'), (1, 2, 2. , 'abcde'), (2, 3, 3. , 'ab'),
           (3, 4, 4. , 'abe'), (4, 5, 5.5, 'a')],
          dtype=[('index', '<i8'), ('A', '<i8'), ('B', '<f8'), ('C', '<U5')])
```

此时得到了 rec 数组后就可以仿照之前单类型数组的操作进行共享：

In [70]:
```
from multiprocessing import shared_memory

shm = shared_memory.SharedMemory(create=True, size=rec.nbytes)
shm_arr = np.recarray(shape=rec.shape, dtype=rec.dtype, buf=shm.buf)
shm_arr[:] = rec[:]
del rec
```

为了演示子进程确实使用了多类型数组，这里构造一个按照传入字符串来进行不同操作的例

子：当传入A或B时，进行加和；当传入C时，进行字符串拼接。

```
In [71]:  def recover_df(shape, dtype, name, col):
              my_sm = shared_memory.SharedMemory(name=name)
              rec = np.recarray(shape=shape, dtype=dtype, buf=my_sm.buf)
              if col in ["A", "B"]:
                  return rec[col].sum()
              elif col == "C":
                  return " ".join(rec[col].tolist())
```

下面就调用函数查看处理结果，此处开启3个进程：

```
In [72]:  p = mp.Pool(3)
          partial_recover_df = partial(recover_df, shm_arr.shape, shm_arr.dtype, shm.name)
          p.map(partial_recover_df, ["A", "B", "C"])
Out[72]:  [15, 15.5, 'abc abcde ab abe a']
```

既然已经共享了recarray，那么是不是就意味着能够共享DataFrame呢？遗憾的是，虽然在子进程函数中能够通过“df = pd.DataFrame.from_records(rec)”构造出对应的数据框，但是由于构造时会拷贝recarray的数据而非引用，故各进程DataFrame之间是独立的，它们的内存并不共享。此外，当使用“df = pd.DataFrame(rec, copy=False)”的操作试图阻止拷贝时，实际上在子进程中的拷贝仍然会发生。

练一练 Ex13-9

请通过实验证明在上述“企图共享”DataFrame的操作中，各进程的rec共享内存，且DataFrame彼此独立。

注解

事实上对数据分析而言，只要能够进行recarray的共享，在大多数情况下已经足够，更多的时候我们只是希望能够对大型数据进行并行读取并统计有限的若干指标。

13.2.5 在pandas中使用多进程

数据处理过程中的任务各异，但对使用多进程处理任务的宏观思路是统一的，即把一个任务拆分为多个子任务，各进程处理完毕后再进行汇总。本节将结合pandas的3类常见操作（合并、分组和时间序列滑窗）来具体说明这种“拆分—处理—汇总”的方法。

注意

本节中的示例只是给出处理多进程pandas常见操作的一般框架，由于例子中的数据量很小，因此使用多进程操作在性能上会劣于使用单进程，在实际进行大量数据处理时才会体现出多进程的优势。本节的学习重点落实在如何进行数据的拆分与汇总上。

首先我们来讨论合并操作，以左连接为例，构造两个DataFrame：

```
In [73]: df1 = pd.DataFrame({"key": ["A", "A", "B", "C"]})
         df2 = pd.DataFrame({"key": ["A", "B", "B", "D"]})
```

对左连接操作 df1.merge(df2, on="key", how="left")而言，以下操作等价于把 df1 拆分成若干子块，再用每个子块和 df2 进行左连接后拼接所有合并结果。因此处理函数即普通的左连接函数：

```
In [74]: def left_merge(block_df1_, df2_):
             return block_df1_.merge(df2_, on="key", how="left")
```

为了实现分块操作，先对原始的 df1 进行拆分，准备输入 left_merge：

```
In [75]: data = zip(
             [df1.iloc[:2], df1.iloc[2:]],
             [df2, df2]
         )
```

接着我们开启两个进程来进行操作：

```
In [76]: p = mp.Pool(2)
         res = p.starmap(left_merge, data)
```

此时，res 中已经存有两个子块左连接的结果，只需利用 concat() 进行合并：

```
In [77]: pd.concat(res).reset_index(drop=True)
Out[77]:   key
         0   A
         1   A
         2   B
         3   B
         4   C
```

通过与单进程版本的操作对比可以发现，它们的结果是一致的：

```
In [78]: df1.merge(df2, on="key", how="left")
Out[78]:   key
         0   A
         1   A
         2   B
         3   B
         4   C
```

练一练 Ex13-10

理解上述左连接的例子，实现外连接（how="outer"）版本的多进程连接。

下面讨论多进程分组操作，想要完成的操作是对 val 按 col 进行分组求和。首先构造数据：

```
In [79]: np.random.seed(99)
         p = [
             0.05 , 0.01, 0.03, 0.02, 0.01,
             0.3, 0.08, 0.1, 0.1, 0.3
         ]
         category = list("abcdefghij")
```

```
df = pd.DataFrame({
    "col": np.random.choice(category, int(1e5), p=p),
    "val": np.random.rand(int(1e5))
})
```

为了模拟实际数据组内样本容量的差异性，这里使用参数 p 来控制各组的样本数。从图 13.7 可以看到有两组样本数明显高于其他组：

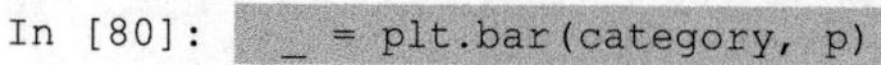

```
In [80]: _ = plt.bar(category, p)
```

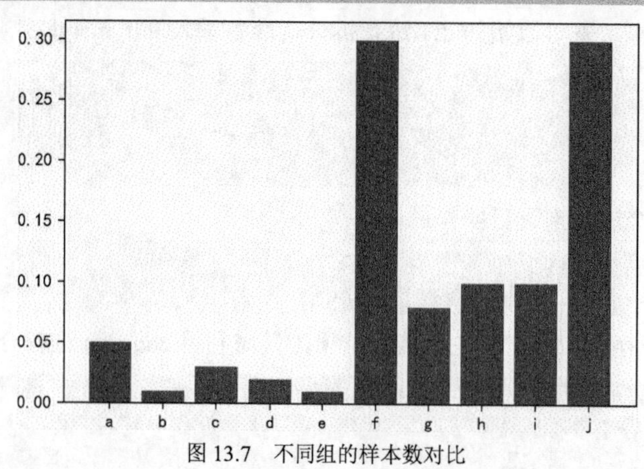

图 13.7 不同组的样本数对比

对数据的切割应最好保证各进程的耗费时间大致相同。若使用两个进程，此处可以考虑把 abcdefg 作为第一个子块，把 hij 作为第二个子块：

```
In [81]: p = mp.Pool(2)
         condition = df.col.isin(list("abcdefg"))
         data = [df[condition], df[~condition]]
```

随后定义子进程的操作函数：

```
In [82]: def groupby_multiprocess(df_):
             return df_.groupby("col")["val"].sum()
```

启动进程得到结果：

```
In [83]: res = p.map(groupby_multiprocess, data)
         pd.concat(res)
Out[83]: col
         a     2523.357848
         b      501.293200
         c     1479.762848
         d      931.901530
         e      491.771523
         f    14952.340496
         g     3999.931725
         h     4988.264870
         i     5066.389145
         j    15014.329893
         Name: val, dtype: float64
```

通过与单进程版本的操作对比可以发现，它们的结果是一致的：

```
In [84]: df.groupby("col")["val"].sum()
```

```
Out[84]: col
         a     2523.357848
         b     501.293200
         c     1479.762848
         d     931.901530
         e     491.771523
         f     14952.340496
         g     3999.931725
         h     4988.264870
         i     5066.389145
         j     15014.329893
         Name: val, dtype: float64
```

练一练 Ex13-11

在第 10 章中我们学习了 resample，并了解到它本质上是一种特殊的分组。请构造一个利用多进程实现 resample 操作的例子。

最后，我们来讨论时间序列滑窗，任务是统计 10 天的滑动加和。首先构造数据：

```
In [85]: np.random.seed(0)
         dr = pd.date_range("20190101", "20201231")
         dr = np.sort(np.random.choice(dr, int(400), replace = False))
         dr = pd.to_datetime(dr)
         s = pd.Series(np.random.randint(0, 100, 400), index=dr)
         s.head()
Out[85]: 2019-01-01    62
         2019-01-02    10
         2019-01-02    12
         2019-01-09    93
         2019-01-12    64
         dtype: int32
```

通过上面的两个例子，很容易想到可以把序列拆分到多个进程中进行处理：

```
In [86]: def rolling_multiprocess(s_):
             return s_.rolling("10D").sum()
In [87]: p = mp.Pool(2)
         res = p.map(rolling_multiprocess, [s.iloc[:200], s.iloc[200:]])
         rolled = pd.concat(res)
         rolled.head()
Out[87]: 2019-01-01     62.0
         2019-01-02     72.0
         2019-01-02     84.0
         2019-01-09    177.0
         2019-01-12    241.0
         dtype: float64
```

通过与单进程结果对比，结果似乎没有什么问题：

```
In [88]: target = s.rolling("10D").sum()
         target.head()
Out[88]: 2019-01-01     62.0
         2019-01-02     72.0
```

```
2019-01-02     84.0
2019-01-09    177.0
2019-01-12    241.0
dtype: float64
```

但事实上，存在部分元素无法匹配：

```
In [89]:  (rolled!=target).sum()
Out[89]:  4
```

其原因在于，第二个子块中前面的若干元素无法获取到前10天的所有数据，这些数据被切割到了第一个子块中。解决该问题的方法也很简单，只需对第二个子块中的数据进行拼接处理再传入函数，并在汇总时剔除第二个子块结果前面多余的部分：

```
In [90]:  second_blcok = pd.concat(
              [
                  s.iloc[:200][
                      s.iloc[:200].index>=s.index[200]-pd.Timedelta("10D")
                  ],
                  s.iloc[200:]
              ]
          )
          res = p.map(rolling_multiprocess, [s.iloc[:200], second_blcok])
          rolled = pd.concat([res[0], res[1][s.index[200]:]])
```

此时，经过重新检查可以发现和单进程结果一致：

```
In [91]:  (rolled!=target).sum()
Out[91]:  0
```

练一练 Ex13-12

在4个进程下，重做上述时间序列滑窗的例子，尽可能简洁地处理滑窗的边界情况。

本节对pandas中3类常见操作的多进程版本进行了演示，事实上只要被处理的任务能够被独立地切分为多个部分，它就能够被多进程化。数据处理的需求各异，在使用多进程时，我们需要选择合适的任务切分方案，对子进程的处理过程和汇总过程仔细分析，以发挥出多进程的潜力。

13.3 利用Cython加速

13.2节介绍了利用多进程操作来实现任务加速的方法，虽然从整体来看总任务的计算时间有所减少，但对每个进程下的子任务而言，并没有对其本身进行优化。下面介绍两种针对子任务本身的优化方法，本节讲解有关Cython的内容，13.4节讲解有关Numba的内容。

13.3.1 初识Cython

Python是一种典型的动态语言，概念上与之对应的是静态语言，如C、C++。通常来说，它们之间的区别在于，静态语言在编译时需要知道变量的类型，且在运行时的类型固定，动态语言的类型检查会在运行时发生，且在必要时类型可以改变。举一个简单的例子，C 代码中先把某个变量声明为浮点型后，再用字符串赋值是不被允许的：

```
// C code
int main() {
    float a = 1.5;
    a = "string";
    return 0;
}
```

```
ERROR: incompatible types when a assigning to type 'float' from type 'char *'
```

但这个操作在 Python 中可以实现：

```
In [92]:  # Python code
          a  =  1.5
          a = "string"
          print("正常运行")
```

```
正常运行
```

Python 的动态特性为程序的快速开发带来了便捷性，但这种类型的比较和转换会消耗很多的资源，读写或引用变量都会检查变量类型，这使得 Python 不适用于编写计算密集型的模块。那么是否存在一种在开发效率和运行效率上平衡的方案呢？Cython 正是一个合适的选择，它能够使熟悉 Python 的用户以少量的代码变化取得接近 C 语言代码的运行速度。当前，Cython 被广泛应用于 Python 库的开发，例如在 pandas 中，除了文件 I/O 的模块由 C 实现，其余的计算密集型底层任务全都由 Cython 完成，另外一些计算密集型的知名库，如 SciPy、statsmodels、scikit-learn 等，也同样在底层大量使用了 Cython。

由于在 Jupyter 中使用 Cython 很方便，因此我们暂时先利用 Jupyter 来进行讲解，在介绍完其基本使用方法后，最后说明如何在.py 文件中调用 Cython 模块。

为了加载 Cython 扩展，首先需要在 Jupyter 单元内运行：

```
In [93]:  %load_ext Cython
```

接着，在新单元的首行标记%%cython 以表明该单元内使用的是 Cython 代码。我们来简单定义一个函数，其功能是把 NumPy 数组中所有元素加倍：

```
In [94]:  %%cython
          import numpy as np

          def cy_multiply(np_array):
              length = np_array.shape[0]
              res = np.empty(length)
              for i in range(length):
                  res[i] = np_array[i] * 2
              return res
```

我们能够在普通的 Jupyter 单元内，即 Python 环境下调用该函数：

```
In [95]:  cy_multiply(np.array([1, 2, 3]))
Out[95]:  array([2., 4., 6.])
```

上述的Cython代码看上去与Python代码完全一致。下面来分别测试Cython中的函数和Python中的函数的性能：

In [96]:
```
def py_multiply(np_array):
    length = np_array.shape[0]
    res = np.empty(length)
    for i in range(length):
        res[i] = np_array[i] * 2
    return res

test_array = np.random.rand(int(1e7))
```

In [97]:
```
%timeit py_multiply(test_array)
```

```
3.73 s ± 35.7 ms per loop (7 runs, 1 loop each)
```

In [98]:
```
%timeit cy_multiply(test_array)
```

```
3 s ± 42 ms per loop (7 runs, 1 loop each)
```

从该示例结果可以看到，Cython函数与Python函数相比在性能上有一定提升，但提升幅度不大。事实上，Cython的潜力并没有被发挥出来。因此，在13.3.2节我们将以改进该函数的效率为目标，详述常见的Cython优化策略。

13.3.2 优化策略

13.3.1节提到Python的性能很大程度上受动态性影响，而Cython能够获得巨大性能提升的原因之一正是在于类型声明，变量在编译时就能被指定其所具有的类型信息。以倍增数组的函数为例，可做如下声明：

In [99]:
```
%%cython
cimport numpy as np
import numpy as np

def cy_multiply(np.ndarray[np.float64_t, ndim=1] np_array):
    cdef:
        int length = np_array.shape[0]
        np.ndarray[np.float64_t, ndim=1] res = np.empty(length)
        Py_ssize_t i
    for i in range(length):
        res[i] = np_array[i] * 2
    return res
```

首先看输入函数的NumPy数组，由于类型声明应当属于C类型，因此这里的类型声明需要用cimport从NumPy中导入，方括号中的第一个值代表输入数组中每个元素的类型，第二个值代表维度。对于第一个参数可填入的类型，可以通过输入数组的dtype属性查看，除了此处的float64_t，NumPy数组对应的常用类型还有float32_t、int64_t、int32_t和int8_t。

In [100]:
```
# 通过dtype可查看原来的NumPy数组是float64类型的
test_array.dtype
```

Out[100]:
```
dtype('float64')
```

注解

cimport 是 Cython 中独有的语法，它导入的变量或函数都是 C 类型的，虽然此处两处导入的 NumPy 都用了 np 的别名，但实际使用时 cython 会智能地区分，例如 Python 中的 NumPy 中并不存在 np.float64_t，此时就会在 cimport 提供的 np 中导入。

在函数签名下方出现的 cdef 表示对接下来代码内出现变量的类型声明，此处首先声明了一个整数类型的变量 length，用于记录 NumPy 数组的长度。需要注意的是，虽然此处输入的元素被声明为 C 类型，但是由于传入的仍然是 Python 中的 NumPy 对象，因此 np_array 上的属性和方法是能够被直接调用的，例如此处获取了其 shape 属性中的第一个元素来赋给 length。紧接着声明了一个容纳 float64 类型的 NumPy 空数组 res，并同时用空数组对其进行赋值。最后，声明了一个特殊的 Py_ssize_t 类型，用以表示 Cython 中的循环索引类型，它本质上和 int 是类似的，其作用是兼容不同操作系统，一般 Cython 中的循环索引都会被约定俗成地声明为 Py_ssize_t。

下面，我们再次进行执行速度测试：

In [101]:
```
%timeit cy_multiply(test_array)
```
```
31.5 ms ± 1.66 ms per loop (7 runs, 10 loops each)
```

经过类型声明后的代码，比原先的 Python 代码在性能上有大幅提升，提升幅度是很可观的。

练一练 Ex13-13

结合上述类型声明的例子，完成以下任务。

（1）数组参数声明为 float64_t 的函数能否接收 dtype="float32"的 NumPy 数组？反之是否可行？请用实验说明。

（2）若当前的输入数组为 test_array=np.random.randint(0, 10, int(1e6))，且用户希望输出的数组类型和输入的数组类型一致，请修改代码实现（提示：查看 np.empty 返回数组的类型）。

注解

一般而言，np.float64_t、np.float32_t、np.int64_t 和 np.int32_t 分别与 Cython 中的 C 类型 double、float、long 和 int 等价，数组声明中的相应位置可以使用后者替换。

除了类型声明，我们还能通过关闭数组越界检查以及取消负索引来进一步优化代码，它们可以分别通过对 boundscheck 和 wraparound 装饰器的参数设置来实现：

In [102]:
```
%%cython
cimport numpy as np
import numpy as np
import cython

@cython.boundscheck(False)
@cython.wraparound(False)
def cy_multiply(np.ndarray[np.float64_t, ndim=1] np_array):
    cdef:
        int length = np_array.shape[0]
```

```
        np.ndarray[np.float64_t, ndim=1] res = np.empty(length)
        Py_ssize_t i
    for i in range(length):
        res[i] = np_array[i] * 2
    return res
```

再次进行性能测试，能够发现执行时间在单纯类型声明的基础上有所减少：

```
In [103]:  %timeit cy_multiply(test_array)
Out[103]:  27.1  ms ± 963μs per loop (mean ± std. dev. of 7 runs, 10 loops each)
```

此时我们不妨将其和NumPy中的广播操作在性能上做一个对比：

```
In [104]:  %timeit test_array * 2
Out[104]:  25.5  ms ± 1.29 ms per loop (mean ± std. dev. of 7 runs, 10 loops each)
```

可以发现它们已经非常接近了，那么还有没有办法能够使得Cython代码更接近甚至超过NumPy的性能呢？我们会在13.3.3节中介绍如何在Cython中通过释放Python的全局锁来使用多线程加速。不过在此之前，我们举两个具体的计算示例来巩固Cython加速的相关操作的知识。第一个例子与菌落培养相关，第二个例子与滑动均值相关。

菌在自然界中广泛存在，为了研究某些菌是否具有聚集性生长的特性，现将半径为5厘米的圆形培养皿作为容器进行多种菌落的培养，实验结果记录了菌的类别及其在培养皿中的坐标，坐标系以培养皿的圆心为原点。菌的生长特性各异，如图13.8所示，从左到右的菌种表现出从强到弱的聚集性，聚集性越高的菌种其分布越集中，反之越分散。

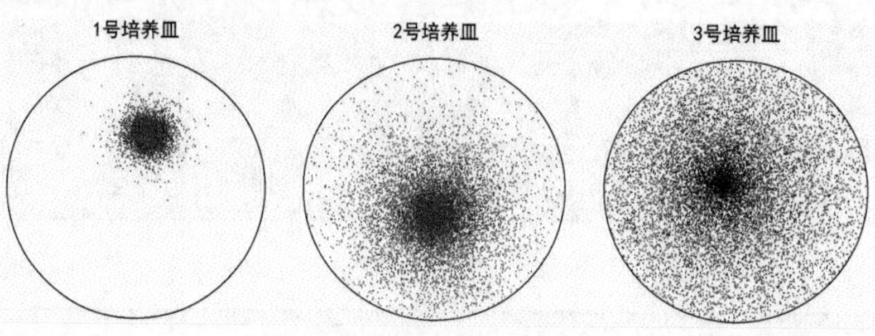

图13.8 菌落在培养皿上的分布

注解

图13.8也是使用matplotlib绘制的，且所使用的知识点在11.1节中均已介绍，有兴趣的读者可自行思考后进行绘图实践。

聚集性指数是一种刻画菌聚集性特征的指标。对某一种菌而言，设其所有样本到菌落中心点的距离为 $D_1, \cdots, D_n$，聚集性指数的定义为 $\mathrm{E}[\exp(-D)]$，即 $\frac{1}{n}\sum_{k=1}^{n}\exp(-D_k)$。现在需要利用data/ch13/fungus.csv中的数据计算3类菌的聚集性指数。

```
In [105]:  df = pd.read_csv("data/ch13/fungus.csv")
           df.head(3)
```

```
Out[105]:      Number         X          Y
          0  3 号培养皿  -1.541692   1.116247
          1  1 号培养皿   0.438589   1.846627
          2  2 号培养皿  -0.542338  -0.137381
```

这是典型的分组计算问题，每组需要用一个计算聚集性指数的函数来处理，并且此函数以两个 NumPy 数组为参数，以一个浮点型数值为输出。写出 NumPy 版本的代码：

```
In [106]:  def py_fungus_compute(x, y):
               distance = np.sqrt((x-x.mean())**2 + (y-y.mean())**2)
               result = np.exp(-distance).mean()
               return result
```

计算后可以发现，结果与先前我们对培养皿菌落的聚集性趋势分析是一致的。

```
In [107]:  df.groupby("Number").apply(lambda df_: py_fungus_compute(df_.X, df_.Y))
Out[107]:  Number
           1 号培养皿      0.769018
           2 号培养皿      0.416332
           3 号培养皿      0.230637
           dtype: float64
```

测试其消耗的时间：

```
In [108]:  %timeit df.groupby("Number").apply(\
               lambda df_: py_fungus_compute(df_.X, df_.Y))
Out[108]:  9.76  ms ± 257µs per loop (7 runs, 100 loops each)
```

下面写出 Cython 版本的函数：

```
In [109]:  %%cython
           from numpy cimport ndarray, float64_t # 注意此处是C类型导入
           from libc.math cimport sqrt, exp
           import numpy as np
           import cython
           @cython.boundscheck(False)
           @cython.wraparound(False)
           def cy_fungus_compute(
               ndarray[float64_t, ndim=1] x,
               ndarray[float64_t, ndim=1] y,):
               cdef:
                   int length = x.shape[0]
                   ndarray[float64_t, ndim=1] distance = np.empty(length)
                   double x_bar=0, y_bar=0, d_bar=0, result=0
                   double temp_x, temp_y, temp_d
                   Py_ssize_t i
               for i in range(length):
                   x_bar += x[i]
                   y_bar += y[i]
               x_bar /= length
               y_bar /= length
               for i in range(length):
                   temp_x = x[i] - x_bar
                   temp_y = y[i] - y_bar
                   temp_d = sqrt(temp_x*temp_x + temp_y*temp_y)
```

```
        distance[i] = temp_d
        result += exp(-temp_d)
    return result/length
```

上面的代码中使用了开方（计算距离时）和指数运算，这些常用的数学函数可以使用 cimport 从 libc.math 库中导入，它们都是 C 函数。缺失值和无穷值的判断功能也是常用的，它们分别由库中的 isnan()函数和 isfinite() 函数给出。同时，缺失值和无穷本身可以用 libc.math 中的 NAN 和 INFINITY 表示。所有可使用的函数可在 GitHub 网站的 cython/cython 项目中找到 Cython/Includes/libc 目录下的 math.pxd 文件进行查询，常见的数学运算函数都包含在内。

查看结果可知其与 NumPy 版本的结果一致：

```
In [110]:  df.groupby("Number").apply(
               lambda df_: cy_fungus_compute(
                   df_.X.values, df_.Y.values
               )
           )
Out[110]:  Number
           1 号培养皿      0.769018
           2 号培养皿      0.416332
           3 号培养皿      0.230637
           dtype: float64
```

测试其消耗的时间可以发现，其性能超过 NumPy 版本：

```
In [111]:  %timeit df.groupby("Number").apply(  \
               lambda df_: cy_fungus_compute(  \
                   df_.X.values, df_.Y.values))
Out[111]:  5.42  ms ± 372μs per loop (mean ± std .dev. of 7 runs, 100 loops each)
```

上面示例中的实际计算都可以用 NumPy 来完成，此时的 NumPy 运算已经具备了较高的效率，而 Cython 真正适用的场景为无法通过或无法全部通过 NumPy 函数来实现自定义操作。下面举一个滑动均值的示例来说明。

现有某企业 2017 年初～2020 年末的电力消耗数据，精度为 6 小时，即每天记录了 0 点、6 点、12 点、18 点的电力消耗数据：

```
In [112]:  s = pd.read_csv(
               "data/ch13/company_eletricity.csv",
               parse_dates=["Date"],
               index_col="Date"
           ).iloc[:,0]
           s. head()
Out[112]:  Date
           2017-01-01 00:00:00    411.72
           2017-01-01 06:00:00    825.61
           2017-01-01 12:00:00    601.82
           2017-01-01 18:00:00    879.75
           2017-01-02 00:00:00    877.30
           Name: 0, dtype: float64
```

现在想要计算自 2017 年 2 月 1 日 00:00:00 起，每个时刻及其前 3 周相同星期相同时刻对应数据的均值。例如，2017 年 2 月 1 日 06:00:00 对应数据的滑动均值结果是如下 4 条记录对应数据的均值：2017 年 2 月 1 日 06:00:00、2017 年 1 月 25 日 06:00:00、2017 年 1 月 18 日 06:00:00 和 2017 年 1 月 11 日 06:00:00，它们都是周三。这并非使用传统滑窗内置函数能够轻松解决的问题，需要进行自定义操作：

```
In [113]:  s.rolling(3*7*4+1).agg(
              lambda x: x.iloc[0::7*4].mean())["2017-02-01":]
              res_rolling.tail()
Out[113]:  Date
           2020-12-30 00:00:00    648.0875
           2020-12-30 06:00:00    609.5000
           2020-12-30 12:00:00    554.5450
           2020-12-30 18:00:00    310.1650
           2020-12-31 00:00:00    701.7800
           Name: 0, dtype: float64
```

rolling 中取 3*7*4+1 的原因在于，为了使用带有跳跃的滑窗，首先需要在原来的序列上取一个大的窗口，使其包含所求窗口内均值计算的所有数据，3*7*4 表示 3 周中每天的 4 条记录，+1 表示当前的记录。随后，在传入的匿名函数中使用切片后再取出子列进行均值计算。

记录其消耗的时间：

```
In [114]:  %timeit s.rolling(3*7*4+1).agg(  \
               lambda x: x.iloc[0::7*4].mean())["2017-02-01":]
Out[114]:  1.02  s ± 10.3 ms per loop (mean ± std. dev. of 7 runs, 1 loop each)
```

事实上这个问题存在一个更巧妙的办法：由于时间戳序列是等间隔的，因此我们可以通过 shift()函数来进行不同步长的移动，再将前 3 周移动的结果和当前序列拼接后取均值，也可以得到相同的结果：

```
In [115]:  res_concat = pd.concat([s, s.shift(4*7), s.shift(4*2*7), s.shift(4*3*7)],
                  axis=1).mean(1) ["2017-02-01":]
           res_concat.tail()
Out[115]:  Date
           2020-12-30 00:00:00 648.0875
           2020-12-30 06:00:00 609.5000
           2020-12-30 12:00:00 554.5450
           2020-12-30 18:00:00 310.1650
           2020-12-31 00:00:00 701.7800
           dtype: float64
In [116]:  # 验证结果是否一致，取 abs 是为了排除浮点误差
           (np.abs(res_rolling.values-res_concat.values)<1e-8).all()
Out[116]:  True
```

其消耗的时间远小于 rolling 的方案：

```
In [117]:  %timeit pd.concat([s, s.shift(4*7), s.shift(4*2*7), s.shift(4*3*7)\
                  ],axis=1).mean(1)["2017-02-01":]
```

```
Out[117]: 1.48 ms ± 20.8 µs per loop (mean ± std. dev. of 7 runs, 1000 loops each)
```

简便的方法并不容易想到，假设我们暂时还只停留在原始的rolling策略上，但是还想要获得更高的性能，那么Cython可能就是非常好的选择。下面使用Cython来进行处理，处理函数接收一个数组并返回一个数组，代码步骤仅仅是对计算过程的直接翻译：

```
In [118]: %%cython
          from numpy cimport ndarray, float64_t
          import numpy as np
          import cython

          @cython.boundscheck(False)
          @cython.wraparound(False)
          def cy_fungus_compute(ndarray[float64_t, ndim=1] s):
              cdef:
                  int length = s.shape[0]
                  double temp
                  ndarray[float64_t, ndim=1] result = np.empty(length)
                  Py_ssize_t i
              for i in range(31*4, length):
                  temp = 0.0
                  temp += s[i]
                  temp += s[i-4*7]  # 上周
                  temp += s[i-4*14] # 两周前
                  temp += s[i-4*21] # 三周前
                  result[i] = temp/4
              return result[31*4:]  # 剔除1月位置
```

函数处理完毕后，传出数组再重新构造Series，对比结果可以发现与之前结果一致：

```
In [119]: res_cython = pd.Series(
              cy_fungus_compute(s.values),
              index=pd.date_range(
                  "2017-02-01","2020-12-31",freq="6h"
              )
          )
          (np.abs(res_rolling.values-res_cython.values)<1e-8).all()
Out[119]: True
```

此时，相较于原先的rolling处理版本，性能约提升了近10 000倍，相较于优化的concat版本，性能约提升了13倍：

```
In [120]: %timeit pd.Series(  \
              cy_fungus_compute(s.values),  \
              index=pd.date_range(  \
                  "2017-02-01","2020-12-31",freq="6h"))
Out[120]: 114 µs ś 5.46 µs per loop (mean ±std. dev. of 7 runs, 10000 loops each)
```

之前我们处理的都是数值型数组或变量，此处补充针对字符串操作的例子。字符串类型的一维数组可以使用np.ndarray[np.str, ndim=1]来声明，下面这个例子将一个字符串拼接到另一个字符串序列元素的尾部：

In [121]:
```
%%cython
import numpy as np
cimport numpy as np
def str_concat(np.ndarray[np.str, ndim = 1] arr, np.str s):
    cdef:
        Py_ssize_t i
        int n = arr.shape[0]
        np.ndarray[np.str, ndim = 1] res = np.empty(n, dtype=object)
    for i in range(n):
        res[i] = arr[i] + s
    return np.asarray(res)
```

在调用时，通常需要令数组类型为 object：

In [122]:
```
arr_str = np.array(["a", "q", "wb"]).astype("object")
str_concat(arr_str, "?")
```

Out[122]:
```
array(['a?', 'q?', 'wb?'], dtype=object)
```

从性能上看，和 pandas 中的字符串加法操作基本相同：

In [123]:
```
test_arr_str = np.random.choice(["a", "q", "wb"], int(1e7)).astype("object")
%timeit str_concat(test_arr_str, "?")
```

Out[123]:
```
659 ms ± 8.03 ms per loop (mean ± std. dev. of 7 runs, 1 loop each)
```

In [124]:
```
s = pd.Series(test_arr_str)
%timeit s + "?"
```

Out[124]:
```
666 ms ± 5.58 ms per loop (mean ± std. dev. of 7 runs, 1 loop each)
```

练一练 Ex13-14

请用 Cython 实现第 8 章中 str 对象上的 contains()方法（不要求正则）、len()方法和 zfill()方法，并进行性能对比。（提示：对于布尔类型的一维 NumPy 数组，可以使用 np.ndarray[np.npy_bool, ndim = 1]声明类型。）

13.3.3 多线程加速

13.3.2 节介绍了利用 Cython 的各类常见优化技巧对倍乘操作进行加速的例子，本节将讲解使用多线程来进一步加速的方案。13.2.1 节中曾提到，由于全局锁的存在，Python 中的多线程实际上是伪多线程。Cython 提供了并行模块及释放全局锁的选项，这使得部分代码能够在无锁模式下运行并以此获得性能提升。

从 Cython 的 parallel 中导入 prange，其用法与 Python 中的 range 类似，例如 prange(1,6,2)表示初值为 1，末值为 6（不包含），步长为 2。prange 中包含一个重要参数 nogil，必须将其设置为 True 才可激活无锁模式，此时循环中的代码里不能出现任何 Python 对象或 Python 对象的操作。例如，list、dict 等结构，NumPy 数组的各类函数（sum、mean、var 等）都不能出现，但可以使用 if/elif/else/return/break/continue/for/range/while 以及 NumPy 数组的索引操作。

为了实现加速效果，需要安装配置 GNU 编译器套件（GNU Compiler Collection，GCC）的相关插件：

```
$ conda install libpython m2w64-toolchain -c msys2
```

注解

在 Linux 操作系统中，由于系统一般自带 gcc 编译器，因此无须安装上述相关库；在 Windows 操作系统中，除了可选择安装上述 m2w64 中的编译器，也可以选择使用 MSVC 编译器（需要下载 VS2017 或 VS2019 并配置环境变量）或者用户自己安装的（即非 conda 内部的）MinGW 编译工具（也需要配置环境变量）。如果用户既安装了 MSVC，又安装了 MinGW（包括 conda 下的），此时 Cython 在进行 C/C++连接（Link）时可能会报出“cannot find -lmsvcr140”的错误，一种可能的解决方案如下。

（1）打开虚拟环境的安装目录（一般位于“/anaconda/envs/your_env”，其中 your_env 为环境名称），将“vcruntime140.dll”文件复制到“/libs”目录下。

（2）将“/Lib/distutils/cygwinccompiler.py”文件中“get_msvcr”函数下的“return ['msvcr140']”语句改为“return ['vcruntime140']”。

如果报错信息为“cannot find -lvcruntime140”，那么只需要做上述的第（1）步。在 Jupyter 中的%%cython 命令下无法选择编译器，如果安装了 m2w64-toolchain，则系统优先选择该包中的 gcc 编译器，事实上可以在“/anaconda/envs/your_env/Lib/distutils”下的“distutils.cgf”文件中进行配置（若文件不存在则新建即可）：

- 使用系统内安装的 MinGW 或 m2w64-toolchain:

```
[build]
compiler = mingw32
```

- 使用 MSVC:

```
[build]
compiler = msvc
```

在 Jupyter 代码块首行%%cython 后增加编译与连接参数，对倍乘操作可进行如下修改：

```
In [125]:  %%cython --compile-args=-fopenmp --link-args=-fopenmp
           # 如果使用 msvc 编译器则修改为如下语句：
           # %%cython--compile-args=/openmp
           cimport numpy as np
           import numpy as np
           import cython
           from cython.parallel import prange

           @cython.boundscheck(False)
           @cython.wraparound(False)
           def cy_multiply_with_nogil(np.ndarray[np.float64_t, ndim=1] np_array):
               cdef:
                   int length = np_array.shape[0]
                   np.ndarray[np.float64_t, ndim=1] res = np.empty(length)
                   Py_ssize_t i, j
               for i in prange(length, nogil=True):
                   res[i] = np_array[i] * 2
               return res
```

注解

发起线程的代价较发起进程的代价要小得多，因此这里不使用分块策略，同样能获得一定的性能提升。

与 NumPy 的结果进行对比，可以发现该方案比 NumPy 的广播乘法，性能提升了约 20%：

```
In [126]:  %timeit cy_multiply_with_nogil(test_array)
Out[126]:  20.3 ms ± 1.1 ms per loop (mean ± std. dev. of 7 runs, 100 loops each)
```

练一练 Ex13-15

在数组倍乘的例子中，事实上最耗时的部分在于对结果数组的内存分配，因此此处的多线程性能提高程度有限。如果进行的是无须分配内存或分配少量内存的并行操作，那么就可以获得更为可观的性能提升。请构造一个函数计算一个二维（1000 × 1000）数组的元素和，并与 NumPy 比较性能。

在多线程下，prange 中的运行顺序是不固定的，这意味着代码中不应该出现循环之间互相依赖的情况，否则极可能会报错或产生错误的结果。为了避免写出循环之间互相依赖的代码，此处总结在 Cython 中使用多线程操作的 4 条注意事项，此处的覆盖算子指“-=”“+=”“/=”等操作符，将 a += 1 这种操作称为变量被覆盖算子作用。

（1）线程中被赋值的变量是该线程的私有局部变量。

（2）线程中的只读变量是所有线程的公有全局变量。

（3）被覆盖算子作用的线程变量是不可读变量。

（4）线程中的同一变量只可被同种覆盖算子作用。

注解

此处我们把覆盖算子和赋值（variable=...）进行严格区分。

上面的注意事项看上去是非常抽象的，我们现在给出一些具体的例子来说明。

当一个线程变量被赋值时，它会被转化为该线程的私有局部变量，这意味着它不能在赋值前引用，因为赋值前引用意味着引用的是 for 循环外部的全局变量，该变量不能同时充当线程的公有变量和私有变量，否则会报错。下面函数中两个 for 循环中的操作都是不会被编译通过的，它们都属于先使用公有变量，再对该变量赋值私有化的操作：

```
In [127]:  %%cython --compile-args=-fopenmp --link-args=-fopenmp
           from cython.parallel import prange

           def cy_both_private_and_public():
               cdef:
                   Py_ssize_t i
                   int a = 0
                   int temp
               for i in prange(10, nogil=True):
```

```
        temp =  a
        a  +=  temp
    for i in prange(10, nogil=True):
        a  =  a  +  1
```

```
# 第一个循环的编译报错:
...
Cannot read reduction variable in loop body
...
local variable 'a' referenced before assignment
# 第二个循环的编译报错:
...
local variable 'a' referenced before assignment
```

这里两个循环的报错并不完全一致，第一个循环的报错中出现了 reduction variable 这一概念，即我们先前在注意事项中所说的被覆盖算子作用的变量。这也意味着它违背了注意事项（3），即 a += temp 说明 a 是一个被覆盖算子作用的线程变量，却在 temp = a 中被引用或读取。为了解决类似于第二个循环中自引用覆盖操作不能被编译的困境，Cython 中可使用覆盖算子来等价地实现功能，但需要满足注意事项中的后两个条件（不可读且只被同种覆盖算子作用）。下面的代码中，第一个循环是合法的，但是第二个循环中的变量 a 被两种不同的覆盖算子*= 和 += 作用，这对应了注意事项（4），它是非法的：

```
In [128]:  %%cython --compile-args=-fopenmp --link-args=-fopenmp
           from cython.parallel import prange
           def cy_reduction_var():
               cdef:
                   Py_ssize_t i
                   int a = 0
               for i in prange(10, nogil=True):
                   a  +=  1
                   a  +=  2
               for i in prange(10, nogil=True):
                   a  +=  1
                   a *= 2
```

```
Error compiling Cython file:
------------------------------------------------------------
...
for i in prange(10, nogil=True):
a += 1
a += 2
for i in prange(10, nogil=True):
a += 1
a *= 2
^
------------------------------------------------------------
C:\Users\gyh\.ipython\cython\_cython_magic_3e81c33ff05b3827ee50ac869f4b1677.pyx:11:8:
Reduction operator '*' is inconsistent with previous reduction operator '+'
```

如果用户确实希望在进行覆盖操作的同时引用或使用这个变量，一种可行的方法是先对变量赋初始值使其私有化，并且在覆盖时不使用覆盖算子而是使用类似于 a = a + 1 的展开形式：

```
In [129]:  %%cython --compile-args=-fopenmp --link-args=-fopenmp
           from cython.parallel import prange
           def cy_reduction_var():
```

```
    cdef:
        Py_ssize_t i
        int a = 0, temp
    for i in prange(10, nogil=True):
        a  =  0
        a  =  a  +  1
        temp =  a
```

使用 nogil 为调试带来了麻烦，这是因为我们不能再使用 Python 中的 print()，因此在调试时可以利用 with gil 进行局部加锁以观察线程变量：

```
In [130]:  %%cython --compile-args=-fopenmp --link-args=-fopenmp
           from cython.parallel import prange
           def cy_print_nogil():
               cdef Py_ssize_t i
               for i in prange(3, nogil=True):
                   with gil:
                       print(str(i) + "\n")
In [131]:  cy_print_nogil() # 由于多线程输出顺序不定

           2
           0
           1
```

注解

在调试阶段，建议注销边界和负索引的两个装饰器。其原因在于当发生数组的空指针异常时，Cython 函数能够在 Python 环境下获得明确的数组越界错误消息。

在无锁模式下，NumPy 数组虽然允许索引操作，但切片操作是非法的，它属于 Python 中的操作。在新的 Cython 版本（0.29.0 及以上版本）中，官方推荐使用一种称为内存视图（Memoryviews）的声明来替换原先旧的 NumPy 数组的 C 类型声明。其优点包括但不限于：索引效率更高、支持无锁模式下的切片、可用单元素对切片数组赋值（允许 arr[:] = num 这样的形式使被切片部分都被赋值为 num）、可作为 cdef class（将在 13.3.4 节中介绍）的属性。

内存视图的声明语法非常简洁，double[:]表示一维双精度浮点型数组，int[:, :]表示二维整型数组。其中，double 与 NumPy 中的 float64_t 等价，int 与 NumPy 中的 int32_t 等价。如果想要存放 NumPy 中类型为 int64_t 或者 float32_t 的三维数组，可以直接将内存视图声明为 int64_t[:,:,:]或 float32_t[:,:,:]。特别地，布尔数组可以声明为 npy_bool[:]，注意这里的 int64_t、float64_t 和 npy_bool 都必须用 cimport 从 numpy()中导入。下面举一个对图像进行局部模糊处理的例子。

在介绍任务前，安装图像处理的库。如果在 Python 中执行 from PIL import Image 没有报错则说明已安装，无须再次安装。

```
$ pip install pillow
```

现给定一张图片和待模糊处理的长方形区域边界，需要对给定边界区域内的图片部分进行模糊处理。图片是由像素构成的，彩色图片的每一个像素由 RGB 三通道确定颜色，因此一张 $m\times n$ 的彩色图片可以由一个 $m\times n\times 3$ 的数组表示。

读取图片并进行展示，如图 13.9 所示。

```
In [132]:  from PIL import Image
           img = Image.open("data/ch13/piano.png")
           img
```

图 13.9 读取图片并进行展示

图 13.9 表示的数组具有如下维数：

```
In [133]:  # 原本数组最后一维是 4，分别代表 RGB 这 3 种颜色通道和透明度
           # 本例中不会用到透明度信息，故最后一维只取前 3 个值
           img_arr = np.array(img).astype("int") [:, :, 3]
           img_arr.shape
Out[133]:  (300, 300, 3)
```

若想要对某一个区域进行模糊处理，一种可行的方案是在对该区域进行均匀的子块划分后，将每一个子块的每一个颜色通道数组用其均值代替。举一个更具体的例子，假设总区域为 4×4×3 的数组 arr，按照 2×2 的正方形切割，则模糊处理后的数组 new_arr 可计算如下：

```
In [134]:  arr = np.arange(16*3).reshape(4, 4, -1)
           new_arr = np.empty_like(arr)
           for RGB in range(3):
               new_arr[:2, :2, RGB] = arr[:2, :2, RGB].mean()
               new_arr[:2, 2:, RGB] = arr[:2, 2:, RGB].mean()
               new_arr[2:, :2, RGB] = arr[2:, :2, RGB].mean()
               new_arr[2:, 2:, RGB] = arr[2:, 2:, RGB].mean()
           new_arr
Out[134]:  array([[[ 7,  8,  9],
                   [ 7,  8,  9],
                   [13, 14, 15],
                   [13, 14, 15]],

                  [[ 7,  8,  9],
                   [ 7,  8,  9],
                   [13, 14, 15],
                   [13, 14, 15]],
```

```
       [[31, 32, 33],
        [31, 32, 33],
        [37, 38, 39],
        [37, 38, 39]],

       [[31, 32, 33],
        [31, 32, 33],
        [37, 38, 39],
        [37, 38, 39]]]])
```

上述过程可由图 13.10（见彩插 27）可视化：

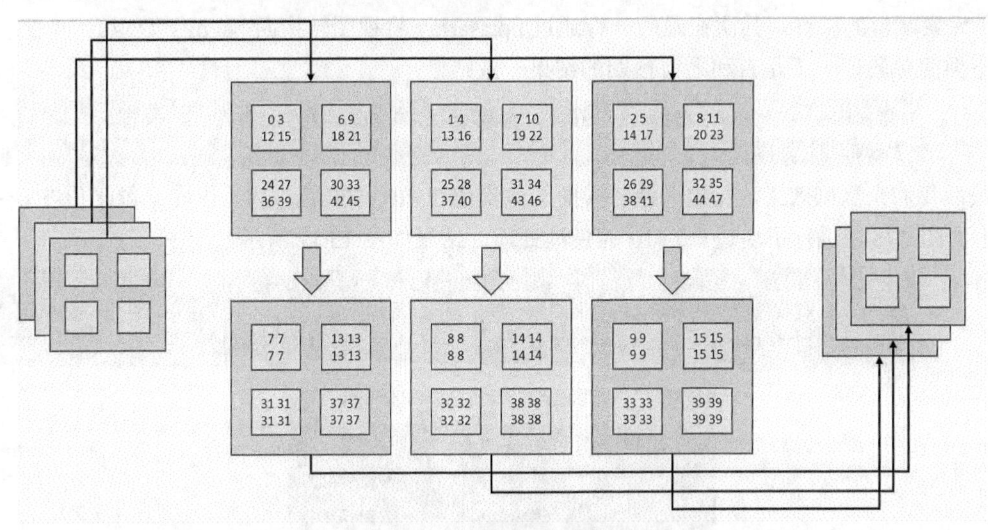

图 13.10 模糊处理过程示意图

以图片左下角顶点为坐标轴原点，此任务的处理函数接收参数为待处理的 $m \times n$ 的数组 arr，横向边界 x_left 和 x_right 的范围是 0～n−1，纵向边界 y_bottom 和 y_top 的范围是 0～m−1，模糊区域子块的边长为 length。下面构造函数：

In [135]:
```
%%cython --compile-args=-fopenmp --link-args=-fopenmp
from cython.parallel import prange
import numpy as np
import cython

@cython.boundscheck(False)
@cython.wraparound(False)
def cy_picture_pool(
    int[:, :, :] arr, int x_left, int x_right,
    int y_bottom, int y_top, int length
):
    cdef:
        int temp_sum
        int height = arr.shape[0]
        int[:, :, :] result = arr.copy()
        Py_ssize_t i, j, k, i_, j_
    for i in prange(x_left, x_right, length, nogil=True):
        # 注意纵向像素值越大，NumPy 行索引越小
```

```
            for j in prange(height-y_top, height-y_bottom, length):
                for k in prange(3):
                    temp_sum  =  0
                    for i_ in range(length):
                        for j_ in range(length):
                            temp_sum += arr[j+j_, i+i_, k]
                    temp_sum = int(temp_sum / length / length)
                    result[j:j+length, i:i+length, k] = temp_sum
    return np.asarray(result)
```

上面的代码中有两点需要注意，首先在倒数第二行利用了内存视图的切片在无锁状态下可以使用单元素赋值的特性，其次在最后一行通过 np.asarray 将视图转换回 NumPy 数组。

下面简单验证一下是否和之前预期的结果一致：

```
In [136]:  (cy_picture_pool(arr, 0, 4, 0, 4, 2) == new_arr).all()
Out[136]:  True
```

最后我们来测试效果，此处选择对横向 x 像素值在 70～300 范围内，纵向 y 像素值在 0～160 范围内的图片区域进行子块边长为 10 的模糊处理，结果如图 13.11 所示。

```
In [137]:  arr_new = cy_picture_pool(img_arr, 70, 300, 0, 160, 10)
           # 下面一行代码能够将数组转换为图片
           Image.fromarray(arr_new.astype('uint8')).convert('RGB')
```

图 13.11 样例图像的模糊处理结果

练一练 Ex13-16

结合上述知识，完成如下练习。

- 构造一个翻转图片的函数，翻转方式 turn_type 包括上下翻转和左右翻转，其调用方式为 turn(img_arr, turn_type)。
- 构造一个旋转图片的函数，其调用方式为 rotate(img_arr,angle)，其中 angle 为顺时针的旋转角度，仅取能够被 90 整除的整数，即 0、±90、±180、±270 等。

我们在 13.3.2 节最后介绍了字符串处理，但由于 Cython 内部的某些机制，它无法使用 prange 并行加速：

In [138]:

```
%%cython --compile-args=-fopenmp --link-args=-fopenmp
from cython.parallel import prange
import numpy as np
cimport numpy as np
def multithread_str(np.str[:] arr):
    cdef Py_ssize_t i
    for i in prange(arr.shape[0], nogil=True):
        arr[i]
```

```
Error compiling Cython file:
------------------------------------------------------------
...
import numpy as np
cimport numpy as np
def multithread_str(np.str[:] arr):
    cdef Py_ssize_t i
    for i in prange(arr.shape[0], nogil=True):
        arr[i]
          ^
------------------------------------------------------------

C:\Users\gyh\.ipython\cython\_cython_magic_9ae3b220aec0791d4eb644f0f4229ef0.
pyx:7:11:
Discarding owned Python object not allowed without gil

Error compiling Cython file:
------------------------------------------------------------
...
import numpy as np
cimport numpy as np
def multithread_str(np.str[:] arr):
    cdef Py_ssize_t i
    for i in prange(arr.shape[0], nogil=True):
        arr[i]
          ^
    ------------------------------------------------------------

C:\Users\gyh\.ipython\cython\_cython_magic_9ae3b220aec0791d4eb644f0f4229ef0.
pyx:7:11:
Cannot access buffer with object dtype without gil
```

一种通用的解决方案是使用PyUnicode_AsUTF8函数以及Cython提供的libcpp库，PyUnicode_AsUTF8 函数能够使用 UTF-8 编码将 Unicode 字符串进行编码并将字符串作为 Python 的字节对象（Bytes Object）返回，这个返回值能够被 libcpp 中的 string 类型强制转换，最终得到的类型就等价于 C++中的 std::string。如果需要将 libcpp 中 string 类型再转换到 Python 中的 Unicode，只需要使用 decode("utf-8")方法。为了使用 string 类型的序列，可以使用 libcpp 中的 vector，它与 C++下 vector 的用法相同，类型声明可以用 vector[type_name]表示，其中 type_name 是 vector 中的元素类型。下面我们对 str_concat 进行改写：

In [139]:

```
%%cython --compile-args=-fopenmp --link-args=-fopenmp
#distutils: language = c++
import numpy as np
```

```
cimport numpy as np
from cython.parallel import prange
from libcpp.string cimport string
from libcpp.vector cimport vector

cdef extern from "Python.h":
    const char* PyUnicode_AsUTF8(object unicode)

def multithread_str_concat(np.str[:] arr, np.str s):
    cdef:
        Py_ssize_t i
        int n = arr.shape[0]
        string s_cpp = <string>PyUnicode_AsUTF8(s)
        np.str[:] res = np.empty(n, dtype=object)
        vector[string] arr_cpp
    for i in range(n):
        arr_cpp.push_back(<string>PyUnicode_AsUTF8(arr[i]))
    for i in prange(n, nogil=True):
        arr_cpp[i] += s_cpp
    for i in range(n):
        res[i] = arr_cpp[i].decode("utf-8")
    return np.asarray(res)
```

```
In [140]: multithread_str_concat(arr_str, "?")
Out[140]: array(['a?', 'q?', 'wb?'], dtype=object)
```

注解

由于使用了 libcpp 中的对象，需要在%%cython 语句下方注明“#distutils: language = c++”表示编译的目标语言为 C++。

此处需要注意的是，当使用上述策略时，由于数组元素的类型转换需要一定的时间，因此只有并行循环内计算量较大或无须进行大量类型转换时才可能优于单线程操作，本例中的 prange 版本的字符串拼接比单线程版本的性能下降一倍还多：

```
In [141]: %timeit multithread_str_concat(test_arr_str, "?")
Out[141]: 1.53 s ± 23.2 ms per loop (mean ± std. dev. of 7 runs, 1 loop each)
```

练一练 Ex13-17

若字符串为 my_string，则 my_string.count("x")可以统计字符串中字符 x 的个数。现有一个长度为 10^7 的字符串，其中的字符仅包含 a、b、c、d、e、f 和 g，请使用 Cython 的多线程操作统计字符 a 的个数，并与 Python 字符串上的内置函数 count 比较性能。

在上述字符串的例子中，我们使用了部分 C++相关的对象，例如 string 和 vector，事实上在需要某些非数组的数据结构时，C++中的各类对象（例如 vector、queue、unordered_map 等）是非常有用的。下面给出一个使用广度优先搜索求无权图最短路径的例子，其中使用 vector[vector[int]] 来存储图的邻接表，使用 queue 来模拟广度优先搜索过程中节点的压入与弹出。

In [142]:
```
%%cython
# distutils: language = c++
from libcpp.vector cimport vector
from libcpp.queue cimport queue
import numpy as np
cimport numpy as np

cdef single_source_bfs(vector[vector[int]] adj_list, int startVertex):

    cdef:
        int n = adj_list.size()
        int size, vertex, adjVertex, idx
        int[:] dist = np.full(n, -1, dtype="int32")
        queue[int] q = queue[int]() # 初始化 queue
        vector[int] adjVertices

    dist[startVertex] = 0
    q.push(startVertex)

    while not q.empty():
        size = q.size()
        while size > 0:
            size -= 1
            vertex = q.front() # 获取头部元素
            q.pop() # 弹出头部元素
            adjVertices = adj_list[vertex]
            for idx in range(adjVertices.size()):
                if dist[adjVertices[idx]] == -1:
                    dist[adjVertices[idx]] = dist[vertex] + 1
                    q.push(adjVertices[idx]) # 压入尾部

    return dist

def shortest_path(int[:, :] adj_matrix):

    cdef:
        int i, j
        int n = adj_matrix.shape[0]
        int[:] dist
        int[:, :] shortest_path = np.full((n, n), -1, dtype="int32")
        vector[vector[int]] adj_list

    for i in range(n):
        adj_list.push_back(vector[int]()) # 插入一个空 vector
        for j in range(n):
            if adj_matrix[i][j] == 1:
                adj_list[i].push_back(j)

    for i in range(n):
        dist = single_source_bfs(adj_list, i)
        for j in range(n):
            if dist[j] != -1:
                shortest_path[i, j] = dist[j]

    return np.asarray(shortest_path)
```

In [143]:
```
adj_matrix = np.array(
    [
        [0, 1, 0, 0, 0, 1, 0],
        [1, 0, 1, 0, 0, 0, 0],
        [0, 1, 0, 1, 0, 0, 0],
        [0, 0, 1, 0, 1, 0, 0],
        [0, 0, 0, 1, 0, 1, 0],
        [1, 0, 0, 0, 1, 0, 0],
        [0, 0, 0, 0, 0, 0, 0]
    ],
    dtype="int32"
)
sp = shortest_path(adj_matrix)
sp
```

Out[143]:
```
array([[ 0, 1, 2, 3, 2, 1, -1],
       [ 1, 0, 1, 2, 3, 2, -1],
       [ 2, 1, 0, 1, 2, 3, -1],
       [ 3, 2, 1, 0, 1, 2, -1],
       [ 2, 3, 2, 1, 0, 1, -1],
       [ 1, 2, 3, 2, 1, 0, -1],
       [-1, -1, -1, -1, -1, -1, 0]])
```

上面的例子构造了一个 7 个节点的邻接矩阵，节点 0~节点 5 构成一个圈，节点 6 不与任何节点连接。从结果看，从节点 0 到节点 3 的最短路径 sp[0][3]为 3，任何节点（除了节点 6 自身）到节点 6 的最短路径都为－1，表示不可达，与预期相符。上述使用队列进行无权图最短路计算的算法可以在绝大多数有关图数据结构与算法相关的书籍或知识博客中找到，此处的目的主要在于展示如何在 Cython 中使用 C++的对象处理非数组数据结构的问题。

注解

Cython 中 C++对象的操作可以在其 GitHub 仓库的 cython/Cython/Includes/libcpp 路径下找到相应类的 pxd 头文件，合理使用这些工具能够使得 Cython 的程序编写更为便利。

13.3.4 Cython 类及其应用

当负责某一个计算任务的函数较多时，将必要的变量与函数等打包为模块是一个自然的选择，Cython 提供了模块的打包工具 cdef class，接下来我们举一个例子演示该工具的常见用法。

下面的代码定义了一个模块 A，该模块有 3 个属性：第一个是私有变量整数 a，在外部它不能通过类的属性来访问；第二个是公有变量整数 b，它能够被外部访问；第三个是公有变量 c，该变量是用内存视图声明的整型数组。这些属性依次在初始化函数__init__中被赋值。

In [144]:
```
%%cython
from numpy cimport ndarray, int32_t
import numpy as np
cdef class A:
    cdef:
        int a
        public int b
        # ndarray[int32_t, ndim=1] arr # 错误
        public int[:] c
```

```
    def __init__(self, a=0, b=0):
        self.a = a
        self.b = b
        self.c = np.array([0, 0, 0])
    def f_1(self):
        return g()
    @staticmethod
    def f_2():
        return g()
    def m(self):
        return self.n()
    cdef n(self):
        return 3
cdef g():
    cdef:
        A temp_A = A()
    result = np.asarray(temp_A.c)
    return result
```

这里需要注意的是内存视图声明前一行的注释。先前我们提到了内存视图的优势之一是可以作为 cdef class 的属性，但 NumPy 数组的 C 类型声明只能作为局部变量声明在函数中，而不能作为 cdef class 的成员变量，故用这种写法会报错。

```
In [145]:  my_A = A(1, 2)
In [146]:  A.a  # 非 puhlic 变量，Python 无法调用
```

```
---------------------------------------------------------------------------
AttributeError                          Traceback (most recent call last)
<ipython-input-79-0afb79e35f27> in <module>
      1 my_A = A(1, 2)
----> 2 A.a

AttributeError: type object'_cython_magic_6b0305ab1f7de4265a28251b438c
dbbc.A' has no attribute'a'
```

```
In [147]:  my_A.b
Out[147]:  2
In [148]:  my_A.c # 声明视图则返回视图，通过 np.asarray 可以转换为 Numpy 数组
Out[148]:  <MemoryView of' ndarray' at 0x20b3c9ff380>
```

紧接着定义了两个函数 f_1()和 f_2()，其中 f_1()是普通的类成员函数，它调用了类外的全局函数 g()来获得返回结果；f_2()是静态函数，其参数不包括 self，它不能直接访问类中的成员。

```
In [149]:  my_A.f_1()
Out[149]:  array([0, 0, 0])
In [150]:  A.f_2() # 静态调用
Out[150]:  array([0, 0, 0])
```

注解

此处所说的静态调用即指类不通过实例化（例如 my_A 就是一个实例）来直接使用方法，静态方法需要用@staticmethod 装饰器修饰。

下面的两个函数 m() 和 n() 体现了类的封装性，使用 def 声明的类函数能够在类的外部通过类调用，但类内声明的 cdef 函数就不能被外部调用。

```
In [151]:  my_A.m()
Out[151]:  3
In [152]:  my_A.n()
```

```
---------------------------------------------------------------------------
AttributeError                            Traceback (most recent call last)
<ipython-input-80-a6f567c04009> in <module>
      1 my_A = A(1, 2)
----> 2 my_A.n()

AttributeError: '_cython_magic_6b0305ab1f7de4265a28251b438cdbbc.A' object
has no attribute'n'
```

全局函数 g()中有两点需要注意。首先，如果在 Cython 中想使用前面定义的类，需要通过 cdef class_name var = class_name(args)来声明并初始化。其次需要注意 g()使用了 cdef 声明，它能够在 Cython 中被调用，但无法在 Python 中被调用，若想在 Python 中被调用，只需像前几节的例子中那样使用 def 声明。

注解

没有必要公开的接口，尽量都使用 cdef 声明。

接着，我们举一个线性回归的应用示例来综合说明 Cython 类的组织。构造一个回归的数据集，目标 $\boldsymbol{Y}_{\text{target}}$ 与 $\boldsymbol{X}$ 通过 $\boldsymbol{Y}_{\text{target}} = 1.25\boldsymbol{X} + 0.3$ 关联。为了模拟噪声，将理论上的 $\boldsymbol{Y}_{\text{target}}$ 与正态噪声 ϵ 相加，从而得到 $\boldsymbol{y} = 1.25\boldsymbol{X} + 0.3 + \epsilon$。回归样例数据的生成结果如图 13.12 所示。

```
In [153]:  np.random.seed(99)
           w_true, b_true, e = 1.25, 0.3, np.random.randn(50)*0.1
           x = np.random.rand(50)
           y = x*w_true + b_true + e
           plt.scatter(x, y)
           plt.xlabel("x")
           plt.ylabel("y")
```

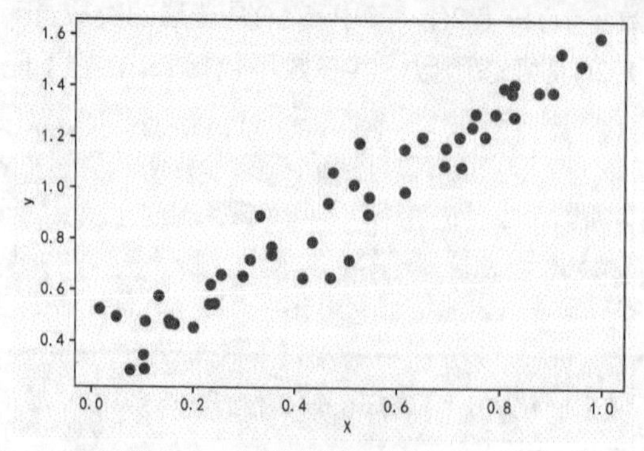

图 13.12 回归样例数据的生成结果

实际上，我们并不知道真实模型 $\boldsymbol{y}=w\boldsymbol{X}+b$ 中的 w 和 b 是多少，只能通过对 $\boldsymbol{X}$ 和 $\boldsymbol{y}$ 建模来对这两个参数进行推断。一种可行的方法是考虑关于这两个参数的损失函数（分母中的 $2n$ 是为了之后求导方便，本质上写作 n 也是可以的）：

$$L(w,b)=\frac{1}{2n}\sum_{i=1}^{n}(\boldsymbol{y}_i-\hat{\boldsymbol{y}}_i)^2=\sum_{i=1}^{n}(\boldsymbol{y}_i-w\boldsymbol{x}_i-b)^2$$

上述损失最小意味着数据中的 $\boldsymbol{y}$ 与模型预测的 $\hat{\boldsymbol{y}}$ 的差距在均方误差意义上最小，此时得到的 $\hat{w}$ 和 $\hat{b}$ 是均方误差意义上的最优参数。梯度下降法是解决此类问题的得力工具，其原理在于进行每一轮参数迭代时，依次将每个参数更新为其上一轮的值减去步长乘以损失函数关于该参数偏导数在上一轮参数下的值，此处的步长在机器学习中又被称为学习率。从公式上来看，若参数 θ 在上一轮的值为 θ_{last}，且记当前轮 θ 在 θ_{last} 关于 L 偏导数的值为 $\left.\frac{\partial L}{\partial \theta}\right|_{\theta=\theta_{\text{last}}}$，此时当前轮的参数 θ 就会被更新为

$$\theta_{\text{new}}=\theta_{\text{last}}-\eta\left.\frac{\partial L}{\partial \theta}\right|_{\theta=\theta_{\text{last}}}$$

举一个具体的计算示例，假设 $L=\theta^2$ 是损失函数，现在想求 θ 取何值时损失最小。当然，对于这个问题，很容易就能看出 θ 为 0 的时候损失最小，但现在需要用梯度下降法来计算。首先，θ 的初始值取 1 作为第一轮的随机初始参数 θ_1，当学习率设为 0.2 时，此时第二轮参数更新如下：

$$\theta_2=\theta_1-\eta\left.\frac{\partial L}{\partial \theta}\right|_{\theta=\theta_1}=1-0.2\times 2=0.6$$

同理，第三轮参数更新为 $\theta_3=0.6-0.2\times1.2=0.36$。我们发现损失在不断降低，$\theta$ 的迭代值也在不断接近真实值，其原理在于任意一点的负梯度方向是可微函数在该点值下降最快的方向，故此方法称为梯度下降法，此例前 10 轮的点的更新过程如图 13.13 所示。

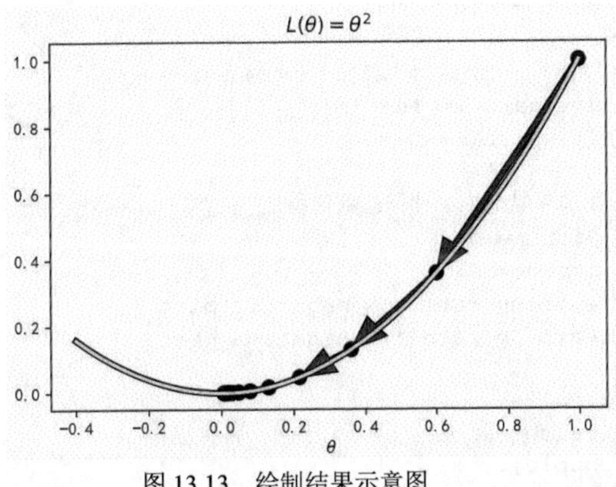

图 13.13 绘制结果示意图

接着，我们将梯度下降法用在当前的回归问题上，当上一轮的参数值为 w_{t-1} 和 b_{t-1} 时，根据梯度更新公式可知：

$$w_t = w_{t-1} + \eta \times \frac{1}{n}\sum_{i=1}^{n}(y_i - wx_i - b)x_i \Big|_{(w,b)=(w_{t-1},b_{t-1})}$$

$$b_t = b_{t-1} + \eta \times \frac{1}{n}\sum_{i=1}^{n}(y_i - wx_i - b) \Big|_{(w,b)=(w_{t-1},b_{t-1})}$$

核心算法已经讲解完毕，现在需要考虑设计一个回归类，包含必要的参数和函数。我们需要一个拟合函数fit()来训练模型，其参数包括x、y、learning_rate、epoch，需要一个预测函数来根据新的输入$\boldsymbol{X}$进行$\boldsymbol{y}$的估计，其参数包括**x**，还需要一个函数负责返回w和b的参数值，它不含任何参数。

```
%%cython
import numpy as np
import cython

cdef class LinearRegressor:
    cdef:
        double w, b
    def __init__(self):
        self.w = 0.0
        self.b = 0.0
    @cython.boundscheck(False)
    @cython.wraparound(False)
    def fit(self, double[:] x, double[:] y, double learning_rate, int epoch):
        cdef:
            double w_negative_part
            double b_negative_part
            double temp
            int n = x.shape[0]
            Py_ssize_t i, j

        # 前后依赖，外层循环无法并行
        for i in range(epoch):
            w_negative_part = 0.0
            b_negative_part = 0.0
            for j in range(n):
                temp = y[j] - self.w*x[j] - self.b
                w_negative_part += temp*x[j]
                b_negative_part += temp

            # 不把除法写在循环里是为了计算的数值稳定
            w_negative_part /= n
            b_negative_part /= n
            self.w += learning_rate * w_negative_part
            self.b += learning_rate * b_negative_part

    @cython.boundscheck(False)
    @cython.wraparound(False)
    def predict(self, double[:] x):
        cdef:
            double[:] y_hat = np.empty_like(x)
            int n = x.shape[0]
            Py_ssize_t i
```

```
        for i in range(n):
            y_hat[i] = self.w * x[i] + self.b
        return np.asarray(y_hat)
    def get_wb(self):
        return (self.w, self.b)
```

下面进行测试，设学习率为 0.01，迭代轮数为 100 000：

In [154]:
```
lr = LinearRegressor()
lr.fit(x, y, 0.01, 100000)
w, b = lr.get_wb()
print("w的真实值是1.25，w的估计值为%.6f，"
      "b的真实值是0.3，b的估计值为%.6f"%(w, b))
```

Out[154]:
```
w的真实值是1.25，w的估计值为1.255878，b的真实值是0.3，b的估计值为0.297537
```

给一些新的样本，用 predict()来预测 **y** 值，将其与原样本共同绘制在图 13.14 上，用颜色区分二者（见彩插 28）：

In [155]:
```
new_x = np.random.rand(20)
new_y = lr.predict(new_x)
plt.scatter(x, y, label="train_sample", color="Blue", alpha=0.2)
plt.scatter(new_x, new_y, label="predicted_sample", color="Red")
plt.plot([0, 1], [b, w+b], c="black")
plt.xlabl("x")
plt.xlabel("y")
plt.legend()
```

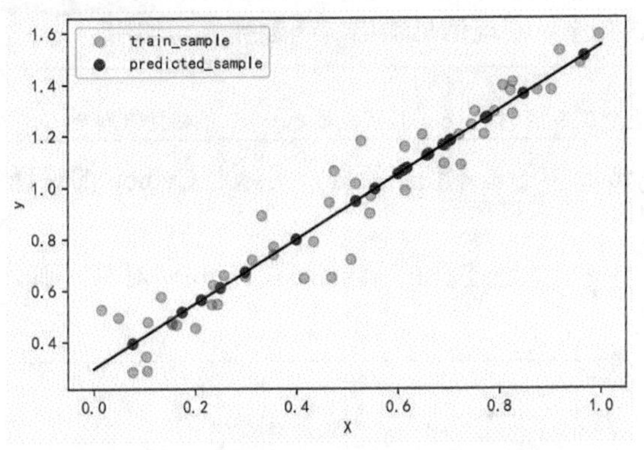

图 13.14　原始样本散点和新样本预测结果

13.3.5　模块构建

在 13.3 节前 4 节的内容中，我们借助 Jupyter 对 Cython 功能的支持成功地编写了一些简单的函数和类，那么如何才能在.py 文件中调用这些函数或类呢？以 13.3.4 节中线性回归的代码块为例，首先新建一个文件夹，名字任意，在新建的文件夹下新建一个名为 my_cython.pyx 的.pyx 文件，把线性回归的 Cython 代码块粘贴到该文件中，注意不要复制首行%%cython。接着，再新建一个 setup.py 文件，并写入下述内容：

```
from setuptools import setup
from Cython.Build import cythonize
```

```
setup(
    ext_modules = cythonize("my_cython.pyx")
)
```

在激活虚拟环境后，用命令行在当前文件夹下运行如下代码以编译.pyx 文件：

```
$ python setup.py build_ext --inplace
```

注解

在 Linux 环境下，编译后会生成 my_cython.so 文件；在 Windows 环境下，编译后会生成 my_cython.pyd 文件，它们是含有 Python 模块并能够被其他 Python 代码调用的动态链接库（Dynamic Link Library）文件。

此时在当前文件夹下，新建一个名为 test.py 的文件用以测试，文件中的内容如下：

```
from my_cython import LinearRegressor
import numpy as np

lr = LinearRegressor()
x, y = np.array([1., 2.]), np.array([1., 2.])
lr.fit(x, y, 0.1, 1000)
w, b = lr.get_wb()
print("w 的真实值是 1.0，w 的估计值为%.6f，b 的真实值是 0.0，b 的估计值为%.6f"%(w, b))
```

在命令行下运行测试文件，发现信息输出，函数被成功调用：

```
$ python test.py
w 的真实值是 1.0，w 的估计值为 0.999817，b 的真实值是 0.0，b 的估计值为 0.000296
```

以上是 Cython 在 Python 中的基本使用流程，实际上 Cython 的编译选项非常丰富，下面介绍几类常见的情况。

首先，如果 Cython 中使用了通过 cimport 导入的 NumPy 对象，那么需要在 setup.py 文件中增加 NumPy 的 include 路径：

```
from setuptools import setup
from Cython.Build import cythonize
import numpy

setup(
    ext_modules = cythonize("my_cython.pyx"),
    include_dirs=[numpy.get_include()]
)
```

其次，在使用 OpenMP 工具和 prange 进行多线程加速时，可以利用 setuptools 中的 Extension 模块来传入编译和连接参数：

```
from setuptools import setup, Extension
from Cython.Build import cythonize
import numpy as np

setup(
```

```
    ext_modules = cythonize(
        [
            Extension(
                "_my_cython", # 一般可在pyx名称前加一个下划线表示pyd文件名，但也可取其他名称
                ["my_cython.pyx"], # .pyx文件
                include_dirs=[np.get_include()],
                extra_compile_args=['-fopenmp'],
                extra_link_args=['-fopenmp'],
            )
        ]
    ),
)
```

在 Windows 操作系统中，使用 cython 构建时，如果同时安装了 MSVC 和 MinGW 编译工具，可以通过参数 compiler 的选项来选择：

```
python setup.py build_ext --inplace --compiler=mingw32
```

```
python setup.py build_ext --inplace --compiler=msvc
```

最后，我们来讨论如何在一个.pyx 文件中导入另一个.pyx 文件定义的函数或类。假设有两个.pyx 文件，分别命名为 m1.pyx 和 m2.pyx，它们的内容分别如下：

```
# m1.pyx
from _m2 cimport f2

def f1(int i):
    return f2(i)
```

```
# m2.pyx
cdef f2(int i):
    return 2 * i
```

代码中的 f1() 调用了 f2()，这里需要注意 f2() 的导入必须使用 cimport，并且在 m2.pyx 中必须使用 cdef 而不是 def 修饰。如果此处一定要公开 f2()，使其暴露在 Python 环境中，可以使用 cpdef 来定义，它在编译时会同时生成 C 版本的接口和 Python 版本的接口。

只定义两个.pyx 文件是无法完成编译的，还需要将函数声明写入_m2.pxd 文件中（_m2 的名字必须和 m1.pyx 中导入的模块名_m2 一致）：

```
# _m2.pxd
cdef f2(int i)
```

修改 setup.py 文件：

```
from setuptools import setup, Extension
from Cython.Build import cythonize

setup(
    ext_modules = cythonize(
        [
            Extension(
                "m1",
                ["m1.pyx"],
            ),
```

```
            Extension(
                "_m2", # 注意和m1.pyx中from _m2 cimport f2中的导入模块名一致
                ["m2.pyx"],
            )
        ]
    ),
)
```

执行 python setup.py build_ext --inplace 编译命令后进行测试：

In [156]:
```
from m1 import f1
f1(3)
```

```
6
```

回到线性回归的例子，在_Model.pxd文件中进行类声明，如果类函数要对Python公开接口则以cpdef声明，否则以cdef声明：

```
# _Model.pxd
cdef class LinearRegressor:
    cdef:
        double w, b
    cpdef fit(self, double[:] x, double[:] y, double learning_rate, int epoch)
    cpdef predict(self, double[:] x)
    cpdef get_wb(self)
```

把线性回归的.pyx文件代码复制到Model.pyx中，删除类下面声明w和b的两行代码，其原因在于同一个变量只能声明一次，既然已经在pyd中声明了，就不能再次声明（但可以赋值）。同时，需要把函数（除__init__之外）的def定义都换成cpdef，这样我们就可以保留直接从Python访问的接口。

注解

通过Cython中提供的若干装饰器（例如boundscheck和wraparound）修饰函数可以进行一些编译的配置，但由于每次都要对函数加上多行装饰器，代码显得有些臃肿，Cython提供了一种简便的文件全局配置，我们只需要在.pyx文件的开头加上一行“# cython: boundscheck=False, wraparound=False”就能够进行等价配置。这些配置在Cython中被称为compiler directives，其他的常见配置有nonecheck、cdivision、language_level和c_string_type等，具体含义可参见官方文档User Guide中的“Source Files and Compilation”页面。此外，如果用户在.pyx文件中使用了C++相关的对象（例如从cython.libcpp中导入的对象），需要在文件的首行（可在compiler directives的下一行）加上“# distutils: language = c++”，表示让Cython将此.pyx文件编译为C++而不是C。

在my_model.pyx中写入以下代码以调用类：

```
# my_model.pyx
from _Model cimport LinearRegressor
import numpy as np

def run(learning_rate, epoch):
    lr = LinearRegressor()
    x, y = np.array([1., 2.]), np.array([1., 2.])
```

```
    lr.fit(x, y, learning_rate, epoch)
    w, b = lr.get_wb()
    return w, b
```

此时，setup.py 为：

```
from setuptools import setup, Extension
from Cython.Build import cythonize

setup(
    ext_modules = cythonize(
        [
            Extension(
                "my_model",
                ["my_model.pyx"],
            ),
            Extension(
                "_Model",
                ["Model.pyx"],
            )
        ]
    ),
)
```

编译后通过测试可以发现 LinearRegressor 被正确调用：

```
In [157]:  import my_model as m
           m.run(0.1, 1000)
Out[157]:  (0.9998172826942919, 0.0002956428109684834)
```

本节介绍了在计算密集型任务中使用 Cython 获得加速的常用方案。限于篇幅，Cython 本身还有一些话题，如内存管理、C 或 C++ 集成、融合模板等，这里不对它们进行介绍，有兴趣了解的读者可以阅读官方文档以进一步学习。

13.4 利用 Numba 加速

Numba 是一个针对 Python 数组和数值函数的编译器，它能够使我们在只编写 Python 代码的情况下获得极大的性能提升。常规的.py 文件在运行时，会通过 Python 解释器先将 Python 代码编译为字节码，再把字节码转化为机器语言在硬件上运行，而 Numba 是通过 LLVM 编译器将 Python 代码直接转化为优化过的机器码来运行，因此能够获得很高的运行效率。本节将讨论利用 Numba 加速的若干方式。

13.4.1 noPython 模式

Numba 并非一定会绕过 Python 解释器，这取决于被作用的函数中是否存在未被 Numba 支持的 Python 对象，如 pd.DataFrame。Numba 在默认情况下会在 noPython 模式下运行，遇到此类对象时会退出 noPython 模式而进入 object 模式，此时就很可能会调用 Python 解释器来进行对 Python 对象的处理，但因此难以获得加速效果。下面的例子分别实现了 Python 版本和 Numba 版本的 Series

处理，Numba 版本只需要在函数前加 jit 装饰器，从性能来看，二者几乎没有差别：

```
In [158]:  def py_series(s):
               s += pd.Series(np.random.rand(s.shape[0]))
               return s * 2

In [159]:  s_test = pd.Series(np.random.rand(5000000))
           %timeit py_series(s_test)

Out[159]:  74.8 ms ± 1.05 ms per loop (7 runs, 10 loops each)

In [160]:  from numba import jit
           @jit
           def numba_series(s):
               s += pd.Series(np.random.rand(s.shape[0]))
               return s * 2
           numba_series(s_test) # 第一次调用会有一个较长的编译过程，不能算作运行时间
           %timeit numba_series(s_test)

Out[160]:  71.7  ms ± 2.86 ms per loop (7 runs, 10 loops each)
```

从上面的例子中可以看出，应当在使用数值或数组操作时使用 Numba。为了禁止这种从 noPython 模式到 object 模式的切换，我们可以将 jit 装饰器替换为 njit 装饰器，其中的“n”是“noPython”的简写。加了 njit 装饰器的函数在处理非数组的 Python 对象时会直接报错，例如：

```
In [161]:  from numba import njit
           @njit
           def njit_series(s):
               s += pd.Series(np.random.rand(s.shape[0]))
               return s * 2
           njit_series(s_test)
```

```
---------------------------------------------------------------------------
TypingError Traceback (most recent call last)
Input In [229], in <module>
    4 s += pd.Series(np.random.rand(s.shape[0]))
    5 return s * 2
----> 6 njit_series(s_test)

File ~\miniconda3\envs\final\lib\site-packages\numba\core\dispatcher.py:468, in
_DispatcherBase._compile_for_args(self, *args, **kws)
    464 msg = (f"{str(e).rstrip()} \n\nThis error may have been caused "
    465 f"by the following argument(s):\n{args_str}\n")
    466 e.patch_message(msg)
--> 468 error_rewrite(e, 'typing')
    469 except errors.UnsupportedError as e:
    470 # Something unsupported is present in the user code, add help info
    471 error_rewrite(e, 'unsupported_error')
......

TypingError: Failed in nopython mode pipeline (step: nopython frontend)
non-precise type pyobject
During: typing of argument at
C:\Users\gyh\AppData\Local\Temp\ipykernel_17192\493776461.py
```

```
(4)

File "..\..\..\..\..\AppData\Local\Temp\ipykernel_17192\493776461.py", line 4:
<source missing, REPL/exec in use?>

This error may have been caused by the following argument(s):
- argument 0: Cannot determine Numba type of <class 'pandas.core.series.Series'>
```

对于数组运算，我们仍用先前提到的倍增数组例子来对比 NumPy 和 Numba 的性能。从结果可以看到，只是简单加了 njit 装饰器的 numba_double()的函数性能（在笔者的计算机上）更好，其速度竟然是 Numba 的乘法运算速度的 3 倍有余：

```
In [162]:  arr = s_test.values
           %timeit _n 100 -r 7 arr * 2
Out[162]:  11.1 ms ± 148 µs per loop (mean ± std. dev. of 7 runs, 100 loops each)
In [163]:  from numba import njit
           @njit
           def numba_double(arr):
               for i in range(arr.shape[0]):
                   arr[i] *= 2
               return arr
           numba_double(arr)
           %timeit numba_double(arr)
Out[163]:  3.331 ms ± 148 µs per loop (mean ± std. dev. of 7 runs, 100 loops each)
```

注解

Numba 的性能优化程度和使用的 Numba 版本、操作系统和计算机硬件性能都有关系，本章介绍的是通用的优化思路，具体的优化程度可能因场合而异。

回到 13.1 节中收入熵的例子，我们可以利用 Numba 来书写计算收入熵的函数，通过性能对比可以发现 Numba 版本的速度在 10^6 数量级的数据量下已经显著超过了 NumPy 版本。

```
In [164]:  def numpy_entropy(arr):
               scaled_arr = arr/arr.sum()
               entropy = (-scaled_arr*np.log(scaled_arr)).sum()
               return entropy
           arr = np.random.rand(1000000) + 1
           %timeit numpy_entropy(arr)
Out[164]:  15.4 ms ± 217 ms per loop (mean ± std. dev. of 7 runs, 100 loops each)
In [165]:  @njit
           def numba_entropy(arr):
               entropy, total = 0, 0
               for i in arr:
                   total += i
               for i in arr:
                   entropy += (i/total) * np.log(i/total)
               return - entropy
           numba_entropy(arr)
           %timeit numba_entropy(arr)
```

Out[165]:
```
7.96 ms ± 327 µs per loop (mean ± std. dev. of 7 runs, 100 loops each)
```

在njit装饰器中，我们可以设定一些相关参数来获得进一步加速。我们可以在安装icc_rt库（如conda install -c numba icc_rt）后，将参数fastmath设为True来获得数学运算函数（如np.sin()、np.log()、np.sqrt()等）的性能提升。

In [166]:
```
@njit(fastmath=True)
def fast_entropy(arr):
    entropy, total = 0, 0
    for i in arr:
        total += i
    for i in arr:
        entropy += (i/total) * np.log(i/total)
    return - entropy

fast_entropy(arr)
%timeit fast_entropy(arr)
```

Out[166]:
```
2.95  ms ± 76.8 µs per loop (mean ± std. dev. of 7 runs, 100 loops each)
```

类似于Cython中的prange，Numba也提供了用于并行运算的prange对象，我们只需要把range换成prange后，在参数njit中把parallel设为True。

In [167]:
```
# from numba import config
# 通过外部配置可以设定线程数量
# config.NUMBA_NUM_THREADS=16
from numba import prange

@njit(parallel=True, fastmath=True)
def parllel_fastmath_entropy(arr):

    entropy, total = 0, 0
    for i in prange(arr.shape[0]):
        total += arr[i]
    for i in prange(arr.shape[0]):
        entropy += (arr[i]/total) * np.log(arr[i]/total)
    return - entropy

parllel_fastmath_entropy(arr)
%timeit parllel_fastmath_entropy(arr)
```

Out[167]:
```
764 µs ± 60.1 µs per loop (mean ± std. dev. of 7 runs, 100 loops each)
```

由于Numba在noPython模式下绕过了Python解释器，因此不存在全局解释器锁的概念，此时在prange中不但可以使用NumPy中的函数，还可对其进行并行加速。在Numba网站的“Documentation/User Manual/Automatic parallelization with @jit/Supported Operations”目录下列有很多能够获得并行运算性能提升的操作。

In [168]:
```
arr = np.random.rand(int(1e8))
%timeit -n 10 -r 7 np.log(arr)
```

Out[168]:
```
730 ms ± 29.1 ms per loop (mean ± std. dev. of 7 runs, 1 loops each)
```

In [169]:
```
@njit(parallel=True)
def p(arr):
    return np.log(arr)
p(arr)
%timeit p(arr)
```

Out[169]:
```
216 ms ± 6.44 ms per loop (mean ± std. dev. of 7 runs, 10 loops each)
```

需要注意的是，并非所有 NumPy 操作或 Python 操作都能够在 noPython 模式下被支持，例如 Python 中的集合推导式和 NumPy 数组上的 diff() 方法就不能被调用。

In [170]:
```
@njit()
def p():
    return {i for i in range(2)}
p()
```

```
---------------------------------------------------------------------------
UnsupportedError Traceback (most recent call last)
Input In [246], in <module>
      1 @njit()
      2 def p():
      3 return {i for i in range(2)}
----> 4 p()
     ......

File ~\miniconda3\envs\final\lib\site-packages\numba\core\dispatcher.py:409, in
_DispatcherBase._compile_for_args.<locals>.error_rewrite(e, issue_type)
     407 raise e
     408 else:
--> 409 raise e.with_traceback(None)

UnsupportedError: Failed in nopython mode pipeline (step: inline calls to
locally defined closures)
Use of unsupported opcode (SET_ADD) found

File "..\..\..\..\..\AppData\Local\Temp\ipykernel_17192\667997398.py", line 3:
<source missing, REPL/exec in use?>
```

In [171]:
```
@njit()
def p(arr):
    return arr.diff()
p(np.array([0, 1]))
```

```
---------------------------------------------------------------------------
TypingError Traceback (most recent call last)
Input In [247], in <module>
      1 @njit()
      2 def p(arr):
      3 return arr.diff()
----> 4 p(np.array([0, 1]))
     ......

TypingError: Failed in nopython mode pipeline (step: nopython frontend)
Unknown attribute 'diff' of type array(int32, 1d, C)
```

```
File "..\..\..\..\..\AppData\Local\Temp\ipykernel_17192\825777566.py", line 3:
<source missing, REPL/exec in use?>

During: typing of get attribute at
C:\Users\gyh\AppData\Local\Temp\ipykernel_17192\825777566.py (3)

File "..\..\..\..\..\AppData\Local\Temp\ipykernel_17192\825777566.py", line 3:
<source missing, REPL/exec in use?>
```

在遇到 Numba 的类型报错时，应当核对官方文档中的支持特性，Python 的支持特性可以在 Numba 网站的“Documentation/Reference Manual/Supported Python features”目录下查到，NumPy 的支持特性可以在 Numba 网站的“Documentation/Reference Manual/Supported NumPy features”目录下查到。例如对于上述的 diff()，文档中说明了只有 np.diff()被支持，而数组上的 diff()不被支持，因此我们可以改写如下：

```
In [172]:  @njit()
           def p(arr):
               return np.diff(arr)
           p(np.array([0, 1]))
Out[172]:  array([1])
```

练一练 Ex13-18

给定一个含有缺失值的一维数组，假设其首元素非缺失值，请按照如下规则从头到尾依次进行填充。

- 若当前元素非缺失值，则直接保留。
- 若当前元素为缺失值且元素在数组中的索引（从 0 计数）小于 k（$k \geqslant 2$），则使用当前位置前所有元素的均值填充，如果之前元素在原数组为缺失值，则使用其填充的值。
- 若当前元素为缺失值且元素在数组中的索引不小于 k，则使用当前位置前 k 个位置的元素均值进行填充，如果之前元素在原数组为缺失值，则使用其填充的值。下面给出两个例子：

```
>>> k = 3
>>> arr = np.array([1, np.nan, np.nan, 4, 5, np.nan, np.nan, 7, np.nan])
>>> fill_arr(arr, k)
array([1.        , 1.        , 1.        , 4.        , 5.        ,
       3.33333333, 4.11111111, 7.        , 4.81481481])
```

```
>>> k = 5
>>> arr = np.array([2, np.nan, 4, np.nan, 6, np.nan, 8, np.nan])
>>> fill_arr(arr, k)
array([2.        , 2.        , 4.        , 2.66666667, 6.        ,
       3.33333333, 8.        , 4.8       ])
```

13.4.2 ufunc 与向量化

我们其实很早就已经开始使用 NumPy 中的 ufunc ()函数，只是没有给出这个名称。ufunc() 函数是一类可进行逐元素操作的广播函数，所有 NumPy 中的 ufunc() 函数可以在 NumPy 网站的

"Documentation/API reference/Universal functions（ufunc）"目录下查到。np.log() 就是一个 ufunc() 函数，它对数组中每一个元素逐个取对数值后返回该对数值，np.add() 也是一个 ufunc() 函数，它能够对输入的两个 NumPy 数据进行广播相加。

```
In [173]:  np.add([1, 2], [[1], [2]]) # 和arr1 + arr2完全等价
Out[173]:  array([[2, 3],
                  [3, 4]])
```

在 Numba 中，我们可以使用向量化装饰器 vectorize 来自定义 ufunc() 函数。下面的代码就定义了 Numba 版本的对数函数，该函数的输入值是一个标量 x，通过 vectorize 来进行自动广播：

```
In [174]:  from numba import vectorize

           @vectorize
           def numba_log(x):
               return np.log(x)

           arr = np.array([1, 2])
           numba_log(arr)
Out[174]:  array([0.        , 0.69314718])
```

通过性能对比，发现 Numba 版本实现的 ufunc()函数的性能甚至显著优于 NumPy 版本：

```
In [175]:  arr = np.random.rand(int(1e8))
           %timeit-n 10 -r 7 np.log(arr)
Out[175]:  735 ms ± 20 µs per loop (mean ± std. dev. of 7 runs, 10 loops each)
In [176]:  %timeit numba_log(arr)
Out[176]:  382 ms ± 18.1 µs per loop (mean ± std. dev. of 7 runs, 10 loops each)
```

下面是一个操作两个数组对应元素相减的例子：

```
In [177]:  @vectorize(nopython=True)  # 可设置nopython为True以保证在noPython模式下运行
           def numba_diff(x, y):
               return x - y
In [178]:  arr1, arr2 = np.array([1,2,3]), np.array([4,6,8])
           numba_diff(arr2, arr1)
Out[178]:  array([3, 4, 5], dtype=int64)
```

当两个数组的维度不匹配时，广播的规则和 Numpy 中一致：

```
In [179]:  arr2 = np.array([4,6,8]).reshape(-1, 1)
           numba_diff(arr2, arr1)
Out[179]:  array([[3, 2, 1],
                  [5, 4, 3],
                  [7, 6, 5]], dtype=int64)
```

练一练 Ex13-19

请完成如下任务：

- 请基于 Numba 实现与本节开头 np.add 案例功能类似的 vectorize 版本。
- 请再构造一个利用向量化装饰器自定义 ufunc 进行广播操作的例子。

在 vectorize 修饰的函数中，每次参数的输入只能是单个数，Numba 提供了广义向量化装饰器 guvectorize 来处理任意维度数组输入和输出的情况。此时，guvectorize 装饰器需要传入函数签名 signatures 和输入输出数组尺寸布局（Array Size Layout），常见的签名和格式如下所示：

```
# 输入为浮点型的 m×n 大小的二维数组、浮点型的 n×p 大小的二维数组；输出为浮点型的 m×p 大小的二维数组
@guvectorize(["(float64[:,:], float64[:,:], float64[:,:])"],
             "(m,n),(n,p)->(m,p)")
# 输入为整数标量、长度为 n 的浮点型一维数组；输出为整数的 n×n 大小的二维数组
@guvectorize(["(int64, float64[:], int64[:,:])"],
             "(),(n)->(n,n)")
```

在 guvectorize 中，我们需要把函数的处理结果写入被装饰函数的最后一个参数，这与普通的函数返回有所不同。下面举一个简单的例子：每次操作时函数输入的第一个参数为一维数组，第二个参数为标量，每次处理的输出结果是一个一维数组，功能是把第二个参数的标量值加到第一个数组上后返回，用 NumPy 的写法为：

```
In [180]: array = np.arange(16).reshape(4, -1)
          scala = np.array([1, -2, 3, -4])
          array + scala.reshape(-1, 1) # 广播
Out[180]: array([[ 1,  2,  3,  4],
                 [ 2,  3,  4,  5],
                 [11, 12, 13, 14],
                 [ 8,  9, 10, 11]])
```

我们不妨将相应的 Numba 函数称为 array_add_scala，其参数列表中最后一个参数为处理结果，假设其名为 res。由于 array 和 scala 的最外层维度（即 arr.shape[0]）都是 4，因此会对 array_add_scala 依次进行 4 次调用，第一次调用的 array 的参数值为 array 的首行[0,1,2,3]，scala 的参数值为 1，res 则代表结果数组中的第一行。

```
In [181]: from numba import guvectorize
          @guvectorize(["(int64[:], int64, int64[:])"],
                       "(n),()->(n)", nopython=True)
          def array_add_scala(array, scala, res):
              # res[:]不能改为 res，因为后者是对数组的地址重新赋值
              # 而前者的写法是对数组中的元素重新赋值
              res[:] = array + scala
          array_add_scala(array, scala)
Out[181]: array([[ 1,  2,  3,  4],
                 [ 2,  3,  4,  5],
                 [11, 12, 13, 14],
                 [ 8,  9, 10, 11]], dtype=int64)
```

下面是一个将数组每行归一化至指定区间的例子，即把 A 数组中的每一行按照 B 数组的区间进行线性映射。

```
In [182]: from numba import guvectorize
          @guvectorize(["int64[:],int64[:],float64[:]"],
                       "(n),(m)->(n)", nopython = True)
          def numba_scale(A, B, res):
              max_b, min_b = np.max(B), np.min(B)
```

```
    max_a, min_a = np.max(A), np.min(A)
    for i in range(A.shape[0]):
        # 由于res此时为一个数组，因此可以用索引赋值
        res[i] = (A[i] - min_a)/(max_a - min_a)*(max_b - min_b) + min_b
A = np.array([[10,22,3,6], [1,4,5,3]])
B = np.array([[5,10], [-1, 1]])
numba_scale(A, B)
```

```
Out[182]: array([[ 6.84210526, 10.        ,  5.        ,  5.78947368],
                 [-1.        ,  0.5       ,  1.        ,  0.        ]])
```

练一练 Ex13-20

请用向量化装饰器对 n 对矩阵同时进行矩阵乘法的操作，即对给定的大小为 $n\times k_1\times k_2$ 和 $n\times k_2\times k_3$ 的两个数组，按照外层维度对两个数组相应位置的矩阵进行矩阵乘法，返回结果为 $n\times k_1\times k_3$ 的数组。

最后需要注意，当返回值是标量的时候，对 res 赋值应当使用“res[0]=...”的方式，并且函数签名中仍应声明 res 的类型为数组，下面用二维数组求行和的例子来说明：

```
In [183]: # NumPy写法
          arr = np.arange(16).reshape(4, -1)
          arr.sum(1)
Out[183]: array([ 6, 22, 38, 54])
In [184]: # guvectorize写法
          @guvectorize(["int64[:], int64[:]"], "(n)->()", nopython=True)
          def guvectorize_sum(arr, res):
              res[0] = arr.sum()
          arr = np.arange(16).reshape(4, -1)
          guvectorize_sum(arr)
Out[184]: array([ 6, 22, 38, 54], dtype=int64)
```

13.4.3 jitclass 及其应用

Numba 对类的支持并不如 Python 类甚至 Cython 类的支持那么全面，但我们仍然可以利用其提供的 jitclass 来完成一些快速运算的任务。13.3.5 节讨论了线性回归对象在 Cython 类中的封装和调用，本节将用 Numba 中的 jitclass 对相关代码进行改写。

在此之前，我们先来构造一个最简单的类：它具有两个属性 a 和 b，其中 a 是整数，b 是浮点型列表，该类支持一个名为 combine() 的内置方法，其作用是把 b 中元素逐个乘以 a 后相加。在 jitclass 的装饰器中，我们需要传入一个元组的列表，每个元组的第一个元素是类中属性的名字，第二个元素是元素本身的类型，这里的类型可从 Numba 中直接导入。

```
In [185]: from numba.experimental import jitclass
          from numba import int64, float64

          spec = [('a', int64), ('b', float64[:])]
          @jitclass(spec)
          class my_class(object):
```

```
    def __init__(self, a, b):
        self.a = a
        self.b = b

    def combine(self):
        return (self.a * self.b).sum()
```

In [186]:
```
My_Class = my_class(1, np.array([1.5, 2.5]))
My_Class.combine()
```

Out[186]:
```
4.0
```

注解

jitclass 中的所有类函数都必须在 noPython 模式下运行。

下面我们写出线性回归对象的 jitclass 版本的代码：

In [187]:
```
@jitclass([("w", float64), ("b", float64)])
class LinearRegressor(object):
    def __init__(self):
        self.w = 0.0
        self.b = 0.0

    def fit(self, x, y, learning_rate, epoch):
        n = x.shape[0]
        for i in range(epoch):
            temp = y - x * self.w - self.b
            self.w += learning_rate * (temp * x).sum() / n
            self.b += learning_rate * temp.sum() / n

    def get_wb(self):
        return (self.w, self.b)
```

输出的 w 和 b 与预期结果一致：

In [188]:
```
lr = LinearRegressor()
w_true, b_true = 1.5, 200
random_error = np.random.randn(100) * 5
x = np.random.uniform(0, 100, 100)
y = w_true * x + b_true + random_error
lr.fit(x, y, 1e-5, int(1e7))
w, b = lr.get_wb()
print("w 的真实值为 %.2f \t 预测值为 %.6f\n"
      "b 的真实值为 %.2f \t 预测值为 %.6f"%(w_true,w,b_true,b))
```

Out[188]:
```
w 的真实值为 1.50        预测值为 1.506703
b 的真实值为 200.00      预测值为 200.166368
```

注解

本章的内容到此就全部结束了，限于篇幅，我们只能对几个核心工具的常用操作进行演示，读者一方面可以进一步阅读官方文档以深入学习，另一方面可以尝试了解其他有关 pandas 性能优化的库，包括但不限于 Modin（基于 Dask 和 Ray）、Mars（基于内置张量结构）、cuDF（基于 Cuda）、Koalas（基于 Spark）。

13.5 习题

1. DNA 链的碱基序列处理

DNA 是由脱氧核糖核苷酸组成的聚合物。其中，构成脱氧核糖核苷酸的碱基种类有：腺嘌呤（A）、鸟嘌呤（G）、胸腺嘧啶（T）和胞嘧啶（C）。DNA 具有双链结构，对其中的某一条链而言，可用字符串代表其碱基序列，例如“AAGGTTCC”“GGGGTTTTAGATCCC”等。现有若干 DNA 单链的字符串序列存储在“data/ch13/DNA”目录下，请依次按照如下的多进程方案统计每个碱基序列字符串中各种碱基占序列总长度的比例，其结果按如下格式保存在 DataFrame 中：

```
           A   C   G   T
DNA_0001 0.1 0.3 0.4 0.2
DNA_0002 0.3 0.4 0.2 0.1
...      ... ... ... ...
DNA_0200 0.3 0.1 0.2 0.4
```

（1）对文件使用多进程，即同时处理多个文件。

（2）对每个文件中的字符串使用多进程，即每次处理一个文件，但同时处理单链的不同部分。

2. 捕捉电信号的激活态区间

在电子元件中，电信号的激活与失活是一种常见现象。下面在 arr 数组中给出了某信号指标的时间序列数据，从图 13.15 中可以明显看出信号只会在一小段时间区域内被激活，随后又归于失活状态。

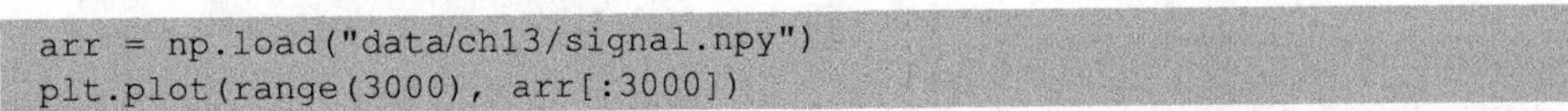

```
In [189]:  arr = np.load("data/ch13/signal.npy")
           plt.plot(range(3000), arr[:3000])
```

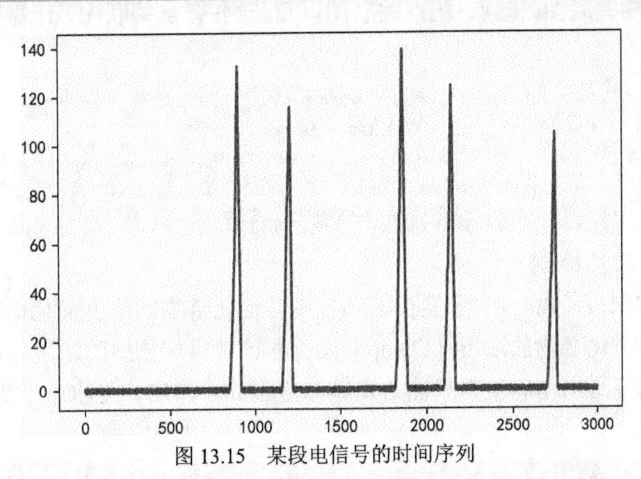

图 13.15 某段电信号的时间序列

对某个信号而言，如果它自身的信号值小于 1，但其后连续 5 个值大于 1，则认为当前时刻为激活态的开始时刻；如果它自身的信号值大于 1，且其之前连续 5 个值小于 1，则认为当前时刻为激活态的结束时刻。现在想要统计所有激活态信号段的开始时刻和结束时刻，并将结果以如下格式保存在 df_result 中，其中第一列表示信号段编号，第二列和第三列表示开始时刻和结束时刻的数组索引。

```
  Signal Number Start Index  End Index
0             0         100        200
1             1         300        400
2           ...         ...        ...
```

3. 药物靶点的关联性分析

药物与靶点间的关联性分析是生物信息学中重要的研究课题，图分析是其常见的分析手段之一。将药物和靶点都看作图的节点，若已知某些药物和靶点间存在关联，那么将它们用边连接，记图中边的集合为 E。图能够用邻接矩阵表示，如果两个节点有连接则记为1，否则记为0，从而得到药物-靶点的邻接矩阵。同样地，药物和药物之间、靶点和靶点之间也有关联性，我们也用边将关联的节点进行连接，得到药物-药物邻接矩阵、靶点-靶点邻接矩阵。两个相连的节点被称为邻居，某一个节点A的邻居集合可以用 $N(A)$ 表示，其邻居个数用 $|N(A)|$ 表示。在定义了3类连接关系之后，现在需要对所有药物和所有靶点间的关联性进行度量，求药物 i（用 D_i 表示）和靶点 j（用 T_j 表示）之间的关联性指数 S：

$$S(D_i,T_j)=\begin{cases}1 & D_iT_j\in E\\ \dfrac{\sum_{\text{Node}\in N(D_i)}\mathbb{I}_{\{\text{Node}\in N(T_j)\}}}{2|N(D_i)|}+\dfrac{\sum_{\text{Node}\in N(T_j)}\mathbb{I}_{\{\text{Node}\in N(D_i)\}}}{2|N(T_j)|} & \text{其他}\end{cases}$$

其中，$\mathbb{I}_{\{\text{Node}\in N(T_j)\}}$ 表示事件“Node是否为 T_j 邻居”的示性函数，当Node为 T_j 邻居时取1，否则取0。

请根据药物-药物关联图、靶点-靶点关联图以及药物-靶点关联图，计算所有药物与靶点间的关联性指数。

```
In [190]: d_d = np.load("data/ch13/drug-drug.npy")
          t_t = np.load("data/ch13/target-target.npy")
          d_t = np.load("data/ch13/drug-target.npy")
          d_d.shape, t_t.shape, d_t.shape
Out[190]: ((1285, 1285), (947, 947), (1285, 947))
```

4. 物质浓度的指标检测

某种目标物质的浓度（Target）可能会随环境中其他化合物的浓度变化而变化。现有某种仪器可以估计溶液中的各类化合物的浓度（Compound）和该种目标物质的浓度。但由于技术原因，无法对这些化合物的浓度给出精确值，只能给出其浓度上界（CUB）与浓度下界（CLB），这些信息被记录在df1中：

```
In [191]: df1 = pd.read_csv("data/ch13/compounds.csv")
          df1.head()
Out[191]:    Compound           CLB           CUB         Target
          0         0  9.050615e+08  9.050625e+08  683757.555164
          1         0  9.017325e+08  9.017341e+08  814346.610163
          2         0  9.039452e+08  9.039458e+08  719260.326997
          3         0  9.041625e+08  9.041632e+08  240696.203722
          4         0  9.045420e+08  9.045422e+08  133284.734789
```

现在想要根据 df1 中的信息，推断在某些化合物浓度下的目标物质浓度。对于 df2 中的每一行数据，找到 df1 中化合物相同且浓度区间包含该行给定化合物浓度的记录，当记录条数为 0 时，df2 中该行的 Target_Prediction 保持缺失值，当记录条数为非 0 时，df2 中的 Target_Prediction 用这些记录中目标物质的浓度均值进行填充。

```
In [192]: df2 = pd.read_csv("data/ch13/predict-target.csv")
          df2.head()
```

```
Out[192]:    Compound  Concentration  Target_Prediction
          0         0   9.055589e+08                NaN
          1         0   9.024043e+08                NaN
          2         0   8.997355e+08                NaN
          3         0   9.014674e+08                NaN
          4         0   9.048319e+08                NaN
```

5. 设计滑窗类

请分别用 Cython 的 cdef class 和 Numba 的 jitclass 设计一个滑窗类，支持滑动均值、滑动标准差以及滑动最大值的计算，无须考虑时间序列数据（普通滑窗），且满足如下要求。

（1）注意边界值与缺失值的处理。

（2）性能上接近甚至超过 pandas 中的滑窗函数。

（3）按以下方式调用对象。

```
# s是需要操作的序列
roller = rolling(data=s.values, window=10)
roller.mean()
roller.std()
roller.max()
```